Farming

GAOZHI GAOZHUAN
XUMU SHOUYI LEI ZHUANYE
XILIE JIAOCAI

高职高专
畜牧兽医类专业
系列教材

（第3版）

动物传染病诊断与防治

DONGWU CHUANRANBING ZHENDUAN YU FANGZHI

主　编　梁学勇
副主编　魏爱芝　李亚林

重庆大学出版社

图书在版编目(CIP)数据

动物传染病诊断与防治／梁学勇主编. --3版.--
重庆：重庆大学出版社,2018.7(2023.1重印)
高职高专畜牧兽医类专业系列教材
ISBN 978-7-5624-6664-2

Ⅰ.①动… Ⅱ.①梁… Ⅲ.①动物疾病—传染病—诊
疗—高等职业教育—教材 Ⅳ.①S855

中国版本图书馆 CIP 数据核字(2018)第 153036 号

高职高专畜牧兽医类专业系列教材
动物传染病诊断与防治
(第 3 版)
主　编　梁学勇
副主编　魏爱芝　李亚林
策划编辑:袁文华
责任编辑:李定群　刘玥凤　　　版式设计:袁文华
责任校对:邬小梅　　　　　　　责任印制:赵　晟

*

重庆大学出版社出版发行
出版人:饶帮华
社址:重庆市沙坪坝区大学城西路 21 号
邮编:401331
电话:(023) 88617190　88617185(中小学)
传真:(023) 88617186　88617166
网址:http://www.cqup.com.cn
邮箱:fxk@ cqup.com.cn(营销中心)
全国新华书店经销
重庆华数印务有限公司印刷

*

开本:787mm×1092mm　1/16　印张:20.75　字数:530 千
2018 年 7 月第 3 版　　2023 年 1 月第 8 次印刷
ISBN 978-7-5624-6664-2　定价:52.00 元

Farming

GAOZHI GAOZHUAN
XUMU SHOUYI LEI ZHUANYE
XILIE JIAOCAI

高职高专畜牧兽医类专业
系列教材

编委会

顾 问 向仲怀

主 任 聂 奎

委 员（按姓氏笔画为序）

马乃祥	王三立	文 平	邓华学	毛兴奇
王利琴	丑武江	乐 涛	左福元	刘万平
毕玉霞	李文艺	李光寒	李 军	李苏新
朱金凤	阎慎飞	刘鹤翔	杨 文	张 平
陈功义	陈 琼	张玉海	扶 庆	张建文
严佩峰	陈 斌	宋清华	何德肆	欧阳叙向
周光荣	周翠珍	郝民忠	姜光丽	聂 奎
梁学勇	韩建强			

arming
GAOZHI GAOZHUAN
XUMU SHOUYI LEI ZHUANYE
XILIE JIAOCAI

高职高专畜牧兽医类专业
系列教材

　　高等职业教育是我国近年高等教育发展的重点。随着我国经济建设的快速发展,对技能型人才的需求日益增大。社会主义新农村建设为农业高等职业教育开辟了新的发展阶段。培养新型的高质量的应用型技能人才,是高等教育的重要任务。

　　畜牧兽医不仅在农村经济发展中具有重要地位,而且畜禽疾病与人类安全也有密切关系。因此,对新型畜牧兽医人才的培养已迫在眉睫。高等职业教育的目标是培养应用型技能人才。本套教材就是根据这一特定目标,坚持理论与实践结合,突出实用性的原则,组织了一批有实践经验的中青年学者编写的。我相信,这套教材对推动畜牧兽医高等职业教育的发展,推动我国现代化养殖业的发展将起到很好的作用,特为之序。

中国工程院院士

2007 年 1 月于重庆

Preface
第3版前言

　　《动物传染病诊断与防治》是在上一版《动物传染病》教材的基础上进行重编的版本。本书的编写以农业高职高专(专科)的特色出发,结合我国农业产业结构调整的实际情况,以适应社会需要为目标,以职业岗位需要为重点,以培养应用型高技能人才为主线,构建课程内容和教材内容,做到理论"必需、够用",突出"应用性、实践性和职业性",加强实践教学,强调学生专业技能的培养。

　　与前版相比,第3版在结构、层次、内容和形式上都进行了更新和调整,作了全面修订。在编写形式上,全书共分6个学习情境,包括动物传染病发生和流行的规律、动物传染病综合防治措施、猪主要传染病、家禽主要传染病、牛羊主要传染病、其他动物传染病等,情境下设任务。针对学习情境设置了具体的知识目标和能力目标,使学生学习目的明确。在学习情境或任务后设计了识记型、理解型和应用型等不同层次的自测训练题,包括知识训练和技能训练,有利于学生自学和自测,巩固学习效果。在不同的任务后设计了15项技能训练,目的在于强化学生实际操作技能,突出技能培养。本次修订在内容上增加了其他动物传染病(犬、猫)及新近发现的传染病,如副猪嗜血杆菌病等,删除了除马传染性贫血外的马属动物传染病,以及临床上少见的一些传染病,如非洲猪瘟、牛瘟、牛肺疫等25种传染病。技能训练也作出了相应调整。

　　本书编写分工如下:梁学勇编写绪言、学习情境1;魏爱芝编写学习情境2;王留编写学习情境3任务1—任务5、猪传染病鉴别诊断表;吴莉萍编写学习情境3任务6—任务14;赫继习、梁学勇编写学习情境3任务15—任务25;张苗苗编写学习情境4任务1—任务5、禽传染病鉴别诊断表;颜勇编写学习情境4任务6—任务15;俞宁编写学习情境4任务16—任务23;李亚林编写学习情境5任务1—任务9、牛传染病鉴别诊断表;焦凤超编写学习情境5任务10—任务19;刘鑫编写学习情境6任务1—任务8。全书由梁学勇修改统稿。在本书的编写过程中,还得到同行及朋友们的大力支持和帮助,在此一并致谢!

　　本书在编写中参考了同行的文献资料已列于书后,在此谨向各位作者表示衷心的感谢。由于编者水平有限且时间仓促,书中的不足、错误和遗漏之处在所难免,恳请广大师生和读者批评指正,以便今后进一步修订、完善。

编　者

2018 年 4 月

$\mathbf{D}$irectory 目 录

绪　言

【知识目标】

1. 理解学习《动物传染病诊断与防治》的意义。
2. 掌握《动物传染病诊断与防治》研究的内容及任务。
3. 理解《动物传染病诊断与防治》学科地位及与其他学科的关系。
4. 理解动物传染病的危害性。
5. 了解我国在动物传染病防治工作中取得的成就及今后的方向。

　　动物传染病是对养殖业危害最严重的一类疾病。它不仅引起大流行和大批动物死亡,造成巨大的经济损失,影响人民生活、对外贸易和国际声誉,而且一些人兽共患的传染病,还能给人类健康甚至生命安全带来严重威胁。因此,掌握动物传染病的基本知识及防治(防制或／和防治)技术,对阻止动物传染病的发生和流行、发展畜牧业生产、提高畜产品质量、保障人民身体健康等都具有十分重要的意义。

　　《动物传染病诊断与防治》是研究动物传染病发生、发展规律以及预防和消灭这些传染病方法的科学。它在兽医科学技术研究中居于首要位置,是畜牧兽医学科各专业学生必修的重要课程之一。学习《动物传染病诊断与防治》,一是研究动物传染病发生和发展的一般规律、传染病的预防、控制和扑灭措施;二是研究各种动物主要传染病的分布、病原、流行病学、临床症状、病理变化、诊断和防治措施及公共卫生等。通过学习,一方面使学生了解并掌握动物传染病流行和防治的共同规律,有助于学生在将来的实际工作中对一个国家或地区动物传染病的宏观防治措施和养殖场中具体传染病的防治方法进行分析和评价。另一方面则可以使学生掌握或了解不同动物传染病的临诊和防治要点以及经济学和社会学意义,使其在临床中针对不同种类动物传染病的特点进行具体疫病的防治。

　　《动物传染病诊断与防治》与兽医学科的动物微生物及免疫学、动物病理、动物临床诊断、动物药理、兽医生物制品、动物环境卫生、家畜内科、家畜外科、家畜寄生虫病等有着广泛而密切的联系。特别是与动物微生物及免疫学的关系最为密切。

　　动物传染病是对养殖业危害最严重的一类疾病,常成为人们经济生活中一种可怕的灾难,它对农牧业的发展起着巨大的破坏作用或造成不利影响。其主要表现在以下几个方面:一是它可使动物成批、成群地死亡,造成直接经济损失每年达数百亿元。二是患病动物生产性能降低(如产蛋量、产奶量、产仔数、膘情、皮毛及役用能力)以及产品的质量下降,造成难以估计的间接经济损失。三是威胁人类健康。某些人兽共患的传染病如高致病性禽流感、甲型 H_1N_1 流感、猪Ⅱ型链球菌病、疯牛病、布鲁氏菌病、结核病、狂犬病、炭疽、钩端螺旋体病等能严重地影响人类的健康和生命安全。四是影响动物或动物产品外贸出口,减少外汇收入。此外,在发生传染病时,组织防治工作和执行检疫、封锁等措施所耗费的人力、物力也是很大的。

新中国成立以来,党和政府十分重视动物疫病的防治和研究,经过广大兽医科研人员和人民群众的共同努力,分别于1956年和1996年在全国范围内消灭了牛瘟和牛肺疫。至今,大部分主要的动物传染病如炭疽、气肿疽、羊痘、猪瘟、鸡新城疫等病均已得到基本控制。一些人兽共患的传染病如布鲁氏菌病、结核病等也达到或基本达到国家规定的控制标准。我国科学家于1956年和1984年在国际上首先发现了小鹅瘟和兔病毒性出血症,先后确诊了一批国外传入和国内发生流行的危害严重的传染病。成功研究出了许多种动物传染病的特异诊断方法,如平板、试管、微量凝集试验、血细胞凝集试验、间接血细胞凝集试验、琼脂免疫扩散试验、免疫电泳技术、荧光抗体技术和酶联免疫吸附试验、畜禽变态反应诊断法、试剂盒等,且已得到广泛应用。特别是近年来在兽医生物技术研究方面,建立了马传染性贫血、口蹄疫、鸡新城疫、禽流感、猪繁殖与呼吸综合征、圆环病毒病等病的分子诊断技术,应用于一些病毒基因的分离鉴定、克隆和表达、基因表达产物的生物学功能研究、核酶剪切 RNA 病毒以及单克隆抗体、核酸探针、PCR、酶切图谱分析和核酸序列测定等。同时研制出了许多用于预防动物传染病的生物制品,这些生物制品在控制和消灭动物疫病方面发挥了重要作用。有些疫苗在国际上处于领先地位,如牛瘟兔化弱毒疫苗、猪瘟兔化弱毒疫苗、牛肺疫兔化弱毒疫苗、马传染性贫血弱毒疫苗、猪气喘病弱毒疫苗等。这些都为动物传染病的诊断和防治作出了重大贡献。

还有,我国在微生态制剂的研究和应用方面也取得了显著成果。

此外,我国的动物防疫法规也在日趋完善。动物防疫法规是做好动物传染病防治工作的法律依据。1985年国务院颁发的《家畜家禽防疫条例》和1991年全国人民代表大会常务委员会通过并予公布的《中华人民共和国进出境动植物检疫法》推动了我国动物疫病防治工作的发展。1997年全国人民代表大会常务委员会通过并于1998年1月1日起施行的《中华人民共和国动物防疫法》,后经2007年修订通过,从2008年1月1日开始施行。修订后的《动物防疫法》在认真总结近年来防控重大动物疫病的实践经验基础上,重点对免疫、检疫、疫情报告和处理等制度作了修改、补充和完善,明确了动物疫情预警、风险评估以及报告、认定和公布制度,加强了动物、动物产品检疫制度,理顺了动物防疫管理体制,确立了官方兽医和执业兽医制度,规范了动物诊疗活动,健全了动物防疫工作的保障机制。为贯彻执行《中华人民共和国动物防疫法》,我国农业部通过第1125号公告发布了2008年修订的《一、二、三类动物疫病病种名录》。2004年8月28日公布、自2004年12月1日起施行的《中华人民共和国传染病防治法》,对提高我国传染病防治的整体水平,促进公共卫生体系的建立与完善,保障人民身体健康和经济、社会的协调发展起到重要的作用。国务院于2005年制定并实施了《重大动物疫情应急条例》和2006年国家发展改革委员会同农业部、财政部、国家质检总局、国家林业局编制的《全国动物防疫体系建设规划》(2004—2008年)。这是新中国成立以来我国在兽医工作领域首次从法律法规形式明确了我国动物防疫和检疫工作的方针和基本原则,是我国开展动物疫病防治研究工作的有效依据。这些法律法规将使我国建立健全的符合市场经济要求的、能与国际接轨的兽医行政法规法律体系;体现预防为主、从严管理的动物防疫方针,促进养殖业生产;保证动物性食品安全,保护人体健康;增强动物性产品的国际竞争力,扩大出口贸易等。认真贯彻实施这些法律法规将有效提高我国防疫灭病工作的水平。

2002 年以来,我国设立了 6 个国家参考实验室,分别承担我国主要动物疫病防治基础研究与应用研究,专门解决和指导重大动物疫病防治的关键性技术,控制和减少了这些传染病的发生。2004 年以来,我国设立国家首席兽医师,代表我国政府参与国际兽医事务;农业部相继成立兽医局、全国动物卫生风险评估专家委员会、中国动物疫病预防与控制中心、中国动物卫生与流行病学中心和中国兽医药品监察所,负责重大动物疫病预防、控制和应急处理;我国还启动了全国重大动物疫病的流行病学监测调查,使动物疫病监测调查走上定时、定点、全面、规范发展的新局面。同时,省市县三级政府也成立了动物疫病控制中心,乡镇兽医站和养殖企业兽医室的功能和设施逐步完善,形成了规范的各级防疫监督和执行机构。这些都为动物传染病的预防、控制、净化和消灭奠定了基础。

我国动物传染病的防治和研究工作虽已取得重大进展,但总的来说,与国际先进水平相比还有一定差距。我国虽然消灭和控制了一些传染病,但这些传染病还可能会出现。原来国内没有的传染病可能会传入。新的传染病可能会不断地发生。近年来新疫病的出现,混合和继发型感染疫病增多,病原变异和血清型增多,亚临床感染危害日益严重,病原体产生抗药性,一些动物传染病免疫失败等,使得动物传染病的防治工作仍旧任重道远。作为兽医工作者,必须努力学习并掌握动物传染病诊断和防治技术,加强和提高动物传染病防治工作水平,为促进我国畜牧业健康持续发展、努力提高养殖业经济效益、保障人民身体健康、促进国际贸易、维护国家国际声誉作出应有的贡献。

自测训练

1. 简述《动物传染病诊断与防治》研究的内容及任务。
2. 新中国成立后我国在动物传染病的防治工作中取得了哪些主要成就?
3. 学习和掌握动物传染病知识和技术的重要意义。

学习情境1
动物传染病的发生和流行

【知识目标】

1. 理解和掌握动物传染病发生和流行的基本规律、感染过程和流行过程的基本概念和相关名词解释。

2. 掌握动物传染病的特征、发展阶段、流行过程的特征。

3. 重点掌握动物传染病流行过程的3个基本环节及其对流行过程的影响。

【能力目标】

1. 能区分不同的感染类型、传染病和非传染病。

2. 能进行动物传染病流行病学调查与分析。

任务1　感染过程

一、感染的概念

感染(或传染)是指病原微生物侵入动物机体,并在一定的部位定居、生长繁殖,从而引起机体一系列病理反应的过程。感染过程涉及3个方面,病原微生物为一方面;动物机体为另一方面;而外界环境影响着病原体和机体双方。因此,能否构成感染取决于病原体的数量、毒力及侵入机体的门户,机体的抵抗力,外界环境。

从以上可以看出,感染过程实际上是在一定外界条件下机体同侵入机体内的病原体相互作用的一对矛盾斗争过程。根据双方力量的对比和相互作用的条件不同,感染过程的结局有3种表现形式:第一,病原微生物具有相当的数量和毒力以及适当的入侵门户,而机体抵抗力相对减弱时,动物发病,出现一定的临床症状,称为显性传染。第二,病原微生物可侵入动物机体内,也可在一定部位立足,而且也可发生一定程度的生长繁殖,但是动物机体抵抗力较强,因此,双方斗争的结果暂时相对平衡,而不表现症状,这种状态称为隐性感染。第三,病原微生物侵入动物机体后,或因不适于在其中生长繁殖,或因机体迅速调动自身防御力量将其消灭,从而不出现症状和病变,这种状态叫抗传染免疫。

感染、发病、隐性感染和抗传染免疫虽然彼此有区分,但又是相互联系的,它们能在一定条件下相互转化。

二、感染的类型

感染的发生、发展常以不同的类型出现,通常将感染分为下列8种类型:

(一)外源性感染和内源性感染

病原体从动物体外侵入机体引起的传染过程,称为外源性感染。大多数传染病属于这一类。动物体内的条件性病原微生物在机体正常情况下,并不表现其病原性,当机体受到不良因素影响,致使动物机体抵抗力降低时,可引起病原体活化,大量繁殖,毒力增强,致使机体发病,称为内源性感染。如马腺疫、猪肺疫等病有时就是这样发生的。

(二)单纯感染、混合感染、原发感染、继发感染和协同感染

由一种病原体所引起的感染称为单纯感染。两种或两种以上病原体同时参与的感染称为混合感染。动物感染了一种病原体之后,在机体抵抗力减弱的情况下又由新侵入的或原来就存在于体内的另一种病原体引起的感染,前一种感染类型叫做原发感染,后一种感染类型叫做继发感染。如猪瘟发病后继发的猪肺疫等。而协同感染是指在同一感染过程中有两种或两种以上病原体共同参与、相互作用,使其毒力增强,而参与的病原体单独存在时则不能引起相同临床表现的现象。

(三)显性感染和隐性感染、顿挫型和一过型感染

病原体侵入机体后,动物表现出该病特有临床症状的感染过程称为显性感染。在感染后不出现任何临床症状,呈隐蔽经过的感染过程称为隐性感染或叫亚临床感染,又叫病原携带者。有些隐性感染的病畜虽然外表无症状,但体内可呈现一定的病理变化;有些则既无症状,又无肉眼可见的病理变化,一般只能通过微生物学或免疫学方法检查出来。开始症状轻微,特征性症状未见出现即行恢复者称为一过型(或消散型)感染。开始症状较重,与急性病例相似,但特征性症状尚未出现即迅速消退恢复健康者,称为顿挫型感染。这些类型常见于疫病的流行后期。此外,还有一种临诊表现比较轻缓的"温和型"感染。

(四)局部感染和全身感染

由于动物机体抵抗力较强,侵入机体的病原体的毒力较弱或数量较少,致使病原体被局限在机体内一定部位生长繁殖而引起一定程度的病变,称局部感染。如果感染的病原体或其代谢产物突破机体的防御屏障,通过血流或淋巴循环扩散到全身各处,并引起全身性症状则称为全身感染。全身感染的表现形式主要包括:菌血症、病毒血症、毒血症、败血症、脓毒症和脓毒败血症等。

(五)典型感染和非典型感染

在感染过程中表现出该病的特征性临诊症状者称为典型感染。而非典型感染则临床表现或轻或重,与典型症状不同。如典型马腺疫具有颌下淋巴结脓肿等特征症状,而非典型马腺疫轻者仅有鼻黏膜卡他,严重者可在胸、腹腔内器官出现转移性脓肿。

（六）良性感染和恶性感染

一般常以病畜的死亡率作为判定传染病严重程度的主要指标。如果某病不引起大批死亡称为良性感染，引起大批死亡称为恶性感染。例如良性口蹄疫的病死率一般不超过2%，恶性口蹄疫的病死率则可大大超过此数。

（七）最急性型、急性型、亚急性型和慢性型传染

通常将病程数小时至1 d左右、发病急剧、突然死亡、症状和病变不明显的感染过程称为最急性感染，多见于牛、羊炭疽、巴氏杆菌病、绵羊快疫和猪丹毒等疫病的流行初期。将病程较长，数天至2～3周不等，具有该病明显临床症状的感染过程称为急性感染，如急性炭疽、口蹄疫、牛瘟、猪瘟、猪丹毒、新城疫等。亚急性感染则是指病程比急性感染稍长，病势及症状较为缓和的感染过程，如疹块型丹毒和牛肺疫等。而慢性感染是指发展缓慢，病程数周至数月，症状不明显的感染过程，如鸡慢性呼吸道病、猪气喘病等。

传染病病程长短取决于病原体致病力和机体的抵抗力等因素。在一定条件下，上述感染类型可以相互转化。

（八）病毒的持续性感染和慢病毒感染

持续性感染是指动物长期持续的感染状态。由于入侵的病毒不能杀死宿主细胞而形成病毒与宿主细胞间的共生平衡，感染动物可在一定时期内带毒或终生带毒，而且经常或反复不定期地向体外排出病毒，但不出现临床症状或仅出现与免疫病理反应相关的症状。持续性感染包括潜伏期感染、慢性感染、隐性感染和慢病毒感染等。疱疹病毒、披膜病毒、副粘病毒、反录病毒和朊病毒等科属的成员常能导致持续性感染。慢病毒感染是指那些潜伏期长、发病呈进行性经过，最终以死亡为转归的感染过程。慢病毒感染时，被感染动物的病情发展缓慢，但不断恶化且最后以死亡而告终。朊病毒和慢病毒引起的感染多属此类。

以上类型都是从某个侧面或某种角度进行分类的，因此都是相对的，在临床上，它们之间常常有交叉、重叠和相互转化。

自测训练 ◣

解释名词：感染　内源性感染　混合感染　继发感染　显性感染　隐性感染　顿挫型感染　一过型感染　持续性感染

任务2　动物传染病的发生及类型

一、传染病的发生及其特征

传染病是指由特定病原微生物引起的，具有一定的潜伏期和临诊表现，并具有传染性（或免疫性）的疾病。当动物机体抵抗力强时，侵入体内的病原体一般不能生长繁殖，也不会有临床症状出现，因为动物机体能够迅速调动自身防御力量（非特异性免疫力和

特异性免疫力)将其消灭或清除,同时,机体可获得不同程度的免疫力。当动物机体对某种入侵的病原体缺乏抵抗力或免疫力时,则称为动物对该病原体有易感性,病原体侵入易感动物机体后,可以造成传染病的发生。

在临床上,不同传染病的表现千差万别,同一种传染病在不同种类动物上的表现也多种多样,甚至对同种动物不同品系、不同个体的致病作用和临诊表现也有所差异,但与非传染性疾病相比,传染性疾病具有一些共同特征:

(1)传染病是由病原微生物引起的。每一种传染病都由其特定的病原体引起,如禽流感是由禽流感病毒引起的、猪瘟是由猪瘟病毒引起的。

(2)传染病具有传染性和流行性。传染性是指传染病可以由患病动物传染给具有易感性的健康动物,并出现相同临诊表现的特性。流行性是指在一定适宜条件下,在一定时间内,某一地区易感动物群中可能有许多动物被感染,使传染病蔓延扩散,形成流行的特性。

(3)传染病具有一定的潜伏期和临诊表现。动物传染病与非传染病的区别在于它有潜伏期。大多数传染病都具有其明显的或特征性的临床症状和病理变化。

(4)感染动物机体可出现特异性的免疫学反应。感染动物在病原体或其代谢产物的刺激下,能够发生特异性的免疫生物学变化,并产生特异性的抗体和变态反应等。这种变化和反应可通过血清学试验等方法检测,因而有利于病原体感染状态的确定。

(5)传染病耐过动物可获得特异性的免疫力。动物耐过传染病后,在绝大多数情况下能产生特异性免疫,使机体在一定时间内或终生不再感染该种病原体。

二、传染病病程的发展阶段

传染病的病程经过可以分为潜伏期、前驱期、明显期和转归期4个阶段。

(一)潜伏期

从病原体侵入动物机体到开始出现临床症状,这段时间称潜伏期。不同传染病的潜伏期长短差异很大,同一种传染病的潜伏期长短也有很大的变动范围。潜伏期的长短取决于病因的强度和机体的状态,这是由动物的种属、品种、个体的易感性和病原体的种类、数量、毒力和侵入途径部位等不同而引起的。尽管如此,每种传染病的潜伏期还是具有相对的规律性,如炭疽的潜伏期为 1 ~ 14 d,多数为 1 ~ 5 d;猪瘟 2 ~ 20 d,多数为 5 ~ 8 d。通常急性传染病的潜伏期较短且变动范围较小,亚急性或慢性传染病的潜伏期较长且变动范围较大。了解各种传染病的潜伏期,对于流行病学调查、确定传染病的检疫期和封锁期、控制传染来源,制订防治措施等,都具有重要的实际意义。

(二)前 驱 期

前驱期是指疾病从最初临床症状出现到主要临床症状出现之前这个阶段。从多数传染病来说,该阶段仅出现一般的症状,如体温升高、食欲减退、精神异常、呼吸、脉搏增数等。不同的病和不同的病例前驱期长短不一,通常为数小时至 1 ~ 2 d 不等。

(三)明 显 期

明显期是指前驱期后出现某种传染病特征性临床症状的这个阶段。该阶段是传染病发展和病原体增殖的高峰阶段,典型临床症状和病理变化相继出现,因而临床诊断比

较容易。

（四）转归期

转归期是指疾病的结束阶段，表现为痊愈或死亡两种结局。如果病原体的致病能力增强，或动物体的抵抗力减弱，则疾病以动物死亡而告终。如果动物体获得了免疫力，抵抗力逐渐增强，机体则逐步恢复健康，表现为临床症状逐渐消退，体内的病理特征逐渐消失，正常的生理机能逐步恢复。机体在一定时期保留免疫学特性。在病后一定时间内还有带菌（毒）排菌（毒）现象存在，但最后病原体可被消灭清除。

三、传染病类型

根据传染病的不同特性，通常将其分为以下类型：

（一）按病原体分类

按病原体分类有细菌病、病毒病、霉形体病、衣原体病、放线菌病、立克次体病、螺旋体病和霉菌病等，其中除病毒病外，习惯上将由其他病原体引起的疾病统称为细菌性传染病。

（二）按发病动物种类分

按发病动物种类分有猪传染病、牛传染病、羊传染病、马传染病、鸡传染病、鸭传染病、鹅传染病、犬传染病、猫传染病、兔传染病以及人兽共患传染病等。

（三）按病原体侵害的主要器官或系统分类

该分法可分为全身性败血性传染病和以侵害消化系统、呼吸系统、神经系统、生殖系统、免疫系统、皮肤和运动系统等为主的传染病等。

（四）按疫病的危害程度分类

这种方法在国内和国际分类略有不同：

(1)根据动物疫病对人和动物危害的严重程度，造成经济损失的大小和国家扑灭疫病的需要，我国政府将动物疫病分为 3 大类。

①一类疫病。大多数为发病急、死亡快、流行广、危害大的急性、烈性传染病或人和动物共患的传染病。按照法律规定，此类疫病一旦发病，应采取以封锁疫区、扑杀和销毁动物为主的扑灭措施。

②二类疫病。是指可能造成重大经济损失，需要采取严格控制扑灭措施的疫病。由于该类疫病的危害性、流行强度、传播能力以及控制和扑灭的难度、对人畜的危害等不如一类疫病大，因此按法律规定，此类疫病应根据需要采取必要的控制、扑灭等措施。必要时，采取与一类疫病相似的强制性措施。我国规定的一类、二类疫病与 OIE 规定的 A 类、B 类疫病基本相同，但也有一定的差别。

③三类疫病。是指常见多发，可造成重大经济损失，需要控制和净化的动物疫病。该类疫病流行强度小，发展慢，法律规定应采取检疫净化的方法，并通过预防、改善环境条件和饲养管理等措施控制。上述 3 类疫病详见附录 1。

(2)国际兽疫局(OIE)将动物疾病分为 A 类和 B 类。

①A 类疾病。是指超越国界，具有快速的传播能力，能引起严重的社会经济或公共

卫生后果,并对动物和动物产品的国际贸易具有重大影响的传染病。按照《国际动物卫生法典》的规定,应将这类疫病的流行状况经常或及时地向 OIE 报告。

②B类疾病。是指在国内对社会经济或公共卫生具有明显的影响,并对动物和动物产品国际贸易具有很大影响的传染病或寄生虫病。按规定应每年向 OIE 呈报一次疫情,但必要时也需要多次报告。上述两类疾病详见附录2。

自测训练

1. 解释名词:潜伏期　传染病

2. 动物传染病有哪些特征?

3. 传染病的发展过程分几个阶段?潜伏期在防治传染病的工作中有何实际意义?

4. 一类疫病是什么样的疾病?发病后应采取哪些措施?

任务3　动物传染病流行的某些规律性

一、动物传染病的流行过程

动物传染病的流行过程就是传染病在动物群体之间发生、蔓延和终止的过程,即从动物个体感染发病到群体感染发病的过程。传染病能够通过直接接触或媒介物在易感动物群体中相互传染,构成流行。这个过程一般需要经过 3 个阶段:即病原体从已受感染的机体(传染源)排出;病原体在外界环境中停留;病原体经过一定的传播途径侵入新的易感动物形成新的传染。传染病的流行必须具备传染源、传播途径和易感动物这 3 个最基本条件,即传染病流行过程的 3 个基本环节,当这 3 个条件同时存在和相互联系并不断发展时,才能使传染病在动物群体中流行。因此,掌握传染病流行过程及其影响因素,并注意它们之间的相关性,有助于我们制订并评价疫病的防治措施,以期控制和扑灭传染病的蔓延和流行。

(一)传染源

传染源(亦称传染来源)是指体内有某种病原体寄居、生长、繁殖,并能排出体外的动物机体。具体说就是患病动物、病原携带者和被感染的其他动物。它必须是活的机体,因为微生物在种的进化过程中,对某一种动物机体产生了适应性,这些动物对于这些病原体有易感性,因此,传染源是病原体最适宜的生存环境,病原体在其体内不仅能栖居生殖,而且还能持续排出,至于被病原体污染的各种外界环境因素(畜舍、饲料、水源、空气、土壤等)仅是传播媒介,而不是传染源。传染源一般可分为下列 3 种类型:

(1)病畜。病畜是重要的传染来源,病畜按病程先后分为:

①潜伏期病畜。处于潜伏期的动物机体通常病原体数量少,并且不具备排出的条件,但少数传染病如狂犬病、口蹄疫、猪瘟和鸡新城疫等在潜伏期的后期可排出病原体。

②前驱期和明显期病畜。处于该期的动物排出病原体的数量多,尤其是急性感染病例排出的病原体数量更大、毒力更强,因此作为传染源的作用也最大。

③恢复期病畜。在恢复期,大多传染病患病动物已经停止病原体的排出,即失去传染源作用,但少数传染病如猪气喘病、鸡霉形体感染和布鲁氏菌病等在恢复期也能排出病原体。

患病动物排出病原体的整个时期称为传染期。不同传染病传染期长短不同。各种传染病的隔离期就是根据传染期的长短来制订的。为了控制传染源,对患病动物进行隔离和检疫时应到传染期终了为止。

(2)病原携带者。是指外表无症状但能携带并排出病原体的动物。如已明确所带病原体的性质,则可称为相应的带菌(带毒、带虫)者。病原携带者排出病原体的数量虽然远不如患病动物多,但由于缺乏临床症状,在群体中自由活动而不易被发现,因此是非常危险的传染源。病原携带者一般分为:

①潜伏期病原携带者。是指在潜伏期即能排出病原体的动物。在潜伏期大多数传染病不能起传染源的作用,但有少数传染病在潜伏期就能起到传染源作用。

②恢复期病原携带者。是指某些传染病的病程结束后仍能排出病原体的动物。通常这个时期的传染性已逐渐减少或已无传染性,但有些传染病在恢复期仍能起到传染源的作用。

③健康病原携带者。是指过去没有患过某种传染病,但却能排出该病原体的动物。如巴氏杆菌病、沙门氏菌病、猪气喘病、马腺疫等,这种携带状态常构成重要的传染源。

病原携带者只能通过实验室方法检出。病原携带者存在间歇排出病原体的现象,因此仅凭一次病原学检查的阴性结果不能作出正确的结论,只有经过反复多次的检查才能排除病原携带状态。

(3)患人兽共患病的病人。有些人兽共患的传染病,如炭疽、布氏杆菌病、结核病等,也可以由病人的排出物、分泌物等感染动物,但较少见。

传染源排出病原体可经分泌物、排泄物排出体外。机体排出病原体的途径与传染病的性质及病原体存在的部位有关,败血性传染病如猪瘟、巴氏杆菌病等排出的途径较多;局限于一定组织器官的传染病如肠结核从粪便排出、乳房结核由乳汁排出等。了解传染源排出病原体的途径,在控制传染病的传播上有重要意义。

(二)传播途径和方式

病原体由传染源排出后,通过一定的传播方式再侵入其他易感动物所经过的途径称为传播途径。学习疫病传播途径的目的主要是能够针对不同的传播途径采取相应的措施,防止病原体从传染源向易感动物群中不断扩散和传播。

病原体由传染源排出后,经一定的传播途径再侵入其他易感动物所表现的形式称为传播方式。传染病流行时,其传播途径十分复杂,但就目前所知,按病原体更换宿主的方法可将传播途径归纳为水平传播和垂直传播两种方式,前者是指病原体在动物群体或个体之间横向平行的传播方式;后者则是病原体从母体到其后代两代之间的传播方式。

(1)水平传播。水平传播方式又分为直接接触传播和间接接触传播。

①直接接触传播。是指在没有外界因素参与下,病原体通过传染源与易感动物直接接触(如交配、舔咬等)而引起的传染病的传播方式。在动物传染病中,仅通过直接接触

传播的病种为数不多,如狂犬病等;但在发生传染病或处于病原体携带状态时,种用动物之间则经常因配种而传播病原体。这种方式的流行特点是一个接一个地发生,一般不易造成广泛流行。

②间接接触传播。是指必须在外界因素参与下,病原体通过传播媒介侵入易感动物的传播方式。大多数传染病如口蹄疫、牛瘟、猪瘟、鸡新城疫等以间接接触传播为主,同时也可以通过直接接触传播,这类传染病称为接触性传染病。传播媒介是指将病原体从传染源传播给易感动物的各种外界因素。常见的间接接触传播有以下几种:

A. 经空气传播。空气传播主要是通过飞沫传染。所有呼吸道传染病均可通过飞沫而传播。如结核病、牛肺疫、猪气喘病、猪流行性感冒、鸡传染性喉气管炎等。这类患病动物由于呼吸道内渗出液的不断刺激,在咳嗽或喷嚏时通过强气流把病原体和渗出液从狭窄的呼吸道喷射出来,形成飞沫飘浮于空气中,可被易感动物吸入而感染。当飞沫蒸发干燥后,则可变成主要由蛋白质、细菌或病毒组成的飞沫核,由此引起的传染叫飞沫核传染。从传染源排出的分泌物、排泄物和处理不当的尸体以及较大的飞沫而散播的病原体,可附着在尘埃上,随着流动空气的冲击,被易感动物吸入而感染,称为尘埃传染。尘埃传播疾病的时间和空间范围比飞沫大,但由于外界环境中的干燥、日光曝晒等因素,病原体很少能够长期存活,只有少数抵抗力较强的病原体如结核杆菌、炭疽杆菌和痘病毒等才能通过尘埃传播。

B. 经污染的饲料和水传播。多种传染病如口蹄疫、牛瘟、猪瘟、鸡新城疫、沙门氏菌病、结核、炭疽等都可经消化道感染,其传播媒介主要是被污染的饲料和饮水。通过饲料和饮水的传播过程容易建立,因患病动物的分泌物、排泄物或尸体很容易污染饲料、牧草、饲槽、水池、水桶或经某些污染的管理用具、车船、圈舍等污染饲料和饮水,一旦易感动物饮食这种污染有病原体的饲料或饮水,便可感染发病。

C. 经污染的土壤传播。随病畜排泄物、分泌物或其尸体一起落入土壤而能在其中长时间存活的病原微生物,称为土壤性病原微生物,由此引起的病也叫土壤性传染病,如炭疽杆菌、破伤风梭菌、猪丹毒杆菌等。能够经土壤传播的疫病,其病原体对外界环境的抵抗力都较强,疫区的存在相当持久,因此应特别注意患病动物的排泄物、污染的环境和物体以及尸体的处理,防止病原体污染土壤。

D. 经活媒介者传播。活的媒介者主要包括以下几种:

a. 节肢动物。主要是虻类、螫、蚊、蝇、蜱、虱、螨和蚤等。节肢动物传播疾病的方式主要有机械性和生物性传播两种。机械性传播,是它们通过在病、健动物间的刺螫吸血而散播病原体。生物性传播,即某些病原体(如立克次氏体)在感染动物前,必须先在一定种类的节肢动物(如某种蜱)体内进行发育、繁殖,然后通过节肢动物的唾液、呕吐物或粪便进入新易感动物体内的传播过程。经节肢动物传播的疾病很多,如炭疽、脑炎、马传贫等。

b. 野生动物。一类是本身对病原体具有易感性,受感染后可将病原体传播给易感动物,如鼠类可传播沙门氏菌病、钩端螺旋体病、布氏杆菌病、伪狂犬病等;另一类是本身对该病原体无易感性,但可进行该病原体的机械性传播,如鼠类可机械性地传播猪瘟和口蹄疫等。

c. 人类。饲养人员、兽医、其他工作人员以及外来人员等在工作中如不注意遵守防

疫卫生措施,自身或使用的工具消毒不严格,则容易传播病原体。例如在进出患病动物和健康动物畜舍时,将手上、衣服上、鞋底及工具上污染的病原体传播给易感动物。兽医的体温计、注射针头以及诊断器械等,如消毒不严就可能成为马传染性贫血、猪瘟、炭疽等病的传播媒介。人也可成为某些人兽共患病的传染源,因此人兽共患病病人不允许管理动物。

(2)垂直传播。主要包括以下三种途径:

①经胎盘传播。被感染的怀孕动物能通过胎盘血流将其体内病原体传播给胎儿,称为胎盘传播。可经胎盘传播的疾病有猪瘟、猪细小病毒感染、牛黏膜病、蓝舌病、伪狂犬病、衣原体病、布鲁氏菌病、弯曲菌性流产、钩端螺旋体病等。

②经卵传播。由携带病原体的卵细胞发育而使胚胎受感染,称为经卵传播,多见于禽类。可经种蛋传播的疾病有禽白血病、禽腺病毒病、鸡传染性贫血病毒病、禽脑脊髓炎病毒病、鸡沙门氏菌病和鸡败血霉形体病等。

③经产道传播。是指病原体经怀孕动物阴道通过子宫颈口到达绒毛膜或胎盘引起胎儿感染,或胎儿从无菌的羊膜腔穿出而暴露于严重污染的产道时,胎儿经皮肤、呼吸道、消化道感染母体的病原体。可经产道传播的病原体主要有大肠杆菌、葡萄球菌、链球菌、沙门氏菌和疱疹病毒等。

(三)动物的易感性

1. 易感性和易感动物

动物易感性是指动物个体对某种病原体缺乏抵抗力,容易被感染的特性。有易感性的动物叫做易感动物。易感性是抵抗力的反面,指动物针对某种传染病病原体感受性的大小。动物群体的易感性是指一个动物群体作为整体对某种病原体的易感染的程度。易感性的高低取决于群体中易感个体所占的比例和机体的免疫状态,决定了传染病能否在动物群体中流行以及流行的严重程度。

2. 影响动物易感性的因素

影响动物易感性的因素主要有:

(1)动物内在因素。多种动物对同一种病原体的易感性不一样,这是由遗传特性决定的;同种动物不同品系对同一种病原体的易感性不一样,如通过抗病育种培育的白莱航鸡对鸡白痢有一定抵抗力;同种动物同样品系在不同的年龄阶段对同一种病原体的易感性不一样,如幼畜对大肠杆菌、沙门氏菌易感性较高。

(2)外界因素。各种饲养管理因素,包括饲料质量、畜舍卫生、粪便处理、拥挤、饥饿、寒冷、暑热、运输以及隔离、检疫等都是与疾病发生有关的重要因素。

(3)特异性免疫状态。在某些传染病流行时,动物群中易感性最高的个体易于死亡,余下的动物或已耐过,或经无症状感染都获得了特异免疫力,动物群易感性降低,疫病流行停止。这些动物所生后代常具有先天性被动免疫力,幼年时期也具有一定免疫力。某些疫病常发地区的动物易感性很低,大多表现为无症状感染或非典型的顿挫型传染,但从无病地区新引进的动物群一旦被传染常引起急性爆发。在实际工作中,动物群免疫水平越高越好,一般来说,如果动物群体有70%~80%是有抵抗力的,就不会发生大规模的爆发流行。

二、动物传染病的流行特征

(一)流行过程的表现形式(流行强度)

在动物传染病的流行过程中,由于传染病的种类和性质不同,流行强度也有所差异。根据在一定时间内发病率的高低和传播范围的大小,可将流行强度分为以下几种形式:

1. 散发性

散发性是指某种传染病在一定时间内呈散在性发生或零星出现,而且各个病例在时间和空间上没有明显联系的现象。出现散发形式的可能原因主要有:

(1)动物群体对某种传染病的免疫水平相对较高,如猪瘟等。

(2)某种传染病隐性感染比例较大,如钩端螺旋体病等。

(3)某种传染病的传播需要一定的条件,如破伤风等。

2. 地方流行性

地方流行性是指在一定地区或动物群中,疫病流行范围较小并具有局限性传播的特性,如猪气喘病、猪丹毒、马腺疫、炭疽等通常以地方流行性的形式出现。地方流行性一般有两方面含义:一是在一定地区一个较长时间内发病的比率稍微超过散发性;二是除了表示一个相对的比率以外,有时还包含着地区性的意义。

3. 流行性

流行性是指在一定时间内某种传染病在一定畜群出现比寻常多的病例,它没有绝对的数量界限,而仅仅是指疾病发生频率较高的一个相对名词。不同地区存在的不同疫病被称作流行时,其发病率的高低并不一致。流行性疾病有传播能力强、传播范围广、发病率高等特性,如不加防治常可传播到几个乡、县甚至省,如猪瘟、鸡新城疫等。

4. 爆发

爆发是指某种传染病在局部范围内的一定动物群中,短期内(该病的最长潜伏期内)突然出现很多病例现象。爆发是流行的一种特殊形式,有的作为流行性的同义词。

5. 大流行

大流行是指某种传染病具有来势猛、传播快、受害动物比例大、涉及面广的流行现象,是一种规模非常大的流行,流行范围可达几个省、几个国家甚至几个大洲,如牛瘟、口蹄疫、流感、鸡新城疫等病在一定的条件下会以这种形式流行。

以上几种流行形式之间的界限是相对的,不是固定不变的。某些传染病在特殊的条件下可能会表现出不同的流行形式,如鸡新城疫、猪瘟、炭疽等。

(二)流行过程的地区性

(1)外来性。是指本国没有流行而从别国输入的疫病。

(2)地方性。见地方流行性,但这里强调的是由于自然条件的限制,某病仅在一些地区中长期存在或流行,而在其他地区基本不发生或很少发生的现象,如钩端螺旋体病等。

(3)疫源地。是指具有传染源及其排出的病原体存在的地区。疫源地具有向外传播病原体的条件,因此可能威胁其他地区的安全。疫源地除包括传染源外,还有被污染的物体、房舍、牧地、活动场所以及这个范围内所有可能被传染的可疑动物和储存宿主等,

因此,疫源地的含义要比传染源的含义广泛得多。

疫源地范围的大小取决于传染源的分布及污染范围、病原体及其传播途径的特点和周围动物群的免疫状态等。它可能只限于个别圈舍、牧地,也可能是某养殖场、自然村、乡或更大的地区。疫源地的存在有一定的时间性,只有当最后一个传染源死亡或痊愈后不再携带病原体,或已离开该疫源地,对所污染的外界环境进行彻底消毒处理,并且经过该病最长潜伏期,不再有新病例出现,再通过血清学检查动物群体均为阴性反应时,才能认为该疫源地已被消灭。如果没有外来的传染源和传播媒介的介入,这个地区就不会再有该种疫病的发生。

根据疫源地范围大小,可分别将其称为疫点、疫区。疫点是指范围较小的疫源地或单个传染源构成的疫源地,有时也将某个比较孤立的养殖场或养殖村称为疫点。疫区是指有多个疫源地存在、相互连接成片而且范围较大的区域,一般指有某种疫病正在流行的地区。疫区包括患病动物所在的养殖场、养殖村,以及发病前后该动物放牧、饮水、使役、活动过的地区。

(4)自然疫源地。指有些病原体在自然条件下,即使没有人类或动物的参与,也可以通过传播媒介(主要是吸血昆虫)感染宿主(主要是野生脊椎动物)造成流行,并且长期在自然界循环延续其后代。人和动物疫病的感染和流行,对其在自然界的保存来说不是必要的,这种现象称为自然疫源性。具有自然疫源性的疫病,称为自然疫源性疾病,如狂犬病、伪狂犬病、日本乙型脑炎、流行性出血热、犬瘟热、非洲猪瘟、蓝舌病、口蹄疫、布氏杆菌病、李氏杆菌病、钩端螺旋体病、弓形体病等都具有自然疫源性,存在自然疫源性疾病的地区,称为自然疫源地,即某些可引起人和动物传染病的病原体在自然界的野生动物中长期存在和循环的地区。自然疫源性疾病具有明显的地区性和季节性等特点。

三、动物传染病的分布特征

动物传染病的分布是指动物传染病在动物群体中流行与不流行互相连接的连续过程,是由动物病例数量表现出来的,受病因、宿主、环境的影响,处于变动状态(动态)。对动物传染病进行诊断和有效防治,必须明确其流行特征及其在时间、空间、动物间的三间分布状况,通过整理、分析、比较,找出该病的流行规律。

(一)动物传染病的时间分布

动物群体疫病频率的变动,表现在时间上有时流行,有时不流行,有时流行与有时不流行相互衔接,形成一个连续时段分布。重要的时间分布规律有季节性、周期性、短期波动、长期转变等。

(1)季节性。指某些动物传染病经常发生于一定的季节,或在一定季节内出现发病率明显升高的现象。有的传染病有严格的季节性,如日本乙型脑炎,只流行于每年的6—10月份;有的传染病没有季节性,一年四季都有发生,如结核病等;有的传染病一年四季都可发生,但在一定季节内发病率明显升高,如流感、钩端螺旋体病、气喘病等。

(2)周期性。是指某些动物传染病如牛流行热、口蹄疫等,经过一定的间隔时期(常以数年计),还可再度流行的现象。

(3)短期波动。指由于受到易感动物、病原体及其传播方式和生物学特性的影响,某动物群体在短期内发病数量突然增多,超过平时的发病率,经过一定时间后又终止流行的现象。

(4)长期转变。指疫病在几年、几十年甚至更长一段时间内发生的变化,其中包括病原体感染的动物宿主、临床表现、发病死亡率的变化以及某些病原体变异后导致的疾病变化等。

(二)传染病的空间分布

动物传染病频率的动态表现在空间上,有些地方流行,有些地方不流行,有些地方流行与有些地方不流行互相嵌合,形成一个链锁样地理分布。有的传染病遍布全球,有些局限于某些国家或一定地区,有些疫病仅发生于一定的地形、地貌条件下。了解传染病的空间分布,可为探讨疫病的病因和影响流行的因素提供线索,进而为制订疫病的防治对策和措施提供科学依据。

(三)传染病的群体分布

动物群体疫病频率的变动,表现在动物群体间,动物疫病群体分布特点,可按照动物不同年龄、性别、种和品种等特征对动物群体进行分组,然后比较某种疫病的发病率、患病率和死亡率等指标,综合分析的结果可为该病的诊断和防治提供科学的依据。

(1)年龄特征。大多数动物传染病的发病率和死亡率在不同年龄段有很大差异,如仔猪黄痢常发生于1周龄以内的仔猪;猪细小病毒病主要发生于初产母猪;布氏杆菌病初产牛最易感;牛白血病主要发生于成年牛;口蹄疫尽管各种年龄段都可发病,但幼畜病死率高。

(2)种和品种特征。不同种和品种动物对不同病原体的易感性有一定差异,如猪瘟病毒只感染猪而不感染牛和羊;日本乙型脑炎病毒对不同动物的易感性有差异;同种动物不同品种、品系对同一种病原体的易感性也不一样,如鸡马立克氏病和鸡白痢等。

(3)性别特征。不同性别的动物对某些病原体的易感性有差异,如布氏杆菌病的发病率雌性高于雄性。

四、影响流行过程的因素

传染病的流行过程要有传染源、传播途径和易感动物三个基本环节连续不断地发生发展才能构成,三者互相联接、相互制约,同时还受自然因素和社会因素的影响。

(一)自然因素

自然因素有生物因素和非生物因素。生物因素有动物、植物、微生物。非生物因素有物理因素和化学因素,地理位置、气候、土壤、植被、温度、湿度等属于物理因素;某些水质污染、厩舍中的氨气等属于化学因素。它们作用于3个基本环节,影响流行过程。如海、河、高山等天然屏障对传染源的转移能产生一定的限制;季节的变化能对传播媒介、动物机体的抵抗力等产生影响。

(二)社会因素

社会因素主要包括社会的政治经济制度、生产力和人们的经济、文化、科学技术水平以及兽医法规、政策的贯彻执行情况等。社会因素也包括饲养管理因素,如畜舍的整体设计、规划布局、建筑结构、通风设施、饲养管理制度、卫生防疫制度和措施、工作人员素质、垫料种类等都是影响疫病发生的因素。小气候对动物疫病发生也能产生明显影响，例如，鸡舍密度大或通风换气不足常会发生慢性呼吸道病。饲养管理制度对疫病发生有很大影响，例如肉鸡生产采用"全进全出"制代替连续饲养，疫病的发病率会显著下降。某些应激因素也会影响流行过程，例如长途运输、过度拥挤、气候突变、突换饲料、意外惊吓等，都易导致机体抵抗力降低，而诱发某些传染病的爆发流行。

社会因素既可能是促进动物疫病广泛流行的原因，也可以是有效消灭控制疫病流行的关键。

总之，自然因素和社会因素能减弱或促进某些传染病的发生和流行。掌握这些规律对我们诊断和防治某些传染病有重要意义。

自测训练

1. 解释名词：传染源　传播途径　易感动物　垂直传播　直接接触传播　间接接触传播　传播方式　传播媒介　自然疫源性疫病　疫源地　疫区　疫点　散发性　流行性　暴发

2. 传染病流行的"三个环节""两大因素"是什么？在防治传染病中有什么实际意义？

3. 传染源分哪几类？试述各类的特点及意义。

4. 传播途径和传播方式有何不同？传播方式有哪些？

5. 影响易感性的因素有哪些？如何降低动物的易感性？

6. 何谓动物传染病的"三间分布"？有何实际意义？

7. 举例说明自然因素和社会因素对传染病流行过程的影响。

任务4　动物传染病的流行病学调查和分析

动物传染病流行病学是研究传染病在动物群体中发生、发展和分布的规律，以及制订并评价防治措施，达到预防和消灭动物传染病为目的一门学科。即着重于研究如何预防疾病，从而促进动物群体的健康，首先是预防疫病的发生，其次是控制疫病的蔓延，降低其病死率并拟订出有效的防治措施。

流行病学调查的主要目的是为了摸清传染病发生的原因和传播条件及其影响因素，以便及时采取合理的防治措施，迅速控制和消灭动物传染病的流行。通过流行病学的调查，在平时研究某些地区影响传染病发生的一切条件；在发病时在疫区内进行系统的观察，查明传染病发生和流行的过程，诸如流行环节、影响传播的条件及因素、疫区范围、发病率和病死率等，然后综合上述资料，认真分析，找出疫病的流行规律，为制订有效的防治措施提供科学依据。

一、动物传染病流行病学调查

(一)询问调查

询问调查不仅可给流行病学诊断提供依据,而且也能为拟订动物传染病的防治措施提供依据。询问调查经常是与临诊诊断联系在一起的一种诊断方法。询问的对象主要是畜主、饲养管理人员、当地居民等,询问中要注意工作方法。通过询问座谈等方式,力求查明该地区疫情来源、本次流行情况、传染源、传播途径、自然情况、动物资料、发病和死亡情况、政治和经济基本情况等,并将调查收集到的资料分别记入流行病学调查表格中。

(二)现场察看

现场察看是最基本的诊断方法。调查者应仔细观察疫区的一般卫生情况、地理分布、地形、气候条件等,必要时还要了解当地集市贸易情况与风俗习惯等,以便进一步了解疫病流行发生的经过和关键问题。在进行现场察看时,应根据不同种类的疫病进行重点项目的调查。如发生肠道疫病时,应特别注意饲料的来源和质量、水源的卫生条件、粪便和尸体处理情况等;在发生由节肢动物传播的疫病时,应注意调查当地的节肢动物种类、分布情况、生活习性和感染情况等。

(三)实验室检查

实验室检查的目的是确定诊断,发现隐性动物,证实传播途径,弄清动物群免疫水平和有关病因因素等。一般在通过调查已经获得初步诊断的基础上,为了确诊,往往还需要对可疑病畜应用微生物学、血清学、免疫学、分子生物学、尸体解剖检查等实验室检查。

(四)统计学方法

调查后,应用统计学方法进行统计、整理、比较疫情和疫病的特征,如发病率、死亡率、患病率、感染率、预防接种头数等。常用的频率指标有以下几种:

(1)发病率,表示畜群中在一定时期内某病新病例发生的频率。

$$某病发病率 = \frac{一定时期内某动物群中该病的新病例数}{同期内该群体动物平均数} \times 100\%$$

发病率可用来描述疫病的分布、探讨疫病的病因或评价疫病防治措施的效果,同时也反映疫病对动物群体的危害程度。

(2)死亡率,是指某病在一定时间内病死数占某种动物总头数的比率。

$$某动物群体的死亡率 = \frac{该群体在一定时期内死亡动物总数}{同时期该群体动物平均数} \times 100\%$$

死亡率如按疫病种类计算时,则称某病死亡率。

$$某病死亡率 = \frac{某动物群体一定时期内死于该病的总数}{同期该群体中动物的平均数} \times 100\%$$

某病死亡率能反映疫病的危害程度和严重程度,不但对病死率高的疫病诊断很有价值,而且对于病死率低的疫病在诊断上也有一定的参考意义。

(3)病死率,是指一定时期内因某病死亡的家畜头数占患该病家畜总数的比率。

$$某病病死率 = \frac{某时期内该病死亡动物数}{同期患该病的动物数} \times 100\%$$

病死率比死亡率更精确地反映疫病的严重程度。

（4）患病率，是指某个时间内某病的新老病例数与同期群体平均数之间的比率，代表在指定时间畜群中疫病数量上的一个断面。

$$某病患病率 = \frac{在一定时间某群体患该病的病例数}{同期内该群体暴露的动物数} \times 100\%$$

患病率是疫病普查或现况调查常用的频率。患病率按一定时刻计算称为点时患病率；按一段时间计算则称为期间患病率。患病率统计对于病程较长的传染病有较大价值。

（5）感染率，某些传染病感染后不一定发病，但可以通过微生物学、血清学及其他免疫学方法测定是否感染。

$$感染率 = \frac{检出阳性动物数}{受检动物总数} \times 100\%$$

感染动物包括具有临床症状和无临床症状的动物，也包括病原携带者和血清学反应阳性的动物。由于感染的诊断方法和判断标准对感染率影响很大，因此应使用同一标准进行检测、判断和分析。统计感染率能较深入反映出流行的全过程，对慢性传染病的分析和研究具有重要的实践意义。

（6）携带率，与感染率相似，根据携带病原体的不同又可分为带菌率、带毒率等。

二、动物传染病流行病学分析

动物传染病流行病学分析就是应用调查材料来揭露流行过程的本质和有关因素，将调查材料去粗取精、去伪存真，进行加工、整理、综合分析，得出流行过程的客观规律，并对有效措施作出正确的评价。流行病学调查为流行病学分析积累材料，而流行病学分析从调查材料中找出规律，同时又为下一次调查提出新的任务，以指导兽医防疫实践的不断完善。

自测训练

1. 解释名词：发病率　病死率
2. 简述到养殖场进行传染病流行病学调查与分析的方法。

学习情境2
动物传染病的综合防治措施

【知识目标】

1. 了解动物传染病检疫、隔离和封锁、治疗和淘汰、消毒、杀虫、灭鼠的基本内容。

2. 理解和掌握动物传染病综合防治的相关名词概念。

3. 掌握动物传染病的诊断方法和疫情报告。

4. 重点掌握动物传染病预防和扑灭的基本内容和原则。

【能力目标】

1. 会动物传染病病料的取材、送检以及动物尸体的处理方法。

2. 能识别常见的消毒剂并能根据消毒对象合理使用。

3. 能用各种免疫接种方法给动物免疫接种。

任务1　动物传染病综合防治的基本原则和内容

一、动物传染病综合防治的基本原则

(一)坚持"预防为主"的方针

在畜牧业发展过程中,搞好综合性防治措施是极其重要的。实践证明,只有做好饲养管理、防疫卫生、预防接种、检疫、隔离、消毒等综合性防治措施,提高动物健康水平和抗病能力,才可以有效地控制和杜绝疫病的传播和蔓延,降低发病率和死亡率,甚至避免传染病的发生。随着畜牧业的集约化发展,"预防为主"方针的重要性显得更加突出。在现代规模化畜牧业生产过程中,兽医工作的重点如果不放到群发病的预防方面,而是忙于患病动物的治疗,则势必造成发病率的持续上升,越治患病动物越多,工作完全陷入被动的局面,畜牧业生产也会受到严重影响。所以要改变重治轻防的传统观念,使我国的兽医防疫体系尽快与国际社会接轨。

(二)建立和健全各级防治机构

动物传染病综合防治工作是一项系统工程,它与农业、商业、外贸、卫生、交通等部门

都有密切的关系,只有依靠党和政府的统一领导、统一部署、全面安排,各部门密切配合,从全局出发,大力协作,建立、健全各级兽医防治机构,特别是基层兽医防治机构,才能有效及时地把兽医防治工作做好。同时应开展科普和科技推广工作,提高群众性科学饲养、防治水平,从根本上减少疫病的发生。

(三)认真贯彻执行国家有关的兽医法规

为了有效地预防和消灭动物疫病,保障畜牧业的健康发展和人民身体健康,国家颁布了《中华人民共和国进出境动植物检疫法》《中华人民共和国动物防疫法》《中华人民共和国传染病防治法》《重大动物疫情应急条例》《家畜家禽防疫条例》及《家畜家禽防疫条例的实施细则》等。这些法律法规对我国动物防疫工作的方针政策和基本原则作了明确而具体的规定,是兽医工作者做好动物传染病防治工作的法律依据。我们应当认真贯彻执行,以进一步推动我国畜牧业更快更好地发展。

二、动物传染病综合防治的基本内容

动物传染病的流行是由传染源、传播途径和易感动物3个环节相互联系而形成的一个复杂过程。因此,采取适当的措施来消除和切断3个环节间的相互联系,就可以阻止疫病的发生和传播。在采取防疫措施时,要根据每个传染病不同的流行特点,针对3个环节,区分轻重缓急,找出重点环节,采取有效措施,以便在最短的时间内以最少的人力、物力、财力预防和控制传染病的流行。如消灭猪瘟和新城疫等应以预防接种为重点措施,而预防和消灭猪气喘病则以控制病猪和带菌猪为重点措施。但必须清楚,任何单一措施都不是能有效控制传染病流行的,必须采取综合性防治措施,才可控制传染病的发生和传播。综合性防治措施可分为平时的预防措施和发生疫病时的扑灭措施两方面内容。

(一)平时的预防措施

平时的预防措施包括:

①加强饲养管理,提高动物机体的非特异性抗病能力。

②贯彻自繁自养的原则,实行"全进全出"的生产管理制度,减少疫病的传播。

③拟订和执行定期预防接种和补种计划,提高动物机体特异性抵抗力。

④搞好卫生消毒工作,定期杀虫、灭鼠、进行粪便无害化处理。

⑤认真贯彻执行国境检疫、运输检疫、市场检疫和屠宰检疫等各项工作,及时发现并消灭传染源。

⑥各地(省、市)兽医机构应调查当地疫情分布,组织相邻地区对动物传染病进行协作联防,有计划地进行消灭和控制,并防止外来疫病的侵入。

(二)发生疫情时的扑灭措施

发生疫情时的扑灭措施有:

①及时发现、诊断和上报疫情,并通知相邻单位和地区做好预防工作。

②迅速隔离患病动物,对污染的地方进行紧急消毒。若发现危害大的疫病,如口蹄疫、炭疽、高致病性禽流感等,应采取封锁、扑杀等综合性扑灭措施。

③实行紧急免疫接种,并对患病动物进行及时和合理的治疗。

④合理处理病死和被淘汰的患病动物。

以上各项预防和扑灭措施是相互联系、相互配合和相互补充的,其中重要内容将在以下各任务中分别进行讨论。

从流行病学的意义上来看,所谓疫病预防,是指采取一切手段将某种传染病排除在一个未受感染动物群之外的防治措施。所谓疫病控制,是指采取各种措施降低已经存在于动物群中某种传染病的发病率和死亡率,并将该种传染病限制在局部范围内。所谓疫病净化,是指通过采取检疫、消毒、扑杀或淘汰等措施,使某一地区或养殖场内的某种或某些动物传染病在限定时间内逐渐被清除的状态。所谓疫病消灭,是指在限定地区根除一种或几种病原体而采取多种措施的统称,通常也指动物疫病在限定地区被消灭的状态。只要认真采用一系列综合性防治措施,经过长期不懈的努力,在限定地区消灭某种动物传染病是完全能够实现的。

自测训练 ■

简述动物传染病综合防治的基本原则和内容。

任务2 动物传染病报告和诊断

一、动物传染病的报告

任何与动物及其产品生产、经营、屠宰、加工、运输等相关的单位或个人,都作为法定的动物疫情报告人,在发现动物传染病或疑似传染病时,必须立即报告当地动物防治机构或乡镇畜牧兽医站。特别是对我国法定的一类、二类、三类传染病,一定要迅速将发病动物种类、发病时间、地点、发病及死亡数、症状、剖检变化、怀疑病名及防治措施等情况详细上报有关部门,并通知邻近单位及有关部门注意预防工作。上级接到报告后,除及时派人到现场协助诊断和紧急处理外,还应根据具体情况逐级上报。若为紧急疫情,应以最迅速的方式上报有关领导部门。当动物突然死亡或怀疑发生传染病时,应立即报告动物防治监督机构,在兽医人员未到现场或未作出诊断前,应将疑似传染病的患病动物进行隔离并派专人管理,对患病动物污染的环境和用具进行严格消毒,患病动物尸体应保留完整,未经兽医检查同意不得擅自剖检,以便为疫病的准确、快速诊断提供材料,并防止病原体的扩散。

二、动物传染病的诊断

动物传染病发生后,及时正确的诊断是防治工作的前提。传染病的诊断方法很多,通常分为两类:一是临诊综合诊断,主要包括流行病学诊断、临床诊断、病理解剖学诊断等;二是实验室诊断,包括病理组织学诊断、病原学诊断和免疫学诊断等。这些方法各有特点,而且在建立诊断中的意义及所起的作用也各不相同,各有侧重,往往需要联合使用

才能确诊,因此实际应用时应根据不同传染病的具体特点,选择合适的方法,有时仅需采用其中的少数几种方法即可。

(一)临诊综合诊断

1. 流行病学诊断

流行病学诊断是在流行病学调查的基础上进行的,经常与临床诊断联系在一起的诊断方法。某些动物疫病的临床症状虽然非常相似,但其流行的特点和规律却很不一致。流行病学调查的内容或提纲按不同的疫病和需求而制订,一般应弄清下列问题:

(1)本次流行的情况。包括最初发病时间、地点,随后蔓延情况,目前疫情分布情况;疫区内动物的数量、分布及发病动物种类、品种、数量、年龄、性别,疫病传播速度和持续时间等;本次发病后是否进行过诊断,采取过哪些措施,效果如何;动物防疫情况,接种过哪些疫苗,疫苗来源,免疫方法和剂量,接种次数等;是否做过免疫监测,发病前有无饲养管理、饲料、用药、气候等变化或其他应激因素存在;计算发病率、死亡率和病死率等。

(2)疫情来源的调查。即本地过去曾否发生过类似的疫病? 何时何地? 流行情况如何? 是否经过确诊? 有无历史资料可查? 何时采取过何种防治措施? 效果如何? 如本地未发生过,附近地区是否发生过? 这次发病前,是否从其他地方引进动物、畜产品或饲料? 输出地有无类似的疫病存在? 是否有外来人员进入本场或本地区进行参观、访问或购销等活动,等等。

(3)传播途径和方式的调查。即本地各类有关动物的饲养管理方法,使役和放牧情况;牲畜流动、收购、调拨以及防疫卫生情况;运输检疫、市场检疫、屠宰检疫情况;病死动物处理情况;传播蔓延的因素,疫区的地理环境、植被和野生动物、节肢动物分布和活动情况,它们与疫病的发生和蔓延传播有无关系等。

(4)该地区的政治、经济基本情况,包括群众生产和生活活动情况及特点,畜牧兽医机构和工作情况,当地领导、干部、兽医、饲养员和群众对疫情的看法等。

以上调查不仅可给流行病学诊断提供依据,而且也能为拟订防治措施提供重要依据。

2. 临床诊断

患病动物通常都表现出一系列临床症状,有些症状属于该病的特征性表现,有些症状可能是一些传染病或病因的共同表现。临床诊断的方法是利用人的感官或借助一些简单的诊疗器械如体温计、听诊器等,直接检查和记录患病动物的异常表现。检查内容通常包括血、尿、粪的常规检查,患病动物的精神、食欲、呼吸、脉搏、体温、体表及被毛变化,分泌物和排泄物特性,呼吸系统、消化系统、泌尿生殖系统、神经系统、运动系统及五官变化等。检查方法包括视诊、听诊、问诊和触诊等。

对那些表现出特征性症状的传染病(如破伤风、猪气喘病等),经过仔细的临床检查,一般不难作出诊断。但对大部分传染病,光凭临床症状是较难作出诊断的,如病初未出现特征性症状的病例、慢性混合感染的病例。同时还要考虑到同一种临床表现可能由不同的病因引起。因此,临床诊断一般只能提出诊断的大致范围,必须结合其他诊断方法才能确诊。在进行临诊时,一般应先观察群体的综合症状,再加以分析和判断,不能单凭个别或少数病例的临诊表现便草率地下结论。

3.病理解剖学诊断

多数患传染病动物都会表现出特有的病理剖检变化,这是传染病的重要特征,也是诊断传染病的重要依据之一。通过鉴别患病动物的病理变化,一方面可以证实临床诊断,另一方面根据某些病例特征性的病理变化可以直接得出快速、确定的诊断,如急性猪瘟、猪气喘病、鸡新城疫、鸭瘟、禽霍乱、牛肺疫等。有些患病动物,如最急性型死亡的病例、非典型病例、患病早期病例,往往缺乏特征性病变,因此,应选择症状较典型、病程长、未经治疗的自然死亡病例进行剖检。每种传染病的所有病理变化不可能在每一个病例身上都表现出来,因此应剖检尽可能多的病例。

与临床诊断方法相似,有时同样的病理变化可见于不同的疫病,因此在大多数情况下病理解剖学诊断只能作为缩小可疑疫病范围的手段,必须结合其他诊断方法才能确诊。

(二)实验室诊断

1.微生物学诊断

微生物学诊断是指应用兽医微生物学的方法检查病原微生物,是诊断动物传染病的重要方法之一。在进行微生物学诊断时,正确地采集病料并进行包装和送检是微生物学诊断的重要环节。病料力求新鲜,尽量在濒死期或死后数小时内采集。采集病料时应注意无菌操作,防止污染,用具、器皿等应尽可能消毒。根据所怀疑病的类型和特性来采集含病原体多、病变较明显的脏器或组织,如猪瘟病例,可采集淋巴结和脾脏;鸡新城疫和鸭瘟可取整个头部、肝和脾;水疱病可取水疱液或水疱皮;痘病可取痘痂;结核病可取结核病灶等。对于缺乏临床资料、流行病学资料、剖检又无明显病变,难以提出怀疑病种时,应按败血症动物传染病较全面地取肝、脾、胃、肺、血液、脑及淋巴结等。特别需要注意的是怀疑为炭疽者则禁止剖检,只割取一只耳朵即可,且局部要彻底消毒。常用微生物学诊断方法如下:

(1)病料涂片镜检。通常在有显著病变的不同组织器官和不同部位涂抹数片,进行染色镜检。此法对于一些具有特征性形态的病原微生物如炭疽杆菌、巴氏杆菌等可以迅速作出诊断,但对大多数动物传染病来说,只能提供进一步检查的依据或参考。

(2)分离培养和鉴定。用人工培养方法将病原体从病料中分离出来。细菌、真菌、螺旋体等可选择适当的人工培养基,病毒可先用动物或组织培养等方法分离培养,分得病原体后,再进行形态学、培养特性、动物接种及免疫学试验等方法作出鉴定。

(3)动物接种试验。通常选择对该种动物传染病病原体最敏感的动物进行人工感染试验。将病料用适当的方法进行人工接种,然后根据不同动物的致病力、症状和病理变化特点来帮助诊断。当实验动物死亡或经一定时间杀死后,观察体内变化,并采取病料进行涂片检查和分离鉴定。

一般应用的实验小动物有家兔、小鼠、豚鼠、仓鼠、家禽、鸽子等,在实验小动物对该病原体无感受性时,可以采用有易感性的大动物进行试验,但费用大,而且需要严格的隔离条件和消毒措施,因此只有在非常必要和条件许可时才能进行。

从病料中分离出微生物,虽是确诊的重要依据,但也应注意动物的“健康带菌”现象,其结果还需与临床及流行病学、病理变化结合起来进行分析。有时即使没有发现病原

体,也不能完全否定该种动物传染病的诊断,因为任何病原学方法都存在有漏检的可能。

2. 免疫学诊断

(1)血清学试验。可以用已知抗原来测定被检动物血清中的特异性抗体,也可以用已知抗体来测定被检材料中的抗原。血清学试验有中和试验、凝集试验、沉淀试验、溶细胞试验、补体结合试验以及免疫荧光试验、免疫酶技术、放射免疫测定和单克隆抗体等。

(2)变态反应诊断。该诊断是将变应原接种动物后,在一定时间内通过观察动物明显的局部或/和全身性反应进行判断。如结核病、布氏杆菌、鼻疽等病的诊断。

3. 分子生物学诊断

分子生物学诊断又称基因诊断。主要是针对不同病原微生物所具有的特异性核酸序列和结构进行测定。在传染病诊断方面,具有代表性的技术主要有三大类:核酸探针、PCR 技术和 DNA 芯片技术。

4. 病理组织学诊断

病理组织学诊断是指用生物显微镜观察组织学病变。有些动物传染病的病理变化仅靠肉眼很难作出判断,还需做病理组织学检查才有诊断价值,例如牛海绵状脑病和肿瘤等。有些病还需要检查特定的组织器官,如狂犬病应取脑海马角组织进行包涵体检查。

【技能训练】　病料的取材、送检及尸体处理

一、训练目标

学会被检病料的取材、包装、送检和记录;掌握尸体处理方法。

二、训练用设备和材料

刀、剪、镊子、器皿、软木塞、橡皮塞、载玻片、注射器和针头、3.8%柠檬酸钠、福尔马林、30%甘油缓冲溶液、50%甘油缓冲盐水、5%石碳酸水、饱和盐水等。

三、训练内容及方法

(一)病料的采取

1. 解剖前检查

凡发现患畜有急性死亡时,未解剖之前,先进行检查,如怀疑是炭疽时,则不可随意解剖,可采取患畜的末梢血管的血液抹片染色镜检,检查是否有炭疽杆菌存在。只有在确定不是炭疽后,方可进行剖检。

2. 取材时间

内脏病料的采取,须于患畜死后立即进行,最好不超过 6 h,否则侵入其他细菌,尸体易于腐败,影响病原体的检出。

3.器械的消毒

刀、剪、镊子、器皿、橡皮塞、载玻片、注射器和针头等用具和器械,使用前均需经过灭菌处理并妥善保存。采取一种病料,使用一套器械与容器,不可混用。

4.病料采取

采取病料应根据不同的传染病,有目的地采取脏器或内容物。在无法估计是何种疫病时,可进行全面采取。为了避免污染杂菌,检查病变应待取材完毕后再进行。

（1）脓汁。用灭菌注射器或吸管抽取或吸出脓肿深部的脓汁,置于灭菌试管中。若为开口的化脓灶或鼻腔时,则用无菌棉签浸蘸后,放在灭菌试管中。

（2）淋巴结及内脏。将淋巴结、肺、肝、脾及肾等有病变的部位尽可能采取 $1 \sim 2 \ cm^3$ 的小方块,分别置于灭菌试管或平皿中。若为供病理组织切片的材料,应将典型病变部分及相连的健康组织一并切取,组织块的大小约 $2 \ cm^3$ 左右,同时要避免使用金属容器,尤其是当病料供色素检查时（如马传贫、马脑炎及焦虫病等）,更应注意。

（3）血液。血液包括:①血清。以无菌操作吸取血液 10 mL,置于灭菌试管中,待血液凝固析出血清后,吸出血清置于另一灭菌试管内,如供血清学反应时,可于每毫升中加入 5% 石碳酸水溶液 $1 \sim 2$ 滴。②全血。采取 10 mL 全血,立即注入盛有 3.8% 柠檬酸钠 1 mL 的灭菌试管中,搓转混合片刻后即可。③心血。通常在右心房处采取,先用烧红的铁片或刀片烙烫心肌表面,然后用灭菌的手术刀自烙烫处刺一小孔,再用灭菌吸管或注射器吸出血液,盛于灭菌试管中。

（4）乳汁。乳房先用消毒药水洗净,最初所挤的 $3 \sim 4$ 股乳汁弃去,然后再采集 10 mL 左右乳汁于灭菌试管中。若仅供显微镜直接染色检查,则可于其中加入 0.5% 的福尔马林液。

（5）胆汁。先用烧红的刀片或铁片烙烫胆囊表面,再用灭菌吸管或注射器刺入胆囊内吸取胆汁,盛于灭菌试管中。

（6）肠。用烧红刀片或铁片将欲采取的肠表面烙烫后穿一小孔,持灭菌棉签插入肠内采取肠管黏膜或其内容物。亦可用线扎紧一段肠道（约 6 cm）两端,然后将两端切断,置于灭菌器皿内。

（7）皮肤。取大小约 10 cm^2 的皮肤一块,保存于 30% 甘油缓冲溶液中,或 10% 饱和盐水溶液中,或 10% 福尔马林液中。

（8）胎儿。将流产后的整个胎儿用塑料薄膜、油布或数层不透水的油纸包紧,装入木箱内,立即送往实验室。

（9）小家畜及家禽。将整个尸体包入不透水塑料薄膜、油纸或油布中,装入木箱内,送往实验室。

（10）骨头。需要完整的骨头标本时,应将附着的肌肉和韧带等全部除去,表面撒上食盐,然后包于浸过 5% 石碳酸水或 0.1% 升汞液的纱布或麻布中,装于木箱内送到实验室。

（11）脑、脊髓。如采取脑、脊髓作病毒检查,可将脑、脊髓浸入 50% 甘油盐水液中或将整个头部割下,包入浸过 0.1% 升汞液的纱布或油布中,装入木箱或铁桶中送检。

（12）供显微镜检查用的脓、血液及黏液抹片。可用载玻片制成涂片、组织块制成触片,然后在两块玻片之间靠近两端处各放一根火柴或牙签以防两张玻片发生接触,以此类推,可重叠放置多张,最后用细线缠住,用纸包好。每片应注明号码,并附说明。

(二)病料的保存

病料采取后应采取适当的方法,使其保持在新鲜或接近新鲜状态,利于检查。

(1)细菌检验病料。脏器组织一般用灭菌的液状石蜡、30%甘油缓冲盐水或饱和氯化钠溶液来保存病料;液体病料可装在封闭的毛细管或试管中保存。

(2)病毒学检验材料。脏器组织一般使用50%甘油缓冲盐水进行保存。

(3)血清学检验材料。从发病动物无菌采取血液,析出血清注入灭菌试管中,4 ℃或－15 ℃保存备用。

(4)病理组织学检查材料。用10%福尔马林溶液或95%酒精等固定。严寒季节为防止病料冻结,可将上述固定好的病料放入甘油和10%福尔马林溶液等量混合液中保存。

(5)几种保存剂的配制方法:

①30%甘油缓冲盐水溶液。纯中性甘油30 mL、氯化钠0.5 g、碱性磷酸钠1 g、0.02%酚红1.5 mL,将以上4种药物混匀后加中性蒸馏水至100 mL,高压灭菌30 min备用。

②50%甘油缓冲盐水溶液。氯化钠2.5 g、酸性磷酸钠0.46 g、碱性磷酸钠10.74 g,将以上3种药物溶于100 mL中性蒸馏水中,加纯中性甘油150 mL、中性蒸馏水50 mL,混合分装后,高压灭菌30 min备用。

③10%福尔马林溶液。取福尔马林溶液10 mL加入蒸馏水90 mL即成。

④饱和食盐水溶液。纯氯化钠38～39 g、蒸馏水100 mL,将氯化钠充分搅拌溶解后,用滤纸过滤,高压灭菌后备用。

⑤鸡蛋生理盐水溶液。先将新鲜鸡蛋的表面用碘酒消毒,然后打开将内容物倾入灭菌的三角瓶中,按全蛋9份加入灭菌生理盐水1份,摇匀后用灭菌纱布过滤,然后加热至56～58 ℃,持续30 min,第2天及第3天按上法再加热1次,即可应用。

(三)病料的记录、包装和运送方法

装病料的容器要一一标号,详细记录,并附病料送检单。病料包装容器要牢固,做到安全稳妥,对于危险材料、怕热或怕冻的材料要分别采取措施。一般病原学检验的材料怕热,应放入加有冰块的保温瓶或冷藏箱内送检,如无冰块,可在保温瓶内放入氯化铵450～500 g,加水1 500 mL,上层放病料,这样能使保温瓶内保持0 ℃达24 h。供病理学检验的材料放在10%福尔马林溶液中,不必冷藏。包装好的病料要尽快运送,长途以空运为宜。

(四)尸体的处理

1.尸体的运送

尸体运送前,工作人员应穿戴工作服、口罩、风镜、胶鞋及手套。运送尸体应用特制的运尸车(车的内壁衬钉铁皮,以防漏水)。装车前应将尸体各天然孔用蘸有消毒液的湿纱布、棉花严密填塞,小动物和禽类可用塑料袋盛装,以免流出粪便、分泌物、血液等污染周围环境。在尸体躺过的地方,应用消毒液喷洒消毒,如为土壤地面,应铲去表层土,连同尸体一起运走。运送过尸体的用具、车辆应严加消毒,工作人员用过的手套、衣物及胶鞋等亦应进行消毒。

2. 处理尸体的方法

（1）掩埋法。这种方法虽不够可靠，但比较简单，所以在实际工作中仍常应用。此法有以下步骤：

①地址的选择。选择远离住宅、农牧场、水源、草原及道路的僻静地方；土质宜干而多孔（沙土最好），以便尸体加快腐败分解；地势高、地下水位低，并避开山洪的冲刷。

②挖坑。坑的长和宽度以能容纳侧卧之尸体即可，从坑沿到尸体表面不得少于 $1.5 \sim 2$ m。

③掩埋。坑底铺以 $2 \sim 5$ cm 厚的石灰，将尸体放入，使之侧卧，将污染的土层、捆尸体的绳索抛入坑内，然后再铺 $2 \sim 5$ cm 厚的石灰，填土夯实。尸体掩埋后，上面应做 0.5 m 高的堆土。

（2）焚烧法。可在焚尸炉或焚尸坑中进行。焚尸坑有以下几种：

①十字坑。按十字形挖两条沟，沟长 2.6 m、宽 0.6 m、深 0.5 m。在两沟交叉处坑底堆放干草和木柴，沟沿横架数条粗湿木棍，将尸体放在架上，在尸体的周围及上面再放上木柴，然后在木柴上倒以煤油，并压以砖瓦或铁皮，从下面点火，直到把尸体烧成黑炭为止，并把它掩埋在坑内。

②单坑。挖一长 2.5 m、宽 1.5 m、深 0.7 m 的坑，将取出的土堆在坑沿的两侧。坑内用木柴架满，坑沿横架数条粗湿木棍，将尸体放在架上，之后处理如①法。

③双层坑。先挖一长、宽各 2 m，深 0.75 m 的大沟，在沟的底部再挖一长 2 m、宽 1 m、深 0.75 m 的小沟，在小沟沟底铺以干草和木柴，两端各留出 $18 \sim 20$ cm 的空隙，以便吸入空气，在小沟沟沿横架数条粗湿木棍，将尸体放在架上，之后处理如①法。

（3）化制法。这是一种较好的尸体处理方法，因为它不仅能对尸体做到无害化处理，还能保留有价值的畜产品，如工业用油脂及骨、肉粉。此法要求在有一定设备的化制厂进行。化制尸体时，对烈性传染病如鼻疽、炭疽、气肿疽、羊快疫等病畜尸体可用高压灭菌，对于普通传染病可先切成 $4 \sim 5$ kg 的肉块，然后在水锅中煮沸 $2 \sim 3$ h。

（4）发酵法。这种方法是将尸体抛入专门的尸体坑内，利用生物热的方法将尸体发酵分解以达到消毒的目的。尸坑应选择远离住宅、农牧场、草原、水源及道路，圆井形，深 $9 \sim 10$ m，直径 3 m，坑壁及坑底用不透水材料做成（可用水泥或涂以防腐油的木料）。坑口高出地面约 30 cm，坑口有盖，盖上有小的活门（平时落锁），坑内有通气管。如有条件，可在坑上修一小屋。坑内尸体可以堆到距坑口 1.5 m 处。经 $3 \sim 5$ 个月后，尸体完全腐败分解，此时可以挖出作肥料。

自测训练

一、知识训练

1. 流行病学诊断应弄清哪些问题？
2. 简述传染病的实验室诊断方法。

二、技能训练

动物传染病病料的取材、送检以及动物尸体的处理方法。

任务3 检 疫

检疫就是指用各种诊断方法,对动物及其产品进行某些规定传染病的检查,并采取相应的措施防止传染病的发生和传播。检疫是一项重要的防治措施,不仅发生传染病时在疫区要进行检疫,在没有发生传染病时也要进行经常性的检疫。检疫的目的是加强兽医监督工作,防止动物传染病传入或传出,直接保护畜牧业生产的发展和人民身体健康,维护境外贸易信誉。

检疫的对象包括家畜、家禽、皮毛兽、实验动物、野生动物、蜜蜂、鱼苗、鱼种;生皮张、生毛类、生肉、脏器、血液、种蛋、鱼粉、兽骨、蹄角;运输动物及其产品的车船、飞机以及包装、铺垫材料、饲养工具和饲料等。

检疫的动物传染病很多,但并不是所有的传染病都列入检疫对象,主要是我国尚未发生而国外常发生的动物疫病、烈性传染病、危害较大或目前防治有困难的疫病、人兽共患的动物疫病和国家规定及公布的检疫对象,此外,两国签订的有关协定和贸易合同中规定的某些疫病,以及各地根据实际情况补充规定的某些疫病均可列入检疫对象。我国农业部公布的动物疫病病种名录共计116种,其中传染病95种,寄生虫病21种。

根据动物及其产品的动态和运转形式,动物检疫可分为以下3种类型:

一、产地检疫

产地检疫是指在动物生产地区的检疫,可分为以下3类:

(一)集市检疫

集市检疫主要是在集市上对饲养出售的动物进行检疫。到集市出售动物,必须持有由当地检疫部门发放的检疫合格证。禁止患病动物及危害人和动物健康的肉食品上市,发现患病动物则进行隔离、消毒、治疗或扑杀处理,对未预防接种的动物进行预防接种。

(二)收购检疫

收购检疫是指任何个人或集体出售动物时,由收购部门与当地检疫部门配合进行的检疫。收购检疫直接影响中转、运输和屠宰前的发病率和病死率。

(三)屠宰场检疫

屠宰场检疫是指动物屠宰前后所进行的检疫。

二、运输检疫

运输检疫是指对通过铁路、公路、水路、航空运输的动物及其产品的检疫。

(一)铁路检疫

铁路检疫主要是铁路动物检疫部门对托运的动物及其产品进行检验,并查验产地(或市场)签发的检疫证明,证明动物健康才能托运。

(二)交通要道检疫

交通要道检疫是指水路、陆路或空中运输的各种动物及其产品,在起运前必须经过兽医检疫,认为合格并签发检疫证明,方可允许委托装运。一般在动物运输频繁的车站、码头等交通要道上设立检疫站,负责动物检疫工作。

三、国境检疫

国境口岸检疫可分为以下4类:

(一)进出境检疫

进出境检疫是对贸易性的动物及其产品在进出国境口岸时进行的检疫。只有对动物及其产品经过检疫而未发现检疫对象(国家规定应检疫的传染病)时,方准进入或输出。如发现由国外运来的动物及其产品有检疫对象时,应根据疾病性质,将患病动物及可疑患病动物就地烧埋、屠宰肉用或进行治疗、消毒处理等,必要时可封锁国境线的交通。我国规定,凡从国外输入动物及其产品,必须在签订进口合同前,向对方提出检疫要求。运到国境时,由国家兽医检疫机关按规定进行检查,合格的方准输入。输出的动物及其产品,由检疫机构按规定进行检疫,合格的发给"检疫证明书",方准输出。

(二)旅客携带动物检疫

旅客携带动物检疫是对进入国境的旅客、交通员工携带或托运的动物及其产品的现场检疫。

(三)国际邮包检疫

国际邮包检疫是对邮寄入境的动物产品经检疫如发现检疫对象时,必须进行消毒处理或销毁,并分别通知邮局和收寄人。

(四)过境检疫

过境检疫是对载有动物及其产品的列车等通过我国国境时,对其进行的检疫和处理。

自测训练 ●━━━━━━━━━━━━━━━━

简述动物检疫的对象和类型。

任务4 隔离和封锁

一、隔 离

在发生传染病时,将患病的和可疑感染的动物进行隔离是防治传染病的重要措施之一。其目的是为了控制传染源,便于管理消毒,阻断流行过程,防止健康动物继续受到传染,以便将疫情控制在最小范围内就地消灭。因此,在发生传染病时,应首先查明疫病的蔓延程度,逐头检查临诊症状,必要时进行血清学和变态反应检查,同时要注意检查工作不能成为散播传染的因素。根据检疫结果,将全部受检动物分为患病动物、可疑感染动

物和假定健康动物等3类,以便区别对待。

(一)患病动物

患病动物包括有典型症状或类似症状,或其他特殊检查呈阳性的动物。它们是最主要的传染源,应选择不易散播病原微生物、消毒处理方便的场所进行隔离。如果患病动物数量较多,可集中隔离在原来的动物舍里。应特别注意严密消毒,加强卫生和护理工作,必须有专人看管并及时治疗。没有治疗价值的动物,由兽医人员根据国家有关规定进行严密处理。隔离场所禁止闲杂人等和动物出入、接近。工作人员出入应遵守消毒制度。隔离区内的饲料、物品、粪便等,未经彻底消毒处理,不得运出。

(二)可疑感染动物

可疑感染动物是指未发现任何症状,但与患病动物及其污染环境有过明显接触的动物,如同群、同圈、同槽、同牧以及使用共同的水源、用具等。这类动物有可能处在潜伏期,并有排菌(毒)的危险,应在消毒后另选地方将其隔离、看管,限制其活动,详细观察,出现症状的则按患病动物处理。有条件时应立即进行紧急免疫接种或预防性治疗。隔离观察时间的长短,可根据该病潜伏期的长短而定,经一定时间不发病者,可取消其限制。

(三)假定健康动物

假定健康动物是指无任何症状,也未与上述两类动物明显接触,但却在疫区内的易感动物。对这类动物应采取保护措施,严格与患病动物和可疑感染动物分开饲养管理,加强防疫消毒,立即进行紧急接种和药物预防。必要时可分散喂养或转移至偏僻牧地。

二、封 锁

当发生某些重要传染病时,把疫源地封闭起来,防止疫病向安全区散播和健康动物误入疫区而被传染,以达到保护其他地区动物的安全和人的健康,把疫病迅速控制在封锁区之内和集中力量就地扑灭的目的。根据《中华人民共和国动物防疫法》的规定,当确诊为一类疫病或当地新发现的动物传染病时,当地县级以上人民政府畜牧兽医行政管理部门应当立即派人到现场,划定疫区范围,及时报请同级人民政府发布疫区封锁令进行封锁,并将疫情等情况逐级上报有关畜牧兽医行政管理部门。执行封锁时应按照"早、快、严、小"的原则,即执行封锁在流行早期,行动要果断迅速,封锁要严密,范围不宜过大。封锁区的划分,必须根据该病的流行规律特点、疫病流行的具体情况和当地的具体条件进行充分研究,确定疫点、疫区和受威胁区。封锁区内外应采取以下措施:

(一)封锁线应采取的措施

在封锁线应采取的措施包括在封锁区的边缘设立明显标志,指明绕道路线,设置监督岗哨,禁止易感动物通过封锁线。在必要的交通路口设立检疫消毒站,对必须通过的车辆、人员和非易感动物进行消毒。

(二)疫点应采取的措施

①严禁人、动物、车辆出入和动物产品及可能污染的物品运出。在特殊情况下,人员必须出入时,需经有关兽医人员许可,经严格消毒后方可出入。

②对病死动物及其同群动物,县级以上农牧部门有权采取扑杀、销毁或无害化处理等措施。疫点出入口必须有消毒设施,疫点内用具、圈舍、场地必须进行严格消毒。

③疫点内的动物粪便、垫草、受污染的草料等必须在兽医人员监督指导下进行无害化处理。做好杀虫、灭鼠工作。

(三)疫区应采取的措施

①交通要道必须建立临时性检疫消毒哨卡,备有专人和消毒设备,监视动物及其产品移动,对出入人员、车辆进行消毒。

②停止集市贸易和疫区内动物及其产品的采购。

③禁止运出污染草料。未污染的动物产品必须运出疫区时,需经县级以上农牧部门批准,在兽医防疫人员监督指导下,经外包装消毒后运出。

④非疫点的易感动物必须进行检疫或预防注射,农村、城镇饲养的动物必须圈养,牧区动物与放牧水禽必须在指定牧场放牧,役用动物限制在疫区内使役。

(四)受威胁区应采取的措施

①采取预防措施,易感动物及时进行免疫接种,以建立免疫带。

②易感动物不许进入疫区,不饮从疫区流过的水。

③禁止从疫区购买动物、草料和动物产品。

④注意对解除封锁后不久的地区买进的动物或其产品进行隔离观察,必要时对动物产品进行无害处理。对处于受威胁区内的屠宰场、加工厂、动物产品仓库进行兽医卫生监督。

(五)解除封锁

解除封锁是指疫区内最后一头患病动物扑杀或痊愈后,经过该病一个潜伏期以上的检测、观察,未再出现患病动物,经终末消毒,由县级以上畜牧兽医行政管理部门检查合格后,经原发布封锁令的政府发布解除封锁,并通报毗邻地区和有关部门。疫区解除封锁后,病愈动物需根据其带菌(毒)时间,控制在原疫区范围内活动,不能将它们调到安全区去。

自测训练

某个猪场发生了猪瘟,应制订哪些具体隔离和封锁措施?

任务5 动物传染病病畜的淘汰和治疗

一、动物传染病病畜的淘汰

动物传染病病畜的淘汰,是综合性防治措施中的一个组成部分,既消除了传染源,又能减少不必要的损失。发生动物传染病后,除对疫点和疫区要进行随时消毒等外,还要合理而及时地处理因传染病死亡的动物尸体和淘汰病畜。否则会污染外界环境,引起人

和动物发病。从流行病学观点来看,无治疗价值或当病畜对周围的人畜有严重威胁时,可以淘汰宰杀。尤其是当某地传入一种过去从未发生过及危害性较大的新病时,为了防止疫病蔓延扩散,造成难以收拾的局面,应在严密消毒的情况下将病畜淘汰处理掉。

具体方法见"技能训练"病料的取材、送检及尸体处理。

二、动物传染病病畜的治疗

动物传染病的治疗是综合性防治措施中的一个组成部分。一方面是为了挽救患病动物,减少损失,另一方面,在某种情况下,也是为了消除传染源。传染病的治疗与普通病不同,特别是那些流行性强、危害严重的传染病,必须在严密封锁或隔离的条件下进行,务必防止患病动物散播病原,造成疫情蔓延。治疗原则是:早期治疗,标本兼治,特异和非特异性治疗相结合,药物治疗与综合措施相配合。治疗、用药时坚持因地制宜、勤俭节约。既要考虑针对病原体,消除其致病作用,又要帮助动物机体增强一般抗病能力和调整、恢复生理机能,采取综合性的治疗方法。

治疗用药方面要做到注意药物的适应症,合理使用,有的放矢;掌握剂量,既要做到用药足量,保证疗效,又要防止用药过量引起中毒;疗程要足,避免频繁换药,否则药物在血液中达不到有效浓度,难以取得应有疗效;对于抗菌药物应定期更换,穿梭用药,不宜长期使用一种药物,以免产生耐药菌株;既要注意联合用药,又要避免药物种类过多造成浪费或药物中毒,或药物间发生颉颃作用。

(一)针对病原体的疗法

1. 特异性疗法

特异性疗法是指应用针对某种传染病的高免血清、痊愈血清(或全血)、卵黄抗体等特异性生物制品进行治疗。血清治疗时,一般在诊断确实的基础上于病程早期注射足够剂量的高免血清,常能取得良好的疗效。如缺乏高免血清,可用耐过动物或人工免疫动物的血清或血液代替,也可起到一定的作用,如果使用异种动物血清,应特别注意防止过敏反应的发生。

2. 抗生素疗法

抗生素为细菌性传染病的主要治疗药物,但要合理地应用,不能滥用。不合理地应用或滥用抗生素往往会引起种种不良后果。一方面可能使敏感病原微生物对药物产生耐药性,另一方面可能对机体引起不良反应,甚至导致中毒。故应注意以下问题:

(1)掌握抗生素的适应症。抗生素各有其主要适应症,可根据临诊诊断,估计致病菌种,选用适当药物。最好以分离的病原菌进行药敏试验,选择敏感的药物用于治疗。

(2)要考虑到用量、疗程、给药途径、不良反应、经济价值等问题。开始剂量宜大,以后再根据病情酌减用量;疗程应根据疾病的类型、患病动物的具体情况而定,急性病例,可于感染控制后 3 d 左右停药;用药途径最好根据药物的特点及疫情和病情特点来确定。

(3)不要滥用。用量大,一是造成浪费,二是易引起中毒;用量不足易导致耐药菌株的出现。抗生素对病毒性传染病无效,一般不宜应用。此外,食用动物在屠宰前一定时间内不准使用抗生素等药物治疗,因为这些药物在动物产品中的残留会对人类产生危害。

（4）抗生素的联合应用。联合应用时有可能通过协同作用增进疗效,如青霉素与链霉素的合用可表现协同作用。但是,不适当的联合使用(如土霉素与链霉素合用)常产生对抗作用,不仅不能提高疗效,反而可能影响疗效,并增加了细菌与多种抗生素的接触机会,更易产生耐药性。

3. 化学疗法

使用化学药物帮助动物机体消灭或抑制病原体的治疗方法称为化学疗法。

（1）磺胺类药物。这是一类化学合成的抗菌药物,可抑制大多数革兰氏阳性菌和部分阴性细菌,对放线菌和一些大型病毒以及某些原虫(如球虫、弓形虫等)也有一定的作用。磺胺类药可分为:全身感染用药,如磺胺甲基异恶唑(SMZ)、磺胺嘧啶(SD);肠道用磺胺,如磺胺脒(SG)、酞磺噻唑(PST),这类药肠道吸收很少;外用磺胺,如磺胺嘧啶银(SD-Ag)、磺胺醋酰钠(SA)等。

（2）抗菌增效剂。这是一类合成的广谱抗菌增效剂,与磺胺类并用,能显著增加疗效,曾称为磺胺增效剂,后来发现这类药物亦能大大增加某些抗生素的疗效,故现称抗菌增效剂。临床常用的抗菌增效剂有三甲氧苄氨嘧啶(TMP)和二甲氧苄氨嘧啶(DVD)等。

（3）硝基呋喃类。本类药物是合成的广谱抗菌药物。可对抗多种革兰氏阴性及阳性细菌及抗球虫作用。常用的有呋喃坦啶(呋喃妥因),本品价廉,使用方便,多数细菌对本类药物不易产生耐药性,但有一定毒性。呋喃唑酮已被淘汰,禁止使用,应予注意。

（4）喹诺酮类。是一类新的合成抗菌药物,可以口服,抗菌谱广,对革兰氏阴性菌和阳性菌均有良好抗菌效果。对厌氧微生物和分枝杆菌也有良好作用。根据喹诺酮的发明先后及抗菌性能不同,又分为一、二、三代,如诺氟沙星(氟哌酸)、环丙沙星、恩诺沙星(乙基环丙沙星)、沙拉沙星等。

（5）其他药物。黄连素、大蒜素等属中药抗菌药,这些药物抗菌谱广,抗菌活性强,多用于动物肠道感染。异烟肼(雷米封)等对结核病有一定疗效。

4. 抗病毒药物

抗病毒感染的药物近年来有所发展,但仍远较抗菌药物为少,毒性一般也较大。目前已有下列几种药物用于人及动物病毒感染的预防和治疗,如金刚烷胺、利巴韦林、吗啉胍、阿昔洛韦等西药产品;黄芪多糖、板蓝根、大青叶、植物血凝素、糖萜素等中药或中药提取物;干扰素等。

（二）针对动物机体的疗法

在动物传染病的治疗工作中,既要帮助机体消灭或抑制病原体,消除其致病作用,又要帮助机体增强自身抵抗力,调整、恢复生理机能,促使机体战胜疫病,恢复健康。

（1）加强护理。患病动物护理工作的好坏,直接关系到治疗的效果,是治疗工作的基础。传染病患病动物的治疗,应在严格隔离的畜舍中进行,冬季应注意防寒保暖,夏季注意避暑降温。隔离舍必须光线充足,通风良好,并有单独的畜栏,防止患病动物彼此接触。应保持安静、干爽、清洁,随时消毒。给予可口、新鲜、柔软、优质、易消化的饲料,饮水要充足。

（2）对症疗法。指在传染病的治疗中,为了减缓或消除某些严重的症状,调节和恢复动物机体的生理机能而采取的方法。如使用退热、止痛、止血、镇静、兴奋、强心、利尿、清泻、止泻、防止酸中毒和碱中毒、调节电解质平衡等药物以及某些急救手术和局部治疗等。

（3）针对群体的治疗。目前集约化饲养规模日益扩大，在大的饲养场，传染病的危害更为严重。除对患病动物进行护理和对症疗法之外，主要是针对整个群体的紧急预防性治疗。除使用药物外，还需紧急注射疫苗、血清等。

自测训练 ■

动物传染病的治疗应注意哪些问题？

任务6 消毒、杀虫、灭鼠

一、消　毒

（一）消毒的种类

根据消毒的目的及所进行的时机，消毒可分为以下三类：

（1）预防消毒。结合平时的饲养管理对动物圈舍、场地、用具和饮水等进行定期消毒，以达到预防一般传染病发生的目的。此类消毒一般3 d进行一次，每1~2周还要进行一次全面大规模的消毒。

（2）随时消毒。在发生传染病时，为了及时消灭刚从患病动物体内排出的病原微生物而进行的不定期消毒。消毒的对象包括患病动物所在的厩舍、隔离场地、患病动物的分泌物、排泄物以及可能被污染的一切场所、用具和物品。通常在疫区解除封锁前，应定期多次消毒，患病动物隔离舍应每天消毒2次或随时消毒。

（3）终末消毒。在患病动物解除隔离、转移、痊愈或死亡后，或者在疫区解除封锁之前，为了消灭疫区内可能残留的病原微生物所进行的全面彻底的大消毒。

（二）消毒的方法

1. 机械清除法

机械清除法是指通过清扫、洗刷、通风、过滤等机械方法清除病原微生物。但机械清除不能达到彻底消毒的目的，必须配合其他消毒方法进行。

2. 物理消毒法

物理消毒法是指用阳光、紫外线、干燥、高温等物理方法杀灭病原微生物。

（1）阳光。阳光是太阳辐射的各种射线（红外线、紫外线、可见光）的总和。日光中的紫外线是日光杀菌的主要因素。阳光的灼热和蒸发水分可使物质干燥，微生物因缺水而使生长繁殖被抑制。直射阳光有很强的杀菌作用，许多细菌的繁殖体，在日光下直射半小时至数小时即可死亡。芽孢对日光的抵抗力较繁殖体强大得多，许多芽孢在日光下照射20 h才发生死亡。日光的杀菌效果因地、因时及环境不同而不同。

（2）紫外线。紫外线是指波长在210~328 nm范围内的射线，波长在265 nm的紫外线因接近 DNA 的吸收光谱,其杀菌力最强。汞蒸汽灯(紫外灯)在电极激发下发射的紫外线的波长为 253.7 nm,接近紫外线的最佳杀菌波长,因此紫外灯照射是常用的消毒灭菌方法之一。

紫外线对各种物体的穿透能力很弱,仅适应于室内空气和物体表面的消毒,如实验室、无菌室、手术室等的消毒。紫外线的杀菌效果除与紫外线的波长、强度、照射距离和照射时间有关外,还与微生物的种类、数量、环境的温度、湿度、介质性质等因素有关。用于室内空气消毒时,一般按 $10 \sim 15 \ m^2$ 安装 30 W 紫外灯管 1 支,照射 30 min 可杀死空气中的微生物。对物体表面消毒时,灯管离物体表面的距离不宜超过 1 m,紫外灯管的有效消毒区为光源周围 $1.5 \sim 2 \ m$,所需时间约 30 min。

(3)高温。高温是应用最早、最普遍、灭菌效果最可靠的一种方法。

①干热灭菌法:

a.焚烧法,即直接点燃或在焚尸炉内进行的一种灭菌方法,是最彻底的灭菌方法之一。常用于耐热器皿、动物尸体及各种污染废弃物的灭菌。

b.烧灼法,是将需要灭菌的物品直接用火焰灼烧的一种灭菌方法。适用于生物学实验中接种环、试管口、玻璃管口等的灭菌。一些外科金属器械也可用此方法灭菌。

c.烘烤法,即利用干热空气进行灭菌。常使用电烤箱,160 ℃维持 2 h,可以杀死全部的细菌及芽孢。此方法常用于玻璃器皿、陶瓷器皿、金属制品的灭菌。

②湿热灭菌法:

a.煮沸灭菌法,即将被消毒物品放在水中煮沸 $15 \sim 20$ min,可杀死绝大多数病原性微生物及多数细菌的繁殖体,细菌的芽孢对煮沸的抵抗力很强,$1 \sim 2$ h 可杀死多数细菌的芽孢,但炭疽杆菌及肉毒梭菌的芽孢可耐受数小时的煮沸。若在水中加入 1% 碳酸钠或 $2\% \sim 5\%$ 石碳酸,可增强杀菌力、加速芽孢的死亡和防止金属器械生锈。饮水、外科手术器械(刀、剪子、止血钳等)、针头、注射器等多用此法灭菌。

b.流通蒸汽灭菌法,即用流通蒸汽灭菌器或蒸笼灭菌。通常将被消毒物体 100 ℃处理 $15 \sim 30$ min,可杀死绝大多数的病原微生物及细菌的繁殖体。但细菌的芽孢及霉菌的孢子不一定能够杀死。常采用反复多次的流通蒸汽灭菌,以达到灭菌的目的,此方法叫间歇灭菌法。间歇灭菌法是将被消毒物体 100 ℃处理 $15 \sim 30$ min,随后放入 37 ℃温箱过夜,使芽孢萌发形成繁殖体,再 100 ℃处理 $15 \sim 30$ min,如此处理 3 次,即可达到杀灭细菌芽孢的目的。此法常用于易被高压灭菌破坏的物品的灭菌,如糖培养基、牛乳培养基、鸡蛋培养基等。

c.巴氏消毒法,具体方法可分为 3 类:低温维持巴氏消毒法($63 \sim 65$ ℃保持 30 min)、高温瞬时巴氏消毒法($71 \sim 72$ ℃保持 15 s)和超高温巴氏消毒法(132 ℃保持 $1 \sim 2$ s)。这几种方法加热处理后,都要迅速降温到 10 ℃以下,这样可以杀死全部病原菌和 90% 以上的细菌,而又不破坏食品的营养成分和风味。此法常用于啤酒、葡萄酒、牛奶、果汁等液体食品的消毒。

d.高压蒸汽灭菌法,是利用密闭的高压蒸汽锅灭菌的方法。在密闭的高压蒸汽锅中,因为压力愈大,水的沸点愈高,温度随着压力的上升而上升。该法灭菌时将压力保持在 $1.02 \ kgf/cm^2$(约 0.107 Mpa,旧称每平方英寸 15 磅),温度为 121.3 ℃,维持 $15 \sim 20$ min,可杀死包括细菌芽孢、真菌的孢子在内的所有微生物。此法适用于耐高温物品,如普通

培养基、溶液、玻璃器皿、手术器械、工作服等的灭菌。

3. 化学消毒法

化学消毒法是指用化学药物杀灭病原体的方法。用于杀灭病原体的药物叫消毒剂。在选择消毒剂时应考虑对该病原体的消毒力强、对人和动物的毒性小、不损害被消毒的物体、易溶于水、在消毒的环境中比较稳定、消毒持续时间长、使用方便和价格低廉等特点。常用的化学消毒剂有:

(1)氧化剂:

①高锰酸钾。0.1%高锰酸钾水溶液用于皮肤、泌尿道消毒,也可用于蔬菜、饲料及饮水等消毒。2%~5%高锰酸钾,作用24 h,可杀灭细菌的芽孢。

②过氧化氢。是一种活泼的氧化剂,1%~1.5%过氧化氢溶液作口腔黏膜消毒,3%清洗创伤、溃疡等。因其无毒、低残留,可用于食品消毒。

③过氧乙酸。无毒,易溶于水,属高效广谱消毒剂,能迅速杀死细菌、酵母、霉菌及病毒。但过氧乙酸有较强的腐蚀性和刺激性。0.1%~0.5%水溶液可喷雾或熏蒸,用于畜(禽)舍空气及环境消毒,也可用于塑料、玻璃制品、果蔬、蛋等的消毒。

(2)醇类。乙醇是临床及实验室常用的消毒剂,用于皮肤、温度计、医疗器械等的消毒。乙醇的最有效杀菌浓度是70%~75%,过高过低杀菌效果均不佳。

(3)醛类:

①甲醛。甲醛是高效消毒剂,易溶于水。市售甲醛水溶液又名福尔马林,是含甲醛37%~40%的水溶液。甲醛的杀菌力强,4%~10%甲醛用于物品的浸泡消毒,作用30 min可杀灭所有细菌的繁殖体、霉菌及病毒;20%甲醛作用6 h以上,杀死细菌的芽孢。

②戊二醛。2%戊二醛碱性溶液可用于医疗器械的快速消毒,主要适用于不耐热的温度计、塑料和橡胶制品等消毒灭菌。

(4)酚类:

①来苏儿(煤酚皂溶液)。3%~5%来苏儿可用于厕舍、排泄物、器皿等的消毒;1%~2%来苏儿用于皮肤消毒。

②石碳酸。0.5%石碳酸用作生物制品的防腐剂;3%~5%石碳酸用于器械和排泄物消毒。

(5)卤素及卤化物:

①漂白粉。漂白粉的化学成分为次氯酸钙。10%~20%漂白粉乳液或干粉用于厕舍、车轮、排泄物等的消毒。

②氯胺类。属氯化磺酰胺类化合物,对细菌、芽孢、真菌孢子及病毒均有杀灭作用,但杀菌作用缓慢。1/25万浓度用于饮水消毒;0.5%~1%浓度用于器皿消毒;0.1%~0.5%浓度用于黏膜消毒;1%~2%浓度可用于伤口消毒。

③碘酊。碘酊是碘的酒精(70%~75%)溶液,碘具有很强的穿透力,杀菌效力很高,对许多细菌及芽孢、霉菌、病毒均有较强的杀灭作用。2%~3%碘酊用于手术部位和注射部位皮肤及伤口的消毒,兽医临床常用5%碘酊作为消毒剂。碘酊不能与红汞共同使用。

④络合碘。络合碘是指碘的有机络合物,具有刺激性小、杀菌浓度低、杀菌力强、消毒效果好等优点。络合碘可广泛应用于动物的皮肤、黏膜消毒,各种医疗器械、运输工

具、畜舍等消毒。目前使用的主要有季铵盐络合碘、双季铵盐络合碘、聚维酮碘等产品。

(6)季铵盐类。季铵盐类属表面活性剂。用于消毒的季铵盐类多为阳离子表面活性剂,应避免与阴性离子表面活性剂(肥皂)类共同使用。该类消毒剂具有作用快、杀菌谱广的特点。常用的有新洁尔灭、消毒宁、杜米芬、消毒净等。

(7)酸、碱类:

①乳酸。10%乳酸溶液熏蒸或2%乳酸溶液喷雾,用作空气消毒,预防呼吸道传染。

②乙酸。又名醋酸,5%~8%水溶液喷雾或熏蒸用于空气消毒,效果良好。

③氢氧化钠。3%~4%氢氧化钠溶液用于病原菌污染的畜舍、环境、工具、车船等的消毒。

④氢氧化钙。熟石灰,10%~20%石灰乳可用于畜舍、运动场、环境及排泄物的消毒。新鲜石灰粉也可直接用于环境和排泄物的消毒。

4.生物热消毒法

生物热消毒法主要用于粪便、污水和其他废物的生物发酵处理,也是简便易行、普遍推广的方法。在粪便的堆沤过程中,利用粪便中的微生物发酵产热,可使温度高达70 ℃以上,经过一段时间后,就可以杀死病毒、细菌(芽孢除外)、寄生虫虫卵等病原微生物而达到消毒的目的,同时又保持了粪便的良好肥效。但这种方法不适用于含芽孢粪便的消毒。

二、杀 虫

虻、蝇、蚊、蜱等节肢动物都是动物疫病的重要传播媒介。因此,杀灭这些媒介昆虫和防止它们的出现,在预防和扑灭动物疫病方面有重要的意义。

(一)物理杀虫法

(1)以喷灯火焰喷烧昆虫聚居的墙壁、用具等的缝隙,或昆虫聚居的垃圾等废物。

(2)利用100~160 ℃的干热空气杀灭挽具和其他物品上的昆虫及其虫卵。

(3)用沸水或蒸汽烧烫车船、畜舍和衣物上的昆虫。

(4)仪器诱杀,如利用某些专用灯具、器具进行引诱杀灭。

(5)机械的拍、打、捕、捉等方法,亦能杀灭一部分昆虫。

(二)生物杀虫法

利用昆虫的天敌或病菌及雄虫绝育技术等方法来杀灭昆虫。如养柳条鱼或草鱼等灭蚊;利用雄虫绝育技术控制昆虫繁殖;或使用过量激素,抑制昆虫的变态或蜕皮,影响昆虫的生殖;或利用病原微生物感染昆虫,使其死亡。此外,消灭昆虫孳生繁殖的环境,如排除积水、污水,清理粪便垃圾,间歇灌溉农田等改造环境的措施,都是有效的杀灭昆虫的方法。

(三)药物杀虫法

(1)胃毒作用药剂。当节肢动物摄食混有杀虫剂如敌百虫等的食物时,这类药物在其肠道内吸收,可显出毒性作用,使之中毒而死。

(2)触杀作用药剂。大多数杀虫剂如除虫菊等,可直接和虫体接触,经其体表侵入体

内使之中毒死亡,或将其气门闭塞使之窒息而死。

(3)熏蒸作用药剂。有些挥发作用较强的药剂,可通过气门、气管、微气管吸入昆虫体内而死亡,但对正当发育阶段无呼吸系统的节肢动物不起作用。

(4)内吸作用药剂。如倍硫磷等喷于土壤或植物上,能为植物根、茎、叶表面吸收,并分布于整个植物体,昆虫在吸取含有药物的植物组织或汁液后,发生中毒死亡。

目前使用的杀虫剂往往同时兼有两种或两种以上的杀虫作用。常用杀虫剂有有机磷杀虫剂,如敌百虫、敌敌畏、倍硫磷、马拉硫磷、双硫磷、二嗪农、辛硫磷等;拟除虫菊酯类杀虫剂,如溴氰菊酯、氯氰菊酯、氰戊菊酯等;新型杀虫剂,如加强蝇必净、蝇蛆净等;另外还有昆虫生长调节剂和驱避剂(如避蚊胺)等。

三、灭　鼠

鼠类是多种人兽共患传染病的传播媒介和传染源,经其传播的传染病有很多种。因此,灭鼠具有重要的意义。

(一)生态防鼠、灭鼠法

从畜舍建筑和卫生措施方面着手,预防鼠类的孳生和活动,使鼠类在各种场所生存的可能性达到最低限度,使它们难以得到食物和藏身之处。例如,经常保持畜舍及周围地区的整洁,及时清除饲料残渣,将饲料保藏在鼠类不能进入的房舍内,使家鼠不能得到食物,可以大大减少家鼠的数量。畜舍建筑应注意防鼠的要求,在墙基、地面、门窗等方面都应力求坚固,发现鼠洞,随时堵塞。

(二)器械灭鼠法

器械灭鼠法是利用各种工具以不同方式扑杀鼠类,如关、夹、压、扣、套、翻(草堆)、堵(洞)、挖(洞)和灌(洞)等。

(三)药物灭鼠法

(1)消化道药物。主要有磷化锌、杀鼠灵、安妥、敌鼠钠盐和氟乙酸钠。但由于此类药物对人和畜禽也有极大毒性,因此其中有些药物如磷化锌、敌鼠钠盐等已禁止使用。

(2)熏蒸药物。包括氯化苦(三氯硝基甲烷)和灭鼠烟剂。氯化苦为淡黄绿色油状液体,在空气中易挥发,可用来熏蒸杀灭野鼠。使用时以器械将药物直接喷入洞内,或吸附在棉花球中投入洞中,并以土封闭洞口。灭鼠烟剂亦可用于熏蒸杀灭野鼠,同时可灭蚤、螨等,常用的有闹羊花烟雾剂等。取闹羊花或叶,晾干、碾细、过筛,与研细的硝酸钾或氯酸钾按比例混合,分装成包,用时点燃投入鼠洞,以土封闭洞口。

【技能训练】　消　毒

一、训练目标

掌握畜舍、土壤、粪便等的消毒方法。了解检查消毒质量的方法。

二、训练用设备与材料

喷雾器(各种类型)、铁铲、锄头、火焰喷灯、消毒药品(漂白粉、碘、高锰酸钾、过氧乙酸、过氧化氢、升汞、40%甲醛溶液、戊二醛、50%煤酚皂液、苯酚、克辽林、无水乙醇、氢氧化钠、碳酸钠、新鲜生石灰、硼酸、盐酸、新洁尔灭、洗必泰等)、量杯或量筒、玻璃棒、乳钵、天平或台秤、盆、桶、缸、胶靴、工作服、帽、口罩、橡皮手套、燃料、盐酸、食盐、棉签、远藤氏培养基、琼脂平皿等。

三、训练内容及方法

(一)消毒的器械

(1)喷雾器。用于喷洒消毒液的器具称为喷雾器,喷雾器有两种,一种是手动喷雾器,一种是机动喷雾器。前者有背携式和手压式两种,常用于小量消毒;后者有背携式和担架式两种,常用于大面积消毒。

(2)火焰喷灯。是利用汽油或煤油作燃料的一种工业用喷灯,因喷出的火焰具有很高的温度,常用以消毒各种被病原体污染了的金属制品,如管理动物用的鼠笼、兔笼、捕鸡笼等。

(二)畜舍的消毒

畜舍的消毒分两个步骤进行,第一步先进行机械清扫,第二步是化学消毒液消毒。机械清扫是搞好畜舍环境卫生最基本的一种方法。据试验,采用清扫方法,可以使鸡舍内的细菌数减少21.5%,如果清扫后再用清水冲洗,则鸡舍内细菌数即可减少54%~60%。清扫、冲洗后再用药物喷雾消毒,鸡舍内的细菌数即可减少90%。用化学消毒液消毒时,消毒液的用量一般按 1 L/m³ 药液计算。消毒时,先喷刷地面,然后墙壁,先由离门远处开始,喷完墙壁后再喷天花板,最后再开门窗通风,用清水刷洗饲槽,将消毒药味除去。此外,在进行畜舍消毒时也应将附近场院以及病畜污染的地方和物品同时进行消毒。

(1)畜舍的预防消毒。此类消毒一般 3 d 1 次,每 1~2 周还要进行一次全面大规模的消毒。在进行畜舍预防消毒的同时,凡是家畜停留过的处所都需进行消毒。在采取"全进全出"管理方法的机械化养殖场,应在全出后进行消毒。产房的消毒,在产仔前应进行 1 次,产仔高峰时进行多次,产仔结束后再进行 1 次。

畜舍预防消毒时常用的液体消毒剂有10%~20%的石灰乳、5%~10%的漂白粉溶液和2%~4%的氢氧化钠溶液。畜舍预防消毒也可应用气体消毒。药品可选用福尔马林和高锰酸钾。方法是按照畜舍容积计算所需用的药品量,一般每立方米的空间,应用福尔马林 25 mL,水 12.5 mL,高锰酸钾 25 g。畜舍的室温不得低于正常的室温(15~18 ℃)。消毒前将畜舍内的管理用具、工作服等适当地打开,箱子和柜橱的门都开放,使气体能够通过其周围。再在畜舍内放置几个金属容器,把福尔马林与水的混合液倒入容器内,将牲畜迁出,畜舍门窗密闭。其后将高锰酸钾倒入,用木棒搅拌,经几秒钟即见有浅蓝色刺激眼鼻的气体蒸发出来,此时应迅速关闭门窗后离开畜舍。离开畜舍,经过12~24 h 后方可将门窗打开通风。倘若急需使用畜舍,则需用氨气来中和甲醛气体。按畜舍每 100 m³ 取 500 g 氯化铵,200 g 生石灰及 750 mL 的水(加热到 75 ℃),将此混合液装于小桶内放入畜舍。或者用氨水来代替,即按每 100 m³ 畜舍用 25% 氨水 1 250 mL。中和 20 ~ 30 min 后,打开畜舍门窗通风 20 ~ 30 min,此后即可将动物转入。

在集约化养殖场,为了预防动物传染病,平时可用消毒剂进行"带畜消毒"。如用 0.3% 过氧乙酸对鸡舍进行气雾消毒。

(2)畜舍的临时消毒和终末消毒。发生各种传染病而进行临时消毒及终末消毒时,所用消毒剂随疾病的种类不同而异。一般肠道菌、病毒性疾病可选用上述所介绍的几种消毒剂,如 5% 漂白粉乳剂,1% ~ 2% 氢氧化钠热溶液。但如发生细菌芽孢引起的传染病,如炭疽、气肿疽等时,则需使用 10% ~ 20% 漂白粉乳剂、10% ~ 20% 氢氧化钠热溶液或其他强力消毒剂。在消毒畜舍的同时,在病畜舍、隔离舍的出入口处应放置浸有消毒液的麻袋片或草垫。

(三)地面土壤的消毒

病畜的排泄物和分泌物污染的地面、土壤,可用含 5% ~ 10% 漂白粉、4% 福尔马林或 10% 氢氧化钠溶液消毒。停放过芽孢杆菌所致传染病(如炭疽、气肿疽等)病畜尸体的场所,应严格加以消毒处理,首先用含 10% ~ 20% 漂白粉溶液或 5% ~ 10% 优氯净喷洒地面,然后将表层土壤掘起 30 cm 左右,撒上干漂白粉并与土混合,将此表层土运出掩埋。在运输时应用不漏土的车以免沿途漏撒,如果无条件将表土运出,则应多加漂白粉的用量(5 kg/m²),将漂白粉与土混合,加水湿润后原地压平;其他传染病所污染的地面土壤,如为水泥地,则用消毒液仔细刷洗,如为土地,则可将地面翻一下,深度约 30 cm,在翻地的同时撒上干漂白粉(用量为 0.5 kg/m²),然后以水湿润、压平。

(四)粪便的消毒

实践中为最常用的粪便消毒法能使非芽孢病原微生物污染的粪便变为无害,且不丧失肥料的应用价值。粪便的生物热消毒方法通常有两种。

(1)发酵池法。此法适用于饲养大量动物的农牧场,多用于稀薄粪便(如牛、猪粪)的发酵。在距农牧场 200 ~ 250 m 以外,无居民、河流、水井的地方挖筑两个或两个以上的发酵池。池可筑成方形或圆形,池的边缘与池底用砖砌后再抹以水泥,使不透水。使用时先在池底倒一层干粪,然后将每天清除出的粪便垫草等倒入池内,直到快满时,在粪便表面铺一层干粪或杂草,上面盖一层泥土封好,如条件许可,可用木板盖上,以利于发酵和保持卫生。粪便经上述方法处理后,经过 1 ~ 3 个月即可掏出作肥料用。在此期间,每天所积的粪便可倒入另外的发酵池,如此轮换使用。

(2)堆粪法。此法适用于干固粪便(如马、羊、鸡粪等)的处理。在距农牧场 100 ~ 200 m 以外的地方设一堆粪场。堆粪的方法如下:在地面挖一浅沟,深约 20 cm,宽约 1.5 ~ 2 m,长度不限,随粪便多少而定。先将非传染性的粪便或秸秆等堆至 25 cm 厚,其上堆放欲消毒的粪便、垫草等,高达 1 ~ 1.5 m,然后在粪堆外面再铺上 10 cm 厚的非传染性的粪便或谷草,并覆盖 10 cm 厚的沙子或土,如此堆放 3 个星期到 3 个月,即可用以肥田。当粪便较稀时,应加些杂草,太干时倒入稀粪或加水,使其不稀不干,以促其迅速发酵。通常处理牛粪时,因牛粪比较稀不易发酵,可以掺马粪或干草,其比例为 4 份牛粪加 1 份马粪或干草。

（五）污水的消毒

被病原体污染的污水可用沉淀法、过滤法、化学药品处理法等进行消毒。比较实用的是化学药品处理法。方法是将污水引入污水池后，加入化学药品（如漂白粉或生石灰）进行消毒，消毒药的用量视污水量而定（一般 1 L 污水用 2～5 g 漂白粉）。消毒后，将污水池的闸门打开，使污水直接流入渗井或下水道。

（六）皮革原料和羊毛的消毒

目前广泛利用环氧乙烷气体对皮革原料和羊毛进行消毒。此法对细菌、病毒、立克次氏体及霉菌均有良好的消毒作用，对皮毛等畜产品中的炭疽芽孢也有较好的消毒效果。消毒时必须在密闭的专用消毒室或密闭良好的容器（常用聚乙烯或聚氯乙烯薄膜制成的蓬布）内进行。环氧乙烷的用量，如消毒病原体繁殖型，需 $300～400 \ g/m^3$，作用 8 h；如消毒芽孢和霉菌，需 $700～950 \ g/m^3$，作用 24 h。环氧乙烷的消毒效果与湿度、温度等因素有关，一般认为，相对湿度为 30%～50%，温度在 18 ℃ 以上、38～54 ℃ 以下，最为适宜，环氧乙烷遇明火易燃易爆，对人有中等毒性，应避免接触其液体和吸入气体。

（七）消毒质量的检查

为了验证消毒的效果，可对消毒对象进行细菌学检查。方法是在消毒以后从地面、墙壁上、畜舍墙角以及饲槽上取样品，用小解剖刀在上述各部位划出大小为 $10 \ cm^2$ 的正方形数块，每个正方形都用灭菌的湿棉签擦拭 1～2 min，将棉签置于中和剂（30 mL）中并沾上中和剂然后压出、沾上、压出，如此进行数次之后，再放入中和剂内 5～10 min，用镊子将棉签拧干，然后把它移入装有灭菌水（30 mL）的罐内。

当以漂白粉作为消毒剂时，可应用 30 mL 的次亚硫酸盐中和；碱性溶液用 0.01% 醋酸 30 mL 中和；福尔马林用氢氧化铵（1%～2%）作为中和剂。当以克辽林、来苏儿及其他药剂消毒时，没有适当的中和剂，而是在灭菌的水中洗涤 2 次，时间为 5～10 min，依次把棉签从一个罐内移入另一个罐内。

送到实验室去的灭菌水里的样品在当天把棉签拧干和将液体搅拌之后，将此洗液的样品接种在远藤氏培养基上。为此，用灭菌的刻度吸管由小罐内吸取 0.3 mL 的材料倾入琼脂平板表面涂布。将接种了的平皿置于 37 ℃ 温箱内，24 h 检查初步结果，48 h 后检查最后结果。如在远藤氏培养基上发现可疑菌落时，即用常规方法鉴别这些菌落。如无肠道杆菌培养物存在，证明所进行的消毒质量是良好的，有肠道杆菌生长，说明消毒质量不良。

自测训练

一、知识训练

1. 简述消毒的种类和方法。
2. 兽医临床常用的消毒剂有哪些？
3. 简述养殖场常用的杀虫、灭鼠方法。

二、技能训练

掌握养殖场消毒技能。

任务7 动物传染病的免疫接种和药物预防

免疫接种是激发动物机体产生特异性抵抗力，使易感动物转化为不易感动物的一种手段。有组织、有计划地进行免疫接种，是预防和控制动物传染病的重要措施之一。根据进行的时机不同，免疫接种可分为预防接种和紧急接种两类。

药物预防是为了预防某些疫病，在动物的饲料或饮水中加入某种安全的药物进行集体的化学预防，在一定时间内可以使受威胁的易感动物不受疫病的危害，这也是预防和控制动物传染病的有效措施之一。

一、免疫接种

（一）预防接种

在经常发生某些传染病的地区，或有某些传染病潜在的地区，或受到邻近地区某些传染病经常威胁的地区，为了防患于未然，在平时有计划地给健康动物群进行的免疫接种，称为预防接种。预防接种通常使用疫苗、类毒素等。由于预防接种所用生物制品不同，采用皮下、皮内、肌肉注射或皮肤刺种、点眼、滴鼻、喷雾、口服等不同的接种方法，动物接种后经一段时间（数天至3周），可获得数月至1年以上的免疫力。

在实际预防接种工作中，应注意以下几方面的问题：

1. 拟订每年的预防接种计划

为了做到预防接种有的放矢，应对当地各种传染病的发生和流行情况进行调查了解，针对所掌握的情况，拟订每年的预防接种计划。对幼年、体弱、有慢性病的或怀孕后期的动物，如果不是已经受到传染病的威胁，最好暂不接种，待上述情况改变后再补种。从外地引入的动物或当时因故未接种的动物也必须补种，以提高防疫密度。对那些饲养管理条件不好的动物，在进行预防接种的同时，必须创造条件改善饲养管理。

2. 预防接种反应

预防接种后发生的反应，是由多方面因素造成的。生物制剂对机体来说是异物，接种后总会有反应过程，不过反应的性质和强度有所不同。有的不良反应可引起持久的或不可逆的组织器官损害或功能障碍而致的后遗症。接种反应分为以下几种类型：

（1）正常反应。是指由于疫苗本身的特性而引起的反应。大多数疫苗接种后动物不会出现明显可见的反应，少数疫苗接种后，常常出现一过性的精神沉郁、食欲下降、注射部位的短时轻度炎症等局部或全身性异常表现。如果这种反应的动物数量少、反应程度轻、维持时间短，则被认为是正常反应。但正常反应一般在几个小时或1~2 d可自然消失。

（2）严重反应。是指反应较重或发生反应的动物数量超过正常比例。发生严重反应的原因可能是由于某批生物制品质量较差，或是使用方法不当（如接种剂量过大、接种途径错误等），或是个别动物对某种生物制品过敏等引起。这种反应通过严格控制生物制品质量和遵照说明书使用可以减少到最低限度。

（3）合并症。是指与正常反应性质不同的反应。主要包括超敏感、扩散为全身感染和诱发潜伏感染。

3.疫苗的联合使用

同一地区或养殖场的同一种动物,在同一季节内往往可能有两种以上的疫病流行。如果同时接种两种以上的疫苗,是否能达到预期的免疫效果呢?一般认为有两种情况:一方面,所产生的多种抗体可能彼此无关,另一方面,可能彼此发生影响。其影响的结果,可能是彼此相互促进,有利于抗体的产生,也可能相互抑制,使抗体的产生受到阻碍。同时,还应考虑动物机体对疫苗刺激的反应是有一定限度的,注入种类过多的疫苗,不仅可能引起较剧烈的注射反应,而且还可能减弱机体产生抗体的能力,从而降低预防接种的效果。因此,哪些疫苗可以同时接种,哪些疫苗在使用时应有一定的时间间隔以及接种的顺序等,还必须通过试验来确定。

经过大量试验研究证明,有些联合弱毒活疫苗如猪瘟、猪丹毒、猪肺疫三联疫苗;羊厌气性五联疫苗;鸡新城疫、鸡痘联合疫苗,鸡新城疫、传染性支气管炎二联疫苗;犬瘟热、犬传染性肝炎二联疫苗;牛传染性鼻气管炎、副流感、巴氏杆菌三联疫苗,牛传染性鼻气管炎、病毒性腹泻二联疫苗等免疫接种后,相互之间不会产生干扰作用。近年来的研究表明,这些疫苗联合使用时似乎很少出现相互干扰现象,甚至某些疫苗还具有促进其他疫苗免疫力产生的作用。

实践证明,这些制剂一针可防多病,大大提高了防疫工作效率,给兽医人员和群众带来很多方便,这是预防接种工作的发展方向。

4.合理的免疫程序

一个地区或养殖场,可能发生的动物传染病不止一种,而用来预防这些传染病的疫苗的性质又不尽相同,免疫期长短不一。因此,该地区或养殖场往往需用多种疫苗来预防不同的传染病,也需要根据各种疫苗的免疫特性来合理地制订预防接种的次数和间隔时间,这就是所谓的免疫程序。免疫接种必须按合理的免疫程序进行。

免疫程序的制订应考虑多种因素:①本地区疫情;②疫苗类型及其免疫效能;③母源抗体或上一次免疫接种残余抗体水平;④动物免疫应答能力;⑤免疫接种的方法和途径;⑥各种疫苗的配合;⑦对动物健康及生产能力的影响。

5.免疫接种失败的原因

免疫接种失败是指经某种疫苗接种的动物群,在该疫苗有效免疫期内仍发生该疫病,或在预定时间内经抗体监测达不到预期水平,仍有发生该病的可能。

造成疫苗接种失败的原因大致有:

①动物体内存在高度的被动免疫力(母源抗体、残留抗体),产生了免疫干扰作用。

②动物群接种时,已潜伏着该病。

③动物群中有免疫抑制性疫病存在。

④环境条件恶劣、寄生虫侵袭、营养不良等应激,造成动物免疫应答能力降低。

⑤疫苗保存、运输不当;或疫苗稀释后未及时使用,造成疫苗失效或减效;或使用过期、变质的疫苗;或接种过量产生免疫麻痹。

⑥疫苗质量问题或疫苗菌(毒)株或血清型不符。

⑦不同种类疫苗间的干扰作用。

⑧免疫接种方法错误、动物获取疫苗量不均,或接种疫苗前后使用免疫抑制性药物等。

(二)紧急接种

紧急接种是指在发生传染病时,为了迅速控制和扑灭疫情而对疫区和受威胁区尚未发病的动物进行的应急性计划外免疫接种。紧急接种原本使用免疫血清,或注射血清后2周再接种疫苗,较为完全有效。但因血清用量大、价格高、免疫期短,且在大批动物接种时往往供不应求,因此在实践中很少使用。实践证明,在疫区内和受威胁区有计划地使用某些疫苗进行紧急接种是可行而有效的。如在发生猪瘟、鸡新城疫等一些急性传染病时,用相应疫苗进行紧急接种,可收到良好的效果。

在受威胁区进行紧急接种时,其划定范围的大小视疫病的性质而定。某些流行性猛烈的传染病如高致病性禽流感和口蹄疫等,受威胁区在疫区周围 5~10 km。这种紧急接种的目的是建立"免疫带"以包围疫区,就地扑灭疫情,防止其扩散蔓延。但这一措施必须与疫区的封锁、隔离、消毒等综合措施相配合才能取得较好的效果。

二、药物预防

(一)药物预防的意义

群体化学药物预防是动物传染病防治的一个途径。动物可能发生的传染病种类很多,其中有些传染病目前已研制出有效的疫苗来预防,但还有不少传染病尚无疫苗可利用,有些疫病虽有疫苗但实际应用还有问题,因此应用药物防治也是一项重要措施。药物预防应使用安全而廉价的化学药物,加入饲料或饮水中进行群体化学药物预防,即所谓的保健添加剂。常用的化学药物有磺胺类、抗生素和硝基呋喃类药物,此外还有氟哌酸、吡哌酸等。在饲料中添加上述药物对预防仔猪腹泻、雏鸡白痢、猪气喘病、鸡慢性呼吸道病等有较好效果,但反刍动物及马口服土霉素等抗生素时常能引起肠炎等中毒反应,必须注意。长期使用化学药物预防,易产生耐药性菌株,影响防治效果,因此需要经常进行药敏实验,选择有高度敏感性的药物用于防治。

(二)药物内服给药剂量与饲料或饮水中添加给药剂量的换算

内服剂量通常是以每千克体重使用药物质量来表示,饲料添加剂是以单位饲料质量中添加药物的质量来表示。

以猪为例,简要说明如下:实践中,如果已知猪口服某种药物的剂量,即可估算出药物在饲料或饮水中的添加剂量。设 D 为猪每千克体重每次内服某种药物的质量(mg),T 为 24 h(每日)内服药物的次数,W 为猪每日每千克体重的饲料消耗量(kg 饲料),肥育猪每日饲料消耗量占体重的 5%,即每日平均每千克体重的饲料消耗量为 $W = 1$ kg 体重 × 5%(kg 饲料/kg 体重)= 0.05 kg 饲料,则肥育猪饲料中添加药物的比例(R)为:$R = DT/W$(mg/kg 饲料)。

仔猪与母猪饲料添加药物量可稍作调整。一般情况下,仔猪的每日饲料消耗量可以其体重的 6%~8% 计算;种母猪以其体重 2%~4% 计算,哺乳期以 3%~5% 计算。

(三)药物预防的注意事项

(1)选择合适的药物。预防用药一般选用常规药物,即常用的一线药物即可,例如青霉素、土霉素、喹乙醇、氟哌酸等。特殊情况下,预防疾病的目标很明确时,可选用特定药物,例如因季节变化而要预防猪气喘病时,可选用泰乐菌素或支原净。

(2)严格掌握药物的种类、剂量和用法。预防用药种类不宜超过 2 种,预防剂量一般为治疗剂量的 $1/4 \sim 1/2$,剂量、用法应以药物制造商推荐的用量和方法为依据。特殊情况下可以灵活变动,例如在疫病流行期可把预防剂量提高到治疗剂量。

(3)掌握好用药时间和时机,做到定期、间断和灵活用药。在无疫情流行、动物健康状况良好的情况下,每个月定期只用一个疗程(左右)的预防药物即可。有疫情发生时可根据需要适当增加用药时间或疗程。当天气变化、更换饲料、断奶、转群、长途运输、某些疫苗的免疫接种时,可随时或提前给予药物预防,以避免应激而诱发疫病。

(4)确保经料、经水给药混合均匀。经料给药应将药物搅拌均匀,特别是小型饲养场手工拌料更要注意,采取由少到多、逐级混合的搅拌方法。经水给药则应注意让药物充分溶解。

(5)注意防止耐药性。长期使用药物预防容易产生耐药菌株,从而影响防治效果。因此,必须根据药敏试验结果选用高敏药物。避免长期使用同一种药物,应定期更换、交叉使用。

(6)重视药物残留和禁用药物。药物残留包括兽药在生态环境中的残留和在动物性食品中的残留。其原因主要是不正确用药、未严格执行休药期规定以及使用违禁药物等。它们对人类健康的毒害作用表现为过敏、毒性作用、细菌耐药性、致畸、致突变和致癌等多个方面。

鉴于兽药残留带来的诸多危害,目前动物产品安全问题已成为国内外普遍关注的公共卫生问题,因为它直接关系到人类健康、农民收入、农业产业结构的调整和农村经济的发展、整个生态环境的建设、国民经济的可持续发展和动物产品的出口。特别是兽药残留引发的严重后果已向人类敲响了警钟,引起社会各界和各级政府的高度重视,要求人们必须采取有效措施,科学合理用药,减少和控制药物的残留,保证动物产品的安全。

【技能训练】 动物传染病的免疫接种

一、训练目标

学会保存、运送和用前检查兽医生物制品的方法;掌握兽医生物制品免疫接种的方法和步骤。

二、训练用设备和材料

疫苗、免疫血清、0.1% 肾上腺素注射液、金属注射器(5 mL、10 mL、20 mL 等规格)、玻璃注射器(1 mL、2 mL、5 mL 等规格)、金属皮内注射器(螺口)、针头(兽用 12 ~ 14 号,人用 6 ~ 9 号,19 ~ 25 号螺口皮内针头)、煮沸消毒锅、镊子、毛剪、脸盆、搪瓷盆、毛巾、纱布、脱脂棉、气雾免疫器、5% 碘酒、70% 酒精、来苏儿、新洁尔灭等消毒剂、体温计、出诊箱、工作服、登记册、卡片、保定家畜用具、实验动物。

三、训练内容与方法

(一)兽医生物制品的使用

1. 免疫接种前的准备

制订免疫接种计划,确定接种日期,准备足够的生物制剂、器材、药品、免疫登记表,安排及组织接种和保定人员,按照免疫程序有计划地进行免疫接种。免疫接种前,必须对所使用的生物制剂进行仔细检查,不符合要求的一律不得使用,对预防接种动物进行临诊观察,必要时进行体温检查,凡体质瘦弱、妊娠后期、体温升高者或疑似患病动物均不应接种疫苗,过后及时补种。所用器械高压灭菌 20~30 min 或煮沸消毒 30 min,冷却后用无菌纱布包裹备用。疫苗的稀释液、稀释倍数和稀释方法必须严格按照使用说明书进行,稀释疫苗过程中严格遵照无菌操作原则进行。

2. 免疫接种用生物制品的保存、运送和用前检查

(1)保存。各种生物制品应保存在低温、阴暗及干燥的场所,灭活菌苗、致弱菌苗、类毒素、免疫血清等应保存在 2~15 ℃ 防止冻结;致弱的病毒疫苗,如猪瘟兔化弱毒疫苗、鸡新城疫弱毒疫苗等,应置放在 0 ℃ 以下冻结保存。

(2)运送。要求包装完善,防止碰坏瓶子和散播活的弱毒病原体。运送途中避免日光直射和高温,并尽快送到保存地点或预防接种的场所。弱毒疫苗应放在装有冰块的广口瓶内运送,以免其性能降低或丧失。

(3)用前检查。各种兽医生物制品在使用前,均需详细检查,如没有瓶签或瓶签模糊不清,没有经过合格检查的,过期失效的,生物制品的质量与说明书不符者,如色泽、沉淀有变化,制剂内有异物、发霉和有臭味的,瓶塞不紧或玻璃破裂的,没有按规定方法保存的,一律不得使用。经过检查,不能使用的生物制品应立即废弃,不能与可用的生物制品混放在一起,决定废弃的弱毒生物制品应煮沸消毒或予以深埋。

(二)免疫接种的方法

1. 注射免疫法

注射免疫法可分为皮下接种、皮内接种、肌肉接种等。

(1)皮下接种法。对马、牛等大家畜皮下接种时,一律采用颈侧部位,猪在耳根后方,家禽在胸部、大腿内侧。家畜一般用 16~20 号针头,家禽则用小于 20 号的针头。皮下接种的优点是操作简单,吸收较皮内接种为快。缺点是使用剂量多,而且同一疫苗,应用皮下接种时,其反应较皮内为大。大部分常用的疫苗和免疫血清,一般均采用皮下接种。

(2)皮内接种法。马的皮内接种采用颈侧、眼睑部位,牛、羊除颈侧外,可在尾根或肩胛中央部位,猪大多在耳根后,鸡在肉髯部位。现用兽医生物制品用作皮内接种的,仅有羊痘弱毒疫苗等少数制品,其他均属于诊断液方面。一般使用专供皮内注射的注射器(容量 2~10 mL),0.6~1.2 cm 长的螺旋针头(针孔直径 19~25 号),也可使用蓝心注射器(容量 1 mL)和相应的注射针头。皮内接种的优点是使用药液少,同样的疫苗皮内注射较皮下注射反应小。同时,真皮层的组织比较致密,神经末梢分布广泛,特别是猪的耳根皮内比其他部位容易保持清洁。同量药液皮内注射时所产生的免疫力较皮下注射高。

（3）肌肉接种法。马、牛、猪、羊的肌肉接种，一律采用臀部和颈部两个部位，鸡可在胸肌部接种。一般使用 16～20 号针头，长 2.5～3.7 cm。肌肉接种的优点是药液吸收快，注射方法也较简便。缺点是在一个部位不能大量注射，如接种部位不当，易引起跛行。

（4）静脉接种法。马、牛、羊的静脉接种，一律在颈静脉部位，猪在耳静脉部位，鸡则在翼下静脉部位。免疫血清可采用静脉接种，疫苗、诊断液一般不作静脉注射。马、牛、羊的静脉接种部位在左右颈侧均可，一般使用 14～20 号针头。猪的静脉接种在耳朵正面下翼的两侧，一般使用 19～23 号针头，长 2.5～5 cm。静脉接种的优点是可大剂量使用，奏效快，可以及时抢救病畜。缺点是手续比较麻烦，如设备与技术不完备时，难以进行。此外，如所应用的血清为异种动物者，可能引起过敏反应（血清病）。

2. 经口免疫法

（1）饮水免疫。将可供口服的疫苗混于水中，畜禽通过饮水而获得免疫。

（2）喂食免疫。将可供口服的疫苗用清水稀释后拌入饲料，动物通过进食而获得免疫。经口免疫时，应按动物头数和每头动物平均饮水量或进食量，准确计算需用的疫苗剂量。免疫前，一般应停饮或停喂半天，以保证饮喂疫苗时，每头动物都能饮用一定量的水或吃入一定量的料。应当用冷的清水稀释疫苗，混有疫苗的饮水和饲料也要注意掌握温度，一般以不超过室温为宜。已经稀释的疫苗，应迅速饮喂。疫苗从混合在水或料内到进入动物体内的时间越短，效果越好。如猪肺疫弱毒疫苗和鸡新城疫弱毒疫苗常采用这种方法免疫。本法具有省时、省力的优点，适于大群动物的免疫，缺点是由于动物的饮水量或进食量有多有少，因而进入每头动物体内的疫苗数量，不能像其他方法那样准确一致。

3. 滴鼻、点眼法

此法常用于禽类弱毒苗（如新城疫Ⅱ、Ⅳ系或法氏囊等）的免疫。方法是按瓶签注明头（羽）份，用稀释液稀释后，垂直滴入一侧眼睛或鼻孔里，等疫苗扩散到整个角膜或被吸入鼻孔后才可放鸡，否则滴入的疫苗易被甩丢，影响免疫效果。若疫苗停在鼻孔处，可按压对侧鼻孔，让其吸进。在接种过程中，严禁攀比速度、马虎了事。另外，滴鼻免疫也可用于猪的免疫，如猪伪狂犬病疫苗的免疫接种。

4. 气雾免疫法

此法是用压缩空气通过气雾发生器，将稀释疫苗喷射出去，使疫苗形成直径 1～10 μm 的雾化粒子，均匀地浮游在空气中，通过呼吸道吸入肺内，以达到免疫目的。气雾免疫的装置由气雾发生器（即喷头）及动力机械组成。压缩空气的动力机械，可因地制宜，利用各种气泵或用电动机、柴油机带动空气压缩泵。无论以何种方法做动力，都要保持每平方厘米有 2 kg 以上的压力，才能达到疫苗雾化的目的。雾化粒子大小与免疫效果有很大关系。一般粒子大小在 1～10 μm 为有效粒子。气雾发生器的有效粒子在 70% 以上者为合格。测定雾化粒子大小时，用一拭好的盖玻片，周围涂以凡士林油，在盖玻片中央滴一小滴机油，用拇指和食指转盖玻片，机油液面朝喷头，在距离喷头 10～30 cm 处迅速通过，使雾化粒子吹于机油面上，然后将盖玻片液面朝下放于凹玻片上，在显微镜下观察，移动视野，用目测微尺测量其大小（方法与测量细菌大小相同），并计算其有效粒子

率。每次制成的气雾发生器或新使用的气雾发生器,都须进行粒子大小的测定,合格后方可使用。

(1)室内气雾免疫法。此法需有一定的房舍设备。免疫时,疫苗用量主要根据房舍的大小而定,可按下式计算:

疫苗用量 $= D \times A / T \times V$

式中　D——计划免疫剂量;

　　　A——免疫室容积(L);

　　　T——免疫时间(min);

　　　V——呼吸常数,即动物每分钟吸入的空气量(L)。

疫苗用量计算好以后,即可将动物赶入室内,关闭门窗。操作者将喷头由门窗缝伸入室内,使喷头保持与动物头部同高,向室内四面均匀喷射。喷射完毕后,让动物在室内停留 20 ~ 30 min。操作人员要注意防护,戴上大而厚的口罩,如出现症状,应及时就医。

(2)野外气雾免疫法。疫苗用量主要以动物数量而定。以羊为例,如为 1 000 只,每只羊免疫剂量为 50 亿活菌,则需 50 000 亿活菌,如果每瓶疫苗含活菌 4 000 亿,则需12.5瓶,用500 mL灭菌生理盐水稀释。实际应用时,往往要比计算用量略高一些。免疫时,如每群动物的数目较少,可合群,将动物赶入四周有矮墙的圈内。操作人员手持喷头,站在畜群中,喷头与动物头部同高,朝动物头部方向喷射。操作人员要随时走动,使每一动物都有吸入机会。如遇微风,操作者应站在上风头。喷射完毕,让动物在圈内停留数分钟即可放出。进行野外气雾免疫时,注意个人防护,应穿工作衣裤和胶靴,戴大而厚的口罩,如出现症状,应及时就医。

(三)免疫接种注意事项

(1)工作人员需穿着工作服及胶鞋,必要时戴口罩。事先须修短指甲,并经常保持手指清洁。手用消毒液消毒后方可接触接种器械。工作前后应洗手消毒,工作中不应吸烟和进食。

(2)注意更换针头,以防交叉感染,人为散毒。注射器、针头、镊子等,用后浸泡于消毒溶液内,时间至少 1 h,洗净擦干用白布分别包好保存。注射针筒排气溢出的药液,应吸积于酒精棉花上,并将其收集于专用瓶内,用过的酒精、碘酒棉花和吸入注射器内未用完的药液也注入专用瓶内,集中后销毁。

(3)在免疫接种前后 10 d 内,尽量不要使用抗菌素类药物,以免影响菌苗免疫效果。

自测训练

一、知识训练

1. 简述预防接种、紧急接种、免疫程序的概念和意义。

2. 分析免疫失败的原因有哪些?

3. 制订免疫程序时应注意哪些问题?

二、技能训练

掌握兽医生物制品的使用和免疫接种方法。

学习情境3
猪主要传染病

【知识目标】

1. 重点掌握口蹄疫、猪瘟、猪丹毒、猪巴氏杆菌病、猪沙门氏杆菌病、猪大肠杆菌病、猪伪狂犬病、猪繁殖与呼吸综合征、猪圆环病毒感染等病的病原、流行病学、临床症状、病理变化、诊断方法和防治措施。

2. 掌握猪水疱病、猪链球菌病、猪气喘病、猪传染性胸膜肺炎、猪传染性萎缩性鼻炎、猪传染性胃肠炎、猪流行性腹泻、猪流感、副猪嗜血杆菌病等病的诊断和防治要点。

3. 了解猪附红细胞体病、猪增生性肠炎、猪流行性乙型脑炎、猪衣原体病、破伤风等的临诊特征。

4. 理解猪主要传染病的性质和部分传染病的重要公共卫生意义。

【能力目标】

1. 利用所学知识和技能对猪主要传染病能作出初步诊断并注意类症鉴别,拟订出初步防治措施。

2. 学会口蹄疫、猪瘟、猪丹毒、猪巴氏杆菌病、猪大肠杆菌病、猪繁殖与呼吸综合征等实验室诊断的主要方法。

任务 1 口蹄疫

口蹄疫(FMD)俗称口疮、蹄癀,是由口蹄疫病毒引起偶蹄动物的一种急性、热性、高度接触性传染病,偶见于人和其他动物。临诊上以口腔黏膜、蹄部及乳房皮肤发生水疱和溃烂为特征。成年动物患病后病死率很低,但感染率很高。幼年动物患病后病死率很高。

除新西兰、冰岛从未发生以外,亚洲、非洲及欧美部分国家都存在口蹄疫。由于本病具有强烈的传染性,一旦发生,其传播的速度很快,常常形成大流行,不易控制和消灭,从而造成巨大的经济损失,所以OIE一直将本病列为A类法定报告疾病名录首位,我国将其列为一类动物疫病病种名录之首。

一、病　原

口蹄疫病毒(FMDV)属于微 RNA 病毒科中的口蹄疫病毒属,呈球形或六角形,直径为 20～25 nm,无囊膜。FMDV 能在多种细胞内增殖,并导致细胞病变。未断乳小鼠对本病毒非常敏感,一般用 3～5 日龄(也可用 7～10 日龄)的乳鼠,皮下或腹腔接种,经 10～14 h 表现呼吸急促、四肢和全身麻痹等症状,于 16～30 h 死亡。

口蹄疫病毒具有多型性、易变异的特点。根据其血清学特性,现已知有 7 个血清型,即 A、O、C、SAT₁、SAT₂、SAT₃(南非 1、2、3 型)及 Asia₁(亚洲 1 型)。每一主型又分若干亚型,目前已发现 80 多个亚型,而且以后还会增多。各主型之间无交互免疫性,同型各亚型之间交叉免疫程度变化幅度较大,亚型内各毒株之间也有明显的抗原差异。病毒的这种特性,给本病的检疫、防疫带来很大困难。

口蹄疫病毒在病畜的水疱皮内及其淋巴液中含毒量最高。在水疱发展过程中,病毒进入血流,分布到全身各种组织和体液。在发热期血液内的病毒含量最高,退热后在奶、尿、口涎、泪、粪便等都含有一定量的病毒。

口蹄疫病毒对外界环境的抵抗力较强,被污染的饲料、土壤和毛皮传染性可保持数周至数月,但病毒对酸、碱、紫外线及热都十分敏感。1%～2% 氢氧化钠、3%～5% 福尔马林、0.2%～0.5% 过氧乙酸等常用消毒剂都能将其迅速杀死。

二、流行病学

(一)易感动物

口蹄疫病毒侵害多种动物,但主要为偶蹄兽。家畜以牛易感(奶牛、牦牛、犏牛最易感,水牛次之),其次是猪,再次为绵羊、山羊和骆驼。仔猪和犊牛不但易感而且死亡率也高。野生偶蹄动物也都易感,人也可以感染。性别与易感性无影响,但幼龄动物较老龄者易感性高。实验动物中豚鼠、10 日龄以内的乳鼠易感,后者是检出病料中微量病毒最好的实验动物。

(二)传染源

患病动物和带毒动物是主要的传染源。病畜在症状出现前,就开始排出大量病毒,症状明显期排毒量最多,恢复期排毒量逐步减少。病毒随分泌物、排泄物、代谢物等排出。转归期动物的带毒时限长短不一,大约 50% 的病牛带毒时间达 4～6 个月,病羊可带毒 2～3 个月,病猪康复后可带毒 2～3 周。

(三)传播途径

病毒常通过直接接触和间接接触的方式传播给健康家畜,经呼吸道、消化道、损伤的皮肤黏膜而感染。最危险的传播媒介是病死的动物及其制品,其次是被病毒污染的饲养管理用具和运输工具。饲料、垫草、用具、饲养管理人员以及犬、猫、鼠类、家禽等都可成为本病的传播媒介。近年来证明,通过污染的空气经呼吸道传染的途径更为普遍。病毒能随风传播到 50～100 km 以外的地方。

(四)流行特点

本病传播迅速、流行猛烈、发病率高、死亡率低。一年四季均可发生,在牧区一般从秋末开始,冬季加剧,春季减少,夏季平息;在大群饲养的猪舍,本病并无明显的季节性。该病常呈流行性或大流行性,自然条件下每隔1～2年或3～5年流行1次,往往沿交通沿线蔓延扩散,也可跳跃式地远距离传播。发病时,往往牛先发病,而后才有羊、猪感染发病,发病率很高,但病死率不到5%。单纯性猪口蹄疫仅猪发病,不感染牛羊,不出现迅速扩散和跳跃式流行,主要发生于集中饲养的地区及交通密集的沿线。

三、临床症状

(一)猪

潜伏期1～2 d,病猪以蹄部水疱为主要特征。

病初体温升高至40～41 ℃,精神不振,食欲减少或废绝。进而口黏膜上形成小水疱或糜烂,蹄冠、蹄叉、蹄踵等处局部发红、微热、敏感等症状,不久逐渐形成米粒大、蚕豆大的水疱,水疱破裂后表面出血,形成糜烂,如无细菌感染,1周左右痊愈。如有继发感染,病情严重者可导致蹄壳脱落,患肢不能着地,常卧地不起。病猪鼻镜、乳房也常见到烂斑,尤其是哺乳母猪,乳头上的皮肤病灶较为常见,但也发于鼻面上。并常见跛行,有时有流产、乳房炎及慢性蹄变形。

哺乳仔猪最敏感,常不见水疱而发生四肢麻痹、急性胃肠炎和心肌炎突然死亡,病死率可达60%～100%,成年猪一般呈良性经过,死亡率5%～10%。

(二)牛

牛发生口蹄疫潜伏期一般为2～7 d,最短为24 h,最长为14 d。

病牛体温升高到40～41 ℃,稽留8～48 h,精神沉郁,食欲废绝。大量泡沫状流涎,挂于口角与下唇。水疱是该病的典型表现,位于唇内面、齿龈、颊部、舌面,约蚕豆至核桃大,并常融合成片。水疱破裂,露出红色烂斑,同时体温降至正常。在蹄冠部、趾间的皮肤、乳房、乳头上(鼻镜、阴道)也常出现水疱。病牛不愿行走,强迫运动时出现跛行。护理不当,烂斑继发感染,引起化脓或坏死,有的蹄壳脱落。

口部病变约经1周可愈合,蹄部病变由于继发细菌感染,持续时间较长。成年牛多呈良性结局,死亡率不超过2%～5%。乳牛产奶量减少,妊娠牛可发生流产,极少死亡。犊牛的水疱症状不明显,主要表现出血性胃肠炎和心肌炎,恶性者死亡率高达50%～70%。

其他动物,包括羊、鹿等,症状与猪和牛的相似。

四、病理变化

口腔、蹄、乳房、支气管、气管和前胃黏膜发生水疱、圆形烂斑和溃疡,上面有黑色的痂皮;真胃和大小肠黏膜出血性炎症。有重要诊断意义的是心肌病变,心包膜有弥漫性及点状出血,心肌表面及切面有灰白色、淡黄色斑点或条纹,称"虎斑心",心肌柔软,色淡,似煮肉状。对于猪,"虎斑心"可能见不到。

五、诊　断

(一)临诊诊断

根据病的急性经过,呈流行性传播,主要侵害偶蹄兽和一般为良性转归以及特征性的临床症状、病理变化可作出初步诊断。但在确诊和提供防疫用苗时必须进行毒型鉴定。

(二)实验室诊断

见口蹄疫的实验室诊断。

(三)鉴别诊断

猪口蹄疫、猪水疱病、猪水疱性疹和水疱性口炎四种水疱性疾病的鉴别见表3-1。

六、防　治

(一)预防措施

加强饲养管理,严格卫生制度,定期对畜舍进行清理、消毒,粪便及病死尸体要无害化处理;严格引种制度,禁止从疫区购入动物、动物产品、饲料及其他相关物品等,引入后的动物必须隔离观察,确定健康后方可混群;对于常发地区应用相应毒型的疫苗进行预防,使动物具有较好的保护力;一定要做好产地检疫、屠宰检疫、农贸市场检疫和运输检疫等工作,每年冬季应进行1次重点普查,以便了解和发现疫情,及时采取相应措施。

免疫预防是控制本病的主要措施,非疫区要根据接邻国家和地区发生口蹄疫的血清型选择相同血清型的疫苗。发生口蹄疫的地区,应当鉴定其口蹄疫血清型,然后选择同血清型的疫苗。预防口蹄疫常用的疫苗有口蹄疫灭活疫苗、口蹄疫弱毒疫苗、口蹄疫亚单位苗和基因工程苗。目前,我国口蹄疫强制免疫常用疫苗是 O 型或 O 型-Asia$_1$ 型口蹄疫灭活疫苗(普通苗或浓缩高效苗)。

(二)扑灭措施

一旦发现疫情,应立即采取封锁、隔离、检疫、消毒等措施,迅速通报疫情,并迅速划定疫点、疫区,按照"早、快、严、小"的原则,及时严格地封锁和紧急接种。对患病动物及同群动物应隔离急宰,内脏及污染物深埋或烧掉,肉煮熟后就地销售食用。对畜舍及污染的场所和用具等用2%烧碱溶液、10%石灰乳、0.2%~0.5%过氧乙酸等进行彻底消毒;毛、皮张可用环氧乙烷或甲醛气体消毒。在距疫区10 km 以内的地区,对易感动物进行预防接种。对于有治疗价值的口蹄疫患畜,在牲畜的水疱和溃烂处,用3%的盐水或0.1%高锰酸钾水冲洗,溃烂处也可涂碘甘油;口腔可用清水或0.1%的高锰酸钾液冲洗,涂以1%~2%明矾或碘甘油,也可往口腔内撒布冰硼散;对心跳过速、心律不齐的病畜,可用安钠咖,同时肌注维生素 B$_1$ 和樟脑磺酸钠;蹄部可用3%来苏尔洗涤,擦干后涂松馏油或鱼石脂软膏或氧化锌鱼肝油软膏,再用绷带包扎;乳房可用肥皂水或2%~3%硼酸水清洗,然后涂以青霉素软膏或其他刺激性小的防腐软膏,定期将奶挤出以防乳房炎。在疫点内最后一头病畜痊愈、急宰或扑杀后14 d,未再出现新的病例,经全面消毒后可解除封锁。

七、公共卫生

人主要是由于饮食带毒乳或通过挤奶、接触患病动物等途径直接或间接接触了传染源而发生感染,临床表现为唇、齿龈、颊部黏膜及指尖、指甲基部等处发生水疱,水疱破裂后形成薄痂或溃烂,病程1周左右,预后良好。儿童感染后发生胃肠卡他,严重者可因心肌麻痹而死亡。预防人的口蹄疫,主要依靠个人的自身防护和饮食卫生。

【技能训练】 口蹄疫的实验室诊断

一、训练目标

初步学会口蹄疫病毒感染相关抗原琼脂免疫扩散试验、反向间接红细胞凝集试验以及乳鼠中和试验等诊断技术。

二、训练用设备和材料

平皿、吸管、金属打孔器(外径4 mm)、模板、VIA抗原、口蹄疫(A、O、C和Asia₁型)鼠化毒及标准阳性血清、微量注射器、盐水、接头及乳胶头若干、Tris-HCl缓冲液(Tris 2.42 g,氯化钠3.8 g,叠氮化钠0.2 g,无离子水加至100 mL,用盐酸调pH至7.6)、离心机、试管、乳鼠、1 mL注射器及针头、酒精灯、剪刀、镊子、橡胶手套、工作衣帽等。

三、训练内容及方法

(一)口蹄疫病毒感染相关抗原琼脂免疫扩散试验

本方法用于检测被检动物血清中是否含有口蹄疫病毒感染相关(VIA)抗体(口蹄疫多型抗体),以证实被检动物是否感染过口蹄疫病毒。本试验适用于易感动物的检疫、疫情监测和流行病学调查。操作方法如下:

(1)血清处理。被检血清和阳性血清均以56 ℃灭能30 min。

(2)琼脂糖平板的制备。取琼脂糖1 g,Tris-HCl缓冲液100 mL,装入三角瓶中,于沸水中加热或高压,将琼脂糖彻底融化。然后吸取7 mL琼脂液加到平皿里,制成3 mm厚的琼脂板。待琼脂完全凝固后,加盖置于湿盒中,贮藏在4 ℃冰箱中备用。

(3)打孔。将模板放在琼脂板上,用打孔器垂直通过模板的孔在琼脂板上打孔,并挑出孔中的琼脂块,并将平皿底部在酒精灯上略烤封底。

(4)加样。按图3-1方式用微量移液器每孔加样20 μL,即中心孔加VIA抗原,1和4孔加FMD阳性高免兔血清,2、3、5、6孔加被检血清。

(5)扩散。将加样的琼脂平皿置于湿盒里,于室温(20~22 ℃)下任其自然扩散。

(6)观察。于24 h进行第1次观察,72 h作第2次

图3-1　1、4孔加入FMD阳性血清;
　　　　2、3、5、6孔加入被检血清

观察,168 h 作最后观察。观察时,可借助灯光或自然光源,特别是弱反应须借助于强光源才能看清沉淀线。

(7)结果判定。当 1 和 4 孔标准阳性血清与抗原中心孔之间形成沉淀线时,被检血清孔与中心孔之间也出现沉淀线,并与阳性沉淀线末端相融合,则该被检血清判为阳性。被检血清孔与中心孔之间虽不出现沉淀线,但阳性沉淀线的末端向内弯向被检血清孔,则该被检血清判为弱阳性。如被检血清孔与中心孔之间不出现沉淀线,且阳性沉淀线直向被检血清孔,则该被检血清判为阴性。

(二)反向间接红细胞凝集试验

1. 病料处理

(1)用 pH 7.2 的 0.01 mol/L 磷酸缓冲液(或生理盐水)洗 2~3 次,并用消毒滤纸吸去水分。

(2)称重,加少许玻璃砂研磨,制成 1:3 悬液,室温浸毒 1 h 或 4 ℃冰箱中过夜。

(3)3 000~4 000 r/min,离心 20 min,收集上清液。

(4)58 ℃水浴箱灭能 40 min(或不灭能)。

(5)3 000~4 000 r/min,离心 20 min,收集上清液即为被检抗原,置 4 ℃冰箱中备用。

2. 被检抗原的稀释

试管架上摆上一排试管 8 支,自第 1 管开始由左至右用稀释液进行倍比稀释(即1:6,1:12,1:24,…,1:768),每管体积 0.5 mL。

3. 滴加被检抗原

取有机玻璃反应板,在第 1 至第 4 排每排的第 8 孔滴加第 8 管稀释抗原 2 滴,每排的第 7 孔滴加第 7 管稀释抗原 2 滴,以此类推至第 1 孔,每排的第 9 孔滴加稀释液 2 滴,作为阴性对照,每排的第 10 孔按顺序分别滴加 A、O、C、Asia$_1$ 四种标准抗原(1:30 稀释)各2 滴,作为阳性对照(注意每型换滴管 1 支)。

4. 滴加红细胞诊断液

用前将红细胞诊断液摇匀,于反应板第 1 至第 4 排孔分别滴加 A、O、C、Asia$_1$ 型红细胞诊断液 1 滴。轻轻振摇反应板,使红细胞均匀分布。室温放置 1.5~2 h 后判定结果。

5. 结果判定

(1)判定标准。按以下标准判定红细胞凝集程度:

+ + + +　——完全凝集;+ + +　——75% 凝集;+ +　——50% 凝集;+　——25% 凝集;-　——不凝集。

(2)观察反应板上各排孔的凝集图形。假如只 1 排孔凝集,且阴性对照孔不凝集(阴性),阳性对照孔凝集(阳性),其余 3 排孔不凝集,则证明此种凝集是与 A 型红细胞诊断液同型病毒所致的特异性凝集,被检抗原即判为 A 型;若只第二排孔凝集,其余 3 排孔不凝集,则被检抗原判为 O 型。以此类推。

(3)致敏红细胞凝集(凝集图形为 + +以上者)的抗原最高稀释度为其凝集效价。

(4)某排孔的凝集效价高于其余排孔的凝集效价 2 个对数(以 2 为底)滴度以上者为阳性。

（三）乳鼠中和试验

1. 试验材料

（1）送检血清。在牛、猪、羊患口蹄疫后，不早于 10 d 和不晚于 60 d 采血分离血清（恢复血清）作为送检血清。将分离出的血清 3～5 mL 倾入消毒的青霉素瓶中，在冷藏的条件下送检。在送检血清的说明书上，应注明采血牲畜的种类、年龄、患病时期、采血日期和保存方法。

（2）选用营养良好，并有母鼠喂奶的 5～7 日龄的小白鼠（每份被检血清用 12 只）。为了避免喂奶母鼠吃掉注射后的小鼠，可在注射前取出母鼠置于另一容器中，再一一取出乳鼠注射，然后放回容器内，待全部注射完毕后再放回母鼠。在注射时须用镊子夹着小鼠的背部皮肤提起，不要用手接触，以免吃奶小鼠体表因污染人体的气味而被母鼠吃掉。如果用手碰摸了吃奶小鼠，则于注射后在它的体表擦少许乙醚除去气味。

（3）将标准 O、A、C 及 Asia$_1$ 型鼠化毒分别磨碎，用生理盐水稀释（约为 1∶100 至 1∶1 000），使用方法可根据瓶签上的规定。

2. 试验方法

将受检血清用生理盐水稀释，每 1 mL 血清加 2 mL 生理盐水稀释后在每只乳鼠的颈部皮下注射 0.2 mL。注射后经 24 h 将小鼠分为 4 组，每组 3 只，各组涂以不同颜色。第 1 组每只于颈部皮下注射标准 O 型鼠化毒 0.2 mL，第 2 组注射 A 型鼠化毒，第 3 组注射 C 型鼠化毒，第 4 组注射 Asia$_1$ 型鼠化毒。注射后放回原处与母鼠同养。

同时每组设对照乳鼠 2 只，不注射血清，只分别注射各型鼠毒（用量与试验组相同），以检查每一型鼠化毒的致病力。4 组共用 8 只小鼠。对照组涂以与试验组相同的颜色，然后放回母鼠处，但需与试验组分别饲养。

注射后所有乳鼠的观察期为 3～4 d，根据试验组与对照组的乳鼠发病死亡情况，统计其结果，进行判定。乳鼠的典型症状是：呼吸急迫，前后肢麻痹，然后延至全身，多在感染后 18～30 h 出现病状，最后死亡。

根据送检血清对某一标准毒型（O、A、C、Asia$_1$）病毒的保护作用，来决定送检地区所流行口蹄疫的病毒型。假设被检血清能保护注射 Asia$_1$ 型病毒的小鼠，但不能保护注射其他型（O、A、C）病毒的小鼠，即可判定送检的口蹄疫血清属于 Asia$_1$ 型，其余类推。

在送检过程中，应该注意防止散毒。试验结束后，应将病鼠及死鼠烧毁，鼠笼或缸用 3% NaOH 消毒，器械用煮沸法消毒。

本法可用以鉴定口蹄疫病毒的主型。

自测训练

一、知识训练

1. 猪口蹄疫是如何传播的?

2. 猪口蹄疫的防治措施。

二、技能训练

初步学会口蹄疫的实验室诊断操作方法。

任务 2 猪水疱病

猪水疱病(SVD)是由猪水疱病病毒所引起的猪的一种急性、热性、接触性传染病。该病流行性强,发病率高,临床上以蹄部、口部、鼻端和乳头周围皮肤发生水疱为特征。在症状上该病与口蹄疫极为相似,但牛、羊等家畜不发病;与水疱性口炎也相似,但马却不发生。

本病于 1966 年 10 月首先发现于意大利 Lombardy 的猪群,1971 年曾发生于香港,随后在欧洲的许多国家相继发生流行蔓延,引起严重的经济损失并导致世界肉食市场混乱。OIE 将本病列为 A 类法定报告疾病,我国将其列为一类动物疫病病种名录。

一、病　原

猪水疱病病毒(SVDV)属于微 RNA 病毒科,肠道病毒属,与人类病毒柯萨奇病毒 B_5 有亲缘关系。病毒呈球形,直径为 22 ~ 30 nm,无囊膜。目前认为只有一个血清型。病毒主要存在于病猪的水疱液、水疱皮及淋巴中,其他如血液、肌肉、内脏、皮毛、粪便等也含有一定量的病毒。病毒能在猪肾、金黄地鼠肾初代细胞中繁殖,形成特征性细胞致病作用,而在牛和其他动物细胞中不生长。

该病毒在 pH3.0 ~ 5.0 时表现稳定。50 ℃ 30 min 仍不丧失感染力,60 ℃ 30 min 和 80 ℃ 1 min 即可灭活,但在低温下可长期保存。病毒在污染的猪舍内可存活 8 周以上。本病毒对消毒药的抵抗力强。3% 氢氧化钠溶液 33 ℃作用 24 h 能杀死水疱皮中的病毒。10% 甲醛溶液于 13 ~ 18 ℃ 60 min,1% 过氧乙酸 60 min,可杀死病毒。10% 漂白粉和 5% 氨水有消毒作用,可用于污染圈舍、用具和车船消毒。

二、流行病学

(一)易感动物

猪水疱病病毒在自然感染中仅猪发病。任何品种、性别、年龄的猪均易感。牛、羊接触本病毒虽然不发病,但牛可以短期带毒。绵羊血清中可以检查出中和抗体,并能从其咽部、乳汁和粪便中分离到病毒。人有一定易感性。

（二）传染源

病猪、潜伏期和病愈带毒猪是本病的主要传染源。

（三）传播途径

该病主要通过消化道传播，也可以通过呼吸道传染。此外，该病毒通过受伤的蹄部、鼻端皮肤也可侵入机体。

（四）流行特点

一年四季都可发生，一般在冬春冷季节流行最多。在饲养密度高、调运频繁的情况下，极易造成本病的流行。散养猪发生较少，特别是交通闭塞的农村不见发病。不同条件的养猪场发病率由 10% ~80% 不等。

三、临床症状

潜伏期为 2~5 d，人工感染时最早为 36 h。

（一）典型型

水疱主要发生在主趾和附趾的蹄冠上，也可见于鼻盘、舌、唇和母猪的乳头上，仔猪则在鼻盘出现水疱。最初病变部皮肤上皮苍白肿胀，36~48 h 出现充满液体的水疱，并很快于数天后破裂并形成溃疡，因真皮暴露而呈鲜红色。严重病例蹄冠部的皮肤与蹄壳裂开，蹄壳脱落。继发细菌感染局部可能形成化脓性溃疡，病猪跛行，甚至呈犬坐乃至爬行姿势。在出现水疱后，约 2% 的病猪只出现神经症状，表现为前冲、转圈，用鼻摩擦或咬啮猪舍用具，眼球转动，有时出现强直性痉挛。病猪体温 40~42 ℃，水疱破裂后体温恢复正常。病猪精神沉郁，食欲不振或废绝，迅速消瘦。通常无并发疾病时不引起死亡而能很快康复，2 周后创面痊愈。但如果蹄壳脱落，则需要相当长时间才能恢复。

（二）温和型

只有少数病猪只出现水疱，传播缓慢，症状轻微，往往不易察觉。

（三）隐性型

不表现临床症状，但感染猪体内却产生高滴度的中和抗体。通常亚急性型感染的猪可以排毒，造成同群猪的隐性感染。

四、病理变化

本病的特征性病变是蹄部、鼻盘、唇、舌面及乳房出现水疱。个别病猪的心内膜有条状出血斑。水疱破裂后水疱皮脱落，暴露出创面有出血的溃疡。其他器官无肉眼可见病变。

五、诊 断

（一）临诊诊断

根据临床症状、病理剖检特点及流行病学特征可作出初步诊断。

（二）实验室诊断

荧光抗体诊断、补体结合试验、放射免疫试验、对流免疫电泳试验、中和试验、ELISA、PCR 技术等。

（三）鉴别诊断

猪口蹄疫、猪水疱病、猪水疱性疹和水疱性口炎四种水疱性疾病的鉴别见表 3-1。

六、防　治

（一）预防措施

（1）平时的预防措施：加强交易时动物及其产品的检疫，防止将病原体带入清净地区。一旦发现该病，应及时上报疫情，并以"早、快、严、小"的原则实行隔离封锁，扑杀患病动物及其可能感染的动物群，对其污染的物品进行销毁或无害化处理。环境及猪舍应用 1%～5% 过氧乙酸溶液、5% 氨水溶液、1:600 消毒威溶液等进行严格消毒。

（2）免疫接种：对疫区和受威胁区的猪只可采取疫苗接种的方法进行预防，疫苗有弱毒、灭活疫苗两种：①弱毒疫苗。主要有鼠化弱毒苗和细胞培养弱毒疫苗，前者可以和猪瘟兔化弱毒疫苗共用，不影响各自的效果，免疫期可达 6 个月；后者对猪可能产生轻微反应，但不引起同居感染，是目前安全性较好的弱毒苗。②灭活疫苗。主要有细胞培养灭活苗，该疫苗安全可靠，注苗后 7～10 d 产生免疫力，保护率在 80% 以上，注射后 4 个月仍有坚强的免疫力。

（二）扑灭措施

当猪群发生该病时，应及时上报疫情，进行隔离、治疗。病猪污染的猪圈、用具等应彻底消毒，粪便、垫草应进行烧毁或堆积发酵处理。病猪尸体和解剖的内脏器官应深埋或烧毁。对同群未发病猪只用抗血清进行紧急预防性注射。

七、公共卫生

猪水疱病病毒与人的柯萨奇 B_5 病毒密切相关，实验人员和饲养人员可因感染猪水疱病病毒而得病，症状与柯萨奇 B_5 病毒感染相似。猪水疱病病毒感染小鼠、猪和人后，都有不同程度的神经损害，因此，实验人员和饲养人员均应小心处理病毒和病猪，加强自身防护。

自测训练

猪水疱病的诊断和防治要点。

任务3 猪 瘟

猪瘟俗称"烂肠瘟",是由猪瘟病毒引起的一种猪的急性、热性、高度传染性和致死性传染病。特征为急性呈败血性变化,高热稽留,实质器官出血、坏死和梗死,发病率和死亡率高;慢性呈纤维素性坏死性肠炎。

该病在世界各国都有不同程度的流行,是严重威胁养猪业发展的重要疫病。当前我国猪瘟发病状况具有一定的多样性,猪瘟流行呈现典型猪瘟和非典型猪瘟共存、持续感染与隐性感染共存、免疫耐受与带毒综合征共存的情况。该病被 OIE 列为 A 类法定报告疾病名录,我国将其列为一类动物疫病病种名录。

一、病 原

猪瘟病毒(HCV)是黄病毒科、瘟病毒属的一个成员。病毒粒子呈球形,有囊膜,直径为 40~50 nm,基因组为单股线状 RNA。这个属的成员还有在抗原性和结构上与猪瘟病毒密切相关的牛病毒性腹泻-黏膜病病毒和绵羊边界病病毒。通常将猪瘟病毒分为 2 个血清型(群),其中第 1 群包括许多猪瘟病毒强毒株和绝大多数用作疫苗的弱毒株;第 2 群包括引起慢性猪瘟的低毒力毒株。

HCV 对环境的抵抗力不强,乙醚、氯仿和去氧胆酸盐等脂溶剂可很快使病毒失活。2% 氢氧化钠仍是最合适的消毒药。猪瘟病毒在细胞培养液中经 56 ℃ 60 min 或 60 ℃ 10 min 便失去感染性。猪圈及粪便中的病毒能存活几天,在猪肉和猪肉制品中则可保持数月的感染性。在 pH5~10 的条件下比较稳定。

二、流行病学

(一)易感动物

猪是本病唯一的自然宿主,不同年龄、性别、品种的猪和野猪都易感。在我国,目前猪瘟疫苗长期免疫注射的猪群中,仔猪最易感。

(二)传染源

病猪和带毒猪是最主要的传染源,感染猪在潜伏期排毒,并延续整个病程。康复猪在出现特异抗体后停止排毒。因此,强毒株感染在 10~20 d 内大量排出病毒,而低毒株感染后排毒期短。强毒株在猪群中传播快,造成的发病率高。慢性感染猪不断排毒或间歇排毒。

(三)传播途径

本病主要通过易感猪与病猪的直接接触和间接接触方式传播,一般经消化道感染,也可经呼吸道、眼结膜或通过损伤的皮肤、阉割时的伤口感染。此外,患病和弱毒株感染的母猪也可以经胎盘垂直感染胎儿,产生弱胎、死胎、木乃伊胎等。节肢动物在一定条件下也可能传播该病。

(四)流行特点

本病四季可发,一般以春、秋较为严重。急性暴发时,先是几头猪发病,往往突然死

亡。继而病猪数量不断增多,多数猪呈急性经过和死亡,3周后逐渐趋向低潮,病猪多呈亚急性或慢性,如无继发感染,少数慢性病猪在1个月左右康复或死亡,流行终止。

近年来我国猪瘟流行发生了明显变化,主要呈现非典型性经过,造成较大的经济损失。非典型猪瘟表现病性温和、地区散发、流行缓慢、潜伏期长、临床症状和病理变化不典型、病程延长、发病率和病死率降低,必须依赖实验室诊断才能确诊。出现了亚临床感染、母猪繁殖障碍、妊娠母猪带毒综合征、胎盘感染、新生仔猪先天性震颤、持续性感染及先天免疫耐受增多等。

三、临床症状

潜伏期一般为5~7 d。

(一)最急性型

最急性型多见于初发病地区和流行初期,潜伏期2~3 d,突然发病,体温升高至41~42 ℃,高烧不退,精神沉郁,厌食,全身痉挛,四肢抽搐,皮肤和结膜发绀、出血,很快死亡,病程一般不超过5 d,死亡率为90%~100%。

(二)急性型

急性型潜伏期一般为3~5 d。病猪精神差,体温在40~42 ℃,稽留热,喜卧、弓背、寒颤及行走摇晃。食欲减退或废绝,喜饮水,有的发生呕吐。眼结膜发炎,流脓性分泌物,将上下眼睑粘住,不能张开。鼻流脓性鼻液。初期便秘,干硬的粪球表面附有大量白色的肠黏液,后期腹泻,粪便恶臭,带有黏液或血液。病猪的鼻端、耳后根、腹部及四肢内侧的皮肤及齿龈、唇内、肛门等处黏膜出现针尖状出血点,指压不褪色。腹股沟淋巴结肿大。公猪包皮积尿,用手挤压时有恶臭浑浊液体射出。小猪可出现神经症状,表现磨牙、后退、转圈、强直、侧卧及游泳状,甚至昏迷等,最终死亡。病程2周左右,死亡率一般在50%~60%。

(三)慢性型

慢性型多由急性型转变而来,体温时高时低,食欲不振,便秘与腹泻交替出现,逐渐消瘦、贫血、衰弱,被毛粗乱,两后肢摇晃无力,行走不稳。有些病猪的耳尖、尾端和四肢下部呈蓝紫色或坏死、脱落,病程可长达一个月以上,最后衰弱死亡,有的能够自然康复。

(四)非典型猪瘟

非典型猪瘟主要表现为亚临床感染、母猪繁殖障碍、妊娠母猪带毒综合征、胎盘感染、初生仔猪先天性震颤、仔猪持续性感染及先天免疫耐受等。

(1)持续性感染。一定时期或终生带毒,经常或反复不定期地向体外排毒。

(2)温和型。体温在41 ℃左右,多数病猪四肢下及腹下呈淤血斑,为"紫斑蹄""紫斑症";有的耳尖、尾尖呈紫黑色,耳朵、尾巴干枯,甚至坏死脱落。有的病猪皮肤有出血点。鼻干,口渴,减食,尿黄。便秘呈长期性,粪便混有血液、黏液或伪膜。口腔咽喉、软腭、扁桃体出现坏死点或溃疡,称为"烂喉病"。发育停滞,后肢瘫痪,部分猪跗关节肿大。病程较长,有的可拖延2~3个月,甚至更长。

(3)繁殖障碍型。是先天性猪瘟病毒感染的结果。母猪妊娠时感染低毒猪瘟病毒,可致流产、死胎、木乃伊胎、畸形胎、弱仔，弱仔有些可存活半年。子宫内感染的仔猪皮肤常见出血，且仔猪死亡率高。

（4）新生仔猪免疫耐受。胚胎感染低毒猪瘟病毒，如产下正常仔猪，则终生有高水平的病毒血症，而不能产生对猪瘟病毒的中和抗体，对猪瘟疫苗接种不产生免疫应答，这是典型的免疫耐受现象。感染猪在出生后几个月可表现正常，随后发生轻度食欲不振、精神沉郁、结膜炎、皮炎、下痢和运动失调。病猪体温正常，大多数可存活6个月以上，但最终死亡。

四、病理变化

（一）最急性型

最急性型多无特征性病变。一般仅见浆膜、黏膜和内脏有少数出血斑点。

（二）急性型

急性型病见全身皮肤、浆膜、黏膜和内脏器官均有不同程度的出血变化，以淋巴结、肾脏、膀胱、脾脏、喉、会厌软骨、胆囊、胃和大肠黏膜有出血斑点最为常见。全身淋巴结特别是颌下、支气管、肠系膜及腹股沟等处淋巴结肿胀，充血或出血，外表呈紫褐色，切面为大理石样，这种病变有初步诊断意义。肾脏表面有针尖状数量不等的出血点，严重时有出血斑，肾盂、肾乳头出血。膀胱黏膜有散在的出血点。脾脏一般无肿大，边缘常出现出血性梗死灶是猪瘟的特征性病变。但以上这些典型的病理变化在近些年来并不多见，目前大多数猪瘟病例主要表现为黏膜表面的针尖状出血点；多数病猪的扁桃体出现坏死；部分病猪小肠、大肠黏膜有充血和出血点；盲肠（特别是回盲瓣处）、结肠的淋巴组织坏死，并形成突出于黏膜表面的灰色纽扣状溃疡。

（三）慢性型

慢性型出血和梗死变化不明显，体内部分实质器官有少量针尖状的陈旧性出血点或出血斑，特征病变是回肠和盲肠有坏死性肠炎。

（四）非典型猪瘟

非典型猪瘟剖检无典型的肾、膀胱出血及脾出血性梗死，常见的病变是肾脏表面有陈旧性针尖状出血点。淋巴结水肿，有少量的出血点。有时扁桃体也可见到少量出血点。

五、诊　断

（一）临诊诊断

根据流行病学、临床症状和病理变化可作出初步的诊断。

（二）实验室诊断

（1）动物接种。兔体交互免疫试验。见"技能训练"猪瘟的诊断。

（2）血清学试验。直接荧光抗体（FA）试验是最常用的检查HCV抗原的方法，扁桃体是首选病料。此外也可用中和试验、ELISA等。

（3）PCR 也是目前实验室较常用的方法,都可对猪瘟进行确诊。

（三）鉴别诊断

本病应注意与败血型猪丹毒、急性副伤寒、猪肺疫、败血性链球菌病、弓形体病、附红细胞体病等疾病相区别。见表3-2。

六、防　治

（一）预防措施

免疫接种是当前我国及世界上发展中国家防治猪瘟的主要手段。我国现用的猪瘟兔化弱毒苗是世界上公认的安全有效、没有残余毒力的疫苗。一般公猪、繁殖母猪和育成猪每年春秋各注射猪瘟弱毒疫苗一次,仔猪一般于 20 日龄和 60 日龄各接种 1 次疫苗,种猪在每次配种前免疫 1 次。在污染严重的猪场中则常常实行超前免疫,即仔猪出生后,立即注射 2 头份猪瘟单苗,2 h 后吃初乳,可有效避开母源抗体的干扰。免疫接种可抵抗自然感染,72 h 后可产生坚强的免疫力,接种 35 d 后用猪瘟弱毒单抗可测出有效免疫抗体,对断奶猪的免疫期可达 1.5 年。

提倡自繁自养。若由外地引进新猪,应到无病地区选购,做好预防接种,到场后,隔离检疫 2~3 周。泔水饲料要充分煮沸消毒,猪舍要经常消毒,禁止闲杂人员和其他动物进入猪舍,对于猪的流通环节实行严格的检疫。

（二）扑灭措施

某地区或猪场一旦暴发并确诊为猪瘟感染时,应迅速对猪群进行检查,隔离和扑杀病猪,扑杀和死亡的猪只应经高温煮透、焚毁、深埋等严格措施销毁,严禁随处乱扔。全场进行紧急消毒处理,加强工作人员的管理和消毒,禁止场内物品、用具的混用和人员的随意流动,并加强定期消毒措施的落实。同时对全场猪只进行紧急接种。随后可根据需要执行定期检疫淘汰带毒猪的净化措施。

【技能训练】　猪瘟的诊断

一、训练目的

了解和掌握猪瘟的现场诊断和实验室诊断方法。

二、训练用设备和材料

载玻片、剪刀、镊子、手术刀、酒精灯、显微镜、荧光显微镜、香柏油、二甲苯、擦镜纸、滤纸、铝锅、肉汤培养基、琼脂平板、血液琼脂平板、猪瘟兔化弱毒苗、冰冻切片机、荧光抗体、研钵、离心机、PCR 仪、电泳仪、紫外线灯、被检材料、工作衣帽、靴等。

三、训练内容及方法

(一)猪瘟的生前检查

1.流行病学

应了解病畜所在地区以往有无猪瘟的发生、流行形式、发病季节、发病的动物种类、发病和死亡情况、采取哪些相应的措施、对尸体如何处理以及近年来猪瘟预防接种工作等情况。

2.临床检查

详细检查病猪的临床症状,包括步态及精神状态,大便形状和质地及是否带血或黏液,眼结膜和口腔黏膜是否有出血变化,体表可触摸淋巴结(鼠蹊淋巴结)肿大情况,体温变化情况等。

(二)猪瘟的实验室诊断

1.病理剖检

病猪急宰或死亡后,应进行剖检,全面检查各系统内脏器官的眼观病理变化,特别注意淋巴结、咽喉、肾脏、膀胱、胆囊、心内外膜、肠道等脏器的出血性变化。

2.细菌学检验

采取刚死不久的病猪或急宰猪的血液、淋巴结、脾脏等材料,接种于血液琼脂和麦康凯琼脂平板上,培养24~48 h,检查有无疑似的病原细菌。猪瘟诊断中细菌学检查的目的是为了确定发病猪(群)是否存在并发或继发细菌感染。

3.兔体交互免疫试验

(1)选择体重1.5 kg以上大小基本相等的清洁级健康家兔4只,分为2组;试验前3 d测温,每天3次,间隔8 h,体温应正常。

(2)采病猪淋巴结和脾脏等病料做成1:10悬液,取上清液按每毫升加青霉素、链霉素各1 000 IU处理后,以每只5 mL的剂量肌肉内接种试验兔。如用血液需加抗凝剂,每头接种2 mL。对照组不接种。

(3)继续测温,每隔6 h 1次,连续3 d。

(4)7 d后用猪瘟兔化弱毒疫苗(1:20~1:50稀释)静脉注射试验兔和对照兔,每只1 mL。每6 h测温1次,连续3 d。

(5)如果试验组兔体温正常,而对照组兔出现定型热反应,则诊断为猪瘟;如果试验组兔与对照组兔都出现定型热反应,则不是猪瘟。

4.直接荧光抗体检查

(1)取高温期病猪的扁桃体、淋巴结、脾或其他组织一小片,制成压印片或冰冻切片,置室温干燥。

(2)滴加冷丙酮数滴,置-20 ℃固定15~20 min,用磷酸盐缓冲液(PBS)冲洗,阴干。

(3)滴加猪瘟标记荧光抗体,置37 ℃饱和湿度箱盒内作用30 min,取出,倒掉荧光抗体。

(4)用pH 7.2的PBS漂洗3次,每次5~10 min。

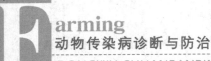

（5）干后滴加甘油缓冲液，加盖玻片封闭，用荧光显微镜检查。

（6）如果被检组织细胞胞浆内有弥漫性、絮状或点状的亮的黄绿色荧光，为猪瘟；如仅见暗绿或灰蓝色，则不是猪瘟。

（7）试验设已知含猪瘟病毒材料压印片和不含猪瘟病毒材料压印片作对照。

（8）标本染色和漂洗后，浸泡于5%吐温80-PBS（pH7.2，0.01 mol/L）中1 h以上，除去非特异染色，晾干后用0.1%伊红美蓝复染15～30 min，检查判定同上。

5. 猪瘟病毒反转录聚合酶链式反应（RT-PCR）

常规RT-PCR方法：以提取的RNA为模板，在反转录酶和引物为起点合成与RNA模板互补的cDNA链。在Taq DNA聚合酶的作用下，经高温变性、低温退火、中温延伸的循环，使特异DNA片段的基因拷贝数放大1倍。经过35次循环，最终使基因放大数百万倍。将扩增产物进行电泳，经溴化乙锭染色后，在紫外灯照射下，肉眼可见DNA片段的扩增带。

检测引物为：上游引物P1：5′-gct cct ggt tgg taa cct cgg-3′；下游引物P2：5′-tga tgc tgt cac aca ggt gaa-3′。扩增片段大小为507 bp。

常规RT-PCR操作步骤如下：

（1）样品处理。样品经组织研磨器充分研磨后，以1∶10的比例加入灭菌的PBS液或生理盐水，充分混匀后，于－20 ℃冻融2次，6 000 r/min离心5 min，取上清液备用。

（2）RNA提取。取100 μL上清液放入1.5 mL离心管中，加500 μL Trizol，上下颠倒5次，混匀，室温放置15 min。加入100 μL氯仿，用漩涡器混匀，室温放置8 min，期间混匀2次。12 000 r/min离心15 min。取上清液200 μL加200 μL异丙醇混匀，－20 ℃放置过夜。12 000 r/min离心15 min，缓慢倒掉上清液，倒扣于吸水纸上，沿管壁缓慢加入75%无水乙醇0.5 mL，10 000 r/min离心10 min，缓慢倒掉75%无水乙醇，倒扣于吸水纸上。置超净工作台吹干。加入20 μL DEPC处理的无菌双蒸水溶解核酸，备用（或－20 ℃保存）。

（3）反转录（RT）反应。在干净的1.5 mL EP管中依次加入：5 μL RNA（模板）、4 μL 5×Buffer、2 μL 2.5 mmol/L dNTP、1 μL 10 pmol/L混合引物（P1＋P2）、1 μL RNA酶抑制剂、1 μL MLV逆转录酶、6 μL双蒸水。混匀后置38 ℃反应60 min，产物即为反转录产物。

（4）PCR反应。在0.5 mL管中依次加入：3 μL 10×PCR Buffer、2 μL 25 mmol/L MgCl$_2$、3 μL 2.5 mmol/L dNTP、1 μL 10 pmol/L混合引物、5 μL反转录产物、0.5 μL 5U/Taq DNA聚合酶、双蒸水15.5 μL，总体积30 μL。混匀，置于PCR仪自动循环。将反应管插入扩增仪中，指令设定程序开始工作。预变性94 ℃ 3 min，35个循环包括：变性94 ℃ 40 s，退火50 ℃ 40 s，延伸72 ℃ 1 min，最后一次延伸为5 min。

（5）加样。取10 μL PCR扩增产物和1～2 μL加样缓冲液混匀后加入一个加样孔。每次电泳至少加1孔阳性对照DNA的PCR扩增产物作为对照，同时取6 μL DL-2 000 Marker加入1孔内作标准对照。

（6）电泳。电压100～120 V电泳30～60 min。

（7）结果观察和判定。电泳结束后，取出凝胶板置于凝胶成像分析系统进行观察。如果被检样品扩增产物的DNA带与阳性对照带在一条直线上，扩增片段为507 bp，即扩增产物条带的大小与阳性对照条带的大小相同，则该样品判定为阳性，反之为阴性。

自测训练

一、知识训练

1. 猪瘟的流行特点、临床和病变特征。
2. 猪瘟病的综合防治措施。

二、技能训练

初步学会猪瘟部分实验室诊断方法。

任务4　猪丹毒

猪丹毒是由猪丹毒杆菌引起的猪的一种急性、热性传染病,也是一种人兽共患传染病。临床上急性表现为败血症,亚急性表现为皮肤疹块,慢性表现为关节炎或心内膜炎或皮肤坏死。

本病呈世界性分布,我国许多地区存在,对养猪业危害很大。同时也可引起绵羊和羔羊的多发性关节炎以及火鸡的大批死亡。我国将其列为二类动物疫病病种名录。

一、病　原

猪丹毒杆菌又名红斑丹毒丝菌,属于丹毒杆菌属,是一种革兰氏阳性纤细的小杆菌,形状为直形或稍弯,不运动,不产生芽孢,无荚膜。本菌为微需氧菌,在血琼脂或血清琼脂上生长更佳。在人工培养基上经过传代后可形成长丝状;在慢性病灶中分离菌体常呈不分枝的长丝状或呈中等长度的链状。本菌明胶穿刺培养呈试管刷样生长。在感染动物的心血、脾、肝、肾等病料涂片中以单个、成对或成堆存在。共有 28 个血清型,即 1a、1b、2～26 及 N 型,我国主要为 1a 和 2 型。

本菌对盐腌、烟熏、干燥、腐败和日光等自然因素的抵抗力较强,在盐腌或熏制的肉内能存活 3～4 个月,在掩埋的尸体内能活 7 个多月,在土壤内能存活 35 天。但对消毒药的抵抗力较弱,如在 2% 福尔马林,1% 漂白粉,1% 氢氧化钠中很快死亡。对热的抵抗力较弱。

二、流行病学

(一)易感动物

不同品种年龄的猪均易感,以 3～12 月龄的架子猪发病率最高,牛、羊、马、犬、鼠、家禽、鸟类以及人也能感染发病。

(二)传染源

病猪、临床康复猪及健康带菌猪都是传染源。

(三)传播途径

病原体随粪、尿、唾液和鼻分泌物等排出体外,污染土壤、饲料、饮水等,主要经消化

道、损伤皮肤、吸血昆虫传播。

（四）流行特点

本病一年四季均可发生，以夏季炎热、多雨季节流行最盛，5—9月是流行高峰，多呈地方流行性和散发发生。

三、临床症状

人工感染潜伏期1~7 d,一般为3~5 d。

（一）急性败血型

急性败血型见于流行初期，以突然爆发为主，死亡率高。个别猪可能不表现症状而突然死亡，多数病例常见精神不振、体温达42~43 ℃、食欲废绝，不愿行动，间或呕吐，眼结膜充血。病初便秘，后腹泻。发病1~2 d后，耳、颈、背皮肤上出现大小不一、形状不同的红斑，指压褪色。病程3~4 d,病死率80%左右，不死者转为疹块型或慢性型。

（二）亚急性疹块型

亚急性疹块型败血症状轻微，其特征是在皮肤上出现疹块。病初食欲减退，精神不振，体温升高但很少超过42 ℃。发病后1~2 d在背、胸、颈和四肢等部位出现菱形、方形等大小不等的疹块，先呈浅红，后变为紫红，以至黑紫色，稍隆起，界限明显，指压褪色，俗称"打火印"。疹块出现后，体温下降，病情减轻，数天后疹块消退，形成干痂并脱落。病程1~2周。

（三）慢性型

慢性型多由急性或亚急性转化而来。主要是四肢关节炎或心内膜炎，有时两者兼有。患关节炎的猪，受害关节肿胀、变形、疼痛，步态强拘，甚至发生跛行。患心内膜炎的猪，体温一般正常，食欲时好时坏，呼吸短促，有轻微咳嗽，可见黏膜发绀，猪体的下腹部及四肢发生浮肿，或后肢麻痹，心脏有明显的杂音，强迫激烈行走时，可突然倒地死亡。皮肤坏死常发生于背、肩、耳及尾部。

四、病理变化

（一）急性败血型

急性败血型见肠黏膜发生炎性水肿，胃底、幽门部严重，小肠、十二指肠、回肠黏膜上有小出血点，体表皮肤出现红斑，淋巴结肿大、充血，脾肿大呈樱桃红色或紫红色，质松软，边缘纯圆，切面外翻，脾小梁和滤泡的结构模糊。肾脏表面、切面可见针尖状出血点，肿大，心包积水，心肌炎症变化，肝充血，红棕色。肺充血肿大。

（二）亚急性疹块型

亚急性疹块型以皮肤疹块为特征变化，内脏变化略轻于败血型。

（三）慢性型

慢性型常有房室瓣疣状心内膜炎，多见于左心二尖瓣，瓣膜上有菜花状灰白色的赘生物。关节炎的病猪，肿大的关节腔内常有纤维素性渗出物。

五、诊　断

（一）临诊诊断

根据流行病学、临床症状和病理剖检特征可作出初步诊断。

（二）实验室诊断

1. 病原诊断

可采集血液、脏器或疹块皮肤制成抹片，染色镜检，如发现革兰氏阳性纤细杆菌，可作初步诊断。确诊将新鲜病料接种血琼脂，培养48 h后，长出小菌落，表面光滑，边缘整齐，有蓝绿色荧光。明胶穿刺呈试管刷状生长，不液化。还可将病料制成乳剂，分别接种小鼠、鸽和豚鼠，如小鼠和鸽死亡，尸体内可检出本菌，而豚鼠无反应，可确诊。

2. 血清学诊断

目前常用的方法有血清培养凝集试验，可用于血清抗体检测和免疫水平评价；SPA协同凝集试验，可用于该菌的鉴别和菌株分型；琼扩试验也用于菌株血清型鉴定；荧光抗体可用作快速诊断。

（三）鉴别诊断

临床上应注意与猪瘟、链球菌病、猪肺疫、仔猪副伤寒等相鉴别。

六、防　治

（一）预防措施

加强饲养管理和卫生检疫工作，凡引进猪只，先隔离观察2~4周，确认健康后方可合入大群饲养。注意杀死或驱除蚊、蝇和鼠类，经常保持猪栏、运动场及管理器具的清洁，定期用消毒液消毒。种公猪、母猪每年春秋两次进行猪丹毒氢氧化铝甲醛苗免疫。育肥猪60日龄时进行一次猪丹毒氢氧化铝甲醛苗或猪三联苗免疫一次即可。

（二）扑灭措施

当发生该病时，应及时进行隔离和治疗。病猪污染的猪圈、用具等应彻底消毒，粪便、垫草应进行烧毁或堆积发酵处理。病猪尸体和解剖的内脏器官应深埋或烧毁。对同群未发病猪只用抗生素进行紧急预防性注射。连用3~5 d，每天2次。停药后立即进行一次全群大消毒，待药效消失后再接种一次疫苗，对患慢性猪丹猪的病猪应尽早淘汰。

治疗时，青霉素为本病特效药，用量为10 000 IU/kg体重，肌肉注射，每天2次，直到体温和食欲恢复正常后24 h。另外土霉素、四环素、金霉素等都可用于治疗。不宜过早停药以防复发或转为慢性。

七、公共卫生

人也可以感染猪丹毒，称为类丹毒。许多兽医、屠宰场工人和肉食品加工人员等都曾经感染过本病。感染多发生于指部或手部，感染3~4 d后，感染局部发红、灼热、肿胀、肿胀可向四周扩展，但不化脓。伴有感染部位邻近的淋巴结肿大，也有发生败血症关节

炎、心内膜炎和手部感染和肢端坏死的病例。用青霉素可治愈。它是一种职业病,从事这类职业的人员,工作过程中应注意自我防护,发现感染后应及早用抗生素治疗。

【技能训练】 猪丹毒的诊断

一、训练目的

掌握猪丹毒的流行特点、临床症状、尸体剖检和实验室诊断要点。

二、训练用设备和材料

载玻片、剪刀、镊子、手术刀、酒精灯、接种环、革兰氏染色液、福尔马林、显微镜、香柏油、二甲苯、擦镜纸、鲜血琼脂培养基、胶穿刺培养基、胰蛋白胨肉膏汤、丹毒血清抗生素诊断液、鸽、小鼠、豚鼠、被检材料、工作衣帽、靴等。

三、训练内容及方法

(一)临诊诊断及尸体剖检诊断

据其流行病学、临床症状和病理变化特点可作出初步诊断。详见教材。

(二)猪丹毒的实验室诊断

1.病原诊断

(1)涂片镜检。自耳静脉或刺破皮肤疹块边缘采血,或采集尸体的心血、脾、肝、淋巴结、肾等组织直接涂片。晾干后用革兰氏或瑞特氏染色、镜检。急性病例病料中丹毒杆菌呈细小杆菌、散在、成对、成堆。革兰氏阳性。

(2)分离培养。取病猪的血液、脾、肝、淋巴结等组织接种于鲜血琼脂培养基。对死亡过久的尸体,可取骨髓作分离培养。接种后置 37 ℃培养 24 h。可见针尖样细小的菌落,经涂片染色镜检,为革兰氏阳性细小杆菌。再挑选典型菌落作纯培养后,作明胶穿刺培养,3～4 d 呈试管刷状生长,明胶不液化。也可在培养基中加入叠氮钠和结晶紫各万分之一,制成选择培养基,只有猪丹毒杆菌能在这种培养基上正常生长繁殖,其他杂菌受到抑制。

(3)动物接种。取病料(心血、脾、淋巴结)或纯培养物接种鸽、小鼠和豚鼠。病料先磨碎用灭菌生理盐水作 1:10 稀释成悬液。鸽胸肌注射 0.5～1 mL,小鼠皮下注射 0.2 mL,豚鼠皮下注射或腹腔注射 0.5～1 mL。若为固体培养基上的菌落,则用灭菌生理盐水洗下,制成菌液进行接种。接种后 1～4 d,鸽子腿、翅麻痹,精神萎顿,头缩羽乱,不吃而死亡。小鼠出现精神萎顿、背拱、毛乱、停食,3～7 d 死亡。死亡的鸽和小鼠脾肿大、肺和肝充血,肝有时可见小点坏死,并可从其内脏分离出猪丹毒杆菌。豚鼠对猪丹毒杆菌有很强的抵抗力,接种后不表现任何症状。

2.血清培养凝集试验

在 3%胰蛋白胨肉膏汤(或肝化汤)中,加入 1:40～1:80 的丹毒高免血清,同时每毫

68

升再加入 400 μg 卡那霉素、50 μg 庆大霉素及 25 μg 万古霉素(缺乏抗生素时,可加 0.05% 叠氮钠及 0.000 5% 结晶紫,制成丹毒血清抗生素诊断液(分装安瓿管在 4 ℃冰箱可保存 2 个月)。取病猪耳尖血 1 滴或死后取少许病料放入安瓿管内,37 ℃培养 14 ~ 24 h。凡管底出现凝集颗粒或团块即判为阳性。此法检出率很高。

自测训练

一、知识训练
猪丹毒的流行特点、临床症状、病理变化、防治措施。

二、技能训练
猪丹毒的诊断和治疗方法。

任务5 猪链球菌病

链球菌病是一种人兽共患传染病。动物链球菌病中以猪、牛、羊、马、鸡较常见。人链球菌病以猩红热较多见。链球菌病的临床表现多种多样,可以引起种种化脓创和败血症,也可表现为各种局限性感染。

猪链球菌病是由多种致病性链球菌感染引起的,以败血症、化脓性淋巴结炎、脑膜炎以及关节炎为该病的主要特征。猪链球菌 2 型可导致人类的脑膜炎、败血症和心内膜炎,严重时可导致人的死亡。猪链球菌病在养猪业发达的国家都有发生。在我国该病已成为养猪生产中的常见病和多发病,特别是近十多年来,其发病率不断升高,成为一些病毒性疾病的继发病,给我国养猪生产造成了较大的经济损失。我国将猪链球菌病列为二类动物疫病病种名录。

一、病 原

链球菌呈圆形或卵圆形,直径小于 2.0 μm,常排列成链,链的长短不一,成双或由 4 ~ 8 个菌组成,长者数十个甚至上百个。在固体培养基上常呈短链,在液体培养基中易呈长链。菌落小,呈灰白色透明。大多数链球菌在幼龄培养物中可见到荚膜,不形成芽孢,多数无鞭毛,革兰氏染色阳性。本菌为需氧或兼性厌氧菌。多数致病菌的生长要求较高,在加有血液、血清的培养基中生长良好。在菌落周围形成 α 型(草绿色溶血)或 β 型(完全溶血)溶血环,α 型致病力较低,β 型致病力强,常引起人和动物的多种疾病。

根据兰氏血清学分类法,将链球菌分为 20 个血清群(A、B、C…V,I、J 除外)。

链球菌对热和普通消毒药抵抗力不强,多数链球菌经 60 ℃加热 30 min,均可杀死,煮沸可立即死亡。常用的消毒药如 2% 石碳酸、0.1% 新洁尔灭、1% 煤酚皂液,均可在 3 ~ 5 min 内杀死。日光直射 2 h 死亡。0 ~ 4 ℃可存活 150 d,冷冻 6 个月特性不变。

二、流行病学

(一)易感动物

猪、马属动物、牛、绵羊、山羊、鸡、兔、水貂以及鱼等均有易感性。猪则不分年龄、品种和性别均易感,仔猪多发败血症和脑膜炎,化脓性淋巴结炎型多发于中猪。3周龄以内的犊牛易感染牛肺炎链球菌病。4月龄至5岁以内的马驹易感染马腺疫,特别是1周岁左右的幼驹易感性最强。

(二)传染源

患病动物是主要传染源,带菌动物也可成为传染源。

(三)传播途径

本病主要经呼吸道和受损的皮肤及黏膜感染。猪链球菌自然感染部位是猪的上呼吸道(主要是扁桃体和鼻腔)、生殖道和消化道。幼畜可因断脐时处理不当引起脐感染。

(四)流行特点

本病一年四季均可发生,但常因气候炎热(7—10月份)引起大面积流行。新疫区多呈爆发,发病率、死亡率均高。各种应激因素可诱发本病,加重病情。

三、临床症状

本病潜伏期一般为1~3 d,长的可在6 d以上。

(一)急性败血型

急性败血型病原为C群马链球菌兽疫亚种及类马链球菌,D群(即R、S群)及I群链球菌也能引发本病。仔猪多发,架子猪次之。

1. 最急性型

发病急、病程短,往往不见任何症状而突然死亡。或突然减食或停食,精神萎顿,体温升高(41~42℃),卧地不起,呼吸促迫,口、鼻流出淡红色泡沫样液体,多在6~24 h内死亡。

2. 急性型

常突然发病,病初体温升高达40~41.5℃,继而升高到42~43℃,呈稽留热,精神沉郁,食欲减少或废绝,喜饮水。眼结膜潮红,流泪。呼吸促迫,间有咳嗽。流出浆液性、脓性鼻汁。颈部、耳廓、腹下及四肢下端皮肤呈紫红色,并有出血点。个别病例出现血尿、便秘或腹泻。病程稍长,多在3~5 d内,因心力衰竭死亡。

(二)脑膜炎型

脑膜炎型主要由C群链球菌所引起,是以脑膜炎为主症的急性传染病。多见于哺乳仔猪和断奶仔猪,哺乳仔猪的发病常与母猪带菌有关。较大的猪也可能发生。急性型病初体温40.5~42.5℃,停食,便秘,流浆液性或粘液性鼻汁。迅速表现出神经症状,表现为运动失调、盲目走动、步态不稳或作转圈运动、磨牙、空嚼。当有人接近时或触及躯体时,发出尖叫或抽搐,或后躯麻痹,侧卧于地、四肢划动,似游泳状,继而衰竭或麻痹,多在

30～36 h 死亡;亚急性或慢性型病程稍长,主要表现为多发性关节炎,逐渐消瘦衰竭死亡或康复。

(三)淋巴结脓肿型

淋巴结脓肿型多由 E 群链球菌引起,断奶仔猪和育肥猪多见,发病率低。以颌下、咽部、颈部等处淋巴结化脓和形成脓肿为特征。受害淋巴结局部显著隆起,触之坚硬,有热痛。病猪体温升高、食欲减退。由于局部受害淋巴结疼痛和压迫周围组织,可影响采食、咀嚼、吞咽,甚至引起呼吸障碍。脓肿成熟后自行破溃,流出带绿色、稠厚、无臭味的脓汁。此时全身症状显著减轻。脓汁排净后,肉芽组织生长结痂愈合,逐渐康复。病程 3～5 周,一般不引起死亡。

(四)慢性型

慢性型多由急性型转化而来。主要表现为多发性关节炎。一肢或多肢关节发炎。关节周围肌肉肿胀,高度跛行,有痛感,站立困难。严重病例后肢瘫痪,最后因体质衰竭、麻痹死亡。

此外,C、D、E、L 群 β 型溶血性链球菌也可经呼吸道感染,引起肺炎或胸膜肺炎,经生殖道感染引起不育和流产。

四、病理变化

(一)急性败血型

急性死亡猪天然孔流出暗红色血液,凝固不良。胸腔积液,含微黄色纤维素絮片样物质。心包液增量,心肌柔软,色淡呈煮肉样。右心室扩张,心耳、心冠沟和右心室内膜有出血斑点。心肌外膜与心包膜常粘连。脾脏明显肿大,呈灰红或暗红色,质脆而软,包膜下有小点出血,边缘有出血梗死区,切面隆起,结构模糊。肝脏边缘变钝,切面结构模糊。胆囊水肿,胆囊壁增厚。肾脏稍肿大,皮质髓质界限不清,有出血斑点。胃肠黏膜、浆膜散在点状出血。全身淋巴结水肿、出血。

(二)脑膜炎型

本型患畜脑脊髓可见脑脊液增量,脑膜和脊髓软膜充血、出血。个别病例脑膜下水肿,脑切面可见白质与灰质有小点状出血。

(三)慢性型(关节炎型)

慢性型见患病关节多有浆液纤维素性炎症。关节囊膜面充血、粗糙、滑液混浊,并含有黄白色奶酪样块状物。有时关节周围皮下有胶样水肿,严重病例周围肌肉组织化脓、坏死。

五、诊 断

(一)临诊诊断

根据临床症状、病理剖检特点及流行病学特征可作出初步诊断。

（二）实验室诊断

1.涂片镜检

可取病猪的肝、脾、淋巴结、血液、关节液、脓汁等病料经涂片后染色镜检，观察有无典型的链球菌。

2.动物接种

将采取的病料或细菌培养物接种家兔、小鼠和鸽子，观察试验动物的发病情况，从死亡动物体内回收、鉴定细菌。

（三）鉴别诊断

该病主要应与李氏杆菌病、猪丹毒、猪副伤寒和猪瘟相区别。

六、防 治

（一）预防措施

平时应建立和健全消毒隔离制度。保持圈舍清洁、干燥及通风，经常清除粪便，定期更换褥草，保持地面清洁，做好防寒保暖工作。引进动物时须经检疫和隔离观察，确定健康时方能混群饲养。经常有本病流行和发生的猪场可在饲料中适当添加一些抗菌药物如磺胺嘧啶，会收到一定的预防效果。

应用疫苗进行免疫接种，对防治本病效果显著。应用化学药品致弱的 G10-S115 弱毒株和经高温致弱的 ST-171 弱毒株制备的弱毒冻干苗，猪皮下注射 2 亿或口服 2 亿或 3 亿（后者）菌，保护率可达 60%～80% 和 80%～100%。也可应用本场分离菌株制备灭活疫苗进行免疫接种，效果更好。福氏佐剂甲醛灭活苗或氢氧化铝甲醛灭活苗，猪皮下注射 3～5 mL，保护率均能达到 75%～100%，免疫期均在 6 个月以上。另外，猪链球菌 2 型灭活疫苗，妊娠母猪可于产前 4 周进行接种，仔猪分别于 30 日龄和 45 日龄各接种 1 次，后备母猪于配种前接种 1 次，也有很好的预防效果。

（二）扑灭措施

当发现本病疫情时应尽快作出确诊，划定疫点、疫区，隔离病畜，封锁疫区，禁止畜群调动，关闭市场。对被污染的圈舍、用具进行消毒，粪便和褥草堆积发酵。对全群动物进行检疫，发现体温升高和有临床表现的动物，应进行隔离治疗或淘汰。对假定健康群动物可应用抗菌类药物作预防性治疗或用疫苗作紧急接种。合理处理死亡尸体。

应用抗菌药物治疗有效。当分离出致病链球菌后，应立即进行药敏试验。根据试验结果，选出具有特效作用的药物进行全身治疗。可选用青霉素、头孢类药物、喹诺酮类药物（如恩诺沙星、氧氟沙星）等进行治疗。

局部治疗时先将皮肤、关节及脐部等处的局部溃烂组织剥离，脓肿应予切开，清除脓汁、清洗和消毒。然后用抗生素或磺胺类药物以悬液、软膏或粉剂置入患处。必要时可施以包扎。

七、公共卫生

链球菌在自然界广泛分布，可存在于人畜的正常皮肤、黏膜及肠道内，遇有机会就侵入体内引起疾病,可由人传染给人,或由动物传染给人。引起人类感染发病的主要是 A 群(占 90%),其次为 G、L 群链球菌,引起猩红热、扁桃体炎、丹毒、风湿热、心内膜炎及局部感染等。饲养人员、兽医、屠宰工人及检疫人员接触病猪时,要预防感染。病死猪要深埋,做好无害化处理。近年来,猪链球菌 2 型造成特定人群的感染并致人死亡的事件,更赋予链球菌病重要的公共卫生意义。

自测训练

1. 猪链球菌病的临诊类型和剖检特点。
2. 猪链球菌病的诊断方法和防治要点。

任务6　猪附红细胞体病

附红细胞体病(简称附红体病)是由附红细胞体附着于猪、牛、羊等动物和人的红细胞或血浆中引起的人兽共患传染病。常以发热、贫血和黄疸为特征,故又称为黄疸性贫血病、红皮病等。猪附红细胞体病不仅导致畜产品质量和产量的降低,还导致怀孕母猪出现受胎率下降或发生流产、死胎等现象,降低免疫机能。

本病最早发现于 1928 年,现已遍布世界许多国家和地区。我国 1982 年在病猪血液中查到附红细胞体,1994 年就已在 13 个省市发现此病。近年来,猪附红细胞体病的发生和流行呈明显上升趋势,据有关报道,感染率均在 90% 左右,其发病率在 15% ~ 22% 不等,有的地方发病率已达到 50% ~ 60%,甚至高达 90%,给养殖业造成了严重的经济损失。

一、病　原

猪附红细胞体属于立克次氏体目、无浆体科、附红细胞体属。迄今已发现和命名的附红体有 14 种,如绵羊附红体、猪附红体、牛附红体、人附红体等。但近年,Neimark 等(2001)通过附红细胞体 16 SrRNA 序列的分析认为其应归属于柔膜体纲支原体属。附红细胞体是一种多形态微生物,一般多为球形、圆形和卵圆形,少数呈半月状、顿号形和短杆状等。0.2 ~ 2 μm,单个或呈链状附着于红细胞表面,也可游离于血浆中,或围绕在整个红细胞上,使红细胞呈菠萝形、锯齿形、菜花状、花环状等。旋动显微镜微调,可见附红细胞体折光性很强。附红细胞体革兰氏染色阴性,苯胺染色易着色,姬姆萨染色呈紫红色,瑞氏染色为蓝紫色。由于尚无研究出附红细胞体纯培养物的报道,实验室常用敏感动物培养。

附红细胞体对干燥和化学消毒剂比较敏感,0.5% 石碳酸于 37 ℃经 3 h 可将其杀死,一般常用的消毒药在几分钟内即可使其死亡;但对低温冷冻的抵抗力较强,可存活数年之久。

二、流行病学

（一）易感动物

不同年龄和品种的猪均有易感性，仔猪和长势好的架子猪发病率和死亡率较高，母猪的感染也比较严重。

（二）传染源

患病猪及隐性感染带菌猪是重要的传染源。

（三）传播途径

本病可以通过吸血昆虫（如蚊、蛰蝇、虱、蠓等）传播；也可通过胎盘垂直传播及交配传播；另外，污染的注射针头、手术器械，仔猪剪尾、断牙、打耳号等，也可促进感染发病。在所有的感染途径中，吸血昆虫的传播是最重要的。

（四）流行特点

该病隐性感染率高，可达95%。应激因素可使隐性感染动物大面积暴发本病，且死亡率明显上升。本病易复发。该病多流行于夏秋或雨水季节，尤其是高温高湿天气，冬季相对较少。

据流行病学调查，在全国范围内流行的无名高热病，有50%～80%的病例是由于附红细胞体侵入后，影响到机体的免疫力，进而继发其他病毒病和细菌病的。

三、临床症状

（一）哺乳仔猪

哺乳仔猪5日内发病，症状明显，新生仔猪出现身体皮肤潮红，精神沉郁，哺乳减少或废绝，急性死亡。一般7～10日龄多发，体温升高至42℃，眼结膜、皮肤苍白或黄染，贫血症状，四肢抽搐、发抖、腹泻、粪便深黄色或黄色黏稠，有腥臭味，死亡率在20%～90%。大部分仔猪临死前四肢抽搐或划地，有的角弓反张。部分治愈的仔猪会变成僵猪。

（二）育肥猪

育肥猪症状根据病程长短不同可分为三种类型。急性型病例较少见，多表现突然发病死亡，病程1～3 d。亚急性型病猪体温升高，达39.5～42℃。病初精神委顿，食欲减退，颤抖转圈或不愿站立，离群卧地。出现便秘或拉稀，有时便秘和拉稀交替出现。病猪耳、颈下、胸前、腹下、四肢内侧等部位皮肤红紫，指压不褪色，成为"红皮猪"。有的病猪两后肢发生麻痹，不能站立，卧地不起。部分病畜可见耳廓、尾、四肢末端坏死。有的病猪流涎、心悸、呼吸加快、咳嗽、眼结膜发炎，病程3～7 d，或死亡或转为慢性经过。慢性型患猪体温在39.5℃左右，主要表现贫血和黄疸。患猪尿呈黄色，大便干如栗状，表面带有黑褐色或鲜红色的血液。生长缓慢，出栏延迟。

（三）母　猪

母猪症状分为急性和慢性两种。急性感染的怀孕母猪入产房后或分娩后3～4 d出现临床症状,急性期的母猪表现厌食、高热可达 42 ℃,乳房或外阴水肿可持续 1 ~ 3 d,发病母猪泌乳性能下降。慢性感染猪呈现衰弱,黏膜苍白及黄疸,不发情或屡配不孕、流产、产弱仔等繁殖障碍,如有其他疾病或营养不良,可使症状加重,甚至死亡。

四、病理变化

主要病理变化为贫血及黄疸。皮肤苍白、黏膜浆膜黄染,血液稀薄呈水样,血凝时间延长。皮下脂肪和腹腔内脂肪颜色发黄。病初肝脏肿大,脂肪变性呈淡黄色,胆囊肿大,充满浓稠的胆汁,随病情发展,肝有实质性炎性变化和坏死,呈斑驳状。脾脏病初常因淤血和出血而肿大、变软,后期则因脾小体减少而发生萎缩。心肌变性,心内、外膜有出血点,心肌松弛,熟肉样,质地脆弱。全身淋巴结不同程度肿大,偶见出血。肾肿,皮质有点状出血。长骨的红髓增生。

五、诊 断

(一)临诊诊断

根据临床发热、贫血和黄疸的症状,结合病理变化的特点,即可作出初步诊断,确诊需依靠实验室检查。

(二)实验室诊断

1.涂片镜检

高热期耳静脉采血,用 0.9% 生理盐水等量稀释,制成悬滴片,用 400 ~ 600 倍镜检,在暗视野下可发现附在红细胞上的病原体,使红细胞呈齿轮状、星芒状,在血浆中发现有球形、椭圆形小体呈扭转运动或翻转运动。

2.血清学检查

包括 IHA 试验、补体结合试验(CFT)或 ELISA 方法。

(三)鉴别诊断

在临床上应正确区分其他因素引起的贫血的差别:缺硒和维生素 E 也引起动物的贫血和黄疸,但同时出现渗出性素质和桑葚心;钩端螺旋体病也出现黄疸和溶血性贫血,但一般伴有严重的流产和死胎;黄曲霉素中毒也能引起肝脏的损伤和贫血,但有饲喂发霉饲料的历史。

还应注意与猪的蓝耳病、猪瘟、猪副伤寒、弓形体病等病的区分。

六、防 治

(一)预防措施

加强饲养管理,保持猪舍、饲养用具卫生,消除发病诱因是防止本病发生的关键。尤其要驱除媒介昆虫,夏秋季节要经常喷洒杀虫药物,驱除体内外寄生虫,防止昆虫叮咬猪群。做好针头、注射器的消毒。购入猪只应进行血液检查,防止引入病猪或隐性感染猪。此外,将四环素族药物混于饲料中,定期饲喂,可较好地预防本病的发生。

（二）治疗措施

发病后要先将患病动物与健康动物隔离，在治疗患病动物的同时对整群动物进行药物预防，目前常用的比较有效的药物有新九一四、苯胺亚砷酸、苯胺亚砷酸钠、土霉素、金霉素、阿散酸等。但一般首选的药物为九一四和四环素。

在发病初期，一般只需使用长效土霉素、阿散酸、新砷凡纳明等杀附红细胞体的药物；在发病中、后期的治疗过程中，对贫血明显的动物，应给予铁制剂。同时，结合解热镇痛、补液、纠酸、提高机体抵抗力等综合措施。

七、公共卫生

有些地区人的附红体感染率高达40%，青少年中甚至可达70%以上。病人病初表现中低度发热、乏力、易出汗、嗜睡、四肢酸痛，部分患者出现关节痛以及皮疹、脱发等症状。严重者可出现高热，体温39～40 ℃，进行性贫血、黄疸，肝脾肿大及浅表淋巴结肿大。治疗人附红细胞体病最有效的药物有四环素、庆大霉素、土霉素和强力霉素等。

自测训练

猪附红细胞体病的综合性诊断和防治要点。

任务7　猪巴氏杆菌病

多杀性巴氏杆菌常引起各种家畜、家禽、野生动物和人发生传染病，统称为巴氏杆菌病。特征是急性型呈败血症变化，故又称出血性败血症；慢性型表现为皮下组织、关节、各脏器的局灶性化脓性炎症，多与其他传染病混合感染或继发。

猪巴氏杆菌病又称猪肺疫，主要由多杀性巴氏杆菌引起猪的一种急性、热性、败血性传染病，我国将其列为二类动物疫病病种名录。

一、病　原

多杀性巴氏杆菌是两端钝圆、中央微凸的革兰氏阴性短杆菌，大小为0.2～0.6 μm×0.6～2.5 μm，单个散在，无芽孢，无鞭毛，不能运动，新分离的强毒株有荚膜。病料切片、触片或涂片用瑞氏、姬姆萨氏或美蓝染色镜检，见菌体多呈卵圆形，具有明显的两极浓染的特性；用培养物所作的涂片，两极着色不那么明显，用印度墨汁等染料染色时，可看到清晰的荚膜。本菌为需氧菌或兼性厌氧菌，对营养要求较严格，在普通培养基上生长贫瘠，在麦康凯培养基上基本不生长，在加有血液或血清的培养基上生长良好，最适温度为37.2～37.4 ℃，最适pH为7.2～7.4。在血清肉汤中培养，开始轻度浑浊，4～6 d后液体变清朗，管底出现黏稠沉淀，振摇后不分散，表面形成菌环，在血清琼脂平板上培养24 h，可以形成淡灰色、闪光的露珠状菌落；在血琼脂平板上长成水滴样小菌落，无溶血现象。

多杀性巴氏杆菌的分类比较复杂，根据菌落表面有无荧光及荧光的色彩可以分为3

型,即 Fg 型、Fo 型和 Nf 型。Fg 型对猪、牛、羊等动物具有强大的毒力,但对禽类的毒力较弱;Fo 型对禽类有强大毒力,但对猪、牛、羊等家畜毒力较弱;Nf 型菌对动物的毒力都很弱。根据菌株间荚膜(K)抗原结构的不同,将本菌分为 A、B、D、E 和 F 5 个血清群;根据菌体(O)抗原的不同,将本菌分为 1~12 个血清型。K 抗原与 O 抗原互相组合,可构成 15 个血清型。不同动物感染的血清型也不同,如牛常见的是 6:B、6:E;猪以 5:A、6:B 为主;家禽以 5:A 最常见。本菌的致病力依菌型及动物而异,各种动物分别由不同的血清型所引起,而且各型之间多无交叉保护或保护力不强。但在一定条件下,各种动物之间可发生交叉感染,但为散发,呈慢性经过。

该菌对外界环境的抵抗力较弱,在干燥环境下 2~3 d 内死亡,在血液及粪便中能生存 10 d,在腐败的尸体中能生存 1~3 个月,在日光和高温下立即死亡。普通消毒剂常用浓度对本菌都有良好的消毒效果。对部分抗生素敏感。

除多杀性巴氏杆菌外,溶血性巴氏杆菌、鸡巴氏杆菌和嗜肺巴氏杆菌也可成为本病病原。

二、流行病学

(一)易感动物

多种动物和人均有易感性,各种年龄的动物都可感染,以幼龄动物较为多见。动物中以猪最敏感,尤其是仔猪,以及保育猪、中小猪、成年猪、阉割小母猪。禽类是以鸭最易感,其次是鹅、鸡。其他易感动物有野禽、牛、羊、马、兔等,实验动物中小鼠最易感。

(二)传染源

患病动物和带菌者是主要传染源。本菌是一种条件性致病菌,在健康猪的上呼吸道中有约 30% 的猪带有巴氏杆菌,屠宰猪扁桃体带菌率为 63%。

(三)传播途径

本病可经呼吸道、消化道、吸血昆虫以及皮肤和黏膜创伤发生外源性感染;也可通过带菌者发生内源性感染。

(四)流行特点

本病的发生一般无明显的季节性,但以冷热交替、气候剧变、闷热、潮湿、多雨的时期发生较多,但气候不是主要因素。本病一般为散发性,但水牛、牦牛、猪发病有时呈地方流行性,绵羊有时也可能大量发病,家禽,特别是鸭群发病时,多呈流行性。

猪肺疫主要发生于断奶仔猪到保育猪,发病率 15% 左右,死亡率 33%~51%,表现为生病急、死亡快、死亡率高等特点,哺乳仔猪发病时死亡率更高。本病常与传染性胸膜肺炎、支原体肺炎、败血型链球菌、附红体病等发生混合感染或继发感染,使病情更为复杂。

三、临床症状

潜伏期 1~12 d。临床上常分为最急性型、急性型、慢性型。

(一)最急性型

最急性型病例多见于新疫区,表现为突然发病死亡,呈现败血症病状。病程稍长者,体温升高(41~42 ℃),食欲废绝,全身衰弱,呼吸困难,心跳加快。颈下咽喉部发热、红肿、坚硬,严重者向上延及耳根,向后可达胸前。病猪呼吸极度困难,常呈犬坐姿势,伸长头颈呼吸,有时发出喘鸣声,口鼻流出泡沫,可视黏膜发绀。腹侧、耳根和四肢内侧皮肤出现红斑。呼吸症状一经出现,即迅速恶化,很快死亡。病程1~2 d。病死率100%。

(二)急性型(胸膜炎型)

急性型是本病主要和常见的病型。主要表现为纤维素性胸膜肺炎症状。体温升高(40~41 ℃),病初发生痉挛性干咳,咳出脓黏液,往往带有血丝,呼吸困难,鼻流黏液。后变为湿咳,咳时有痛感,触诊胸部有剧烈的疼痛。病势发展后期,呼吸更困难,张口吐舌,呈犬坐姿势,可视黏膜蓝紫,常有结膜炎。病初便秘,后腹泻。后期心衰,耳后、颈部、腹部、四肢内侧等处皮肤出现红色斑点,指压不褪色。多数发病2~7 d后,因心动过速、不能站立而窒息死亡。不死的转为慢性。

(三)慢性型

慢性型多见于流行后期,以慢性肺炎和慢性胃肠炎为特征。一般两周以上,病猪持续性咳嗽,呼吸困难,体温时高时低,精神不振,食欲减退,逐渐消瘦。有时关节肿胀,皮肤发生湿疹。最后发生腹泻,进行性营养不良,极度消瘦。如不及时治疗,病猪常因脱水、酸中毒和电解质紊乱而死亡,病死率60%~70%。

四、病理变化

主要病变在呼吸道,特别是肺脏具有示病意义。

(一)最急性型

最急性型全身浆膜、黏膜和皮下组织广泛出血。咽喉部最突出的病理特点是:咽喉部及周围组织呈出血性浆液性炎症,切开颈部皮肤,可见大量胶冻样淡黄色的水肿液,有时水肿可蔓延至前肢。全身淋巴结肿大、出血,切面呈均匀一致的红色,此种变化以咽喉部淋巴结最为明显。

(二)急性型

急性型除有出血病变外,主要以胸腔内病变为主,表现为化脓性支气管炎、纤维素性胸膜炎,甚至有附着物粘连或胸腔积液,多数病例肺肿大、坚实,有不同程度的肝变,可见到红色或灰红色斑点,肺切面呈现大理石样变。支气管内充满分泌物。胸腔和心包内积有多量淡红色混浊液体,内混有纤维素。病程较长时,胸膜与肺、胸膜与心包发生粘连。支气管和肠系膜淋巴结有干酪样变化。

(三)慢性型

慢性型主要以增生性炎症为特点,表现为肺有较陈旧的肺炎坏死灶,并形成肺胸膜粘连和坏死物的包裹。肺组织大部分发生肝变,并有大量坏死灶或化脓灶,外面有结缔组织包裹,有的部分肺组织的结构被破坏,形成化脓灶。有的部位有大量结缔组织增生,形成肺肉变。胸膜常因结缔组织增生而与肺粘连。胃肠呈卡他性炎症。

五、诊　断

(一)临诊诊断

见技能训练。

(二)实验室诊断

见技能训练。

(三)鉴别诊断

猪巴氏杆菌病诊断中应注意与常见猪败血性传染病、猪呼吸道传染病相区别。见表3-2、表3-4。

六、防　治

(一)预防措施

平时加强饲养管理,增强机体抵抗力。猪舍地面、墙壁及用具要彻底消毒,猪的粪便要经无害化处理,垫草要焚烧。按各场免疫程序,定期对猪群进行免疫接种。猪肺疫氢氧化铝甲醛疫苗,断奶后无论大小猪一律皮下注射 1 头份,免疫期为 9 个月;口服猪肺疫弱毒冻干疫苗应按说明使用,绝不可用于注射,免疫期为 6 个月。接种程序按仔猪 45 ~ 60 日龄首免,80 ~ 90 日龄二免。种猪每年春秋两季接种。接种弱毒疫苗的前后 7 d 应避免使用抗生素。或使用猪瘟、猪丹毒、猪肺疫三联冻干苗接种,免疫期为 6 个月。

(二)扑灭措施

发病后,应将病猪及可疑病猪隔离,选用抗生素和磺胺类药物治疗,有条件时可用抗出败多价血清进行紧急接种。死猪要深埋或烧毁。慢性型难以治愈的肥育猪,应急宰加工,肉煮熟食用,内脏及血水应深埋。猪舍及环境要进行严格消毒。

治疗猪肺疫的抗菌药很多,常用的有青霉素、链霉素、氟苯尼考、增效磺胺类药等。或采用广谱抗菌药治疗,同时进行对症治疗。通过药敏试验筛选出敏感药物,则治疗效果更理想。

七、公共卫生

人感染巴氏杆菌,一般是由于被带菌动物咬伤、抓伤或皮肤黏膜伤口接触污染物以后,没有及时进行创口的清理和消毒,而表现局部化脓。当机体抵抗力较低时也可转变为脑膜炎,最终因毒素致死。平时在饲养动物和宠物时应注意防止被动物咬伤和抓伤,伤后要及时进行消毒处理。在发生本病后,可以用磺胺类药或抗生素(青霉素、链霉素、四环素族等)联合应用,有良好疗效。

【技能训练】 巴氏杆菌病的诊断

一、训练目的

了解和掌握巴氏杆菌病的诊断步骤和方法。

二、训练用设备和材料

染色液:美蓝染色液、瑞氏染色液、革兰氏染色液。

用具:搪瓷盘、碘酊棉、75%酒精棉、组织镊、手术刀(带柄)、普通剪刀、塑料洗瓶、纱布、酒精灯、载玻片、吸水纸(载玻片大小)、铂耳、显微镜、擦镜纸、染色废液缸、二甲苯、镜油、血培养基平板、备检材料以及细菌培养及动物接种试验用动物和药械。

三、训练内容和方法

(一)生前检查

1. 流行病学

应了解病畜所在地区以往有无该病的发生、流行形式、发病季节、发病的动物种类、发病和死亡情况、采取哪些相应的措施、预防接种等情况。

2. 临诊检查

除精神、食欲、结膜、体温等一般检查外,应特别注意咽喉部等处有无肿胀及肿胀的性质。

(二)实验室诊断

由于巴氏杆菌带菌者多,且常继发于其他传染病,所以不能以单纯检出巴氏杆菌而肯定为巴氏杆菌病,必须结合临诊和病理剖检,才能作出正确判断。

1. 病理剖检

根据具体情况,选择猪肺疫病例或尸体,应用病理学剖检技术,详细观察其病理变化。动物的主要病变是黏膜、浆膜和内脏器官出血,水肿,纤维素性肺炎,皮下胶样浸润。家禽的主要病变是黏膜、浆膜出血,胸腹腔和肠浆膜以及心包腔有纤维素性炎症,肝脏多数小点坏死灶;慢性者有脓性干酪性关节炎。

2. 涂片镜检

无菌选取病死猪的肝脏或者用心血制作巴氏杆菌病料涂片,用美蓝染色法(或用瑞氏染色、或姬姆萨染色)、革兰氏染色法进行染色,镜检。多杀性巴氏杆菌呈卵圆形,有明显的两极性着色,并可清晰看出两极之间两侧的连线。血片用瑞氏或姬姆萨染色时,两极性菌呈蓝色或淡青色,红细胞染成淡红色(家禽红细胞含有紫色的核)。

3. 培 养

无菌解剖病死猪暴露胸腹腔,露出其心、肝、肺等。用火焰灼烧手术刀片,烫肝脏表面,并迅速划小口,用无菌铂金耳钩取肝组织,分别接种于鲜血琼脂和血清琼脂平板上,观察菌落形态。该菌在鲜血琼脂上呈较平坦、半透明的露滴样菌落,不溶血;在血清琼脂上生长丰盛,于 45 ℃角折射光线下检查,可见有不同色泽的荧光。如 Fg 型菌落呈现蓝绿色带金光,边缘有狭窄的黄红光带;Fo 型菌落较大,呈现橘红带金光,边缘或有乳白色光带。

4.动物接种

病料研磨成糊状,用灭菌生理盐水稀释成 1∶5 ~ 1∶10 乳剂,接种于实验动物皮下或肌肉内,剂量为 0.2 ~ 0.5 mL。家畜的病料可用小白鼠或家兔,家禽的病料可用鸽、鸡或小白鼠。实验动物如于接种后 18 ~ 24 h 左右死亡,则采取心血及实质脏器作涂片培养检查。并对实验动物尸体作病理剖检。在接种局部可见到肌肉及皮下组织发生水肿及发炎灶,胸膜和心包有浆液性纤维素性渗出物,心外膜有多数出血,肝淤血(如用鸡接种,还可见有密布的小点坏死灶)。

(三)注意事项

(1)巴氏杆菌病的细菌学诊断中,必要时需作纯培养和生化试验检查。

(2)有时为证明巴氏杆菌的毒力,要进行生物学试验,以免对原发病或并发病有遗漏。

自测训练

一、知识训练

1.猪巴氏杆菌病的主要临床症状和病理变化。

2.猪巴氏杆菌病的综合防治措施。

二、技能训练

猪巴氏杆菌病的实验室诊断。

任务 8　猪沙门氏菌病

沙门氏菌病,又名副伤寒,是由沙门氏菌属细菌引起各种动物沙门氏菌病的总称。临诊上多表现为败血症和肠炎,也可使怀孕母畜发生流产。猪沙门氏杆菌病又称仔猪副伤寒,我国将其列为三类动物疫病病种名录。

沙门氏菌病遍布于世界各地,给人和动物带来严重威胁。许多血清型沙门氏菌都可使人感染,发生食物中毒和败血症等症状。

一、病　原

沙门氏菌属是一大群血清学相关的革兰氏阴性、兼性厌氧的无芽孢杆菌。大小为 0.7 ~ 1.5 μm × 2.0 ~ 5.0 μm,菌体两端钝圆、中等大小、无荚膜,除鸡白痢和鸡伤寒沙门氏菌外,其余都有周鞭毛,能运动,在普通培养基上能生长。沙门氏菌属包括肠道沙门氏

菌(又称猪霍乱沙门氏菌)和邦戈尔沙门氏菌两个种,该属依据不同的 O(菌体)抗原、Vi(荚膜)抗原和 H(鞭毛)抗原分为许多血清型。迄今,沙门氏菌共有 51 个 O 群,58 种 O 抗原,63 种 H 抗原,已有 2 500 种以上的血清型。

沙门氏菌属的细菌依据其对宿主的感染范围,可分为宿主适应血清型和非宿主适应血清型两大类。前者只对其适应的宿主有致病性,包括:马流产沙门氏菌、羊流产沙门氏菌、鸡沙门氏菌、副伤寒沙门氏菌(A.C)、鸡白痢沙门氏菌、伤寒沙门氏菌;后者则对多种宿主有致病性,包括:鼠伤寒沙门氏菌、鸭沙门氏菌、德尔俾沙门氏菌、肠炎沙门氏菌、纽波特沙门氏菌、田纳西沙门氏菌等。

本属细菌对干燥、腐败、日光等因素具有一定的抵抗力,在外界条件下可以生存数周或数月。对于化学消毒剂的抵抗力不强,一般常用消毒剂和消毒方法均能达到消毒目的。通常情况下,对多种抗生素敏感,但由于长期滥用抗生素,对常用抗生素耐药现象普遍,不仅影响该病防治效果,而且成为公共卫生关注的问题。

猪沙门氏菌病主要是由猪霍乱沙门氏菌、猪霍乱沙门氏菌 Kunzendorf 变型、猪伤寒沙门氏菌、猪伤寒沙门氏菌 Voldagsen 变型、鼠伤寒沙门氏菌、德尔俾沙门氏菌、肠炎沙门氏菌等引起的。

二、流行病学

(一)易感动物

人、各种动物对沙门氏菌都有易感性。各种年龄的动物均可感染,但幼龄动物较成年者易感。本病常发生于 6 月龄以内的猪,以 1~4 月龄者发生较多。在人,本病可发现于任何年龄,但以 1 岁以下婴儿及老人最多。

(二)传染源

患病动物和带菌者是本病的主要传染源。

(三)传播途径

本病主要经消化道传播,有的通过呼吸道感染,交配或人工授精也可发生感染,子宫内感染也有可能。临床上健康动物的带菌现象(特别是鼠伤寒沙门氏菌)相当普遍,也可发生内源性感染。有人认为鼠类可传播本病。人类感染本病,一般是由于与感染的动物及动物性食品的直接或间接接触。

(四)流行特点

本病一年四季均可发生,但猪在多雨潮湿季节发病较多,一般呈散发或地方流行性。环境污秽、潮湿、棚舍拥挤、粪便堆积,饲料和饮水供应不良,长途运输中气候恶劣、疲劳和饥饿,寄生虫和病毒感染,分娩,手术,缺奶,新引进家畜未实行隔离检疫等因素都可促进本病的发生。

三、临床症状

潜伏期一般由 2 d 到数周不等。临床上分为急性、亚急性和慢性。

（一）急性（败血型）

急性者多见于断奶前后的仔猪。病初呈败血症表现，体温突然升高（41～42 ℃），精神不振，不食。后期有下痢，呼吸困难，耳根、胸前和腹下皮肤有紫红色斑点。有时出现症状后24 h内死亡，但多数病程为2～4 d。病死率很高。

（二）亚急性和慢性

亚急性和慢性者在临床上较为常见，与肠型猪瘟的临诊表现很相似。病猪体温升高（40.5～41.5 ℃），精神不振，寒颤，眼有黏性或脓性分泌物。病猪食欲不振，初便秘后下痢，粪便淡黄色或灰绿色，恶臭，很快消瘦。中、后期病猪皮肤发绀、淤血或出血，有时出现弥漫性湿疹，特别在腹部皮肤，有时可见绿豆大、干涸的浆性覆盖物，揭开见浅表溃疡。病程2～3周或更长，最后极度消瘦，衰竭而死。恢复病猪，生长发育不良或短期内易复发本病。

有的猪群发生所谓潜伏性"副伤寒"，小猪生长发育不良，被毛粗乱、污秽，体质较弱，偶尔下痢。体温和食欲变化不大，一部分患猪发展到一定时期突然临诊症状恶化而引起死亡。

四、病理变化

（一）急性（败血型）

急性病例主要为败血症的病理变化。脾脏明显肿大、质地坚硬、暗红色。全身淋巴结充血、肿胀，肠系膜淋巴结索状肿大。肝、肾也有不同程度的肿大、充血和出血，有时肝实质可见糠麸状、极为细小的黄灰色坏死小点。全身各处浆膜均有不同程度的出血斑点，肠胃黏膜可见急性卡他性炎症。

（二）亚急性和慢性

亚急性和慢性的特征性病变为坏死性肠炎。回肠、盲肠、结肠发生固膜性炎症，黏膜表面覆盖着一层糠麸样物质。少数病例滤泡周围黏膜坏死，稍突出于表面，有纤维蛋白渗出物积聚，形成隐约可见的轮环状。肠系膜淋巴结索状肿胀，肝、脾有时可见黄灰色坏死小点或灰白色结节。

五、诊 断

（一）临诊诊断

根据流行病学、临床表现、病理变化，如1～4月龄仔猪多发，病猪表现慢性下痢，生长发育不良，剖检可见大肠发生弥漫性纤维素性坏死性肠炎变化，可作出初步诊断，确诊可通过实验室检查。

（二）实验室诊断

1.病原诊断

（1）涂片镜检。无菌采集肝、脾、肺、肠系膜淋巴结等组织或分泌物、血液、尿液等，涂片、染色、镜检，可见革兰氏阴性球杆菌或短杆菌。

（2）分离培养与鉴定。将病料或增菌后的培养物分别接种于麦康凯培养基和 SS 琼脂培养基中，在 35 ~ 37 ℃下培养，经 18 ~ 24 h 培养后发现直径为 1 ~ 3 mm 的无色、透明、光滑的菌落；在 SS 琼脂平板上，产生硫化氢的细菌，菌落中央往往呈灰黑色者可初步鉴定。必要时进行生化实验及动物接种实验等。

2. 血清学诊断

对流免疫电泳（CIE）、协同凝集试验（COA）、酶联吸附试验（ELISA）、免疫荧光等均可用于沙门氏菌的快速诊断。

（三）鉴别诊断

急性病例诊断比较困难，须与猪瘟、猪丹毒、猪链球菌病等败血病状的疾病相区别。见表3-2。

六、防　治

（一）预　防

加强饲养管理，消除各种发病原因。采用添加抗生素饲料，如土霉素等饲料添加剂，这不但可以促进猪的生长发育，对预防猪副伤寒等消化道传染病亦有明显效果。但应注意地区抗药菌株的出现，如发现对某种药物产生抗药性时，应改用别的药。在本病常发地区，对 1 月龄以上或断奶仔猪，用仔猪副伤寒冻干弱毒疫苗预防，用 20% 氢氧化铝稀释，肌肉注射 1 mL 或用冷开水稀释成每头份 5 ~ 10 mL，拌料喂服，可有效控制该病的发生。

（二）治　疗

当发现本病时，应立即进行隔离、消毒；死病猪应严格执行无害化处理措施，以防止病菌散播和引起人的食物中毒；发现病猪时，尽可能通过药敏试验选择合适的抗菌药物治疗。常用的治疗药物有：氟苯尼考，肌注 10 ~ 20 mg/kg 体重，连用 3 ~ 5 d；复方新诺明，肌注 0.2 mL/kg 体重，首次用量加倍，连用 3 ~ 7 d；土霉素，内服 50 ~ 100 mg/kg 体重，连服 3 ~ 5 d；强力霉素，内服 2 ~ 5 mg/kg 体重，连服 3 ~ 5 d。

七、公共卫生

沙门氏菌是一种常见的食源性人兽共患病病原菌。被沙门氏菌污染的肉、蛋、奶和奶制品、蔬菜、水果，以及带菌动物和人等都可作为人类感染发病的来源。人发病往往是因为吃了未经充分加热消毒的食品而发生食物中毒。潜伏期约 7 ~ 24 h，间或可延长至数日。临床可分为胃肠炎型、败血症型和局部感染化脓型，其中以胃肠炎型（即食物中毒）最常见。胃肠炎型主要表现为突然发病、体温升高、头痛、寒战、恶心、全身酸痛、面色苍白，继而出现腹痛、腹泻和呕吐，严重时会引起死亡。治疗一般为口服喹诺酮类药物、樟脑酊或氢化可的松，脱水严重者静脉滴注葡萄糖盐水。治疗及时的话，大多患者可于数天内恢复健康。

为了防止本病从动物传染给人，病畜禽应严格无害化处理，加强屠宰检验，特别是急宰病畜禽的检验和处理。肉类要充分煮熟。家庭和食堂注意防止鼠类窃食引起的污染。

防止肉、蛋、奶和奶制品等食品污染沙门氏菌已被列为 WHO 的主要任务之一,各国食品卫生标准中也都规定食品中不得检出沙门氏菌。为此,必须做好饲养、屠宰、加工、运输、贮藏、消费等各个环节的卫生防范工作,严格检疫,重视食品安全和公共卫生安全,以保障公民健康。

自测训练

1. 猪沙门氏杆菌病的诊断和防治要点。
2. 沙门氏菌的公共卫生意义。

任务9 猪大肠杆菌病

大肠杆菌病是由致病性大肠杆菌引起各种动物疾病的总称。本病主要侵害幼畜、雏禽和幼儿。其病型复杂多样,或引起腹泻,或发生败血症,或为各器官的局部感染,或为中毒症状。我国将其列为三类动物疫病病种名录。猪大肠杆菌病包括仔猪黄痢、仔猪白痢和猪水肿病。

大肠杆菌病分布于世界各地。我国广泛存在,给养殖业带来很大的损失。

一、病 原

大肠杆菌是革兰氏阴性杆菌,大小为 $0.4 \sim 0.7\ \mu m \times 2.0 \sim 3.0\ \mu m$,菌体两端钝圆,中等大小,有鞭毛,能运动,不形成芽孢。大肠杆菌分为致病性菌株、条件致病性菌株和非致病性菌株。致病性大肠杆菌和非致病性大肠杆菌在形态、染色、培养特性等方面没有差别,但抗原结构不同。大肠杆菌的抗原构造由菌体抗原(O)、鞭毛抗原(H)和微荚膜抗原(K)组成,已发现的 O 抗原有 170 多种,H 抗原有 50 多种,K 抗原有 100 多种,这 3 种抗原相互组合可构成几千个血清型。

致病性大肠杆菌按其对人和动物致病性不同,可将其分为 8 类:产肠毒素性大肠杆菌(ETEC)、肠侵袭性大肠杆菌(EIEC)、肠致病性大肠杆菌(EPEC)、肠黏附性大肠杆菌(EAEC)、产志贺毒素大肠杆菌(STEC)、败血症大肠杆菌(SEPEC)、尿道致病性大肠杆菌(UPEC)、新生儿脑膜炎大肠杆菌(NMEC)。

本菌为兼性厌氧菌,在普通培养基上能良好生长。在琼脂平板上 37 ℃培养 24 h 后,可见低而隆凸、无色光滑、湿润、直径为 $2 \sim 3$ mm、边缘整齐的露滴状菌落。在肉汤中生长良好,呈浑浊生长。管壁有黏性的沉淀,液面管壁有菌环。在伊红美蓝琼脂上产生带有金属光泽黑色的菌落,在麦康凯和远藤氏琼脂培养基上生长良好,可形成红色菌落。

该菌对热的抵抗力较其他肠杆菌强,55 ℃ 60 min 或 60 ℃加热 15 min 仍有部分细菌存活。在自然界的水中可存活数周至数月,在温度较低的粪便中存活更久。该菌对理化因素抵抗力不强,常用的消毒药如 2% ～3% 的氢氧化钠溶液、0.5% 的新洁尔灭等易将其杀死。对磺胺类、链霉素、庆大霉素等药物敏感,但随着抗菌药物在兽医临床的广泛使用,致病性大肠杆菌对许多抗菌药物的敏感度逐渐降低,耐药菌株越来越多。

研究表明病原性大肠杆菌具有多种毒力因子,引起不同的病理过程。

黏附因子,也称黏附素。致病大肠杆菌须先黏附于宿主肠壁,以免被肠蠕动和肠分泌液清除,这是大肠杆菌引起许多疾病的先决条件。产毒性大肠杆菌至少有四种黏附素,分别命名为 K_{88}、K_{99}、987P(或 F_4、F_5、F_6)及 F_{41},这些黏附素具有一定的种属特异性,如 K_{88}、987P 多见于猪源分离株,K_{99} 多见于牛、绵羊和猪源分离株,F_{41} 多见于牛源分离株。

肠毒素。肠毒素是肠产毒性大肠杆菌在生长繁殖过程中释放的外毒素,分为耐热(ST)和不耐热(LT)两种。其致病作用在于通过激活小肠上皮细胞的腺苷酸环化酶,使细胞内环化磷酸苷(CAMP)增多,破坏体内水分的正常吸收和排泄的动态平衡,使体内水分向肠管内排泄速度超过吸收速度,而引起腹泻。

内毒素。大肠杆菌外膜中含有脂多糖,当菌体崩解时被释放出来,其中的类脂 A 成分具有内毒素的生物学功能,是一种毒力因子,在败血症中其作用尤为明显。

细胞毒素,又称志贺样毒素(SLT)。现已报道的 SLT 主要有 3 型:SLT-I、SLT-Ⅱ 和 SLT-Ⅳ。SLT-Ⅱ 与引发人出血性肠炎的 $O_{157}:H_7$ 的致病作用有关,而 SLT-Ⅳ 则能使猪产生水肿病的临诊和病理特征。

侵袭性。某些 ETEC,像各种志贺氏菌一样,具有直接侵入并破坏肠黏膜细胞的能力。这种侵袭性与菌体内存在的一种质粒有关。

病原性大肠杆菌的许多血清型(如 O_8、O_9、O_{20}、O_{45}、O_{60}、O_{64}、O_{101}、O_{138}、O_{139}、O_{141}、O_{147}、O_{149}、O_{157} 等)可引起猪发病,一般猪源产肠毒素大肠杆菌(ETEC)往往带有 K_{88}、K_{99}、987P 和/或 F_{41} 黏附素。

二、仔猪黄痢

又叫早发型大肠杆菌病。本病主要发生于 1 周龄内的新生仔猪,是初生仔猪一种常见的传染病。临床上以拉黄色水样粪便和迅速死亡为特征。

(一)流行病学

本病发生于出生后 1 周内的仔猪,以 1~3 日龄最为常见。在产仔季节常常可使很多窝仔猪发病,同窝仔猪发病率可高达 100%,初产母猪所产仔猪发病较为严重。本病的传染源主要是带菌母猪,由粪便排出的病原菌,污染母猪的乳头和皮肤,仔猪吃乳或舔母猪皮肤时,食入本菌。发病的仔猪又从粪便排出大量病菌,污染外界环境,通过饲料、饮水和用具传染给其他母猪和仔猪,形成新的传染源。主要经消化道感染,少数经产道感染。猪场卫生条件不好、新生仔猪初乳吃得不够或母猪乳汁不足以及产房温度低、仔猪受凉,都会加剧本病的发生。

(二)临床症状

潜伏期最短为 8~10 h,一般在 24 h 左右。仔猪出生时体况正常,但快者数小时后突然发病死亡,其他仔猪相继发病。病猪的主要症状是拉黄色水样粪便,内含凝乳小片,顺肛门流下,下痢严重时,小母猪阴户尖端可出现红色。迅速消瘦、脱水、昏迷死亡。

(三)病理变化

尸体严重脱水,胃黏膜红肿,胃内充满乳汁,内有凝乳块。肠壁变薄,肠黏膜肿胀、充血、出血。肠系膜淋巴结有弥漫性小点状出血,肝、肾有小的凝固性坏死灶。

(四)诊　断

根据发生于出生后1周内仔猪、排黄色稀粪、发病率和死亡率很高以及急性死亡等特点,可作出初步诊断。确诊需做实验室检查。临床上应注意与传染性胃肠炎、流行性腹泻、仔猪红痢等鉴别。

(五)防　治

1.预防措施

加强饲养管理,平时做好猪舍的环境卫生和消毒隔离工作,保持圈舍清洁。母猪临产前7~10 d内在母猪饲料中添加磺胺嘧啶或四环素等药物进行预防,注意产房的卫生消毒工作和临产母猪猪体、乳房、阴部等部位的消毒。常发地区,可选用大肠杆菌 K_{88}ac-LTB 双价基因工程疫苗、大肠杆菌 K_{88}、K_{99} 双价基因工程苗、大肠杆菌 K_{88}、K_{99}、987P 三价灭活苗等在妊娠母猪产前15~20 d注射,以通过母乳获得被动免疫。动物微生态制剂如止痢宁、调痢生、抗痢宝及非致病性大肠杆菌(如 NY-10 菌株、SY-30 菌株等)制剂等在吃奶前投服,都有较好的预防效果。

此外,在本病常发的地区,仔猪产后12 min 内全窝口服或注射给药,连用数天,可以防止发病,但不能与动物微生态制剂同时使用。

2.治疗措施

本病往往来不及治疗。当有仔猪发病时,应立即全窝给药,使用抗菌药物如庆大霉素,肌注4~7 mg/kg 体重,1 次/d;环丙沙星,肌注2.5~10 mg/kg 体重,2 次/d;严重病例,可用"重泻康"与氧氟沙星或恩诺沙星混合肌注5 mL,并立即静脉补液或喂服葡萄糖(添加少量食盐)液剂,对脱水严重的仔猪除采取上述治疗措施外,应用痢菌净3 mL、庆大霉素8 万 IU 稀释于5%的糖盐水20 mL 中腹腔注射,2 次/d,连用2 d,可起到很好的治疗效果。另外,在交巢穴进行水针治疗,也有很好的疗效。

三、仔猪白痢

又叫迟发性大肠杆菌病。是由致病性大肠杆菌引起2~4周龄仔猪的一种肠道传染病。临床上以排乳白或灰白色带有腥臭的浆糊状粪便为特征。

(一)流行病学

主要发生于10~30 日龄仔猪,以10~20 日龄者发病最多,7 d 以内或30 d 以上发病的较少。本病一年四季都可发生,但一般以严冬、早春及炎热季节发病较多,尤其是气候突变时多发。各种不良因素都能诱发本病。

(二)临床症状

病猪体温一般不升高,突然发生下痢,粪便为白色、灰白色或黄白色,粥样,有腥臭味。病猪逐渐消瘦,行动缓慢,被毛粗乱,生长发育迟缓。病程3~7 d 左右,绝大多数病猪可以恢复。

(三)病理变化

尸体外表苍白、消瘦、脱水,胃肠道有卡他性炎症。

（四）诊　断

根据 10～20 日龄的哺乳仔猪成窝发病,体温无明显变化,排白色浆糊样稀粪,剖检仅可见胃肠卡他性炎症等特点,通常可作出诊断。必要时,可进行实验室检查。临床上应注意与仔猪红痢、猪传染性胃肠炎等相区分。

（五）防　治

加强饲养管理,平时做好猪舍的环境卫生和消毒隔离工作,保持圈舍清洁。仔猪白痢的免疫预防和微生态制剂的使用,可参照仔猪黄痢。此外,仔猪注射抗贫血药或给母猪加喂抗贫血药,如硫酸亚铁 250 mg、硫酸铜 10 mg、亚砷酸 1 mg,1 次/d,母猪从产前 1 个月喂到产后 1 个月,可显著减少本病的发生。治疗方面除可参照仔猪黄痢治疗方法外,还可用磺胺脒、次硝酸铋、含糖胃蛋白酶等量混合,7 日龄仔猪 0.3 g/次,14 日龄 0.5 g/次,21 日龄 0.7 g/次,30 日龄 1 g/次,重病 3 次/d,轻病 2 次/d,一般服药 1～2 d 后可愈。

四、猪水肿病

是由溶血性大肠杆菌引起的断奶仔猪的一种肠毒血症。临床上以全身或局部麻痹、共济失调和眼睑部、胃壁、结肠系膜水肿为主要特征。

（一）流行病学

本病主要发生于断奶前后的仔猪,特别是断奶后 1～2 周的仔猪,发病多为营养良好和体格健壮者。发病率较低,病死率高(可达 90%),多为散发,有时呈地方流行性。本病无明显季节性,但以 4—5 月份和 9—10 月份多发,特别在气候骤变和阴雨季节更易发病。

（二）临床症状

发病突然,体温无明显变化,四肢运动障碍,后躯无力,摇摆和共济失调,有的病猪作转圈运动或盲目乱叫,突然前冲。各种刺激或捕捉时,触之惊叫,叫声嘶哑,倒地,四肢乱动呈游泳状。体表某些部位的水肿是本病的特征症状,常见于眼睑、结膜、齿龈,有时波及颈部及腹部皮下。病程短的数小时,长至 7 d 以上,致死率约为 90%。

（三）病理变化

病理变化主要是水肿。胃大弯和贲门部胃壁水肿,切开水肿部可见黏膜层和肌层之间呈胶冻样水肿;上下眼睑、结肠系膜及淋巴结水肿。心包、胸腔、腹腔有较多积液,暴露空气后形成胶冻状。

（四）诊　断

通常根据该病主要多发于断奶前后、体况健壮的仔猪,剖检见胃壁和肠系膜水肿,主要为散发等特点可作出初步诊断。确诊可进行实验室检查。临床上,仔猪水肿病应注意与猪伪狂犬病、贫血性水肿等区别。

（五）防　治

1. 预防措施

加强饲养管理,平时做好猪舍的环境卫生和消毒隔离工作,保持圈舍清洁。仔猪断奶时应注意饲养管理,不要突然换料,并防止饲料单一和蛋白质含量过高,同时适当添加多种维生素和矿物质元素。在断奶前后,可根据情况适当限饲,并及时补铁、硒和维生素 E,增强机体的抗病力(如注射富铁力或牲血素,0.1% 亚硒酸钠,能有效补充铁和硒的不足)。可在仔猪出生后接种猪大肠杆菌腹泻基因工程多价苗或灭活苗。

2.治疗措施

采取抗菌消肿、解毒镇静、强心利尿等原则进行综合治疗。强心利尿法具有良好的治疗效果,一旦发现症状时肌注 20% 安钠咖 1 mL,呋喃苯胺酸注射液 0.25 mL,同时腹腔注射 50% 的葡萄糖液 5~10 mL,次日腹腔注射 50% 葡萄糖液 10 mL。在水肿病初期用新斯的明、维生素 B_1、地塞米松,晚期另加 ATP、维生素 C 治疗,有一定的效果。另外,对发病仔猪可在饲料中加入盐类泻剂连用 2 d,然后肌注卡那霉素、硫酸新霉素或硫酸链霉素,2 次/d,连用 2~3 d。

五、公共卫生

大肠杆菌是一种重要的食源性人兽共患病病原菌。人主要通过手或污染的水源、食品、用具等经消化道感染,引起人食物中毒、新生儿脑膜炎和尿路感染等。因此,应加强食品卫生检测和监测力度,维护人类健康。

【技能训练】 大肠杆菌病的实验室检查

一、训练目的

掌握猪大肠杆菌病的临床诊断和实验诊断方法。

二、训练用设备和材料

载玻片、剪刀、镊子、手术刀、酒精灯、接种环、革兰氏染色液、美蓝染色液、福尔马林、显微镜、香柏油、二甲苯、擦镜纸、清洁中试管、玻璃漏斗、漏斗架、滤纸、铝锅、肉汤培养基、琼脂平板、血液琼脂平板、麦康凯培养基、伊红美蓝琼脂、各种生化试验培养基及试剂、仔猪或家兔、被检材料、工作衣帽及胶靴等。

三、训练内容及方法

(一)形态观察

(1)钩取大肠杆菌培养物涂片,革兰氏染色后镜检,仔细观察其形态、大小、排列及染色特性。

(2)取病料制成涂片或触片,革兰氏染色后镜检。大肠杆菌为两端钝圆、单在、中等大小的革兰氏阴性杆菌。

(二)培　养

1.分离培养

(1)对败血症病例可无菌采取其病变的内脏组织,直接在血液琼脂平板或麦康凯琼脂平板上画线分离培养。

(2)对幼畜腹泻及猪水肿病病例,可采取其各段小肠内容物或黏膜刮取物以及相应肠段的肠系膜淋巴结分别在血液琼脂平板和麦康凯琼脂平板上画线分离培养。

(3)37 ℃温箱培养18～24 h,观察其在各种培养基上的菌落特征。

(4)结果观察　大肠杆菌在麦康凯琼脂平板上形成直径1～3 mm、红色的露珠状菌落,部分菌株如仔猪黄痢与水肿病菌株在血液琼脂平板上呈β型溶血。

2.纯培养

(1)钩取麦康凯琼脂平板上的可疑菌落接种三糖铁琼脂斜面和普通斜面进行初步生化鉴定和纯培养。接种三糖铁琼脂斜面时,先涂布斜面,后穿刺接种至管底。

(2)结果观察:大肠杆菌在三糖铁琼脂斜面上生长,产酸,使斜面部分变黄;穿刺培养,产酸产气,使底层变黄且混浊;不产生硫化氢。

(三)生化试验

(1)糖发酵试验。取纯培养物分别接种葡萄糖、乳糖、麦芽糖、甘露醇和蔗糖发酵管,37 ℃培养2～3 d,观察结果。

(2)吲哚试验。取纯培养物接种蛋白胨水,37 ℃培养2～3 d,加入吲哚指示剂,观察结果。

(3)MR试验和VP试验。取纯培养物接种葡萄糖蛋白胨水,37 ℃培养2～3 d,分别加入MR和VP指示剂,观察结果。

(4)枸橼酸盐试验。取纯培养物接种在枸橼酸盐培养基上,37 ℃培养18～24 h,观察结果。

(5)硫化氢试验。取纯培养物接种醋酸铅琼脂,37 ℃培养18～24 h,观察结果。

大肠杆菌生化试验鉴定结果表:

葡萄糖	乳　糖	麦芽糖	甘露醇	蔗　糖	吲哚试验	MR试验	VP试验	枸橼酸盐	H₂S试验	动　力
⊕	⊕/－	⊕	⊕	V	＋	＋	－	－	－	＋

注:⊕产酸产气、+阳性、-阴性、+/-大多数菌株阳性/少数阴性、V种间有不同反应。

(四)运动性检查及在鉴别培养基上的培养特性

(1)运动性:有周鞭毛,镜检可见呈圆周运动;半固体培养基穿刺培养使培养基呈云雾状。

(2)培养特性:取纯培养物分别接种远藤氏琼脂平板、伊红美蓝琼脂平板、SS琼脂平板,37 ℃温箱培养18～24 h,观察菌落特征。

大肠杆菌在鉴别培养基上的菌落特征:

麦康凯琼脂	远滕氏琼脂	伊红美蓝琼脂	SS 琼脂	三糖铁琼脂斜面
红色	紫红色有光泽	紫黑色带金属光泽	红色	斜面黄色,底层变黄有气泡,不产 H_2S

(五)因子血清检查

(1)将培养物用生理盐水洗下制成菌液并分成 2 份。

(2)1 份经 100 ℃加热 1 h,如仍不凝集,则 121.3 ℃处理 2 h。

(3)另一份加 0.5% 福尔马林于 37 ℃处理 24 ~ 48 h。

(4)将两份菌液分别用各种大肠杆菌"O 单价因子血清"和"OK 多价因子血清"对上述菌液作玻片凝集试验。

(5)如该菌株含有 K 抗原,则各种"O 单价因子血清"不能使经福尔马林处理的菌液凝集,但可被"OK 多价因子血清"凝集。经 100 ℃或 121.3 ℃加热的菌液可被一种"O 单价因子血清"凝集。

(6)根据各种疾病相关的常见"O"抗原群,使用相应的单因子血清进行大肠杆菌血清型鉴定。方法是用接种环沾取少许大肠杆菌因子血清置于玻片上,再取菌液与之混匀,出现凝集为阳性反应。根据结果写出抗原式,确定菌型。

注意事项:自粪便中分离大肠杆菌时,常需要连续多次分离培养才能成功。

自测训练

一、知识训练

1. 简述猪大肠杆菌病的流行特点、主要临床症状和病变特征。

2. 如何进行猪大肠杆菌病的防治?

二、技能训练

大肠杆菌的实验室检查方法。

任务 10 猪梭菌性肠炎

猪梭菌性肠炎又称猪传染性坏死性肠炎,俗称仔猪红痢,是由 C 型产气荚膜梭菌引起新生仔猪的高度致死性的肠毒血症,其特征是出血性下痢,肠黏膜坏死,病程短,死亡率高,主要发生于 3 日龄以内的仔猪。近年来,发现 A 型产气荚膜梭菌也可导致新生仔猪或断奶仔猪的肠道炎症。

1955 年英国首次报道该病以来,匈牙利、丹麦、美国、德国和荷兰等国相继发生,本病在我国也有存在。

一、病　原

病原菌主要是 C 型产气荚膜梭菌,根据产毒素能力分为 A、B、C、D 和 E 5 个血清型。

一般认为,C 型产气荚膜梭菌是导致 2 周龄内仔猪肠毒血症与坏死性肠炎的主要病原,而 A 型菌株则与哺乳及育肥猪肠道疾病有关,导致轻度的坏死性肠炎和绒毛退化。C 型产气荚膜梭菌为革兰氏阳性、有荚膜、不运动的厌氧大杆菌,芽孢卵圆形,位于菌体中央或近端,但在人工培养基中则不容易形成。本菌可产生 α 和 β 等毒素,毒力很强,引起仔猪肠毒血症、坏死性肠炎。芽孢抵抗力强,80 ℃15 ~ 30 min,100 ℃几分钟才能杀死;冻干保存至少 10 年,其毒力和抗原性不发生变化;25% 氢氧化钠溶液 14 min 才可杀死芽孢。A 型和 B 型魏氏梭菌也可引起类似的疾病。

二、流行病学

(一)易感动物

本病主要侵害 1 ~ 3 日龄的仔猪,1 周龄以上仔猪很少发病。

(二)传染源

病猪和带菌猪是传染源。

(三)传播途径

该类细菌从发病猪群肠道中随粪便排出,污染哺乳母猪的乳头及垫料,经消化道感染。

(四)流行特点

在同一猪群内各窝仔猪的发病率相差很大,病死率一般为 20% ~ 70%,最高可达 100%。也有报道 2 ~ 4 周龄及断奶猪中发生本病的。A 型产气荚膜梭菌性肠炎则可发生于新生仔猪和断奶仔猪。猪场一旦发生本病,常顽固地在猪场存在,很难清除。

三、临床症状

(一)最急性型

本型仔猪出生后 12 ~ 36 h 死亡,病猪在生后 10 h 内比较正常,随后开始发病,突然排出血便,后躯沾满血样稀粪,病猪衰弱无力,迅速处于濒死状态。少数仔猪没有出现血痢便昏倒死亡。多数在出生当天或次日死亡。

(二)急性型

本型出现症状后可存活 2 d,一般在第 3 d 死亡。在整个病程中,病猪排出含有灰色坏死组织碎片的红褐色液状稀粪。病猪消瘦、虚弱,常失去生活能力。

(三)亚急性型

本型病猪呈持续性腹泻,病初排出黄色软粪,以后变成液状内含坏死组织碎片。病猪食欲不振、极度消瘦和脱水,一般在出生后 5 ~ 7 d 死亡。

(四)慢性型

本型猪间歇性或持续性腹泻达 1 周以上,粪便呈灰黄色,黏液样。病猪消瘦、生长停滞,于数周后死亡或淘汰。

A 型产气荚膜梭菌性肠炎通常发生在出生后 48 h 内的仔猪或断奶仔猪,排出面糊状或奶油样稀粪或软粪,体况急剧下降,被毛粗乱,会阴部黏有粪便;腹泻可持续 5 d 以上,猪栏地面有黏液样粪便,呈粉红色,但通常不发热,也很少出现死亡。

四、病理变化

C 型产气荚膜梭菌性肠炎的病变主要局限于小肠和肠系膜淋巴结,以空肠的病变最重。

(一)最急性型

本型出血病变严重,空肠呈暗红色,两端界限明显,肠腔内充满含血的液体,整个病变肠段黏膜层和黏膜下层弥漫性出血,肠系膜淋巴结呈鲜红色。

(二)急性型

本型出血较轻,以坏死为主,肠壁变厚,空肠黏膜呈黄色或灰色,肠腔内有被血液着染的坏死组织碎片。绝大部分绒毛脱落,遗留一层坏死性假膜。黏膜下层、肌层及肠系膜淋巴结可见有气泡形成。

(三)亚急性型

本型空肠或回肠病变较重,易碎,以紧贴的坏死性假膜取代了黏膜,从肠浆膜外面看去可见到小肠内壁有几条浅灰黄色的纵带。

(四)慢性型

本型可见肠浆膜面外观正常,细心检查黏膜有多个线状坏死区,长 1~2 cm。此外,还可见到病猪被毛干燥无光泽,皮下胶样浸润,胸腔、腹腔、心包腔有许多樱桃红色积液。心肌苍白,心外膜有出血点。肾呈灰白色,皮质部小点状出血。脾边缘有小点出血。膀胱黏膜小点出血。

A 型产气荚膜梭菌性肠炎病变为小肠松弛,肠壁增厚,肠内容物白糊样,无血液。黏膜轻度炎症,黏附有坏死物,肠绒毛缺失。大肠内充满白色黏稠物,黏膜正常或被坏死物覆盖。

五、诊　断

(一)临诊诊断

C 型产气荚膜梭菌性肠炎主要发生在 3 日龄以内的仔猪,下痢为红色液体。病程短,死亡率高,病变肠段为深红色或土黄色,界限分明,肠黏膜坏死,肠黏膜下、肠系膜和肠系膜淋巴结有小气泡等特点,一般可以作出诊断。A 型产气荚膜梭菌性肠炎临床表现与 C 型相似,应依靠实验室的细菌学检查或毒素检测试验进行确定。

(二)实验室诊断

1.病原诊断

无菌采取肝、脾、肾、心血、胸水、腹水、十二指肠和空肠内容物等病料抹片,革兰氏染色镜检可发现病原,同时可分离培养。

2.毒力试验诊断

可用小白鼠进行肠毒素试验。取病猪肠内容物,加等量灭菌生理盐水,以

3 000 r/min离心沉淀30～60 min,上清液经细菌滤器过滤,取滤液按0.2～0.5 mL/只静脉注射一组小鼠,并取滤液与A型和/或C型产气荚膜梭菌抗毒素血清混合,作用40 min后注射另一组小鼠。如单注射滤液的小鼠死亡,而另一组小鼠存活,即可确诊。

六、防　治

(一)预防措施

两种梭菌性肠炎的防治措施基本相同,即通过加强对猪舍、场地和环境的清洁卫生和消毒工作,特别是对产房和母猪乳头的消毒可以减少本病的发生和传播。C型魏氏梭菌性肠炎可通过给怀孕母猪注射C型魏氏梭菌灭活苗或基因工程苗,使母猪产生足够的抗体,仔猪通过哺乳来获得被动免疫保护力。方法是对第1胎和第2胎怀孕母猪分别于产前1个月和产前半个月各注射1次,剂量为5～10 mL;第3胎怀孕母猪在产前半个月注射1次,剂量为3～5 mL。经常发生本病的猪场,在仔猪未吃初乳前及其以后3 d内,口服抗生素(如青霉素和链霉素等),2～3次/d,具有预防作用。有条件时,在仔猪出生后肌肉注射抗仔猪红痢血清3 mL/kg体重,可获得充分保护作用。

(二)治疗措施

由于本病发病迅速、病程短,发病后用药治疗效果不佳,必要时可用抗生素或磺胺类药物治疗。

自测训练

1. 简述仔猪红痢的流行病学特点和临床特征。
2. 仔猪红痢病的防治。

任务11　猪痢疾

猪痢疾是由致病性猪痢疾短螺旋体引起的猪的一种肠道传染病,以消瘦、腹泻和黏液性或黏液出血性下痢,大肠黏膜的卡他性、出血性、纤维素性坏死性肠炎为特征。

该病遍布五大洲的50多个国家和地区,涉及我国20多个省、市。猪痢疾在猪群中的发病率和病死率相当高。该病一旦传入猪群,若不及时采取严格的措施,则很难根除,给养猪业造成了很大的经济损失。我国将其列为三类动物疫病病种名录。

一、病　原

猪痢疾短螺旋体,曾命名猪痢疾密螺旋体、猪痢疾蛇形螺旋体,呈蛇形螺旋状,多有4～6个弯曲,有的5～6个弯曲,两端尖锐,形如雁双翼状,菌体大小为6～8.5 μm × 0.1～0.3 μm,革兰染色阴性。新鲜病料在暗视野显微镜下可见活泼的蛇样运动。苯胺染料或姬姆萨染液着色较好,而组织切片以镀银染色更好。本菌为严格厌氧菌,有4个血清型。

猪痢疾短螺旋体对外界环境有较强的抵抗力,在粪便中 5 ℃时可存活 61 d,25 ℃存活 7 d,在土壤中 4 ℃能存活 102 d。对消毒药的抵抗力不强,一般消毒药可将其杀死。

二、流行病学

(一)易感动物

不同年龄、品种的猪均有易感性,以 1.5 ~ 4 月龄最为常见,断奶猪常会导致死亡,哺乳仔猪发病较少,大猪带菌,不死亡。幼猪的发病率可达 75% 左右,病死率约为 5% ~ 25%。

(二)传染源

病猪和带菌猪是主要传染源,康复猪带菌率很高,可达 70 d 以上。

(三)传播途径

本病主要经消化道传播。

(四)流行特点

本病一年四季均可发生。其传染缓慢,流行期长,可反复发病。饲养管理不当、饲料不足、阴雨潮湿、气候多变、拥挤、饥饿等均可促进本病的发生和流行。本病一旦传入猪群,很难根除,用药可暂时好转,停药后往往又会复发。

三、临床症状

潜伏期 2 d 至 2 个月以上,一般为 10 ~ 14 d。

(一)最急性型

本型见于流行初期,死亡率高,个别表现无症状,突然死亡。多数病例表现废食,剧烈下痢。粪便开始为灰色软便,随即变成水泻样便,内有黏液和带有血液或血块,随病程发展,粪便中混有脱落黏膜或纤维素渗出物的碎片,气味腥臭。此时病猪精神沉郁,肛门松弛,排便失禁,腹紧缩,弓腰和腹痛,眼球下陷,呈高度脱水状态,全身寒战,往往在抽搐状态下死亡,病程 12 ~ 24 h。

(二)急性型

本型病猪初期精神沉郁,食欲减退,体温 40 ~ 40.5 ℃,持续腹泻,排出黄色至灰色的稀粪,粪便中含有大量半透明的黏液而使粪便呈胶冻状,粪便中还混有黏液、血液及纤维碎片,后期粪便呈棕色、红色或黑红色,并且病猪弓背吊腹,脱水消瘦,虚弱死亡或转为慢性型。病程 1 ~ 2 周。

(三)慢性型

本型病猪表现时轻时重的黏液出血性腹泻,粪便呈黑色,具有不同程度的脱水表现,生长发育受阻。慢性病猪的病死率虽低,但生长发育不良,饲料报酬低,部分康复猪还可复发。病程在 2 周以上。

四、病理变化

病死猪一般显著消瘦,被毛为粪便污染。病变主要在大肠(结肠和盲肠),回盲瓣为明显分界。最急性型病猪粪便内有黏液和带有血液或血块,并混有脱落黏膜或纤维素渗出物的碎片,气味腥臭。急性型病猪的大肠壁和肠系膜充血、水肿,淋巴滤泡增大,肠黏膜肿胀,并覆盖有黏液、血块及纤维素性渗出物。随着疾病进一步发展,肠壁水肿减轻,而黏膜炎症加重,由黏液出血性炎症发展为出血性纤维素性炎症,黏膜表层坏死,形成黏液纤维蛋白性假膜,外观呈麸皮样或豆腐渣样,剥出假膜则露出浅表的糜烂面。其他脏器无明显变化。

五、诊　断

(一)临诊诊断

根据本病流行缓慢,多发生于 1.5 ~ 4 月龄猪,哺乳仔猪及成年猪少见,临床上表现为病初的黄色或灰色稀粪,以后下痢并含有大量黏液和血液,病变局限于大肠,可作初步诊断。必要时可进行实验室细菌学检查和血清学试验。

(二)实验室诊断

1. 病原诊断

(1)抹片镜检。取急性病猪的大肠黏膜或粪便抹片染色镜检或暗视野显微镜检查,如发现多量猪痢疾蛇形螺旋体(≥3 条/视野),可作为诊断依据。但镜检法对急性病例后期、慢性型和隐性带菌及用药后的病例检出率低。

(2)分离鉴定。直肠拭子采集大肠黏液或粪便划线接种于选择培养基上进行厌氧分离。

(3)动物实验。将分离纯化的菌株按 25 ~ 50 亿/头胃管投服健康幼猪,连服 2 次,观察 30 d,若有 50% 的感染猪发病,即表示该菌株有致病性。本试验亦可用幼小鼠或幼豚鼠来做。

2. 血清学试验

血清学方法有微量凝集试验、ELISA、琼扩等方法。但在实际应用中或缺乏敏感性,或缺乏特异性,甚至两者都不行,不能作为个体带菌猪的可靠检测。

3. 分子生物学检查

PCR 方法特异、快速、敏感。

(三)鉴别诊断

本病应注意与猪增生性肠炎、仔猪黄痢、仔猪白痢、猪副伤寒、仔猪红痢、猪传染性胃肠炎、猪流行性腹泻和猪轮状病毒感染相鉴别。见表3-3。

六、防　治

(一)预防措施

禁止从疫区引进种猪,必须引进时应进行严格的检疫,并至少隔离观察 1 个月。加强饲养管理和清洁卫生,保持栏圈干燥、洁净,并实行"全进全出"的肥育制度。目前多采用给怀孕母猪注射 C 型魏氏梭菌氢氧化铝疫苗和仔猪红痢干粉疫苗的方法,在临产前 1 个月肌肉注射 5 mL,2 周后再注射 10 mL,仔猪出生后吸吮母猪初乳可获得被动免疫,这是预防本病最有效的办法。仔猪出生后注射抗猪红痢血清,每千克体重 3 mL,肌肉注射,可获得充分保护。

(二)扑灭措施

在非疫区发现本病,应采取全群淘汰或选择淘汰阳性猪只的防治策略。经彻底清扫和消毒,并空圈 2 ~ 3 个月后再由无病猪场引进新猪。经常发生本病的地区,当发病猪数量多、流行面广而难以全群淘汰时,对猪群采用药物治疗,并结合消毒(特别是产房消毒、母猪的奶头消毒)、隔离、合理处理粪尿等措施,可有效地降低猪群的发病率。

治疗可用痢菌净、杆菌肽、洁霉素、泰乐菌素、四环素族抗生素、二甲硝基咪唑、链霉素、红霉素等。用药疗程一般 3 ~ 5 d,停药 10 ~ 20 d 后,换用另一种敏感药物,并应在防治过程中及时评估效果,剔除不敏感药物,及时调整防治方案。药物可控制猪群的发病率、减少死亡,但停药后容易复发,在猪群中难以根除。

自测训练

1. 简述猪痢疾的诊断和防治要点。
2. 如何对猪痢疾与其他常见猪腹泻性传染病进行鉴别诊断?

任务 12　猪增生性肠炎

猪增生性肠炎(PPE)又称猪回肠炎、坏死性肠炎、猪腺瘤病等。是由专性胞内劳森菌引起的猪的以出血性、顽固性或间歇性下痢为特征的肠道传染病。主要发生于生长育肥猪和成年猪。本病在世界范围内广泛分布,尤其是集约化的大型猪场,急性猪增生性肠炎的发生呈上升趋势。我国最早在 1999 年报道本病。

一、病　原

PPE 病原为专性细胞内寄生的胞内劳森菌,其分类地位尚未确定,但 Gebhart 等认为属于解硫弧菌属。细菌多呈弯曲形、逗点形、S 形或直的杆菌,大小为 1.25 ~ 1.75 μm × 0.25 ~ 0.43 μm,具有波状的 3 层膜外壁,无鞭毛,革兰氏染色阴性,抗酸染色阳性,能被银染法着色,改良 Ziehl-Neelsen 染色法将细菌染成红色。细菌微嗜氧,需 5% 二氧化碳。细菌主要存在于感染动物肠上皮细胞的胞质内,也可见于粪便中。细菌在 5 ~ 15 ℃环境中至少能存活 1 ~ 2 周,细菌培养物对季铵消毒剂和含碘消毒剂敏感,对大多抗生素敏感。

二、流行病学

（一）易感动物

主要侵害猪。以白色品种猪,特别是长白和大白品种猪以及白色品种猪杂交的商品猪易感性较强。猪群中各种年龄的猪都可感染,但多发生于断奶后仔猪,特别是 18 ~ 45 kg 的猪多见,有时也发生于刚断奶的仔猪和成年公、母猪。

（二）传染源

患猪和带菌猪是该病的传染源。

（三）传播途径

消化道传播,主要经患猪和带菌猪而感染。

（四）流行特点

本病一年四季均可发生,但主要在 3 ~ 6 月份呈散发或流行。一些应激因素也可促进本病的发生。

三、临床症状

本病的潜伏期为 2 ~ 3 周。患猪中,急性型比例较小,慢性型所占比例大。如无继发感染,体温一般正常。

（一）急性型

本型多发生于 4 ~ 12 月龄间的猪,主要表现为排焦黑色粪便或血痢并突然死亡,但有的仅表现皮肤苍白,也有粪便无异常情况下突然死亡,死亡率可达 40% 左右。

（二）慢性型

本型常见于 6 ~ 20 周龄的育肥猪,约 40% ~ 50% 猪会有临床症状,死亡率不高,一般低于 5%。临床上表现为食欲减退,下痢呈糊状、棕色或水样,有时混有血液,体重下降,生长缓慢(最常见),日增重和饲料利用率降低,脱水,被毛粗乱等。此型病猪出现症状后,经治疗,6 ~ 8 周能康复,有些则变成"僵猪"或并发其他疾病而被淘汰或死亡。

四、病理变化

患有慢性猪增生性肠炎的青年猪,最常见的病变部位位于小肠末端 50 cm 处以及邻近结肠上 1/3 处,并可形成不同程度的增生变化,但是都可以看到病变部位肠壁增厚,肠管变粗,在病变部位较小时,应仔细检查临近回盲瓣的回肠末端区域,因为这一区域是常见的感染区域。病变部位回肠内层增厚,一种表现为坏死性肠炎,小肠(有时大肠)绒毛上皮细胞增生与溃疡坏死,并有坏死碎片黏附在肠黏膜上,有时伴有出血性病变,可见绒毛上皮增生,此病变多见于后期育肥猪或年轻的公猪、母猪。

五、诊　断

（一）临诊诊断

根据本病的流行病学、临床症状和病理变化特点可作出初诊。

（二）实验室诊断

（1）病原检查。肠黏膜涂片经抗酸染色或姬姆萨染色，可见该菌为直的或弯曲的细菌。在增殖的肠病变部位可能发现弯曲杆菌。

（2）血清学诊断。应用 ELISA、间接免疫荧光或免疫过氧化物酶技术。

（3）分子生物学检查。国内外用常规 PCR 技术和套式 PCR 技术已经能从 1 g 粪便中检出 1×10^3 个胞内劳森菌，多重 PCR 可以同时确诊猪增生性肠炎、猪痢疾和猪沙门氏杆菌病。

（三）鉴别诊断

该病常并发或继发猪痢疾、肠道螺旋体感染、沙门氏菌病等，引起严重的临床症状，要注意鉴别诊断。

六、防　治

（一）预防措施

加强饲养管理，加强猪场的灭鼠工作，实行全进全出，严格执行引种隔离制度和消毒措施，按照清洗—消毒—空置—消毒—进猪的方式进行。可选择百菌消 1∶300 进行消毒。减少转群、运输、温度、湿度、密度及更换饲料等方面的应激。国外已研制出猪增生性肠炎疫苗，据报道可有效控制本病。

（二）治疗措施

多种药物对于预防和治疗猪增生性肠炎有效。目前常用的有红霉素、青霉素、硫粘菌素、泰妙菌素等。可根据实际发病情况采用间歇给药方法。另外，也可采用添加剂的方法防治本病。如在每吨饲料中添加80%泰妙菌素125 g加强力霉素200 g，后备母猪配种前每月加药连用 7～10 d；生产母猪产前产后各连用 7 d，可有效降低仔猪增生性肠炎的早期感染；在断乳仔猪换料后连用 10～15 d，不仅能有效预防猪增生性肠炎、猪痢疾，而且可有效预防呼吸道疾病综合征的细菌性感染。

自测训练

猪增生性肠炎的诊断和防治要点。

任务 13　猪传染性胃肠炎

猪传染性胃肠炎（TGE）是由传染性胃肠炎病毒引起的猪的一种高度接触传染性肠

道传染病。临诊上以病猪呕吐、严重腹泻和失水为特征。不同品种、年龄的猪都可感染发病,2 周龄内仔猪死亡率高;架子猪、成年猪感染率、发病率和死亡率低,一般呈良性经过。主要病变为卡他性胃肠炎。近年来发现,某些猪传染性胃肠炎病毒基因缺失毒株还可导致猪只出现严重程度不等的呼吸道感染。

1946 年美国首次报道该病目前分布于世界许多养猪国家,其猪群的血清抗体阳性率为 19% ~100% 不等。我国许多地区也有该病的流行,我国将其列为三类动物疫病病种名录。

一、病 原

猪传染性胃肠炎病毒(TGEV)属于冠状病毒科、冠状病毒属,该病毒为单股正链 RNA 病毒,病毒粒子呈圆形或椭圆形,直径为 80 ~120 nm,有囊膜,其表面附有纤突。该病毒只有一个血清型,但近年来许多国家都发现了该病毒的变异株,即猪呼吸道冠状病毒。

TGEV 不耐热,加热 56 ℃45 min 或 65 ℃10 min 即全部灭活。病毒在 pH4 ~9 时稳定,而低温条件下,pH 值为 3.0 时也较为稳定。病毒对光敏感,在阳光下 6 h 即可灭活。在冻结保存时极为稳定,冻干毒在 -20 ℃时保存 2 年滴度不发生明显改变。该病毒对许多消毒剂也较敏感,可被去氧胆酸钠、福尔马林、氢氧化钠等灭活。

二、流行病学

(一)易感动物

本病仅发生于猪,不同年龄、性别、品种的猪均可感染发病。在新疫区,在短期内能引起各种年龄的猪 100% 发病,日龄越小,病情愈重,死亡率也愈高,2 周龄内的仔猪死亡率达 90% ~100%。康复仔猪生长迟缓,在疫区的猪群中,患病仔猪较少,但断奶仔猪有时死亡率达 50%。母猪及成年猪症状轻,多可自然康复,可长期带毒。

(二)传染源

病猪和带毒猪是本病主要的传染源。

(三)传播途径

该病主要经消化道、呼吸道在猪群中水平传播。猪群的传染来源多数是引入的带毒猪或处于潜伏期的感染猪。另外,其他动物如猫、犬、狐狸、燕、八哥等也可携带病毒,能够间接地造成本病的传播和蔓延。

(四)流行特点

本病的发生有明显的季节性,从每年的 11 月份至次年的 4 月份发病最多。本病的流行形式有两种,新疫区通常呈流行性发生,传播迅速,使各年龄组的猪群发病;在老疫区则呈地方流行性或散发性,发病率低。

三、临床症状

本病的潜伏期短,一般为 15 h 至 3 d。
该病主要发生于易感猪只数量较多的猪场或地区,不同年龄猪都可迅速感染发病。

仔猪感染后的典型症状是短暂呕吐后,很快出现水样腹泻,粪便呈黄色、绿色或白色,常含有未消化的凝乳块,严重脱水,病猪极度口渴,体重快速下降。2周龄以内仔猪发病率、死亡率极高,多数7日龄以内仔猪在首次出现临床症状后2~7 d死亡;而超过3周龄哺乳仔猪多数可以存活,但生长发育不良;架子猪、育肥猪和母猪的临床表现比较轻,可见食欲不佳,偶见呕吐,腹泻1~8 d可康复,有应激因素参与或继发感染时死亡率可能增加;哺乳母猪则可表现为发热、无乳、呕吐、食欲不振、腹泻,这可能是因其与感染仔猪接触过于频繁有关。

四、病理变化

尸体脱水明显,主要病变在胃和小肠。眼观胃内容物呈鲜黄色(仔猪混有大量乳白色凝乳块)。整个小肠气性膨胀,肠管扩张,内容物稀薄,呈黄色,泡沫状,肠壁菲薄呈透明状,弹性降低。部分病例肠道充血、胃底黏膜潮红充血、小点状或斑状出血,并有黏液覆盖。有时日龄较大的猪只胃黏膜有溃疡灶,且靠近幽门区有较大的坏死区。脾脏和淋巴结肿大,肾包膜下偶尔有出血变化。

特征性变化主要见于小肠,解剖时取一段,用生理盐水轻轻洗去肠内容物,置平皿中加入少量生理盐水,在解剖镜下观察,健康猪空肠绒毛呈棒状,均匀,密集,可随水的振动而摆动,而患本病的猪小肠绒毛变短,粗细不均,甚至大面积绒毛仅富有痕迹或消失。

五、诊　断

(一)临诊诊断

根据该病的流行特点、临床症状、病理变化等可作出初步诊断。

(二)实验室诊断

1.病原诊断

可用免疫荧光(IF)或免疫过氧化物酶技术检测病毒抗原,其中以前者最为常用。此外,可通过单克隆或多克隆抗体的双夹心ELISA、核酸探针技术检测传染性胃肠炎病毒抗原。

2.血清学试验

常用的方法包括血清中和试验、ELISA、间接血凝抑制试验、间接免疫荧光试验等检测血清中传染性胃肠炎病毒抗体。

(三)鉴别诊断

本病应与猪流行性腹泻、猪轮状病毒感染、仔猪白痢、仔猪黄痢、仔猪红痢、仔猪副伤寒和猪痢疾等作区别诊断。见表3-3。

六、防　治

(一)预防措施

首先应加强检疫,防止将潜伏期病猪或病毒携带者引入健康猪群,需要时可以从无

传染性胃肠炎病毒或血清检测阴性的猪场引入,并在混群以前隔离饲养观察 2~4 周。在猪群的饲养管理过程中,严格控制外来人员进入猪杨,防止猫、犬、狐狸和鸟等动物出入猪场。加强饲养管理,搞好猪舍卫生和消毒工作,并经常保持猪舍的温暖干燥。

常用疫苗包括德国的 IB-300 疫苗株、匈牙利的 CKP 弱毒苗、美国的传染性胃肠炎-Vac 株以及日本的羽田株、H-5 株和 TD163 弱毒株等。我国也成功培育了弱毒疫苗,其免疫效果达到或超过了国外同类疫苗。传染性胃肠炎疫苗免疫的主要目的是保护仔猪,一般妊娠母猪在产前 45 d 及 15 d 通过肌肉、鼻内各接种疫苗 1 mL,可使其新生仔猪在出生后通过乳汁获得的被动保护率达 95% 以上。

(二)扑灭措施

某猪场发生该病时,应立即对尚未感染的怀孕母猪采取以下措施,以尽量减少新生仔猪可能出现的损失:①对于 2 周以后才能分娩的母猪,可以通过疫苗免疫接种使其在分娩前产生免疫力以保护出生的仔猪。②对于 2 周以内将要分娩的母猪,应提供适当的设施并采取必要的措施防止仔猪在 3 周内感染。③应将新生仔猪置于温暖、干燥的猪舍环境中,并保证供应充足的饮水、营养液或代乳品。

本病目前尚无特效的治疗方法,可采用对症治疗如止泻、补液、防止酸中毒和抗继发感染等,可收到一定的疗效和减缓体重下降。此外,为感染仔猪提供温暖、干燥的环境,供给可自由饮用的饮水或营养性流食等措施能够有效地减少仔猪的死亡率。

自测训练

1. 猪传染性胃肠炎的诊断和防治要点。
2. 猪传染性胃肠炎与其他常见猪腹泻性传染病的鉴别诊断。

任务 14　猪流行性腹泻

猪流行性腹泻(PED)是由猪流行性腹泻病毒引起的猪的一种急性肠道传染病,临床上以呕吐、腹泻和脱水为特征。该病在流行特点、临床症状和病理变化等方面均与传染性胃肠炎极为相似,但哺乳仔猪死亡率较低,在猪群中的传播速度相对较慢,病情缓和。

该病 1971 年在英国发生,以后许多国家和地区相继报道,我国许多猪场也有本病的发生。

一、病　原

PEDV 属于冠状病毒科冠状病毒属的成员。病毒粒子直径 130 nm 左右,有囊膜,为单股 RNA 病毒。目前尚不能证明本病毒具有不同的血清型。病毒只能在肠上皮组织培养物内生长,对外界环境抵抗力弱,一般消毒药都可将其杀灭。

二、流行病学

(一)易感动物

该病仅发生于猪,各种年龄猪均可感染。哺乳仔猪、架子猪和育肥猪的发病率通常为100%,尤以哺乳仔猪严重。母猪为15%~90%。

(二)传染源

病猪是本病的主要传染源。

(三)传播途径

主要通过消化道感染。

(四)流行特点

常常是一头猪发病后,同圈或邻圈的猪在1周内相继发病,2~3周后可缓解。本病多发生在寒冷季节,并且以12月份和次年2月份发病最多。夏季也可发生。

三、临床症状

初生猪的潜伏期为24~36 h,育肥猪则为2 d以上。

猪流行性腹泻的临床症状与传染性胃肠炎相似,只是程度较轻,传播速度也比传染性胃肠炎慢得多。最主要的临床表现是病猪出现明显的水样腹泻,有时可能伴有呕吐。腹泻物呈灰黄色、灰色,或呈透明水样,顺肛门流出。感染猪只在腹泻初期或在腹泻出现以前可发生急性死亡,特别是应激性高的猪死亡率更高。

通常所有年龄的猪都可以发病,发病率高达100%。1周龄以上仔猪在持续3~4 d腹泻后可能会死于脱水,平均死亡率为50%~90%,部分猪康复后发育受阻可能变成僵猪;育肥猪的死亡率为1%~3%;年龄较大的猪感染后出现食欲不振、呕吐、腹泻;而一些成年猪可能只表现沉郁、厌食和呕吐,经4~5 d即可好转。本病既可单独发生,也可与猪传染性胃肠炎、猪圆环病毒病混合感染。

四、病理变化

猪流行性腹泻病毒人工感染和自然感染时,仔猪表现的肉眼病变只限于小肠,可见小肠肠壁变薄并扩张,其内充满黄色液体,小肠黏膜、肠系膜充血,个别试验猪小肠黏膜有轻度点状出血,其他实质性器官均未见有肉眼病变。组织学检查可见小肠绒毛上皮细胞的空泡形成和表皮脱落,肠绒毛短缩。

五、诊　断

本病不能仅靠临床表现和病理变化作出诊断,必须依靠实验室诊断,才能与传染性胃肠炎区别开来。可以通过荧光抗体法、微量血清中和试验、ELISA、PCR等诊断猪流行性腹泻病。

六、防 治

该病的一般性防治措施可参考传染性胃肠炎的方法进行。目前本病尚无特效的治疗方法,发病猪对症治疗可加快康复,也可试投一些抗菌药物抗继发感染。保持猪舍温暖、干燥、卫生,严格控制猪只调动以及人员、猪场运输工具的流动。接种疫苗是目前预防本病的有效方法,猪流行性腹泻甲醛氢氧化铝灭活疫苗保护率达85%以上。

在易发生 TGEV 和 PEDV 混合感染的地区,可选用 TGE-PED 二联弱毒苗免疫。

自测训练

猪流行性腹泻的诊断和防治要点。

任务 15 猪流行性感冒

猪流行性感冒(SI)简称猪流感,是甲型(A 型)流感病毒引起的一种急性、热性、高度接触性的呼吸道传染病。临床特征为突然发病,迅速蔓延全群,咳嗽,呼吸困难,发热及迅速转归。病变以上呼吸道黏膜卡他性炎、支气管炎和间质性肺炎为主要特征。发病率高,死亡率低。

自 1981 年美国报道以来,世界许多国家发现本病。2009 年 4 月,墨西哥公布发生人传染人的甲型 H_1N_1 流感病例,疫情短时间内迅速在全球蔓延,引起世界的高度关注。我国将其列为三类动物疫病病种名录。

一、病 原

流感病毒,属于正粘病毒科、流感病毒属,为 RNA 病毒。典型的病毒粒子呈球形,有囊膜。流感病毒分为 A、B、C 3 型,A 型和 B 型流感病毒粒子的囊膜上有两种微粒:一种是植物血凝素(HA),能凝集马、驴、猪、羊、牛、鸡、鸽、豚鼠和人的红细胞;另一种是神经氨酸酶(NA)。C 型流感病毒的囊膜上只有一种微粒(HEF)。A、B 型流感病毒表面抗原为 HA 和 NA,而 A 型流感病毒的 HA 和 NA 容易变异,已知 HA 有 16 个亚类($H_1 \sim H_{16}$),NA 有 9 个亚类($N_1 \sim N_9$),它们之间的不同组成,使 A 型流感病毒有许多亚型(如 H_1N_1、H_2N_2、H_3N_3、H_7N_7 等),各亚型之间无交互免疫力,而 B 型流感病毒的 HA 和 NA 则不易变异,无亚类之分。HA 和 NA 都有免疫原性,血凝抑制抗体能阻止病毒的血凝作用,并中和病毒的传染性;NA 抗体能干扰细胞内病毒的释放,抑制流感病毒的复制,有抗流感病毒感染的作用。

猪流感病毒属于甲型(A 型)流感病毒。典型病毒颗粒呈球状,直径为 80 ~ 120 nm,有囊膜。本病毒能在鸡胚内繁殖,也能在猪肾、犊牛肾、鸡胚成纤维细胞等多种细胞上生长繁殖,并引起细胞病变。本病毒能凝集鸡、大鼠、小鼠、马和人的红细胞。

猪流感病毒对乙醚、氯仿、丙酮等有机溶剂均敏感。对氧化剂、卤素化合物、重金属、乙醇和甲醛也均敏感,10 g/L 高锰酸钾、1 mL/L 升汞处理 3 min,750 mL/L 乙醇 5 min,1 mL/L 盐酸 3 min 和 1 mL/L 甲醛 30 min,均可使其灭活。猪流感病毒在 56 ℃ 条件下,30 min 可灭活。

二、流行病学

(一)易感动物

A 型流感病毒可自然感染猪、马、禽类和人,貂、海豹、鲸等动物也可感染。

(二)传染源

病猪是主要传染源,带毒猪在一定时间内也可带毒排毒。

(三)传播途径

本病主要通过呼吸道传播,也可通过接触感染的猪或其粪便、周围污染的环境或气溶胶等途径传播。A 型流感病毒的某些亚型,在无遗传重组的情况下,可从一种动物传向另一种动物。

(四)流行特点

本病常突然发生,传播迅速,常呈地方性流行或大流行,发病率高,死亡率低(4% ~ 10%)。多发生于天气骤变的晚秋、早春以及寒冷的冬季。外界环境的改变、营养不良和内外寄生虫侵袭可促进本病的发生和流行。

三、临床症状

本病的潜伏期很短,一般仅几小时到数天。自然发病平均 4 d,人工感染则为24 ~ 48 h。

突然发病,往往在 2 ~ 3 d 内全群猪发病。发病初期病猪体温突然升高到40.3 ~ 41.5 ℃,有时可高达 42 ℃。食欲减退,甚至废绝,精神极度委顿,肌肉和关节疼痛,极度虚弱乃至虚脱,常卧地不愿起立或钻卧垫草中,捕捉时则发出惨叫声。呼吸急促、腹式呼吸、夹杂阵发性痉挛性咳嗽。粪便干硬。眼和鼻流出黏性分泌物,有时鼻分泌物带有血色。病程较短,如无并发症,多数病猪可于 6 ~ 7 d 后康复。如有继发性感染,则可使病势加重,发生肺炎或肠炎而死亡。个别病例可转为慢性,持续咳嗽、消化不良、瘦弱,长期不愈,可拖延 1 个月以上,也常引起死亡。母猪在怀孕期感染,产下的仔猪在产后 2 ~ 5 d 发病很重,有些在哺乳期及断奶前后死亡。

四、病理变化

病变主要在呼吸器官。鼻、喉、气管和支气管黏膜充血、肿胀,表面覆有黏稠的液体,支气管内充满泡沫样渗出液,有时杂有血液。胸腔、心包腔蓄积大量混有纤维素的浆液。肺的病变部呈紫红色。病区肺膨胀不全,塌陷,其周围肺组织呈气肿和苍白色,界限分明,病变部通常限于尖叶、心叶和中间叶,常为两侧性呈不规则的对称,如为单侧性,则以右侧为常见。颈和纵膈淋巴结肿大、充血、水肿,脾常轻度肿大,胃肠有卡他性炎症。

五、诊　断

(一)临诊诊断

根据该病的流行特点、临床表现和病理变化可作出初步诊断。

(二)实验室诊断

(1)病原诊断。在动物发热初期采取新鲜鼻液,或用灭菌棉棒擦拭鼻咽部分泌物,立即接种于孵化 9~11 d 的鸡胚尿囊腔或羊膜腔内,或接种于鸡胚细胞培养物上分离病毒。培养 5 d 后,取羊水或细胞培养液作血凝试验。阳性则证明有病毒繁殖,再以此材料作补体结合试验(定型)和血凝抑制试验(定亚型)。

(2)血清学诊断。可使用间接 ELISA、荧光免疫法等。另还可用 RT-PCR 进行检测。

(三)鉴别诊断

猪流感需与引起呼吸道症状的猪常见传染病作鉴别,见表3-4。

六、防　治

(一)预防措施

由于 A 型流感病毒的亚型多、易变异,对猪来说,依靠少数几个亚型的疫苗往往不能奏效,因此,本病主要依靠综合预防措施来进行控制。平时加强饲养管理,提高猪群的营养水平,定时清洁环境卫生,施行全进全出制度。尽量不在寒冷、多雨、气候多变的季节长途运输猪群,减少猪的应激,降低疾病的发生。

(二)治疗措施

发生疫情后,应将病猪隔离,栏圈、饲具要用2% 火碱溶液消毒,加强护理,给予抗生素和磺胺类药物,防止继发感染。目前无特殊治疗药物。一般可用解热镇痛药等对症治疗,借以减轻临床症状;用抗生素或磺胺类药物,防止继发感染。也可用野菊花、金银花和一枝花各 500 g(均为鲜草),加水 1 500 mL,蒸馏成 1 300 mL,分装消毒备用。每头大猪肌注 10~20 mL,用于流感、高热和肠炎的治疗。

七、公共卫生

人可能通过接触受感染的生猪或接触被猪流感病毒感染的环境,或通过与感染猪流感病毒的人发生接触而感染。人感染猪流感后的症状与普通人流感相似,包括高烧、剧烈头疼、肌肉疼痛、咳嗽、鼻塞、红眼、疲劳等症状。有些还会出现腹泻和呕吐,重者会继发肺炎和呼吸衰竭,甚至死亡。

自测训练

1.猪流感是如何传播的?

2.猪流感的防治措施。

任务 16 猪接触传染性胸膜肺炎

猪接触传染性胸膜肺炎又称坏死性胸膜肺炎,是由胸膜肺炎放线杆菌引起的猪的一种高度接触传染性呼吸道传染病。以急性出血性纤维素性肺炎和慢性纤维素性坏死性胸膜炎为主要特征,急性型死亡率极高,慢性型或亚临床感染则可导致增重减缓和药物治疗费用增加。

本病自 1957 年发现以来,已在世界各国广泛流行。该病在我国和其他多数养猪国家和地区中均有不同程度的发生和流行,给集约化养猪业发展造成了很大的经济损失。

一、病 原

胸膜肺炎放线杆菌(APP)属巴氏杆菌科,放线杆菌属。为革兰氏染色阴性短小球杆菌,有荚膜,无芽孢,能产生毒素,兼性厌氧,在新鲜病料中呈两极染色。在含有 V 因子的培养基或巧克力琼脂培养基上,10% 二氧化碳条件下生长良好。一般认为胸膜肺炎放线杆菌体外存活时间不长。

胸膜肺炎放线杆菌血清型划分依据细菌荚膜多糖及脂多糖对血清的反应,迄今已鉴定出 2 个生物型(Ⅰ、Ⅱ)和 15 个血清型,其中血清 5 型又分为 A、B 两个亚型。胸膜肺炎放线杆菌的 15 种血清型均具有致病力,1、5、9、11 型毒力最强,常严重爆发,引起高死亡率和严重肺病变;其他血清型毒力、死亡率较低;3、6、l0 型毒力最低。该菌对外界环境的抵抗力较低,60 ℃15 min 便失去活性,日光、干燥和常用的消毒剂在短时间内即可将其消灭。

二、流行病学

(一)易感动物
各种年龄猪均易感,多爆发于高密度饲养的断奶或育成猪群。

(二)传染源
病猪和带菌猪是本病的主要传染源。

(三)传播途径
本病主要经呼吸道由气源感染。在急性爆发期,猪传染性胸膜肺炎可通过空气呈跳跃式传播。集约化猪场最易接触感染。

(四)流行特点
本病多发生于秋季和冬季,呈地方性流行。新疫区多急性爆发,发病率在 10% 以上,最急性型死亡率可高达 80% ~ 100%;老疫区则趋于稳定,多呈慢性感染。转群和混群饲养可增加该病感染风险,拥挤、气候骤变、湿度过高以及通风不良等能促使其发生和流行。目前最常见的是继发于 PRV 和 PRRSV 感染,极难控制,也常与气喘病混合发病。链球菌、副嗜血杆菌等也可增加猪对本病的易感性。

三、临床症状

自然感染的潜伏期一般为 1～2 d。

（一）最急性型

本型多见于断奶仔猪。猪群中一头或几头仔猪突然发病,体温41.5 ℃,精神沉郁、食欲废绝,咳嗽、呼吸困难,常出现心脏衰竭,短期轻度腹泻和呕吐。中后期则张口呼吸,呈犬坐姿势。口、鼻、四肢皮肤发绀。一般发病 1 d 左右死亡,死前从口和鼻孔流出带泡沫血样渗出物,也有个别猪不见任何症状突然死亡。

（二）急性型

本型体温40.5～41 ℃,食欲减退,呼吸困难,咳嗽,心衰。皮肤发红与出现紫斑。可发生死亡或转为慢性型。病程视肺部损害程度和开始治疗的时间而定,一般 3 d 左右。

（三）亚急性型和慢性型

本型多数由急性型转化而来。临床可见病猪偶尔咳嗽,食欲减退,消瘦。在慢性感染猪群中,往往有许多亚临床感染病例。若继发或伴发其他呼吸道病原体感染,慢性型病猪的症状可能被掩盖。

四、病理变化

该病的肉眼病变主要限于呼吸道,肺脏出现局灶性肺炎,病变部位与正常组织界限明显。

（一）最急性型

本型气管、支气管充满带血的泡沫样黏液,其他病变一般不明显。死亡稍慢的急性病例肺炎病变区颜色发暗,质地较硬,极少或没有纤维蛋白性胸膜炎。

（二）急性型

本型多见于纤维蛋白及纤维素性出血或纤维性坏死性气管肺炎,在气管和肺有不规则的充血。胸膜和肺浆膜表面覆盖弥漫性纤维素性渗出物,病程较长者可见肺与胸壁高度粘连,胸腔积液,胸水混浊,有时混有血液。肺脏弥漫性积血、出血、水肿和实变,切面呈颗粒状。气管和支气管内常有多量泡沫状带血色的纤维素性渗出物。

（三）慢性型

本型肺浆膜和胸壁不均匀性增厚,部分或大部分粘连。肺部病变较局限,呈大小不等的外包结缔组织的结节样病灶。有时可见关节炎、心内膜炎、脑膜脑炎、不同部位的脓肿,特别是血清 3 型感染时比较多见。

五、诊　断

（一）临诊诊断

本病急性暴发时,根据流行病学、临床症状、剖检时肺脏炎症和胸膜炎病变可作出初步诊断。慢性病例剖检可见肺脏有界限明显的较硬的结节样病灶,同时有胸膜炎和心包炎病变。确诊则需要进行细菌学检查。

（二）实验室诊断

（1）病原诊断。取肺脏病变组织触片，革兰氏染色检查可见有大量革兰氏阴性球杆菌。取病猪的肺脏、心血、肝或分泌物接种于5%绵羊血琼脂平板，并用葡萄球菌垂直划线，在5%~10%的二氧化碳培养箱中进行溶血试验和卫星现象试验。可见葡萄球菌划线的周边胸膜肺炎放线杆菌形成针尖大小的菌落，菌落周边出现明显的β-型溶血环，即为阳性。

（2）血清学诊断。可采用免疫荧光抗体或免疫酶染色对细菌抗原进行鉴定。另外，可采用协同凝集试验、乳胶凝集试验和ELISA对肺组织提取物中血清型特异性抗原进行检测。

（3）分子生物学诊断。也可采用DNA探针或PCR技术检测细菌核酸。

（三）鉴别诊断

对于最急性型和急性型病例应注意与猪瘟、猪丹毒、猪肺疫、猪气喘病、猪链球菌病相区别。亚急性和慢性猪传染性胸膜肺炎则应注意与猪气喘病、溶血性巴氏杆菌和金黄色葡萄球菌感染等相区别。

六、防　治

（一）预防措施

平时应防止引进带菌猪，在引进前应用血清学试验进行检疫，对感染猪场逐头猪进行血清学试验，清除血清学阳性带菌猪，选择和建立无该病健康猪场，并结合药物防治的方法来控制本病。

预防本病的疫苗很多，主要有灭活苗、弱毒苗以及亚单位苗。由于本菌血清型众多，而且血清型之间缺乏有效的交叉免疫保护，迄今尚未出现全球通用的有效疫苗。目前较理想的疫苗是APX毒素的亚单位苗或毒素失活的基因工程苗。免疫前必须进行一段时间的常规预防，用磺胺和磺胺增效剂等抗生素按一定含量拌饲5、7、10 d不等，以提高整群自身抗病能力。免疫时可选用自家苗或多价灭活苗。种公猪按每年6、12月各免疫1次；经产种母猪产后1个月免疫1次；幼猪1月龄首免，断奶7 d二免；作为种用的后备公、母猪配种前1月再免1次。免疫剂量和方法，均按3~5 mL/头耳后肌肉注射。免疫后要对免疫猪群进行观察，做好体温测定。对个别出现免疫反应的猪只应给予及时治疗和处理。

（二）治疗措施

早期用抗生素治疗有效，可减少死亡。氟甲砜霉素和恩诺沙星对本病有特效；也可以选用青霉素、氨苄青霉素及头孢霉素等药物；一般肌肉或皮下注射，需大剂量并重复给药。若猪食欲正常，可采取注射与口服同时给药治疗。受威胁的未发病猪可在饲料中添加土霉素0.6 g/kg，作预防性给药。

自测训练 ■

猪接触传染性胸膜肺炎的诊断和防治要点。

任务 17　猪气喘病

猪气喘病又称猪地方流行性肺炎,是由猪肺炎支原体引起的猪的一种慢性呼吸道传染病,该病的主要症状是咳嗽、气喘和呼吸困难,主要病变为急性病例以肺水肿和肺气肿为主,亚急性和慢性病例为肺两侧尖叶、心叶、中间叶和隔叶前缘呈对称性"肉样"或"虾肉样"实变。患猪生长缓慢或停止,饲料转化率低,肥育期延长。

该病的病原于 1965 年被确定为猪肺炎支原体。本病广泛存在于世界各地,发病率高,是造成养猪业经济损失的最重要疾病之一,也是全球最难净化的猪病之一。我国将其列为二类动物疫病病种名录。

一、病　原

猪肺炎支原体又称猪肺炎霉形体,属支原体科,支原体属,无细胞壁,是多形态的微生物,有环状、球状、点状、杆状和两极状。菌体不易着色,但可用姬姆萨或瑞特氏染色。本菌能在无细胞的人工培养基上生长,但对生长条件要求高。在肉汤中培养 10 ~ 30 d,培养物产生轻微的混浊,并产酸使颜色发生变化。常在肉汤中传几代后再接种于琼脂培养基,在含 5% ~ 10% 二氧化碳环境培养 10 d 后,才能看到直径 0.25 ~ 1 mm 的小菌落。

猪肺炎支原体对外界环境抵抗力不强,圈舍、用具上的支原体,一般在 2 ~ 3 d 失活,病料悬液中支原体在 15 ~ 20 ℃,放置 36 h 即丧失活力。常用的化学消毒剂均能达到消毒目的。部分菌株对青霉素、链霉素和支原净敏感度低,对环丙沙星中度敏感,而对头孢唑啉钠、罗红霉素、泰妙菌素、林可霉素、壮观霉素、卡那霉素、氟苯尼考高度敏感。

二、流行病学

(一)易感动物

本病自然病例仅见于猪。不同年龄、性别和品种的猪均能感染。乳猪和断奶仔猪最易感染,其发病率一般在 50% ~ 80%,母猪和肥育猪发病率低,常呈慢性和隐性感染。肥育猪近来呈明显的上升趋势。我国地方品种比外来品种发病严重。

(二)传染源

病猪和带菌猪是本病的主要传染源。

(三)传播途径

本病既可水平传播,又可垂直传播。病原主要通过病猪咳嗽、气喘和喷嚏将含有病原体的分泌物喷射出去,形成飞沫,经呼吸道感染,直接接触也可引起感染。

（四）流行特点

本病四季可发,但在寒冷、多雨、潮湿或气候骤变时较为多见,呈地方性流行。饲养管理和卫生条件影响本病的发病率和死亡率,饲料的质量差,猪舍拥挤和潮湿、通风不良易诱发本病。继发感染其他病原常引起临床症状加剧和死亡率升高。

三、临床症状

潜伏期 10 ~ 16 d,最短为 3 ~ 5 d,最长可达 1 个月以上。临床分为 3 个类型,以慢性和隐性最多。

（一）急性型

本型常见于新发病猪群。突然发病,呼吸困难,呼吸次数可达 70 ~ 130 次/min,严重者张口喘气,流鼻液,呈明显腹式呼吸或犬坐姿势,咳嗽次数少而低沉,怀孕和哺乳母猪尤为明显。体温一般正常,只有继发严重感染,体温才升至 40 ℃以上。当病猪呼吸困难时,食欲大减,甚至可窒息死亡。病程一般约 7 ~ 10 d。

（二）慢性型

本型多由急性型转变而来。一般常见于老疫区的架子猪;其次是育肥猪和后备母猪。病猪长期咳嗽,常见于早、中、晚、运动及进食后发生。初为单咳,严重时呈痉挛性咳嗽,咳嗽时,病猪站立不动,背拱起、颈伸直、头下垂,直到呼吸道分泌物咳出咽下为止。随着病程的延长,呼吸次数增加,表现出明显的腹式呼吸,时而明显,时而缓和。食欲减少,生长发育缓慢,日渐消瘦,皮毛粗乱,病程达 2 ~ 3 个月以上。慢性型病猪死亡率一般不高,但如果饲养管理条件差,猪体瘦弱和有并发症时,则死亡率升高。

（三）隐性型

本型病猪在良好的饲养管理条件下无明显症状,偶见轻微咳嗽,但血清学检查呈阳性,X 线胸透和剖检可发现不同程度的肺炎病灶。

四、病理变化

主要病理变化部位在胸腔内。急性病例见肺有不同程度的水肿和气肿,其心叶、尖叶、中间叶及膈叶前缘出现融合性对称性支气管肺炎病灶,以心叶最为显著,尖叶和中间叶次之,然后波及膈叶。早期病变发生在心叶,出现粟粒大至绿豆大肺炎灶,逐渐扩展成为融合性支气管肺炎。初期病灶的颜色多为淡红色或灰红色,半透明状。病变部界限明显,像鲜嫩的肌肉样（肉变）。随着病程延长或病情加重,病灶颜色逐渐转为浅红色、灰白色或灰红色,半透明状态的程度减轻,俗称"虾肉样变"。气管和支气管内充满浆液性渗出液并含有小气泡。肺门淋巴结肿大。若继发细菌感染可导致肺和胸膜的纤维素性、化脓性和坏死性病变。

五、诊　断

（一）临诊诊断

本病仅发生于猪,以怀孕母猪和哺乳猪症状最为严重,病死率较高,在老疫区为慢性

和隐性经过,症状以咳嗽、气喘为特征,体温和食欲变化不大。特征性病变是肺的心叶、尖叶、中间叶及隔叶前下缘有实变区,肺门淋巴结肿大。

(二)实验室诊断

1. X 线检查

直立背侧位 X 线检查,可见肺叶内侧区和心膈角区呈不规则的云絮状渗出性阴影,密度中等,边缘模糊,即为病变区,肺叶外周区无明显变化。

2. 血清学诊断

通过检测可疑猪血清中抗体水平判断是否患有气喘病,主要包括间接血凝试验、补体结合试验、免疫荧光试验和酶联免疫吸附试验等。

(三)鉴别诊断

注意与猪流行性感冒、猪肺疫、猪传染性胸膜肺炎、猪伪狂犬病、猪蓝耳病、猪传染性萎缩性鼻炎、猪弓形体病的鉴别诊断。见表3-4。

六、防　治

(一)预防措施

1. 加强环境卫生

保持猪舍清洁干燥,通风良好,控制好猪舍的温度,防寒保暖。防止舍内氨气、二氧化碳、硫化氢等有害气体超标,在通风的同时加强保温。猪舍每周带猪消毒 1 次,发病严重时增加消毒次数,转群后彻底消毒。

2. 避免应激因素

加强饲养管理,要避免不同日龄猪混群,避免过度拥挤。

3. 培养健康猪群

坚持"自繁、自养"原则。采用"全进全出"的饲养方式和早期隔离断奶技术,防止从外单位购进病猪。若必须引进猪群时,至少隔离观察 2 个月才能混群。推广人工授精,避免母猪和公猪直接接触,保护健康母猪群,母猪在严格隔离条件中单圈饲养,连续观察 2 ~ 3 窝后代,到断奶时证明没有发生气喘病,方可逐渐扩大健康猪群。

4. 预防接种

目前有两类疫苗,一类是弱毒菌,另一类为进口灭活菌。将 168 弱毒株猪气喘病弱毒冻干苗溶解后,在肩胛骨后缘(中上部)1 cm 处肋间隙注射 1 头份。首免在 5 ~ 15 日龄,60 ~ 80 日龄二免。每年 8 ~ 10 月份给种猪和后备猪注射 1 次,免疫后 1 ~ 2 周血清中能检出抗体,一个月后产生可靠保护力,60 d 后产生高水平抗体,免疫期 9 个月以上,免疫保护率在78% ~ 85%。弱毒苗免疫后一周内避免使用大剂量广谱抗生素,但可用阿莫西林、青霉素、链霉素、红霉素。灭活苗在 7 ~ 12 日龄仔猪首免 1 ~ 2 mL,14 d 后接种 2 mL。

5. 抗体监测

ELISA 可用于猪群感染状况或抗体水平检测,利于评价接种效果,制订免疫程序。

（二）治疗措施

目前可用于猪气喘病治疗的药物很多,其中包括泰妙菌素、泰乐菌素、林可霉素、壮观霉素、卡那霉素、环丙沙星、恩诺沙星和土霉素碱油等抗生素,在治疗猪气喘病时,这些药物的使用疗程一般都是 5~7 d,必要时需要进行 2~3 个疗程的投药,可大大减缓症状,但较难根治。

自测训练 ▪

1. 慢性猪气喘病的临床表现和病理变化有何特点?
2. 感染猪气喘病猪场的净化措施。

任务 18　猪传染性萎缩性鼻炎

猪传染性萎缩性鼻炎(SAR)是由产毒性多杀性巴氏杆菌单独或与支气管败血波氏杆菌联合引起的猪的一种慢性呼吸道传染病。其特征为鼻炎、鼻甲骨萎缩、鼻梁变形及生长迟缓。以 2~5 月龄猪最易感染。三月龄以上的猪感染多呈隐性。

本病最早于 1830 年在德国发现,后遍布世界养猪业发达国家,给不同国家和地区养猪业造成严重的经济损失。我国自 20 世纪 70~80 年代从国外传入,该病被 OIE 列为 B 类法定报告疾病名录,我国将其列为二类动物疫病病种名录。

一、病　原

本病的原发性病原是支气管败血波氏杆菌的 I 相菌,其次为产毒性多杀性巴氏杆菌 D 型,偶尔为 A 型。猪单纯感染支气管败血波氏杆菌可引起较温和的非进行性鼻甲骨萎缩,多无明显鼻甲骨病变;感染支气管败血波氏杆菌后继发产毒性多杀性巴氏杆菌感染,则常引起严重的鼻甲骨萎缩性病变。

支气管败血波氏杆菌为革兰氏阴性小杆菌,大小为 0.2~0.3 μm×0.5~1.0 μm,两极着染,有鞭毛,无芽孢,为严格需氧菌。本菌在鲜血琼脂中能产生 β-型溶血,可使马铃薯培养基变黑而菌落呈黄棕色或微带绿色。本菌有三个菌相,常发生 I、II、III 相变异,I 相菌毒力较强,II、III 相菌毒力较弱。对外界环境的抵抗力弱,常规消毒药即可达到消毒的目的。

产毒性多杀性巴氏杆菌革兰氏染色阴性,不形成芽孢,无鞭毛,不能运动,所分离的强毒菌株有荚膜,并产生毒素。本菌的抵抗力不强,一般消毒药均可将其杀死。

二、流行病学

（一）易感动物

各种年龄的猪均可感染,尤其以幼龄猪和生长阶段的猪易感。1 月龄内的仔猪感染后才能发生鼻甲骨萎缩,1 月龄以上的猪可能只发生卡他性鼻炎和咽炎,成年猪感染后成

为带菌者。其他动物如犬、猫、牛、马、鸡、兔、鼠和人,也能引起慢性鼻炎和支气管肺炎。

(二)传染源

病猪和带菌猪是本病的传染源。支气管败血波氏杆菌是猪呼吸道黏膜的常在菌,能连续定居5个月以上。

(三)传播途径

本病主要经呼吸道感染。

(四)流行特点

本病多为散发,传播缓慢。年龄越小感染率越高,临床症状越严重。饲养管理不良,猪舍潮湿,饲料中缺乏蛋白质、无机盐和维生素时,可促进本病的发生。

三、临床症状

多见于6~8周龄仔猪,初始病猪呈现鼻炎症状,打喷嚏、咳嗽和吸气困难。剧烈地将鼻端向周围的墙、物上摩擦,逐渐鼻腔有脓性鼻汁流出,有的鼻孔流血。特别是在采食时,常用力摇头,以甩掉鼻腔分泌物。吸气时鼻开张,发出鼾声,严重的张口呼吸。由于鼻炎常使鼻泪管阻塞,引起结膜炎,使泪液分泌增加,在眼眶下形成半月形湿润区,被尘土沾污后黏结形成黑色痕迹,称为泪斑。继鼻炎后而出现鼻甲骨萎缩,致使鼻腔和面部变形,是该病的特征症状。如两侧鼻甲骨病损相同时,外观鼻短缩;若一侧鼻甲骨萎缩严重,则使鼻弯向一侧。感染时年龄愈小,则发生鼻甲骨萎缩的愈多,也愈严重。体温一般正常,病猪生长停滞,难以肥育,有的成为僵猪。此外,病猪常有肺炎发生,二者互为因果,使病情加重。

四、病理变化

病变局限于鼻腔和邻近组织,最特征的变化是鼻腔软骨组织和骨组织的软化和萎缩,主要是鼻甲骨萎缩,特别是鼻甲骨的下卷曲最为常见,有时上下卷曲都呈现萎缩状态。严重病例,鼻甲骨完全消失,鼻中隔弯曲或消失,鼻腔变成为一个鼻道。鼻黏膜充血水肿,鼻窦内常积聚多量黏性、脓性或干酪样分泌物。肝、肾表面有淤血斑,脾表面广泛性点状出血或边缘有梗死灶,肺萎缩。

五、诊　断

(一)临诊诊断

对于典型的病例,可根据临床症状、病理变化作出初步诊断。对临床症状不明显的,通常在头部第一、二臼齿间或第一臼齿与犬齿间的连线锯成横断面,观察鼻甲骨的形态和变化作出诊断。

(二)实验室诊断

1.病原诊断

先用酒精进行鼻腔外消毒,后用灭菌棉拭子伸入鼻腔的1/2深处,小心转动数次,取黏液性分泌物作细菌分离培养,最常用的培养基是含1%葡萄糖的血清麦康凯琼脂培养基,37 ℃ 48 h后观察,如菌落呈烟灰色、中等大小、透明,培养物有特殊腐霉气味,染色为革兰氏阴性杆菌,用支气管败血波氏杆菌的兔免疫血清进行玻板凝集反应为阳性,则移植于肉汤、琼脂进一步作生化鉴定。

2. 血清学诊断

用抗O、抗K血清作凝集反应来确认Ⅰ相菌。

(三)鉴别诊断

本病应与坏死性鼻炎、骨软病、传染性鼻炎、包涵体鼻炎等区别。

六、防 治

(一)预防措施

加强饲养管理,严格执行"全进全出"和隔离饲养的生产制度,降低猪群的饲养密度、维持良好的通风条件,以减少空气中病原体、有害气体和尘埃的浓度。引进种猪时,应严格检疫,引进后至少观察3周,并放入易感仔猪,经一段时间后病原学检测阴性者方可混群。避免各种大的应激因素,如温差幅度大、冷风袭击等。

我国已制成支气管败血波氏杆菌Ⅰ相菌油佐剂灭活疫苗,对新生猪和妊娠母猪接种,可按以下程序进行免疫:初产母猪,产前4周和2周各免疫一次;经产母猪产前2~4周免疫一次;公猪每年一次;非免疫母猪所产仔猪,在1周龄和3~4周龄各免疫一次。此外,还可应用支气管败血波氏杆菌Ⅰ相菌和产毒素D型多杀性巴氏杆菌制成的油佐剂二联灭活疫苗,在妊娠母猪产前1个月注射1次,可使下一代仔猪的鼻甲骨萎缩率减少92%~97%。免疫母猪所生仔猪在4周龄和8周龄各注射1次,未免疫母猪所生仔猪在1、4、8周龄各注射1次。

(二)扑灭措施

严格执行卫生防疫措施,根据经济评价的结果,在有本病严重流行的猪场,建议淘汰病猪,进行无害化处理,并彻底消毒,空栏1个月后,重新引种。

抗生素治疗可明显降低感染猪发病的严重性和副作用。通过抗生素群体治疗能够减少繁殖猪群、断奶前后猪群的发病或病原携带状态。预防性投药一般于产前2周开始,并在整个哺乳期定期进行,结合哺乳仔猪的鼻腔内用药,可以在一定程度上达到预防或治疗的目的。常用的治疗或预防性药物包括庆大霉素、卡那霉素、土霉素、金霉素、恩诺沙星、环丙沙星和各种磺胺类药物等,但在应用前最好先通过药敏试验选择敏感药物。

自测训练

猪传染性萎缩性鼻炎的诊断和防治要点。

任务 19 副猪嗜血杆菌病

副猪嗜血杆菌病又称革拉泽氏病,是由副猪嗜血杆菌引起的猪的一种细菌性传染病,临床特征为肺浆膜、心包以及腹腔浆膜和四肢关节浆膜的多发性纤维性浆膜炎、多发性关节炎、肺炎、胸膜炎、心包炎、脑炎,因此该病又称为猪的多发性浆膜炎和关节炎。特别是在受到免疫抑制性传染病的感染后,往往造成幼猪短期内大批发病和死亡,生长发育严重受阻,给养猪业带来较大的经济损失。我国将其列为二类动物疫病病种名录。

一、病 原

副猪嗜血杆菌是一种革兰氏阴性短小杆菌,目前暂定为巴氏杆菌科嗜血杆菌属,大小为 $1.5 \times 0.3 \sim 0.4 \mu m$,在显微镜下呈多形性,球杆状、丝状等。无鞭毛,无芽孢,新分离的致病菌株有荚膜。美蓝染色两极浓染。本菌需氧或兼厌氧,最适生长温度 37 ℃,pH7.6 ~ 7.8。初次分离培养时 5% ~ 10% 二氧化碳环境可促进生长。本菌生长时需要 X 因子和 V 因子。在血液培养基上培养 24 ~ 48 h 后呈小而透明的菌落,但不出现溶血现象。

本菌存在大量的异源基因型,天然存在各种血清型,现经免疫扩散试验,有 15 种血清型,血清4、5 和 13 型最常见。用限制性内切酶分析法可将 61 个菌株分为 29 个型。但各型毒力差别很大,血清 1、5、10、12、13、14 型毒力最强,患猪归于死亡或处于濒死状态;血清2、4、15 型为中等毒力,患猪死亡率低,但易出现败血症状,生长迟滞;血清3、6、7、8、9、11 型感染猪后没有明显临床症状。

本菌对外界的抵抗力不强。常用消毒药可将其杀死。本菌对结晶紫、杆菌肽、红霉素、林可霉素、土霉素、磺胺类等药物敏感。

二、流行病学

(一)易感动物

主要危害 1 ~ 28 周龄的哺乳仔猪、保育仔猪和生长猪,2 ~ 4 月龄的仔猪和青年猪居多,但以 3 ~ 8 周龄的仔猪和保育猪最易感染,发病率达 15% ~ 90%,严重时死亡率高达 90%。

(二)传染源

病猪和带菌猪为本病传染源。

(三)传播途径

主要的传播途径是呼吸道和消化道。

(四)流行特点

该病四季可发,以冬、夏季多发。副猪嗜血杆菌病的发生与猪群抵抗力下降,饲养密度大,过分拥挤,舍内空气混浊,氨气味浓,转群、混群或运输等有极大关系。副猪嗜血杆菌可独立致病,更多情况下是作为共栖菌、条件致病菌而形成继发或混合感染,使病情复杂化,死亡率增加。

三、临床症状

人工接种试验潜伏期2~5 d。

(一)急性型

急性型病猪体温40~41 ℃,体表皮肤发红,严重者呈酱红色,个别甚至皮肤坏死脱落。病猪精神沉郁,食欲减退,气喘,咳嗽,反应迟缓,呼吸困难,呈腹式呼吸,鼻孔有黏液性及浆液性分泌物。全身淋巴结,特别是腹股沟淋巴结肿大。关节肿胀,跛行,身体颤抖,共济失调,可视黏膜发绀,3 d左右死亡。存活后可留下后遗症,即母猪流产、公猪跛行、仔猪和育肥猪可遗留呼吸道症状和神经症状。

(二)慢性型

本型通常由急性型转化而来,病猪消瘦虚弱,皮肤发白,咳嗽,呼吸困难呈腹式呼吸,关节肿大,严重时皮肤发红,耳朵发绀,不能站立,少数病例突然死亡。

四、病理变化

以浆液-纤维素性多发性浆膜炎和关节炎为特征,胸膜炎明显(包括心包炎和肺炎),关节炎次之,腹膜炎和脑膜炎相对较轻。胸膜、腹膜、心包膜以及关节的浆膜出现多发性纤维素性或浆液性纤维素性炎,表现为单个或多个浆膜的浆液性或化脓性的纤维蛋白渗出物,外观有淡黄色蛋皮样的薄膜状的伪膜附着在肺胸膜、肋胸膜、心包膜、脾、肝与腹膜、肠以及关节等器官表面,亦有条索状纤维素性膜。一般情况下肺和心包的纤维素性炎同时存在;而关节部位的纤维素性炎缺乏规律性。腕关节和跗关节病变出现频率较高,脑膜病变出现不多。

全身淋巴结肿大,如下颌、股前、胸前、肺门等淋巴结,切面颜色一致为灰白色。

五、诊　断

(一)临诊诊断

根据动物表现为纤维素性或浆液性胸膜炎、腹膜炎、脑膜炎、心包炎、关节炎,剖检可见胸膜、腹膜、心包膜、关节等有纤维素性或浆液性渗出,胸水、腹水增多,肺脏肿胀、出血、淤血,有时肺脏与胸腔发生粘连等病变可作出初步诊断。

(二)实验室诊断

1.病原诊断

分别取病死猪的心包膜渗出物、关节腔渗出物、渗出的脑脊髓液,进行涂片、染色、镜检,发现革兰氏阴性细小杆菌,以纤细杆状者居多,个别呈两极染色的球杆状,间有长而弯细状菌体,即可确诊。或将病料分别接种于麦康凯培养基、营养琼脂和兔血琼脂平板,37 ℃培养24 h观察结果。可见仅兔血琼脂平板上长出大量无色透明、湿润、光滑的露珠样小菌落(直径0.5~1 mm),菌落周围无溶血环。

2. 血清学诊断

补体结合试验、间接血凝试验、酶联免疫吸附试验可用于检测抗体。最近建立的 PCR 诊断方法进一步提高了从临床样品中检测副猪嗜血杆菌的灵敏性。

（三）鉴别诊断

本病应与链球菌、放线杆菌、猪霍乱沙门氏杆菌、大肠杆菌等引起的败血性疾病相区别。同时还应与猪接触传染性胸膜肺炎鉴别。

六、防　治

（一）预防措施

坚持预防为主的原则，消除各种发病诱因，使猪群保持健康状况，并做好猪瘟、伪狂犬病、蓝耳病等疫病的预防。副猪嗜血杆菌病严重的猪场必要时可对猪群进行免疫。由于本病病原的血清型多，商品疫苗效果不确定，自家苗有一定预防效果。没条件的猪场也可选用副猪嗜血杆菌多价灭活苗进行免疫，不论猪只大小，每次均肌肉注射 1 头份，即 2 mL。推荐免疫程序为：种公猪每半年接种 1 次；后备母猪在产前 8~9 周首免，3 周后二免，以后每次产前 4~5 周免疫 1 次；仔猪在 2 周龄首免，3 周后二免。

（二）扑灭措施

发病后隔离病猪，对无治疗价值的病猪要尽早淘汰。加强卫生消毒，用 2%~4% 氢氧化钠水溶液喷洒猪圈地面和墙壁，2 h 后用清水冲洗干净。再按 1∶300 的比例，用碘制剂、百毒杀或菌毒灭喷雾消毒，每天 1 次，连续 4~5 d。以后每周彻底清扫和消毒一次。全场猪群可用阿莫西林、氟甲砜霉素、沙星类药、利高霉素等拌料，一个或两个疗程。大多数副猪嗜血杆菌也对喹诺酮类以及头孢菌素、四环素、庆大霉素和增效磺胺类药物敏感。

自测训练

副猪嗜血杆菌病的诊断和防治要点。

任务 20　猪圆环病毒感染

猪圆环病毒感染是由猪圆环病毒 Ⅱ 型（PCV Ⅱ）引起的猪的一种多系统功能障碍性传染病，临床上以断奶仔猪多系统衰竭综合征（PMWS）和仔猪先天性震颤多见，并出现严重的免疫抑制，从而容易导致继发或并发病的发生，给养猪业造成了严重损失，成为所有养猪生产国危害最严重的猪病之一。

该病病原是 1982 年由 Tischer 等发现并鉴定的，随后德国、加拿大、新西兰、英国、北爱尔兰和美国等国家成年猪中也广泛存在着该病毒感染。国内于 1991 年报道了该病，1999 年我国首次进行血清学调查结果表明，在许多猪群中也存在着该病毒感染。我国将其列为二类动物疫病病种名录。

一、病　原

猪圆环病毒(PCV)属于圆环病毒科圆环病毒属,病毒粒子直径为 14 ~ 25 nm,无囊膜,单股 DNA 病毒,是发现的最小动物病毒之一。PCV 分 PCV Ⅰ 和 PCV Ⅱ 2 个基因型。PCV Ⅰ 对猪无致病性,但广泛存在于猪体内及猪源传代细胞;PCV Ⅱ 对猪具有致病性,可以引起 PMWS 等一系列疾病。该病毒不能凝集牛、羊、猪、鸡等动物和人的红细胞。

PCV 对理化因素有较强的抵抗力。对氯仿不敏感,在 pH3 的酸性环境中很长时间不被灭活。70 ℃时可存活 15 min。应用 0.3%过氧乙酸、3%火碱、2%菌毒敌、2%威力碘、0.5%强力消毒灵等消毒效果较好。

二、流行病学

(一)易感动物

各种年龄、性别的猪均可感染,成年猪多为隐性感染。PCV Ⅱ 所致 PMWS 多发生于哺乳仔猪和 8 ~ 16 周龄育成猪,且症状明显,发病率3% ~ 50%,死亡率8% ~ 50%不等。

(二)传染源

病猪和带毒猪为本病的主要传染源。

(三)传播途径

本病毒可经口腔、呼吸道进行水平传播。怀孕母猪感染 PCV Ⅱ 后,可经胎盘垂直传播给仔猪。

(四)流行特点

本病的发生无季节性,以散发为主,有时可呈爆发,发展较缓慢,有时可持续 12 ~ 18 个月。PCV Ⅱ 是 PMWS 发生的主要因素,但混合感染、继发感染、免疫刺激、环境因素、应激等协同致病因素能促进本病的发生。

三、临床症状

与 PCV Ⅱ 感染有关的猪病主要有断奶仔猪多系统衰竭综合征、仔猪先天性震颤、猪皮炎与肾病综合征、母猪繁殖障碍、猪间质性肺炎。

(一)断奶仔猪多系统衰竭综合征

断奶仔猪多系统衰竭综合征主要发生于 2 ~ 3 周龄断奶后的仔猪,一般于断奶后 2 ~ 3 d 或 1 周发病。病猪精神沉郁、发热、食欲不振、进行性消瘦、被毛粗乱、生长迟缓、呼吸困难、咳嗽、气喘、贫血、皮肤苍白、体表淋巴结肿大。有的皮肤与可视黏膜发黄、腹泻、胃溃疡、嗜睡。临床上约有 20%的病猪呈现贫血与黄疸症状,具有诊断意义。

(二)仔猪先天性震颤

该症状多见于初产母猪所产的仔猪,常于出生后 1 周内发病。我国猪群最多为 6 ~ 8 周龄发病。发病仔猪站立时震颤,由轻变重,卧下睡觉时震颤消失。受外界刺激可引发或加重震颤,严重时影响吃奶,以致死亡。精心护理,多数仔猪 3 周内可恢复。

四、病理变化

剖检可见间质性肺炎和黏脓性支气管炎变化。典型病例死亡的猪尸体消瘦,有不同程度贫血和黄疸。淋巴结肿大 4～5 倍,在胃、肠系膜、气管等淋巴结尤为突出,切面呈均匀的苍白色。肺部呈间质性肺炎病变,肺脏肿胀,间质增宽,有散在隆起的橡皮状硬块。严重病例见肺泡出血,在心叶和尖叶有暗红色或棕色变性斑块。脾肿大,肾苍白有散在白色病灶,被膜易于剥落,肾盂周围组织水肿。胃在靠近食管区常有大片溃疡形成。盲肠和结肠黏膜充血和出血,少数病例见盲肠壁水肿增厚。

五、诊　断

(一)临诊诊断

根据本病的流行特点、临床症状和淋巴组织、肺、肝、肾特征性病变可作出初步诊断。确诊依赖病毒分离和鉴定。还可应用免疫荧光或原位核酸杂交进行诊断。

(二)实验室诊断

1.病原诊断

病料接种敏感细胞(PK-15),然后以荧光法或 PCR 法等进行鉴定。

2.血清学诊断

ELISA 法测定 PCV II 特异性抗体。

此外,还可用免疫荧光技术、聚合酶链反应(PCR)技术进行检测。

六、防　治

(一)预防措施

目前本病还没有有效的疫苗可以使用,只能用综合性防治措施来预防本病。购入种猪要严格检疫,隔离观察,应用酶联免疫吸附试验(ELISA)与聚合酶链反应(PCR)技术对购入种猪进行检疫,隔离饲养 1 个月,健康者方可进入。平时加强饲养管理,饲养密度要适中,不同日龄的猪应分群饲养,严格实行"全进全出"制度。猪舍要清洁卫生、保温,通风良好,降低氨气及有害气体的浓度。减少各种应激因素,创造一个良好的饲养环境。控制进出人员和车辆,生产中应用3%氢氧化钠溶液、0.3%过氧乙酸溶液及0.5%强力消毒灵和抗毒威进行消毒。

(二)扑灭措施

发病后采取隔离、淘汰、消毒等综合性措施。本病还没有有效的治疗方法,选择性地预防性投药和治疗,对控制细菌源性的混合感染或继发感染有一定疗效。如应用支原净、卡那霉素、强力霉素、庆大霉素、磺胺嘧啶钠、抗病毒药等治疗,同时肌注 V_{B12}、V_C 及肌苷和静注葡萄糖注射液等。

自测训练

猪圆环病毒感染的诊断和防治要点。

任务 21　猪伪狂犬病

猪伪狂犬病是由伪狂犬病病毒引起的一种急性传染病。临诊特征为发热,新生仔猪主要表现神经症状,还可侵害消化系统。成年猪常为隐性感染,妊娠母猪繁殖障碍及呼吸系统症状,无奇痒。伪狂犬病可发生于多种家畜和野生动物。

至今世界上有 40 多个国家和地区有本病的报道。我国于 1947 年首次报道此病,目前大约有 31 个省市发生和流行此病,在许多种猪场呈爆发流行趋势。伪狂犬病被 OIE 列为 B 类法定报告疾病名录,我国将其列为二类动物疫病病种名录。

一、病　原

伪狂犬病病毒属于疱疹病毒科,甲型疱疹病毒亚科,猪疱疹病毒 I 型。病毒粒子直径为 150 ~ 180 nm,有囊膜。病毒基因组为双股 DNA。该病毒只有一种血清型,但不同毒株毒力却有一定差异。猪伪狂犬病病毒能在鸡胚和多种哺乳动物细胞中增殖,形成核内包涵体。兔肾和猪肾细胞最适于病毒的增殖。

病毒对外界环境的抵抗力较强,瞬间灭活需 55 ℃ 50 min、80 ℃ 3 min 或 100 ℃。在低温潮湿的环境下,pH6 ~ 8 时病毒能稳定存活。在干燥条件下,特别是有阳光直射时,病毒很快失活。该病毒对各种化学消毒剂都敏感。

二、流行病学

(一)易感动物

伪狂犬病病毒感染动物种类多,致病性强。猪最易感,除各种年龄的猪、牛易感外,在自然条件下能使羊、犬、猫、兔、鼠等动物感染发病。实验动物中家兔最敏感。断奶仔猪发病率和死亡率高。

(二)传染源

病猪、带毒猪、羊及鼠类为本病传染源。

(三)传播途径

病毒可直接接触传播,更容易间接传播。主要经消化道和呼吸道,也可通过交配、精液、胎盘传播。空气传播是病毒扩散的最主要传播途径,如带有病毒的空气飞沫可随风传到 9 km 或更远的地方,使健康猪群受到感染。

(四)流行特点

本病四季都能发生,但以寒冷季节和产仔旺季多发,多以 12 月至次年 3 月发病最多。

三、临床症状

潜伏期一般为 3 ~ 6 d，少数达 10 d。

（一）哺乳仔猪

2 周龄以内哺乳仔猪患病后，体温 41 ℃以上，精神不振，厌食、呕吐、下痢、呼吸急促，有神经症状，兴奋，叫声嘶哑，无目的前进或转圈，继而出现共济失调、间歇性抽搐、昏迷以至衰竭死亡，15 日龄以内仔猪死亡率高达 100%。

（二）断奶仔猪

断奶至 30 kg 体重猪表现腹泻，一旦出现拉黄色稀粪则难以治愈。常伴有干咳、喘气等呼吸道症状。部分猪体温升高，食欲下降或不食。30 ~ 50 kg 体重猪表现干咳到湿咳等呼吸道症状，大部分体温升高，食欲下降或不食，兼有腹泻症状。断奶仔猪发病率为 20% ~ 40%，死亡率为 10% ~ 20%。

（三）成年猪

成年猪多为隐性感染，也可出现发热、精神沉郁、呕吐、咳嗽，一般于 4 d 内完全恢复，不死亡，耐过后呈长期潜伏感染、带毒或排毒。

（四）母猪与公猪

妊娠母猪可出现流产、木乃伊胎、死胎、弱胎。有时产下的仔猪 1 ~ 2 d 正常，但随后突然死亡，仔猪 3 ~ 7 日龄为死亡高峰期。返情率高，偶尔有干咳，一过性发热，母猪感染后可出现不育症。公猪感染后可出现睾丸肿胀或萎缩，丧失种用能力。

四、病理变化

死于该病的病猪，一般可见鼻腔呈卡他性或化脓性出血性炎症、咽喉部黏膜水肿，并有纤维素性坏死性伪膜覆盖，出现坏死性支气管炎、细支气管炎和肺泡炎，并可见大量的纤维渗出，有时可见肺水肿以及肺脏散在有小环死灶、出血点。口腔和上呼吸道局部淋巴结肿大或出血。也常出现胃肠卡他性或出血性炎症。肾上腺皮质及髓质部可见散发性的坏死点，此为本病的特征性病变。肾脏表面有散在的出血点或淤斑。如有神经症状，则脑膜充血水肿，脑脊液增多，脑灰质和白质有小点状出血。仔猪及流产胎儿的脑和臀部皮肤出血，肝、脾表面有黄白色坏死灶，心肌出血，肺、肾、扁桃体出血坏死，流产母猪有轻度子宫内膜炎。公猪有时阴囊水肿。组织变化是中枢神经系统呈弥漫性非化脓性脑炎和神经节炎，有明显血管套和胶质细胞坏死。病变部位的胶质细胞、神经细胞、神经节细胞出现嗜酸性核内包涵体。

五、诊　断

（一）临诊诊断

主要根据流行病学、临床症状及病理剖检变化作出初步诊断。

（二）实验室诊断

1. 动物试验

无菌采取病猪脑组织和扁桃体，用 PBS 制成 10% 悬液，双抗处理后直接接种敏感细胞，培养后细胞及病毒悬液经 2 000 r/min，离心 10 min，取上清液 1~2 mL，经腹侧皮下肌肉接种家兔，通常在 36~48 h 后，注射部位出现剧痒，病兔啃咬注射部位皮肤，皮肤脱毛，出血，继之四肢麻痹，体温下降，卧地不起，最后角弓反张，抽搐死亡，即可确诊。

2. 血清学诊断

目前诊断伪狂犬病常用的血清学方法有血清中和试验（SNT）、乳胶凝集试验（LAT）、酶联免疫吸附试验（ELISA）、琼脂免疫扩散试验（AGID）、血凝试验（HA）和血凝抑制试验（HI）等，其中 SNT、LAT 和 ELISA 3 种方法是美国官方法定的伪狂犬病病毒抗体检测方法，现在这 3 种方法均被列为国际贸易指定实验技术。

3. 分子生物学诊断

有核酸探针技术和聚合酶链式反应（PCR）技术。此外，限制性核酸内切酶分析可用于分子流行病学调查。

（三）鉴别诊断

本病应与引起繁殖障碍的常见传染病作鉴别，见表 3-5。

六、防 治

（一）预防措施

引进猪苗时，必须先隔离，在引进前或到圈后 2 周内采血，做血清学检查，确定属阴性猪再混群。杜绝鼠类及其他家畜与猪接触。同时加强猪场消毒和饲养管理。

疫苗接种是防治伪狂犬病的重要手段之一。常用的疫苗有灭活疫苗、自然弱毒活疫苗和基因工程缺失活疫苗。发病猪场或伪狂犬病阳性猪场，可选用弱毒疫苗或灭活疫苗。种公猪每年接种两次，母猪分娩前 30 d 和产后 20 d 分别接种一次。后备猪在配种前 60~30 d 接种一次。对发病猪场，仔猪在 15~20 日龄首免，在 60 日龄加强免疫；在清净场，仔猪在 60 日龄首免较为合适。哺乳仔猪及保育猪主要用猪伪狂犬基因缺失弱毒苗，其他猪以灭活疫苗免疫为主。免疫接种之前，以及接种后 1 个月时，要进行抗体测定，以评价免疫效果，调整免疫程序。

（二）扑灭措施

猪伪狂犬病病毒的净化有很多种方法，主要有全场清群、检测淘汰、后代隔离等。全场清群成本太高，时间也长。检测淘汰是通过对种猪群进行全群的血液测定，淘汰所有的阳性猪，几个月后再进行检测，直到全群阴性为止。后代隔离程序是把 18~21 d 的仔猪从注射过疫苗的母猪身边移走，到另一个隔离的地点饲养；母猪逐渐淘汰，再用阴性的后备母猪来重新建群。也可用活疫苗对发病猪群进行紧急接种。治疗发病猪群可用高免血清、猪用免疫球蛋白，结合使用抗生素控制继发感染，有一定的效果。

自测训练

1. 断奶仔猪和繁殖母猪发生伪狂犬病的症状有何不同？
2. 猪伪狂犬病的诊断和防治要点。

任务 22 猪繁殖与呼吸综合征

猪繁殖与呼吸综合征（PRRS）又称"猪蓝耳病"，是由猪繁殖与呼吸综合征病毒（PRRSV）引起的猪的一种繁殖障碍和呼吸道症状的高度接触性传染病，主要侵害繁殖母猪和新生仔猪，以妊娠母猪发热及流产、早产、死胎、木乃伊胎等繁殖障碍和新生仔猪高热、呼吸困难和高死亡率为特征。

该病于 1987 年在美国被发现，随后 5 年内迅速传遍各大洲，对世界养猪业构成了严重的威胁。我国 1996 年报道本病，近年来该病的危害有越来越严重的趋势。OIE 将其列为 B 类法定报告疾病名录，我国将高致病性猪蓝耳病列为一类动物疫病病种名录，猪繁殖与呼吸综合征（经典猪蓝耳病）列为二类动物疫病病种名录。

一、病　原

PRRSV 属于动脉炎病毒科，动脉炎病毒属，病毒粒子的直径为 60 ~ 70 nm，有囊膜。病毒无血凝活性。病毒可在猪肺巨噬细胞及传代细胞 Marc-145 和 CL2621 传代细胞系上生长，产生细胞病变。现已证实至少存在 2 种完全不同类型的病毒，即分布于欧洲的 A 亚群及分布于美洲的 B 亚群。

该病毒对热敏感，37 ℃ 48 h、56 ℃ 45 min 即可完全失去感染力，37 ℃ 12 h 后病毒的感染效价降低到 50%。4 ℃ 可以保存 1 个月，但感染滴度逐渐降低。– 70 ℃ 或 – 20 ℃ 下可以长期保存。在 pH6.5 ~ 7.5 间相对稳定。

二、流行病学

（一）易感动物

本病只感染猪，各种年龄和品种的猪均可感染，但以妊娠母猪和一月龄内的仔猪最易感。怀孕母猪和仔猪感染后发病严重，流产发生于怀孕后期，哺乳仔猪病死率可达 80% ~ 100%，而架子猪和育肥猪则感染后较温和。野鸭在实验条件下对 PRRSV 有易感性，在感染后 5 ~ 24 d 可以从粪便排毒，但自身不发病，可能为本病的储存宿主。

（二）传染源

病猪和带毒猪是本病的主要传染源。感染母猪可明显排毒，即通过鼻汁、眼分泌物、粪、尿、胎儿及子宫等排出病毒。公猪感染后 3 ~ 27 d 和 43 d 所采集的精液中均能分离到病毒。耐过猪可长期带毒和不断向外排毒，感染健康猪只。

(三)传播途径

本病主要通过呼吸道或通过公猪的精液经生殖道在同猪群间水平传播,也可以在母子间垂直传播。此外,风媒传播在本病流行中具有重要的意义,通过气源性感染可以使本病在 3 km 以内的农场中传播。污染的器具和人员、带毒的鸟类和昆虫等因素在传播本病中的作用不容忽视。

(四)流行特点

新疫区和老疫区猪群的发病率及疫病的严重程度也有明显的差异,新疫区常呈地方性流行,而老疫区则多为散发性。该病在猪场内的传播非常快,病毒侵入繁殖猪场后,2 ~ 3 个月即可使85% ~ 90%的繁殖母猪血清中抗体变为阳性,并在其体内保持 16 个月以上。该病毒一旦侵入猪场则可长期持续存在。耐过猪虽然长期带毒,但再次感染后不再传给胎儿,可正常生产,而且不再传给仔猪。

由于不同毒株的毒力和致病性不同,猪抵抗力不同,以及细菌或病毒的混合感染等多种因素的影响,发病后的严重程度也不同。近几年 PRRS 有一些新的流行特点,感染后的临床表现出现多样化,混合感染也日趋严重,PRRSV 的毒力有增强的趋势。2006 年夏秋季节,我国南方部分地区发生猪"高热病"疫情。对猪"高热病"病因进行调查分析,通过对分离到的病毒采用全基因序列分析、回归本动物感染试验等技术手段,迅速锁定了新的变异猪蓝耳病病毒,最终确定变异猪蓝耳病病毒是猪"高热病"病原,并定名为高致病性猪蓝耳病。

三、临床症状

潜伏期长短不一致,自然感染一般为 14 d,人工感染妊娠母猪则为 4 ~ 7 d。病程通常持续 3~4 周,最长可达 6 ~ 12 周。根据发病的严重程度和病程不同,临床表现不尽相同。

(一)繁殖母猪

病初母猪出现发热,食欲不振,嗜睡,咳嗽,呼吸急迫。妊娠后期(107 ~ 112 d)发生流产,产死胎、木乃伊胎及弱仔等,胎儿大小基本一致。有的产后无乳,胎衣滞流。部分猪耳朵、腹部、乳头、外阴、尾部和腿部发。有的表现肢体麻痹。母猪流产率60% 左右,死胎率 30% 左右,木乃伊胎 20% 左右。部分新生仔猪表现呼吸困难、运动失调和轻瘫等症状,产后 1 周内死亡率增加(40% ~ 80%)。

(二)仔 猪

以 1 月龄内仔猪最易感,并表现出典型的临诊症状。体温升高至 40 ~ 42 ℃,食欲减退或废绝,张口呼吸、打喷嚏,流涕等。肌肉震颤,共济失调,嗜睡,渐进性消瘦,眼睑水肿。少部分仔猪可见耳部、体表皮肤发绀。死亡率可高达80% ~ 100%,其死亡多因继发其他疾病。耐过猪生长缓慢,易继发其他疾病。

(三)育肥猪

主要表现短时间的厌食、轻度呼吸系统症状及双耳朵和尾部皮肤发绀现象,但可因继发感染而加重病情,使病猪发育迟缓或死亡。

（四）公 猪

发病率低,约2% ~10%,除表现厌食、呼吸困难、消瘦等一过性轻微症状外,其精液的数量和质量下降,可以在精液查到PRRSV,并可长期带毒排毒。

四、病理变化

通常感染猪子宫、胎盘、胎儿乃至新生仔猪均无肉眼可见的变化。剖检死胎、弱仔和发病仔猪常能观察到局限性间质性肺炎病变,有的头部水肿,个别仔猪有化脓性脑炎和心肌炎病变。患病哺乳仔猪肺脏出现重度多灶性乃至弥漫性黄褐色或褐色的肝样变,可能对本病诊断具有一定的意义。此外,尚可见到脾脏肿大、淋巴结肿胀、心脏肿大并变圆、胸腺萎缩、体腔积液、眼睑及阴囊水肿等变化。

五、诊 断

（一）临诊诊断

根据各种年龄猪只出现程度不同的临床表现,但以妊娠中后期发生流产、死胎、产弱仔、胎儿木乃伊和呼吸困难;新生仔猪的呼吸困难和高度的致死率(80% ~100%);青年猪的轻度症状和间质性肺炎可作出初步诊断。但确诊有赖实验室诊断。

（二）实验室诊断

1.病毒分离与鉴定

将病猪及流产、死产胎儿的肺及其组织等进行病毒分离、鉴定。

2.血清学诊断

取耐过猪的血清进行免疫过氧化物酶单层细胞染色试验、间接荧光抗体法、血清中和试验、胶体金免疫电镜法和酶联免疫吸附试验等。

（三）鉴别诊断

本病与猪细小病毒感染、猪伪狂犬病、繁殖障碍型猪瘟、猪日本乙型脑炎、衣原体病等在临床上很难区分,应予鉴别。见表3-5。

六、防 治

由于该病传染性强、传播快,发病后可在猪群中迅速扩散和蔓延,给养猪业造成的损失较大,因此应严格执行兽医综合性防治措施加以控制。

（一）预防措施

1.坚持自繁自养与严格的检疫制度

应坚持自繁自养,严禁从疫区引进种猪,引进的种猪要至少隔离3周,并经猪繁殖和呼吸综合征抗体检测阴性后才能混群。采取"全进全出"的饲养方式。定期对种母猪、种公猪进行本病的血清学监测,及时淘汰可疑病猪。

2.疫苗接种

为做好高致病性猪蓝耳病防治工作,农业部采取了一系列措施,及时制定并下发了

《高致病性猪蓝耳病防治技术规范》和《猪病免疫推荐方案》,指导落实各项防治措施。我国研制出了高致病性猪蓝耳病灭活疫苗,并已投入使用。该疫苗适合种猪和健康猪使用,免疫后2周产生抗体,免疫期4个月以上。对于正在流行或流行过本病的商品猪场可用弱毒疫苗紧急预防接种或免疫预防。后备母猪在配种前进行2次免疫,首免在配种前2个月,间隔1个月进行二免。小猪在母源抗体消失前首免,母源抗体消失后进行再次免疫。公猪和妊娠母猪不能接种弱毒疫苗。

(二)扑灭措施

发病后采取综合性防治措施。及时隔离病猪,对空圈及猪舍周围环境用2%热氢氧化钠溶液彻底消毒,对圈舍内外及猪体用百毒杀、过氧乙酸、复合酚等消毒剂,每隔3 d进行1次大面积喷雾消毒。降低饲养密度,保持猪舍干燥、通风,创造适宜的养殖环境以减少各种应激因素。通过平时的猪群检疫,污染群中的猪只不得留作种用,应全部育肥屠宰。有条件的种猪场可通过清群及重新建群净化该病。

本病无特效疗法,主要是对症治疗,防止继发感染。对腹泻病猪用口服补液法补充电解质;对患病母猪肌注黄体酮,同时配合中药,以利母猪安胎保胎;用阿司匹林给临产前的妊娠母猪喂饲,以减轻发热,延长妊娠期,减少流产。

【技能训练】 猪繁殖与呼吸综合征的诊断

一、训练目的

了解和掌握猪繁殖与呼吸综合征的诊断步骤和方法。

二、训练用设备和材料

载玻片、剪刀、镊子、手术刀、酒精灯、96孔细胞培养板、微量移液器、恒温水浴箱、二氧化碳恒温箱、普通冰箱及低温冰箱、离心机及离心管、组织研磨器、孔径0.2 μm的微孔滤膜、普通光学显微镜、RPMI1640营养液、犊牛血清、青霉素(104 IU/mL)与链毒素(104 μg/mL)溶液、7.5%碳酸氢钠溶液、倒置显微镜、工作衣帽、靴等。

三、训练内容及方法

(一)临诊诊断

根据母猪妊娠后期发生流产、死胎、产弱仔、胎儿木乃伊和呼吸困难;新生仔猪的呼吸困难和高度的致死率(80%~100%);青年猪的轻度症状和间质性肺炎可初步作出诊断。荷兰提出三个临诊指标:怀孕母猪感染后症状明显,至少出现20%胎儿死产,8%以上母猪流产和哺乳仔猪死亡率26%以上。上述三个指标只要有两个符合时,就可认为本病的临床诊断成立,确诊有赖实验室诊断。

（二）实验室诊断

1. 检验材料的采取

在发病早期,无菌采取病猪的血清或腹水。对病死猪(如流产的死胎)和扑杀猪(如弱胎猪),应立即采取肺、扁桃体和脾等组织数小块,置冰瓶内立即送检。不能立即检查者,应放 $-25 \sim -30$ ℃冰箱中,或加50%甘油生理盐水,4℃保存送检。

2. 病毒分离鉴定

（1）样品的处理:血清和腹水可直接使用。肺、脾和扁桃体等组织可单独使用,也可混合使用。各组织剪碎后研磨成糊状,加入 RPMI1640 营养液,制成 10% 悬液,3 000 r/min离心 15 min,吸取上清液,加入青霉素500 IU/mL、链霉素500 μg/mL、庆大霉素500 μg/mL 和两性霉素 b200 μg/mL。怀疑有细菌污染的样品,也可用0.2 μm 微孔滤膜过滤处理。

（2）操作方法:

①稀释样品:取96孔细胞培养板每孔加入细胞培养液 RPMI1640(含犊牛血清10%、青霉素100 IU/mL、链霉素100 μg/mL、两性霉素 b10 μg/mL、pH7.2)90 μL,在A1 和C1孔内加入同一份已处理的样品各 10 μL(样品10$^\times$稀释)。将板轻轻摇动后,从 A1 和 C1孔各取 10 μL 分别移入 B1 和 D1 孔内(样品100$^\times$稀释)。除第6和第12列留作正常细胞对照外,其他各孔的样品稀释方法同上。振动稀释板后加盖,置4℃冰箱内保存备用。

②制备细胞板:将肺泡巨噬细胞用细胞培养液 RPMI1640 稀释,使细胞终浓度为1×10^6细胞/mL,或将 MARC-145 细胞用 MEM 细胞营养液稀释,细胞终浓度为5×10^4细胞/mL。然后,在另一块96孔细胞培养板上每孔加入上述细胞悬液100 μL。按照上述操作,每板可检测20份样品,每份样品重复2个滴度。第6和第12列留作正常细胞对照。

③接种样品:由样品稀释板每孔内各吸取稀释的样品液50 μL,接种于已形成细胞单层的细胞板相应的孔内(第一代)。放入37℃5%二氧化碳保湿恒温箱中孵育 2 ~ 5 d,每天观察细胞情况(是否呈现细胞圆缩、聚集、固缩,最后溶解脱落)。在第2 d,将巨噬细胞接种入新的细胞板,再从第1代细胞板各孔内取悬液25 μL加入新接种的细胞板相应孔内(第2代)。孵育2~5 d,每天观察 CPE 情况。

④结果的判断和解释:在第二代培养结束时,不论是否出现 CPE,对所有的孔必须采用免疫过氧化物酶单层试验(IPMA)或间接免疫荧光试验(IFA)进行终判;只要对 PRRS病毒阳性血清呈现阳性反应,则被认定为 PRRS 病毒分离阳性。

3. 免疫过氧化物酶单层试验(IPMA)

（1）样品处理:采集被检猪血液,分离血清,血清必须新鲜透明不溶血无污染,密装于灭菌小瓶内。4℃或 -30 ℃冰箱保存或立即送检。试验前将被检血清统一编号,并用血清稀释液作 20 倍稀释。

（2）操作方法:

①取已作 20 倍稀释的被检血清加入 IPMA 诊断板同一排相邻的 2 个病毒感染细胞孔(v +)后的 1 个未感染细胞孔(v −)内,每孔50 μL,同时设立标准阳性血清、标准阴性血清和空白对照,以血清稀释液代替血清设立空白对照,封板并于4℃条件下过夜。

②弃去板中液体,用洗涤液洗板 3 次,每孔 100 μL,每次 1 ~ 3 min,最后在吸水纸上

轻轻拍干。

③每孔加入工作浓度的兔抗猪过氧化物酶结合物 50 μL,封板后放在保温盒内于 37 ℃ 恒温箱中感作 60 min。

④弃去板中液体,洗涤 3 次,方法同②。

⑤每孔加入显色/底物溶液 50 μL,封板于室恒(18~24 ℃)下感作 30 min。

⑥弃去板中液体,洗涤 1 次,方法同②,再用蒸馏水洗涤 2 次,最后在吸水纸上轻轻拍干,待检。

(3)结果判定与解释。将 IPMA 诊断板置于倒置显微镜判读。在对照标本都成立的前提下,即空白对照感染细胞孔(p·v+)和未感染细胞孔(p·v-)均应为阴性反应;标准阳性血清对照感染细胞孔(p·v+)应呈典型阳性反应,未感染细胞孔(p·v-)应为阴性。

四、注意事项

(1)操作过程中要严格无菌操作,防止细胞污染。

(2)在试验操作时一定要设置标准阴性和阳性对照,防止假阳性造成诊断失误。

自测训练

一、知识训练

1.猪繁殖与呼吸综合征的流行病学、临床症状、病理变化特征。

2.猪繁殖与呼吸综合征的防治措施。

二、技能训练

初步学会猪繁殖与呼吸综合征的实验室诊断。

任务 23 猪流行性乙型脑炎

流行性乙型脑炎又称日本乙型脑炎,简称乙脑,是由流行性乙型脑炎病毒引起的一种人兽共患传染病。特征是马表现脑炎症状,猪表现流产、死胎和睾丸炎,其他动物多呈隐性感染,人也表现为脑炎症状。传播媒介为蚊虫,流行有明显的季节性。本病疫区范围广,危害大,我国将猪流行性乙型脑炎列入二类动物疫病病种名录。

一、病 原

乙脑病毒属于黄病毒科、黄病毒属。病毒粒子呈球形,单股 RNA 病毒,有囊膜和纤突,能凝集鹅、鸽、绵羊和雏鸡的红细胞。能在鸡胚卵黄囊及鸡胚成纤维细胞、仓鼠肾细胞、猪肾传代细胞内增殖,并产生细胞病变和蚀斑。病毒对外界环境的抵抗力不强,对热和各种消毒药都很敏感。病毒在 pH7 以下或 pH10 以上,活性迅速下降,常用消毒药如 2% 烧碱和 3% 来苏儿等均可很快将病毒杀死。

二、流行病学

（一）易感动物

人和动物中马、骡、驴、猪、牛、羊、鸡、鸭、野鸟等都有易感性,其中马最易感,猪和人次之,其他动物多隐性感染,幼龄动物较成年动物易感。猪不分品种和性别均易感,发病年龄大多在6月龄左右。实验动物中小鼠易感。

（二）传染源

患病动物和隐性感染动物在病毒血症期间可作为本病的传染源。猪可以通过猪—蚊—猪循环扩大病毒的传播,使其成为乙型脑炎病毒的主要增殖宿主和传染源。

（三）传播途径

本病主要通过带病毒的蚊虫叮咬而传播。三带喙库蚊是优势蚊种之一,带毒越冬蚊能成为次年感染人畜的传染源,因此蚊不仅是传播媒介,也是病毒的储存宿主。感染的公猪精液也可作为媒介,妊娠母猪感染后可通过胎盘侵害胎儿。

（四）流行特点

该病的流行呈明显的季节性,多发生于夏秋蚊虫孳生季节。一般是南方6—7月、东北8—9月达到高峰。本病呈散发流行,并多为隐性感染。

三、临床症状

人工感染潜伏期一般为3~4 d。

（一）生长育肥猪

生长育肥猪常突然发病,体温为40~41 ℃,呈稽留热。病猪精神沉郁,食欲减退,饮欲增加,嗜睡。结膜潮红。喜卧地。粪便干燥呈球状,表面常附有灰白色黏液,尿呈深黄色。心跳增加,为110~120次/min。有时流鼻涕,能听到鼻塞音。有些病猪后肢轻度麻痹,表现跛行。个别表现明显神经症状,视力障碍,摆头,乱冲乱撞,最后麻痹而死。

（二）妊娠母猪

妊娠母猪主要症状是流产或早产,初产母猪多发,经产母猪较少发生。流产多在妊娠后期发生,流产胎儿多为死胎或木乃伊胎,或濒于死亡。产出弱胎不能站立,不会吮乳;有的生后出现神经症状,全身痉挛,倒地不起,1~3 d死亡。有些仔猪哺乳期生长良莠不齐。母猪流产后,其临床症状很快减轻,体温恢复常温,食欲也渐趋正常。少数母猪流产后从阴道流出红褐色乃至灰褐色黏液,胎衣不下。母猪流产后不影响下一次配种。

（三）种公猪

种公猪除一般症状外,突出表现是睾丸炎。单侧或两侧睾丸发炎肿大,较正常睾丸大半倍到一倍,具有示病意义,但须与布鲁氏菌病相区别。患病睾丸阴囊皱褶消失,局部热痛,数天后睾丸肿胀消退,或恢复正常,或逐渐萎缩变小、变硬,丧失配种能力。

四、病理变化

肉眼病变主要在脑、脊髓、睾丸和子宫。病死猪脑膜及脊髓膜显著充血,肝肿大,有界限不清的小坏死灶。肾稍肿大,也有坏死灶。流产胎儿常见脑水肿,脑膜和脊髓充血,皮下水肿,心、肝、脾、肾肿胀并有小出血点。流产胎儿大小不等,有的呈木乃伊化。母猪子宫内膜充血、出血,胎盘增厚。公猪睾丸肿大,切面充血、出血和坏死灶,有的睾丸萎缩。

五、诊　断

(一)临诊诊断

发病有明显的季节性,妊娠母猪发生流产或早产,初产母猪多发,经产母猪较少发生,公猪发生睾丸炎等特点,结合剖检病变可作出初步诊断。

(二)实验室诊断

1.病原分离与鉴定

取濒死期或死后病例的脑组织(大脑皮质、海马角和丘脑等),或发热期病猪血液接种鸡胚卵黄囊或脑内接种1~5日龄乳鼠(硬脑膜下)进行病毒分离。

2.血清学诊断

血凝抑制试验、中和试验和补体结合试验是常用的实验室诊断方法。

六、防　治

(一)预防措施

平时加强饲养管理,搞好畜舍及其周围的环境卫生,增加机体的抵抗力。在蚊虫活动季节应经常进行沟渠疏通以排除积水、铲除蚊虫孳生地,在蚊蝇繁殖季节要定期用药毒杀、烟薰、药诱、灯诱捕杀,有条件的门窗加纱布阻挡。选用有效杀虫剂(如毒死蜱、双硫磷等)进行定期的超低容量喷洒灭蚊。为了提高畜群的免疫力,常发地区在蚊虫活动前1~2个月,用乙型脑炎弱毒疫苗(现在常用的疫苗有2-8株、5-3株、14-2株)进行接种,安全有效。一般第1年以两周的间隔注射两次,第2年加强免疫一次,免疫期可达3年。

(二)扑灭措施

发病病畜应立即隔离,做好护理工作,可减少死亡。本病无特效疗法,为了防止继发感染,应积极采取对症疗法和支持疗法,如20%磺胺嘧啶钠液5~10 mL,静脉注射。患病动物在早期采取降低颅内压、调整大脑机能、解毒为主的综合性治疗措施。

七、公共卫生

预防人类乙型脑炎主要靠免疫接种,用乙脑灭活疫苗对儿童及非流行区迁入的成人进行接种,流行区儿童1岁时首次免疫2针,间隔1~2周;2岁时加强免疫1针;6~10岁时再各加注 1 针。疫苗免疫后 1 个月免疫力达高峰,故应在乙脑流行期开始前 1 个月完成接种。同时做好防蚊和灭蚊工作。因带毒猪是人乙型脑炎的主要传染源,故仔猪应注射乙脑疫苗。

自测训练

1. 猪流行性乙型脑炎的流行病学特征及诊断和防治要点。
2. 流行性乙型脑炎的公共卫生意义。

任务 24　猪衣原体病

衣原体病又称鹦鹉热或鸟疫,是由衣原体引起的多种动物和人类共患的传染病。

猪衣原体病主要是由鹦鹉热衣原体引起的一种慢性传染病。该病特征是妊娠母猪流产、产死胎、木乃伊胎、弱仔,各年龄段猪发生肺炎、肠炎、多发性关节炎、心包炎、结膜炎,公猪发生睾丸炎。

衣原体病分布于世界各地,我国也有发生,对养殖业造成了严重危害,成为兽医和公共卫生的一个重要问题。

一、病　原

衣原体是衣原体科衣原体属的微生物。属下有四个种,即沙眼衣原体、鹦鹉热衣原体、肺炎衣原体和反刍动物衣原体。鹦鹉热衣原体和反刍动物衣原体是动物衣原体病的主要致病菌,人也有易感性;沙眼衣原体以前一直认为除鼠外人是其主要宿主,但近年来发现它还能引起猪的疾病。衣原体属的微生物个体细小,呈球状或椭圆形,革兰氏染色阴性,有细胞壁,只能在细胞内繁殖。个体形态有两种:大的称为始体,直径 0.6 ~ 1.5 μm,无传染性;小的称为原体,直径 0.2 ~ 0.5 μm,具有传染性。经姬姆萨染色后,始体染成蓝色,原体染成紫色。

衣原体对高温的抵抗力不强,56 ℃ 5 min 可将其杀死。常用消毒药 0.1% 福尔马林、0.5% 石碳酸可在 24 h 内将其杀死。衣原体对青霉素、四环素、红霉素、D-环丝氨酸等敏感。

二、流行病学

(一)易感动物

不同年龄、性别、品种的猪均易感,仔猪和怀孕母猪最易感。本病除感染猪外也能感染其他哺乳动物、禽类、鸟类和啮齿动物。食物污染后可经消化道感染人。

(二)传染源

病猪和带菌猪是主要传染源。哺乳动物如牛、羊等、禽类、鸟类及啮齿动物的带菌者,也可成为猪的传染源。

（三）传播途径

本病可通过消化道、呼吸道或眼结膜感染，病畜和健畜交配、蚊虫叮咬也可发生感染。

（四）流行特点

本病的发生没有明显的季节性，以秋冬季多发，常呈散发性流行。初产母猪的流产率为40％～90％，断奶仔猪的病死率为20％～60％。猪舍阴暗潮湿、饲养密度大、卫生条件差、通风不好、营养不良、长途运输、突然更换饲料等应激因素，均可诱发本病。

三、症状与病理变化

本病潜伏期3～11 d。

（一）母猪（流产型）

怀孕母猪在妊娠后期，不见任何症状，体温也无明显变化而发生流产、产弱仔、死胎和木乃伊胎，母猪产后子宫炎、阴道炎，不易受孕。剖检可见流产母猪的子宫内膜水肿、充血，有大小不一的坏死。流产胎儿皮肤淤血、皮下水肿，肝脏肿大充血、出血，心内外膜有出血点，脾脏肿大，肾有点状出血。

（二）种公猪

患病种公猪尿道炎、睾丸炎、附睾炎，精液品质下降。剖检可见睾丸变硬，有的腹股沟淋巴结肿大，输精管出血，阴茎水肿、出血或坏死。

（三）断奶前后仔猪

患猪体温升高、精神差、厌食、颤抖、干咳、呼吸短促，流浆液性鼻涕。有的表现腹泻、脱水，死亡率高。有的流泪、结膜充血、眼角有分泌物。

（四）保育猪

2～4月龄保育猪感染临床上出现一种或多种类型。

（1）肺炎型。呈慢性肺炎过程，体温升高，干咳，呼吸困难，鼻流清涕。后出现神经症状。剖检可见肺肿大、充血或淤血、出血。在气管和支气管内积有多量分泌物。

（2）肠炎型。表现腹泻、脱水。如混合感染，死亡率高。剖检可见肠系膜充血，肠内容物稀薄红染。肠系膜淋巴结充血水肿。肝、脾肿大。

（3）结膜炎型。表现流泪，结膜充血，角膜混浊，眼角分泌物增多。

（4）多发性关节炎型。可见关节肿大，跛行。关节周围组织水肿，充血、出血、关节腔内渗出物增多。

（5）脑炎型。表现兴奋、尖叫、突然倒地、四肢呈游泳状、抽搐或麻痹等神经症状，不久死亡。剖检见脑膜和中央神经系统血管充血。

四、诊　断

（一）临诊诊断

根据本病的流行病学特点、临床症状和病理变化可作出初步诊断，确诊还需通过实

验室诊断。

（二）实验室诊断

1.病原诊断

无菌采取病料直接涂片,经柯兹洛夫斯基法染色,镜检未发现有布鲁氏菌;而经姬姆萨染色镜检,镜下发现多个紫红色针尖大小疑似衣原体原生颗粒。同时取上述病料接种于普通琼脂、鲜血琼脂、SS琼脂培养基中,在37℃培养72 h后未见有细菌生长。

2.血清学诊断

（1）间接血凝试验:往V型血凝反应板各孔内加入生理盐水50 μL,第一孔加待检血清50 μL,依次将待检血清作倍比稀释。每孔加猪衣原体标准抗原25 μL,同时设猪衣原体标准阳性和阴性血清对照。置37℃下作用2 h。如果待检血清1:16孔出现"＋＋"及以上者为阳性。

（2）虎红平板凝集反应:取待检血清和衣原体虎红平板凝集抗原各0.03 mL,滴加于玻板上,同时设标准阳性和阴性血清对照,充分混合。于4～10 min内观察结果,出现"＋"凝集以上者为阳性。

（三）鉴别诊断

猪衣原体病常应与引起流产的疫病相鉴别。见表3-5。

五、防　治

（一）预防措施

加强饲养管理和卫生和消毒工作。坚持自繁自养,如需引种时隔离检疫。严禁其他动物和鸟类进入畜舍,同时消灭舍内的蝇和蜱等。用金霉素药物预防,每吨饲料添加金霉素原粉600 g拌料,连用2周。对怀孕母猪,在产前2～3星期,可肌肉注射四环素族抗生素,以预防新生仔猪感染本病。

预防接种应用猪衣原体灭活苗。公猪、怀孕母猪首免和二免间隔7 d,每次肌肉注射3 mL;空怀母猪在配种前30 d和15 d各接种1次,每次肌肉注射3 mL;仔猪于30日龄和45日龄各接种1次,每次肌肉注射2 mL。

（二）扑灭措施

对发病猪群要采取综合性措施。对流产胎儿、死胎、胎衣要集中无害化处理,同时用2%苛性钠等进行严格消毒,加强产房卫生,防止新生仔猪感染。病猪可用四环素、金霉素等抗生素进行治疗,连用1～2周。

六、公共卫生

人类在接触鹦鹉热衣原体的传染源以后即可获得感染,引起一组临床症候群,它包括症状不明显的亚临床感染,如流感样全身症状群的轻型,和症状较重的肺炎等。发病者多数为老年人和幼儿。治疗首选四环素,红霉素也有确切疗效,疗程以不少于10 d为宜,以防复发。

自测训练 ■

猪衣原体病的诊断与防治要点。

任务 25 猪破伤风

破伤风又名"强直病""锁口风",是由破伤风梭菌引起的一种人兽共患的急性、中毒性传染病。其特征为全身骨骼肌呈现持续性痉挛,病畜对外界刺激的反射兴奋性增高。本病分布于世界各地,我国各地呈零星散发。猪只发病主要是阉割时消毒不严或不消毒引起的,病死率很高,会造成一定的损失。

一、病 原

破伤风梭菌为革兰氏阳性杆菌,多单个存在。在动物体内外均可形成芽孢,似鼓锤状。多数有周身鞭毛,无荚膜。本菌为严格厌氧菌,在液体或固体培养基上培养均可良好生长,在动物体内及培养基内均能产生外毒素。其毒素有 3 种:一是破伤风痉挛毒素,毒性很强,仅次于肉毒毒素,能引起本病特征性症状和刺激保护性抗体的产生;二是溶血性毒素,能引起局部组织坏死,为本梭菌生长繁殖创造条件;三是非痉挛性毒素,使神经末梢麻痹。

本菌繁殖体抵抗力不强,一般消毒药均能在短时间内将其杀死。但芽孢体在土壤中可存活几十年,煮沸 1 ~ 3 h 才能死亡,高压蒸汽 120 ℃ 10 min 死亡。对青霉素和磺胺类药物敏感。

二、流行病学

(一)易感动物

各种动物不分品种、年龄、性别均可感染,其中以单蹄兽最易感,猪、羊、牛次之,犬、猫仅偶尔发病,家禽和兔有抵抗力。人的易感性也很高。

(二)传播途径

在自然情况下,感染途径是通过各种创伤感染,如猪的去势、手术、断尾、脐带、口腔伤口、分娩创伤等。我国猪破伤风以去势创伤感染最为常见。由于破伤风梭菌是一种严格的厌氧菌,所以,伤口狭小而深,伤口内发生坏死,或伤口被泥土、粪污、痂皮封盖,或创伤内组织损伤严重、出血、有异物,或与需氧菌混合感染等情况时,才是本菌最适合的生长繁殖场所。

(三)流行特点

破伤风是一种由创伤感染的中毒性传染病,一般不能由病畜直接传染于健畜。因此本病的发生常以零星散发形式出现,但在某些地区的一定时间里可出现伙发。幼龄动物易感性更高。本病无明显的季节性。该病在临床上有不少病例见不到伤口,这可能是因为在潜伏期中伤口已经愈合或可能是经消化道、子宫黏膜损伤而感染。

三、临床症状

潜伏期一般为 7~16 d,短的 1 d(新生幼畜),长的 1 个月以上。

(一)猪

发病初期,患猪常见头部肌肉出现痉挛,采食、咀嚼和吞咽缓慢而不自然。随着病势发展,患猪全身肌肉呈现强直性痉挛,四肢和颈部硬直,形如木猪,行走困难。严重者,表现牙关紧闭,口流白沫,常有"吱吱"的尖细叫声;眼神发直,瞬膜外露;两耳竖立;腹部蜷缩;四肢强拘,尾巴发硬,腰背弓起,触摸时坚实如板;难于行走和站立。患猪通常对外界刺激性反应增强,轻微刺激可使病猪兴奋不安,痉挛加重。患猪的体温、呼吸、脉搏通常无变化。病程 2~4 d,多呈急性经过致使病情恶化后死亡。

(二)马属动物

发病初期,动物出现运动稍显强拘,咀嚼和吞咽缓慢,随后出现全身肌肉痉挛性收缩。在头部,因咬肌痉挛,轻则采食和咀嚼障碍,开口、吞咽困难,重则牙关紧闭,口腔流涎,有口臭;耳肌、眼肌、鼻肌及咽喉肌等痉挛时,两耳竖立,眼睑半闭,瞬膜外露,瞳孔散大,鼻孔扩张呈喇叭口状;颈肌痉挛时,头颈伸直,运动不灵活,有时颈部向前上方反曲;背部长肌痉挛时,背肌坚硬,形成凹背,也有的出现相反症状,表现弓腰或角弓反张,尾根高举。全身肌肉硬固如板,腹围收缩,沿肋软骨部形成陷沟,大小便潴留。病畜四肢强直开张如木马,运动显著困难,重的不能站立。病畜神志清楚,有饮、食欲,但因开口困难,牙关紧闭而不能饮食;应激性增高,当受到轻微刺激,即表现惊恐不安、痉挛和大量出汗。体温一般正常,死前体温上升到 42~43 ℃。病后期,心脏跳动加快,节律不齐,脉搏细弱,黏膜发绀,肠蠕动音减弱,排粪迟滞,粪球干硬。因呼吸肌痉挛,使呼吸浅表,气喘,严重者引起窒息而死亡。

(三)反刍动物

感染后,动物症状略同于马属动物,症状稍缓和。因反刍和嗳气停止,腹肌紧缩而影响瘤胃运动,使瘤胃发生臌气,腰背弓起,运动不灵活。

四、诊　断

根据本病的特征性临诊症状,如体温正常、神志清楚、运动中枢神经系统对外界刺激性反应增强、全身或局部肌肉呈强直性痉挛,并有创伤史(如猪的去势等)等即可确诊。

五、防　治

(一)预防措施

在本病常发地区,应对易感动物定期接种破伤风类毒素。在阉割等手术前一月进行免疫接种,可起到预防本病作用。对较大较深的创伤,除作外科处理外,应肌肉注射破伤风抗血清预防。防止和减少伤口感染是预防本病十分重要的办法。在动物饲养过程中,要注意管理,消除可能引起创伤的因素,一旦发生外伤,要注意及时处理,防止感染。在去势、断脐带、断尾、接产及外科手术时,工作人员应遵守各项操作规程,注意术部、器械的消毒和无菌操作。

(二)治疗措施

本病必须做到早发现,早治疗。对动物破伤风病的治疗,一般都是根据治疗原则(处理创伤、中和毒素、镇静解痉、对症治疗及加强护理),按该病发展阶段(初期、中期、后期)进行辨证施治。

1. 处理创伤

创伤要及时进行清创。创伤深、创口小的要进行扩创,然后用3%过氧化氢或1%高锰酸钾溶液消毒,彻底清除创内脓汁、异物、坏死组织及痂皮等;再用5% ~10%碘酊溶液消毒创面,以彻底清除产生破伤风毒素的毒源,之后撒布碘仿磺胺粉。

2. 中和毒素

中和破伤风毒素用破伤风抗毒素血清20~100万IU,分三次注射,也可1次全量注入。但在使用精破抗治疗家畜破伤风病时,用蛛网膜下腔注射精破抗治疗家畜破伤风(大家畜3~5万IU,小家畜4.5千~1万IU),可提高疗效,缩短病程,节约生物药品,降低开支,尤其对于小家畜破伤风病的治疗,更具有实际意义。为提高解毒和排毒的效果,可同时静脉注射40%乌洛托品。成年家畜量50 mL,幼畜减半,1次/d,连用1周。在注射破伤风抗毒素血清的同时,也可皮下注射破伤风类毒素5~10 mL,以提高本病的治愈率。

3. 镇静解痉

用10%葡萄糖生理盐水,加25%硫酸镁100 mL,一次静注,每天1~2次,或用氯丙嗪300~500 mg肌肉注射,每天1~2次。

4. 对症治疗

病畜出现脱水和酸中毒症状时,用10%葡萄糖生理盐水300~1 500 mL,5%碳酸氢钠300~500 mL静脉注射。病畜不能采食时,静脉注射25% ~30%葡萄糖生理盐水300~1 000 mL,每天2次。病畜牙关紧闭,开口困难时,可用3%普鲁卡因10 mL和0.1%肾上腺素0.6~1 mL,注入咬肌。病畜心脏衰弱时,可用20%樟脑水25~30 mL肌肉注射。消灭病原,可以肌肉注射抗菌素或磺胺类药物;胃肠紊乱时用健胃剂;体温升高或有继发感染时可采用青霉素、链霉素和磺胺类药物。此外,可用加减千金散、防风散、天麻散及针灸等中医疗法。

5. 加强护理

护理是治疗破伤风病畜的重要一环。护理时将病畜置于光线较暗的隔离厩舍内,避免各种刺激,减少病畜痉挛发作次数和强度。对采食困难的病畜给予易消化的饲料和饲草,并注意补给食盐和饮水,以防机体脱水和酸中毒。对牙关紧闭不能采食的病畜,用胃管给予半流质食物。对恢复初期张口不大,不能采食,但能咀嚼和吞咽的病畜,可以用手经常向病畜口内塞入少量的草料食物。已能张口采食的病畜,饲喂时要少给、勤添以防止过食,引起消化障碍或结症。对重病畜用吊带吊起,以防卧倒或摔跌而发生褥疮和骨折等。流涎、口臭、吞咽困难的病畜,每天用0.1%高锰酸钾或清水洗口,反刍兽要防止前胃膨胀;对四肢强拘、腰背僵硬、症状减轻的恢复家畜,应每天牵遛,以增强肌肉运动,促进血液循环,早日恢复健康。

六、公共卫生

破伤风梭菌侵入人体伤口引起破伤风,病初病人低热、头痛、四肢痛、咽肌和咀嚼肌痉挛,而后牙关紧闭、苦笑状、全身肌肉强直及阵发性痉挛,严重时角弓反张。任何刺激均可引起痉挛的发作或加剧。痉挛初期为间歇性,以后变为持续性,强烈痉挛时有剧痛、出大汗,表情惊恐,病程一般为 2 ~ 4 周。

一旦发生外伤,要及时处理伤口,并及时注射破伤风类毒素,或注射精破抗和抗生素进行预防和治疗。此外,应重视新法接生,防止新生儿经脐带感染破伤风梭菌。

自测训练 ■

1. 破伤风的治疗原则和方法。
2. 在生产实践中如何预防破伤风?

猪传染病鉴别诊断表
表 3-1 猪 4 种水疱性传染病的鉴别诊断

动 物	接种途径	数量	口蹄疫	水疱性口炎	猪水疱性疹	猪水疱病
猪	皮内或皮肤划痕	2	+	+	+	+
猪	静脉	2	+	+	+	+
猪	蹄冠或蹄叉	1	+	0	0	+
马	肌肉内	1	-	+	-	-
马	舌皮内	1	-	+	±	-
牛	肌肉内	1	+	-	-	-
牛	舌皮内	1	+	+	-	-
绵羊	舌皮内	2	-	±	-	-
豚鼠	跖部皮内	2	+ *	+	-	-
5 日龄内鼠	腹腔内或皮下	10	+	+	-	+
成年小鼠	脑内	10	- 或 +	+	-	-
成年小鼠	腹腔内	10	-	0	0	-
鸡胚		5	(绒尿膜、静脉)+	(卵黄囊)+	-	-
成鸡	舌皮下	5	+	0	-	-
细胞培养			牛、猪、羊、乳兔、地鼠肾传代细胞	牛、猪、乳仓鼠肾细胞及鸡胚成纤维细胞	猪胚肾细胞	PK-15,猪睾丸细胞、仓鼠肾细胞及鼠胚成纤维细胞

注:+,阳性;±,不规则和轻度反应;-,阴性;0,没有数据;*,少数例外。

表 3-2　猪 7 种败血病状类传染病的鉴别诊断

病名	病原	流行特点	主要症状	主要病变	实验室诊断	防治
猪瘟	猪瘟病毒	仅猪发病,不分年龄、性别和品种;无季节性;感染、发病、死亡率都高,流行广,流行期长,易继发、混合感染;传播途径多,垂直传播;因免疫压力,多为温和型表现	高热(41 ℃以上)不退,先便秘、后腹泻;站立不稳;颈部、皮下、四肢内侧皮肤发绀、出血;公猪包皮积尿;结膜炎;个别有神经症状;孕猪可有流产	皮肤、黏膜、浆膜、喉、肾、膀胱和大肠黏膜有出血斑点;淋巴结切面大理石样;脾边缘梗死;大肠有纽扣状溃疡;猪流产、产死胎、木乃伊胎等	分离病毒,测定抗体,接种家兔	无法治疗,主要依靠疫苗预防和紧急接种
猪丹毒	猪丹毒杆菌	3—12 月龄猪多发,多见于炎热季节,吸血昆虫可传播该病。散发或地方流行性;病程短,病死率高。该病可感染人	高热,42 ℃以上,结膜充血、眼睛清亮,先便秘后腹泻,病程 3 d 左右出现凸出皮肤的疹块;慢性表现关节炎和心内膜炎临诊症状等	急性皮下弥漫性出血,肺充血水肿,脾显著充血肿大呈樱桃红色,"大红肾";慢性为增生性非化脓性关节炎,疣状心内膜炎	涂片镜检,分离鉴定,血清学试验	青霉素治疗,疫苗预防
猪肺疫	巴氏杆菌	架子猪多见,散发,与季节、气候、饲养管理、卫生条件等有关;发病急、病程短,病死率高	体温 41 ~ 42 ℃,呼吸困难、犬坐姿势,咳、喘,口吐白沫,咽、喉、颈、腹部红肿,常窒息死亡	咽喉、颈部皮下水肿;纤维素性胸膜肺炎,水肿,气肿,肝变,切面呈大理石样变	涂片镜检,分离鉴定,接种小鼠	链霉素等药物治疗有效;疫苗预防
猪副伤寒	沙门氏菌	2—4 月龄多发,地方流行,多经消化道传播;与饲养条件、环卫、气候等有关(内源性感染),流行期长,发病率高	急性体温 41 ℃以上,腹泻,耳、胸、腹下发绀;慢性者下痢,排灰白或黄绿色恶臭稀粪,皮肤有痘样湿疹,易继发其他疾病,最终死亡或呈僵猪	急性多为败血症、脾肿大、淋巴结链锁状肿;慢性为坏死性肠炎,大肠黏膜呈糠麸样坏死	涂片镜检,分离鉴定	广谱抗生素有效,疫苗预防
链球菌病	链球菌	各种年龄的猪均可发生,每年 5—11 月多发,初次流行来势凶猛,地方流行性。发病急,感染和发病率高,病型多,流行期长	急性体温 41 ~ 42 ℃,高热不退,皮肤有出血点,结膜潮红、共济失调、多发性关节炎,后期出现呼吸困难。仔猪可见神经症状;慢性淋巴结脓肿	皮下广泛出血,淋巴结肿大出血、化脓,纤维素性肺炎,胸腹腔、关节腔积液、纤维素沉着,脾、肾肿大,脑膜充血、出血,淋巴结化脓	涂片镜检,分离鉴定	青、链霉素等有效,疫苗预防
弓形体病	弓形虫	无年龄和季节区分,但以 3—6 月龄多发。该病为人畜共患病	高热不退,便秘,咳嗽、气喘,呼吸困难,有神经症状,后期体表充血、出血,孕猪发生流产、死胎或弱仔	皮肤出血斑点,肺肿大、出血性肺炎,肝及全身淋巴结肿大,淋巴结显著充血出血、肿胀、坏死,脾肿胀	涂片镜检,测定抗体	磺胺类药物有效

续表

病名	病原	流行特点	主要症状	主要病变	实验室诊断	防治
附红细胞体病	附红细胞体	断奶猪和孕猪多发。可经消化道、精液、伤口、蚊蝇叮咬等感染,夏季多发,条件致病性。发病率和病死率较高	高热,黄疸,有的呼吸困难,后期便秘,血尿,在耳尖、胸腹、尾根、四肢末端等部位皮肤红紫,尿液发红或呈咖啡色。孕猪高热、繁殖障碍	黄疸,黏膜及脂肪组织黄染,贫血,血液稀薄呈水样,肝、胆肿大,胆汁浓稠,心脏苍白、质地松软,肾脏有出血点或呈大红肾,脾肿大	镜检,动物实验,血清学试验,PCR	血虫净、贝尼尔、四环素等治疗有效

表 3-3　猪 8 种腹泻病状类传染病的鉴别诊断

病名	病原	流行特点	主要症状	主要病变	实验室诊断	防治
猪瘟	猪瘟病毒	仅猪发病,不分年龄、性别、品种,无季节性,感染、发病、死亡率都高,流行广,流行期长,易继发、混合感染,传播途径多;因免疫压力,多为温和型表现	高热(41 ℃以上)不退,先便秘、后腹泻;站立不稳;颈部、皮下、四肢内侧皮肤发绀、出血;公猪包皮积尿;脓性结膜炎;个别有神经症状;孕猪可有流产	皮肤、黏膜、浆膜、喉头、肾、膀胱和大肠黏膜有出血斑点;淋巴结切面大理石样;脾边缘梗死;大肠有纽扣状溃疡;猪流产、产死胎、木乃伊胎等	分离病毒,测定抗体,接种家兔	无法治疗,主要依靠疫苗预防和免疫接种
猪副伤寒	沙门氏菌	2~4 月龄猪多发,地方流行性,发病与气候、环境、饲养管理等有关,流行期长	高热,腹痛,腹泻,耳根、胸前、腹下发绀,慢性者皮肤坏死	胃肠道卡他、出血及坏死性炎症,实质器官和淋巴结出血坏死	涂片镜检,分离鉴定	广谱抗生素有效,疫苗预防
仔猪黄痢	大肠杆菌	1 周龄内仔猪多见,地方流行性,产仔季节多见,发病率和死亡率较高	发病突然,排黄色水样稀粪,带气泡,凝乳块,有恶臭,脱水,消瘦,病程 1~2 d,来不及治疗,病死率 90% 以上	脱水,小肠有黄色液体和气体,肠壁变薄,有出血点,胃底有出血点,淋巴结出血	分离细菌	广谱抗生素有效,疫苗预防
仔猪白痢	大肠杆菌	10~30 日龄多见,地方流行性,发病率高,病死率低	白色浆糊状稀粪,有恶臭,发育迟滞,易继发其他疾病	小肠卡他性炎症,结肠充满糊状内容物	分离细菌	广谱抗生素有效,疫苗预防
仔猪红痢	魏氏梭菌	3 日龄内仔猪多发,多由母猪乳头传播,病死率高	红色血痢,带有灰白色或灰黄色坏死组织碎片,脱水,消瘦,迅速死亡	小肠鼓胀,内容物红色,有气泡,肠黏膜出血坏死	分离细菌,接种动物	治疗无效,疫苗预防
猪痢疾	螺旋体	2~4 月龄猪多发,传播慢,流行期长,发病率高,病死率低	腹泻,粪便呈胶冻状,带多量黏液及血液	大肠黏膜出血性、坏死性、纤维素性炎症	分离细菌,涂片镜检	广谱抗生素有效,疫苗预防

续表

病名	病原	流行特点	主要症状	主要病变	实验室诊断	防治
猪传染性胃肠炎	传染性胃肠炎病毒	10日龄内仔猪发病率和死亡率高,大猪很少死亡,多见于寒冷季节,传染迅速,死亡率高	呕吐,腹泻,灰黄色或灰白色稀粪,带有凝乳块,有恶臭,脱水,消瘦,日龄越小病死率越高,大猪多很快康复	尸体脱水,消瘦,胃肠卡他性炎症,胃有不同内容物,肠中有黄色褐色液体,肠血管充血,胃壁出血,小肠壁薄	分离病毒,接种易感猪	对症治疗,疫苗预防
流行性腹泻	流行性腹泻病毒	幼龄仔猪发病率高,病死率低,多见于寒冷季节,传播速度慢	呕吐,灰黄色或灰白色水泻,有恶臭,脱水,消瘦,日龄越小病死率越高	尸体脱水,消瘦,肠中有黄色褐色液体,肠血管充血,胃壁出血,小肠壁薄	分离病毒,检测抗原	对症治疗,疫苗预防

表3-4 猪10种呼吸道病状类传染病的鉴别诊断

病名	病原	流行特点	主要症状	主要病变	实验室诊断	防治
猪流感	流感病毒	传播快,流行广,病程短,发病率高,死亡率低	发热,呼吸困难,阵发性咳嗽,流鼻涕,结膜潮红,衰弱	一般无肉眼可见病变	分离病毒	对症治疗
猪传染性胸膜肺炎	胸膜肺炎放线杆菌	架子猪多发,呈地方流行性,发病与气候、环境、饲养管理等有关	发热,高度呼吸困难,犬坐姿势,口流带血的泡沫型黏液,鼻、口、耳皮肤黏膜发绀	出血性、坏死性、纤维素性胸膜肺炎,心包炎,胸腔积液,肺脏、心包胸壁粘连	涂片镜检,分离细菌,测定抗体	抗菌药物治疗有效,疫苗预防
猪气喘病	支原体	各年龄猪均可感染,发病率高,死亡率低,病程长,可反复发作,发病与气候、环境等有关	咳嗽、气喘、呼吸困难,活动、食后咳嗽明显,腹式呼吸,有喘鸣音,体温不高,厌食	肺气肿、水肿,肺呈灰黄色、灰白色、紫红色肉样或虾肉样实变	X光检查,分离细菌	抗生素可缓解症状,疫苗预防
萎缩性鼻炎	支气管败血波氏杆菌	1周龄内仔猪发病死亡率高,断奶前感染出现鼻炎症状,断奶后多呈隐性感染,传播慢,流行期长,可垂直传播	1周龄内发病为肺炎,急性死亡,断奶前感染仔猪咳嗽,喷嚏,呼吸困难,眼下可见泪痕,鼻漏,鼻偏歪,面部变形	鼻甲骨、鼻中隔萎缩、变形,甚至消失	分离细菌,测定抗体	抗生素、磺胺治疗有效,疫苗预防

续表

病名	病原	流行特点	主要症状	主要病变	实验室诊断	防治
副猪嗜血杆菌病	副猪嗜血杆菌	只感染猪,2周龄~4月龄易感,通常见于5~8周龄的猪	发热、食减、反应迟钝、呼吸困难、咳嗽、疼痛、关节肿胀、跛行、颤抖、共济失调、可视黏膜发绀、侧卧、消瘦	胸膜、腹膜、心包膜的浆膜面可见浆液性和化脓性纤维蛋白渗出物,也可波及脑和关节表面	细菌学检查	疫苗接种,药物预防
伪狂犬病	伪狂犬病病毒	猪和多种动物易感,孕猪和新生仔猪感染率高,仔猪死亡率高,流行期长,可垂直传播	体温40~42℃,呼吸困难、咳嗽、呕吐、腹泻,仔猪有神经症状,死亡率高,孕猪流产、死产、木乃伊胎	呼吸道及扁桃体出血、水肿,肺水肿,出血性肠炎,胃底出血,脑膜充血出血	分离病毒,接种家兔,测定抗体	无法治疗,有疫苗预防
蓝耳病	蓝耳病病毒	妊娠母猪及1月龄内仔猪最易感。本病经呼吸道及胎盘传播,传播迅速。新疫区发病率高,仔猪死亡率高	仔猪发热、呼吸困难、共济失调,死亡率高。母猪不同程度呼吸困难,孕猪早产、死胎、弱胎及木乃伊胎	仔猪头部水肿、淋巴结水肿、出血,心包、腹腔积液,脾肿大,肺炎实变	分离病毒,测定抗体	无法治疗,有疫苗预防
猪肺疫	巴氏杆菌	架子猪多发,发病急,病程短,死亡率高,发病与气候、环境、饲养管理等有关	发热、咳嗽、呼吸困难,全身皮肤红斑,指压不完全褪色,皮肤出血、淤血,窒息而死	咽喉炎性水肿、出血,纤维素性胸膜肺炎,肺水肿气肿,肝变,切面大理石样,淋巴结肿大	涂片镜检,分离鉴定,接种小白鼠	链霉素及多种抗菌药物有效
猪链球菌病	链球菌	各种年龄均易感,饲养管理、环境卫生等可为诱因,发病急,感染率高,流行期长	体温41~42℃,咳、喘、呼吸困难,关节炎,淋巴结脓肿,脑膜炎,耳、颈、腹、四肢皮肤发绀有出血点	内脏器官出血,脾脏肿大,关节发炎,淋巴结肿大化脓	涂片镜检,分离鉴定	药敏试验,疫苗预防
弓形体病	弓形体	各年龄猪均易感	体温40~42℃,呼吸困难,有神经症状,后期皮肤有红斑和出血	皮肤出血,肺肿大、出血,脾肿大,全身淋巴结肿大	涂片镜检,测定抗体	磺胺类药有效

表3-5　猪8种繁殖障碍类传染病的鉴别诊断

病名	病原	流行特点	主要症状	主要病变	实验室诊断	防治
乙型脑炎	乙脑病毒	初产母猪、仔猪和育肥猪易感,人兽共患,主要经蚊叮咬传播,夏秋季发病,感染率高,发病率低	孕猪流产,可侵害各时期胎儿,大小不等死胎、畸形及木乃伊胎或弱仔,流产后不影响下次配种;公猪单侧睾丸炎、萎缩	母猪子宫内膜炎、黏膜充血、出血、水肿、糜烂,胎儿脑及腹腔水肿,肝、脾、肾坏死灶及脑非化脓性炎症	分离病毒,接种小鼠,测定抗体	无法治疗,疫苗预防

续表

病名	病原	流行特点	主要症状	主要病变	实验室诊断	防治
伪狂犬病病	伪狂犬病病毒	多种动物易感,孕猪和新生仔猪最易感,同窝仔猪发病先后不一致,感染率高,发病严重,无季节性,垂直传播,仔猪死亡率高	孕猪怀孕后期流产、死胎、木乃伊胎和弱仔以及仔猪有呼吸道及神经症状,死亡率高,病程一周左右,母猪无其他症状	坏死性胎盘炎,死胎及木乃伊胎等,发病仔猪非化脓性脑炎,肝局灶坏死、小肠坏死性肠炎,脑组织有核内包涵体	荧光抗体、酶标抗体检测,脑组织检查包涵体	无法治疗,疫苗预防
蓝耳病	蓝耳病病毒	孕猪和新生仔猪最易感,无季节性,感染率高,新疫区发病严重,仔猪死亡率高,垂直传播	孕猪怀孕后期流产、死胎及木乃伊胎,仔猪死亡率高,母猪有不同程度呼吸困难。影响再次配种	仔猪头部水肿,淋巴结水肿、出血,心包、腹腔积液,脾肿大,肺炎实变	分离病毒,测定抗体	无法治疗,疫苗预防
猪细小病毒病	细小病毒	不同年龄、性别猪均易感,仅初产母猪发病。常于4—10月流行,垂直传播	妊娠早期感染,胚胎死亡,产仔数少或屡配不孕;中期感染产木乃伊胎;后期感染产仔正常	母猪轻度子宫内膜炎、胎盘部分钙化,胎儿水肿、软化吸收或木乃伊胎、非化脓性脑炎	分离病毒,测定抗体	无法治疗,疫苗预防
猪瘟	猪瘟病毒	仅猪发病,不分年龄、性别、品种,无季节性,感染、发病、死亡率都高,常呈流行性,流行期长,可垂直传播	体温40～41℃,先便秘、后腹泻,站立不稳,皮肤出血,公猪包皮积尿,结膜炎,个别有神经症状	败血症,全身皮肤及脏器广泛出血;雀斑肾;淋巴结切面大理石样;脾边缘梗死;大肠有纽扣状溃疡	分离病毒,测定抗体,接种家兔	无法治疗,疫苗预防,紧急接种
布氏杆菌病	布氏杆菌	人兽共患。各种年龄猪均易感,但以生殖期发病最多,一般仅流产一次,多为散发	孕猪流产可见于妊娠各个时期,以早、中期感染流产多见,公猪双侧睾丸及附睾炎症	母猪子宫和输卵管、公猪睾丸和附睾以及胎盘化脓性炎症。流产胎儿自溶或流产后大小不同,有的可见皮下水肿。无木乃伊胎	涂片镜检,分离细菌,测定抗体	无治疗价值,淘汰病猪,疫苗预防
猪附红细胞体病	附红细胞体	人兽共患,感染率高,条件致病性,多继发于其他病,垂直传播	发热,贫血,黄疸,有的呼吸困难,孕猪流产,很少死亡	黄疸、黏膜及脂肪组织黄染,贫血、血液稀薄呈水样,肝脾肿大变性、炎性坏死,心脏、肾脏炎性变化	镜检,动物实验,血清学试验,PCR	血虫净、贝尼尔、四环素等治疗有效
猪衣原体病	鹦鹉热衣原体	人兽共患,仔猪和怀孕母猪最易感。冬季多发,散发	孕猪流产、死胎、木乃伊胎和弱仔,不易受孕,公猪发生睾丸炎	母猪的子宫水肿、充血、坏死。流产胎儿水肿,头颈和四肢出血,肝脏肿大、充血、出血,公猪睾丸炎、阴茎水肿、出血或坏死	涂片镜检,分离细菌,血清学试验	抗生素预防、治疗,疫苗预防

表3-6 猪7种神经病状类传染病的鉴别诊断

病名	病原	流行特点	主要症状	主要病变	实验室诊断	防治
狂犬病	狂犬病病毒	人畜共患、散发,无年龄、季节差异;有咬伤史、潜伏期长;病死率高	兴奋、狂暴、有攻击性、易惊,突然跳起、尖叫、流涎、痉挛、麻痹,2~3 d死亡	无肉眼病变,非化脓性脑炎,脑组织有核内包涵体	荧光抗体、酶标抗体检测,脑组织检查包涵体	无法治疗,扑杀深埋,疫苗预防
伪狂犬病	伪狂犬病病毒	多种动物易感,孕猪和新生猪最易感,感染率高,仔猪死亡率高,垂直传播,流行期长,无季节性	发热,呼吸困难,咳嗽,呕吐,腹泻,仔猪有神经症状,死亡率高,孕猪流产、死产、木乃伊胎	呼吸道及扁桃体出血、水肿,肺水肿,出血性肠炎,胃底出血,肾脏出血,脑膜充血、出血	分离病毒,接种家兔,测定抗体	无法治疗,有疫苗预防
乙型脑炎	乙型脑炎病毒	人兽共患,主要经蚊叮咬传播,夏秋季发病,散发,感染率高,发病率低,孕猪和仔猪多发	体温升高,部分猪后肢轻度麻痹,跛行,抽搐、摆头;孕母猪流产、产死胎、畸形及木乃伊胎或弱仔,公猪一侧性睾丸炎	母猪子宫内膜炎,流产胎儿脑水肿,脑膜和脊髓充血,非化脓性脑炎,皮下水肿,肝、脾、肾有坏死灶	分离病毒,接种小鼠,测定抗体	无法治疗,疫苗预防
猪水肿病	大肠杆菌	断奶仔猪、膘情较好者最易感,地方流行性或散发,病死率高,与气候多变有关	发病突然,共济失调,转圈抽搐,尖叫吐白沫,倒地,四肢乱动呈游泳状,眼睑、头颈、全身水肿,呼吸困难,1~2 d死亡	主要是水肿,胃大弯和贲门部胃壁水肿,上下眼睑、结肠系膜及淋巴结水肿,体腔积液暴露空气后形成胶冻状	涂片镜检,分离细菌	早期对症治疗,疫苗预防
猪链球菌病	链球菌	各种年龄均易感,饲养管理、环境卫生等可为诱因;发病急,感染率高,流行期长	体温41~42 ℃,咳、喘、呼吸困难,关节炎,淋巴结脓肿,脑膜炎,耳、颈、腹、四肢皮肤发绀、出血	内脏器官出血,脾脏肿大,关节发炎,淋巴结肿大化脓	涂片镜检,分离鉴定	青、链霉素等有效,疫苗预防
猪丹毒	猪丹毒杆菌	3~12月龄猪多发,炎热雨季多见,散发或地方流行性,发病急,病程短,病死率高	体温42 ℃以上,皮肤有规则或不规则疹块,并可结痂、坏死脱落	皮肤有疹块,皮下弥漫性出血,脾显著充血肿大呈樱桃红色;菜花心、大红肾	涂片镜检,分离鉴定	青、链霉素治疗,疫苗预防
弓形体病	弓形体	各年龄猪均易感	体温升高,咳、喘、呼吸困难,神经症状,体表有紫斑和出血点	皮肤出血,肺水肿、淤血、出血,间质变宽,脾脏、淋巴结肿大	涂片镜检,测定抗体	磺胺类药有效

学习情境4
家禽主要传染病

【知识目标】

1. 理解禽主要传染病的性质和部分传染病的重要公共卫生意义。

2. 了解和掌握禽脑脊髓炎、禽白血病、禽呼肠孤病毒感染、鸡传染性贫血、禽腺病毒感染、禽网状内皮组织增殖症、传染性鼻炎、鸡败血支原体感染、禽曲霉菌病、禽霍乱、鸭传染性浆膜炎、鸭病毒性肝炎、番鸭细小病毒病等病的诊断和防治要点。

3. 重点掌握新城疫、禽流感、马立克氏病、传染性法氏囊病、禽传染性支气管炎、禽传染性喉气管炎、禽大肠杆菌病、禽沙门氏杆菌病、鸭瘟、小鹅瘟等病的病原、流行病学、临床症状、病理变化、诊断和防治措施。

【能力目标】

1. 利用所学知识和技能对禽主要传染病能作出初步诊断并注意类症鉴别，拟订出初步防治措施。

2. 学会新城疫、马立克氏病、鸡白痢等病实验室诊断的主要方法。

任务1　新城疫

新城疫又称亚洲鸡瘟、伪鸡瘟或非典型鸡瘟,我国俗称"鸡瘟",是由新城疫病毒引起的禽类的一种急性、败血性、高度接触传染性疾病。其主要特征是呼吸困难、严重下痢、黏膜和浆膜出血,病程稍长的则伴有神经症状。

本病于1926年首先发现于印尼,同年英国的新城也发生了本病,故名新城疫。现在世界上绝大部分国家都有本病流行的报告,且传播迅速,病死率很高,造成较大损失,是危害鸡和火鸡饲养业严重的疫病之一。OIE将其列为A类法定报告疾病名录,我国将其列为一类动物疫病病种名录。

一、病　原

新城疫病毒(NDV)是副粘病毒科、腮腺炎病毒属的成员,为单股RNA型。病毒粒子呈球形,有囊膜,表面有两种纤突,分别具有血凝素和神经氨酸酶活性。根据 NDV 对鸡和鸡胚的毒力不同,将它们分为强毒型、中等毒力型和弱毒型 3 类,并根据各毒株对鸡的临床表现和病理变化的不同,又把 NDV 分为速发型嗜内脏型、速发型嗜肺脑型、中发型、缓发型。NDV 在鸡胚内很容易生长繁殖。以尿囊腔接种于 9～10 日龄鸡胚后,鸡胚的死亡时间随病毒毒力的强弱和注射剂量不同而异,强毒株在 30～60 h 死亡,弱毒株在 3～6 d 死亡。死亡的鸡胚以尿囊液含毒量最高,胚体全身出血,以头部、足趾和翅膀出血尤为明显。NDV 存在于病鸡的所有组织器官、体液、分泌物和排泄物中,以脑、脾、肺含毒量最高,而以骨髓含毒时间最长。因此分离病毒时多采用脾、肺或脑乳剂为接种材料。

NDV 在阳光直射下 30 min 死亡;在冷冻的尸体可存活 6 个月以上;2% 氢氧化钠、1% 来苏儿、10% 碘酊、70% 酒精等在 30 min 内即可将病毒杀死;病毒在 pH3～10 不被破坏。

二、流行病学

(一)易感动物

鸡、火鸡、珠鸡、鹌鹑及野鸡对 NDV 都有易感性,以鸡最易感。各种年龄的鸡均可感染,但以幼雏和中雏易感性最高。水禽如鸭、鹅等也能感染 NDV。哺乳动物对本病有很强的抵抗力,但人可感染,表现结膜炎或类流感症状。

(二)传染源

病鸡是本病的主要传染源。感染鸡在出现症状前 24 h 开始排出病毒,潜伏期病鸡产的蛋大部分也含有病毒。鸡在痊愈后 5～7 d 停止排毒,少数病例在恢复后 2 周,甚至 2～3 个月后仍能从蛋中分离到病毒。

(三)传播途径

本病的传播途径主要是呼吸道和消化道,或经创伤及交配传染本病,鸡蛋带毒也可传播本病。非易感的野禽、体外寄生虫、人、畜均可机械地传播本病。野禽、鹦鹉类等鸟类常成为远距离的传染媒介。

(四)流行特点

本病一年四季均可发生,但春秋两季较多。本病在易感鸡群中常呈毁灭性流行,发病率和病死率可达 95%,甚至更高。

三、临床症状

自然感染的潜伏期一般为 3～5 d,在临诊上可将新城疫分为典型和非典型两种。

(一)典型新城疫

1. 最急性型

此型多见于雏鸡和流行初期。常突然发病,除精神萎靡外,常看不到明显的症状而很快死亡。

2. 急性型

本型病初体温 43～44 ℃,食欲减退或停食。精神委顿,羽毛粗乱,不愿走动,独居一处,垂头缩颈,翅翼及尾下垂,冠呈紫色,腿有轻瘫,眼半闭或全闭,似昏睡状态。母鸡停止产蛋或产软壳蛋。嗉囊内积有液体,倒提病鸡时常从口角流出大量酸臭的液体。排黄绿色或黄白色水样稀便,有时混有少量血液,气味恶臭。口腔和鼻腔分泌物增加,积聚的大量黏液常由口流出,挂于喙端;病鸡为了排出黏液,不时摇头和频频吞咽。病鸡咳嗽,呼吸困难,有时伸头、张口呼吸,发出"咯咯"的喘鸣音,或突然发出怪叫声。部分病鸡还出现翅和腿麻痹、站立不稳等症状。病鸡在后期体温下降至常温以下,不久在昏迷中死去,病程一般 2~5 d。1 月龄内的雏鸡病程短,症状不明显,病死率高。

3. 亚急性或慢性型

本型多发生于流行后期的成年鸡,常由急性转化而来,以神经症状为主。初期症状与急性型相似,不久渐有好转,但出现翅和腿麻痹、站立不稳、头颈向后或向一侧扭转、伏地旋转等神经症状,而且呈现反复发作。在间歇期内表现正常,貌似健康。但在受到惊扰刺激或抢食时,则突然发作,头颈屈仰,全身抽搐旋转,数分钟后又恢复正常,最后可变为瘫痪或半瘫痪。也有的仅呈现呼吸症状,表现为不同程度的呼吸困难。或者逐渐消瘦,陷于恶病质而死亡。病程一般 10~20 d,病死率较低。

(二)非典型新城疫

非典型新城疫症状不典型,仅表现呼吸道症状和神经症状。雏鸡张口伸颈、气喘、呼吸困难、发出"呼噜"声、咳嗽、口中有黏液,有摇头和吞咽动作,并出现零星死亡。1 周左右,大部分病鸡趋向好转,而少数鸡出现扭颈、歪头或观星状、共济失调、翅下垂或腿麻痹等神经症状,安静时恢复常态,但稍遇刺激或惊扰,神经症状又复发作。成年鸡发病轻微,主要表现为产蛋量急剧下降,一般为 10%~30%,同时软壳蛋和小蛋增多,褐壳蛋颜色变淡,排黄白、黄绿色粪便,有时伴有呼吸道症状,但不易见到神经症状,病死率很低。

四、病理变化

(一)典型新城疫

本病的主要病理变化是全身黏膜和浆膜出血,淋巴系统肿胀、出血和坏死,尤以消化道和呼吸道明显。口腔及咽喉附有黏液。嗉囊内充满酸臭的液体和气体。特征性的病理变化是腺胃黏膜和乳头肿胀,乳头顶端或乳头间出血,或有溃疡坏死;在腺胃与食道或腺胃与肌胃的交界处常有条状或不规则的出血斑,肌胃角质层下有出血或溃疡、坏死。从十二指肠到盲肠和直肠可能发生从充血到出血的各种变化。肠黏膜上有纤维素性坏死性病灶,有的形成假膜,假膜脱落后形成"枣核状"溃疡,具有示病意义。盲肠和直肠黏膜的皱褶常呈条状出血。盲肠扁桃体肿大、出血和坏死。

呼吸道以卡他性炎症和气管充血、出血为主。鼻道、喉、气管中有浆液性或卡他性渗出物。心冠沟脂肪针尖状出血。产蛋母鸡的卵泡和输卵管显著充血,卵泡膜破裂以至卵黄流入腹腔引起卵黄性腹膜炎。脑膜充血或出血。

(二)非典型新城疫

其病变不很典型,仅见黏膜卡他性炎症,喉和气管黏膜充血,有多量黏液,腺胃乳头出血少见,直肠黏膜和盲肠扁桃体出血的比例增多。

五、诊　断

（一）临诊诊断

根据本病流行病学特点、临诊症状和病变特征进行综合分析,可作出初步诊断。确诊则须依靠实验室手段或基因诊断(PCR)。

（二）实验室诊断

见"技能训练"新城疫的诊断和抗体检测。

（三）鉴别诊断

新城疫与禽霍乱、传染性支气管炎、传染性喉气管炎、禽流感等病易混淆,应注意鉴别,见表4-1、表4-2、表4-3。

六、防　治

（一）预防措施

新城疫的预防需要采取综合措施。在做好鸡场的卫生管理和严格执行消毒等措施基础上,科学有效的免疫接种是预防本病的关键。

1.预防接种

目前鸡新城疫疫苗比较多,但从总体上可分为两类:一类是灭活苗,另一类为活苗。灭活苗中分单纯灭活苗和油乳剂灭活苗,油乳剂灭活苗经肌肉或皮下注射接种,成本较高,必须逐只注射。优点是安全可靠,容易保存,尤其是产生的保护性抗体水平很高,可维持较长时间。ND活苗根据其对雏鸡的毒力强弱分为两种,一种疫苗属于中发型毒力,如Ⅰ系苗;另一种属缓发型毒力的弱毒疫苗,如Ⅱ系(B1)、Ⅲ系(F)、Ⅳ系(Lasota)和克隆30等。Ⅰ系苗为中等毒力活苗,用于经过弱毒力的疫苗免疫后的鸡或2月龄以上的鸡,多采用肌肉注射和刺种的方法接种。幼龄鸡使用后会引起较重的接种反应,甚至发病和排毒,国外有的国家禁止使用,所以最好不用。Ⅰ系苗的优点是产生免疫快(3~4 d),免疫期较长(1年以上),在发病地区常用来做紧急接种。Ⅱ系、Ⅳ系、克隆30均为弱毒苗,大小鸡均可使用。多采用点眼、滴鼻和饮水及气雾等方法接种。克隆30疫苗接种后的反应小,免疫原性高,最适用于1日龄以上雏鸡的基础免疫。弱毒苗可刺激机体产生体液免疫、细胞免疫和局部免疫,免疫后很快产生保护力。

2.免疫程序

(1)种鸡和蛋鸡常用的免疫程序。10日龄用Ⅳ系或克隆30滴鼻、点眼,同时皮下注射半羽份油乳剂苗。50日龄,用Ⅳ系或克隆30进行气雾免疫。17周龄用油乳剂苗加强免疫。随后根据抗体水平的监测,决定是否再进行补免。当发现抗体水平参差不齐时,应立即用Ⅳ系苗气雾免疫。一般情况下,一直持续到鸡淘汰。本程序适合于规模化鸡场。

7~10日龄用弱毒苗(Ⅱ系、Ⅳ系或克隆30)滴鼻、点眼,25~30日龄Ⅳ系注射,60日龄Ⅰ系苗注射,17周龄油乳剂苗注射。此方案适用于没有监测条件的小鸡场和个体户养鸡场。

(2)商品肉鸡。7~10日龄用弱毒苗(Ⅱ系、Ⅳ系或克隆30)滴鼻、点眼,25日龄Ⅳ系2倍量饮水。

3.注意加强免疫抑制病的防治

常见的鸡免疫抑制病有传染性法氏囊病、传染性贫血、网状内皮组织增殖症、马立克氏病、白血病等。鸡群一旦患上免疫抑制病,就会引起机体免疫应答的能力下降或丧失,造成疫苗接种的失败。因此,必须加强对免疫抑制病的防治。

4.建立免疫监测制度

定期对鸡群抽样采血,用血凝抑制试验测定免疫鸡群中HI抗体效价,根据HI抗体水平确定首免和再免时间。一般认为,HI抗体滴度在1:16以上可保护鸡群免于发病死亡,低于1:8要马上接种。但规模化鸡场,应确保HI抗体滴度大于1:64。

应注意的是,有的地区出现产蛋期的鸡在高抗体(8 log 2以上)情况下发生新城疫引起产蛋下降,因而抗体监测也不是绝对安全的,因为HI抗体与病毒的中和抗体只能说相关,而病毒在抗原性上的变异才是真正应该高度关注的。在高抗体发病的地区,用当地流行株制成灭活苗进行接种已被人们所接受。

(二)扑灭措施

鸡群一旦发病,立即由当地政府部门划定疫区,进行扑杀、封锁、隔离、消毒和无害化处理等严格的防疫措施。及时应用新城疫疫苗进行紧急接种,1月龄以内的雏鸡用Ⅳ系苗,按常规剂量2~4倍滴鼻、点眼,同时注射油乳剂苗1羽份,对2月龄以上鸡用2倍量Ⅰ系苗肌肉注射。出现症状按病鸡处理,一般5.d左右即可使疫情平息。对于早期病鸡和可疑病鸡,用新城疫高免血清或卵黄抗体进行注射也能控制本病发展,待病情稳定后再用疫苗接种。在最后一只病鸡死亡或扑杀后2周,全场经大消毒后,方可解除封锁。

【技能训练】 新城疫的诊断和抗体检测

一、训练目的

掌握鸡新城疫病临诊诊断要点及实验室诊断技术。

二、训练用设备和材料

恒温培养箱、离心机、刻度离心管、接种环、微量移液器、96孔V血凝板、微型振荡器、注射器(1 mL、5 mL、20 mL)、组织研磨器、试管、吸管、疑似ND病鸡、9~11日龄SPF或非免疫鸡胚、pH7.2磷酸缓冲盐水(PBS)、1%红细胞悬液。

三、训练内容及方法

(一)新城疫病临诊诊断要点

本病主要侵害鸡,其次是火鸡、珍珠鸡和野鸡,鸭、鹅等水禽很少感染发病。典型新城疫高热,精神委顿、嗜睡;嗉囊积液,倒提病鸡时常从口角流出大量酸臭的液体,排黄绿色或黄白色水样稀便；病鸡咳嗽，呼吸困难；部分病鸡还出现翅和腿麻痹、站立不稳等症状；病鸡用抗生素或磺胺类药物治疗无效。特征性的病理变化是腺胃黏膜和乳头肿胀、出血或溃疡；在腺胃与食道或腺胃与肌胃的交界处常有条状或不规则的出血斑，肌胃角质层下有出血或溃疡、坏死。从十二指肠到盲肠和直肠可能发生从充血到出血的各种变化。肠黏膜上有纤维素性坏死性病灶，有的形成假膜，假膜脱落后形成"枣核状"溃疡。盲肠和直肠黏膜的皱褶常呈条状出血。盲肠扁桃体肿大、出血和坏死。

（二）实验室诊断

1.新城疫病原分离与鉴定

（1）病料的采集及处理。分离病毒的病料应采自早期病例。无菌操作取疑似新城疫病死鸡的脑（易磨碎，含毒量高，不易污染）、脾脏、肝脏或骨髓（含毒时间最长），生前可采取呼吸道分泌物。按1:5加入灭菌的生理盐水，置组织匀浆器或研钵研磨（脑组织可用玻璃棒在试管内搅拌），取上清液加青霉素和链霉素各1 000 IU/mL，后置于冰箱中作用2～4 h，然后离心沉淀，取上清液作为接种材料。如果是气管或粪便由于污染重可再加庆大霉素500 IU/mL，以2 000 r/min离心15 min或过夜，备用。在接种前，应对接种材料进行无菌检查。取接种材料少许接种于血琼脂斜面及厌氧肉肝汤各1管，置于37 ℃培养观察2～5 d，应无菌生长。若有细菌生长，应将原始材料再作除菌处理，也可改用细菌滤器过滤除菌。

（2）鸡胚接种。用无菌卡介苗注射器抽取上清液按每枚0.2 mL，经尿囊腔接种至少5枚9～11日龄的SPF鸡胚（或非免疫鸡胚），接种后用熔化的石蜡将卵壳上的接种孔封闭，35～37 ℃孵育4～7 d。18 h后每8 h观察鸡胚死亡情况。

（3）病毒收获。将18 h以后死亡的和濒死的以及结束孵化时存活的鸡胚置4 ℃冰箱4～24 h，无菌采取尿囊液。

（4）病毒鉴定。采取血凝试验对样品进行血清学检测。对于血凝试验呈阳性的样品采用新城疫标准阳性血清进一步进行血凝抑制试验。如果没有血凝活性或血凝效价很低，则采用SPF鸡胚用初代分离的尿囊液继续传代，若仍为阴性，则认为新城疫病毒分离阴性。

2.血凝试验及血凝抑制试验（抗体检测）

NDV能凝集鸡的红血球，故可以利用这种特性来推测材料（上述的鸡胚尿囊液）中有无该病毒的存在。如有能凝集鸡红血球的病毒，其凝集性可为相应的抗体所抑制，这种抑制还有特异性，故病毒的血球凝集抑制试验，可用已知病毒来检查相应抗体，也可用已知血清来鉴定未知病毒。

该试验有全量法和微量法两种，现多采用微量法。

（1）微量血凝（HA）试验：

①取96孔V型微量反应板，用微量移液器在1～12孔每孔滴加0.025 mLPBS，换滴头。

②吸取0.025 mL病毒悬液（如尿囊液）加于第1孔中，充分混匀，然后从第1孔中吸取0.025 mL混匀后的病毒液加到第2孔，混匀后吸取0.025 mL加入到第3孔，依次进行系列倍比稀释到第11孔，最后从第11孔中吸取0.025 mL弃之，设第12孔为阴性对照，

换滴头。

③每孔再加0.025 mLPBS。

④最后在每孔中加入0.025 mL 1%（V／V）的鸡红细胞悬液（红细胞悬液充分摇匀后加入）。

⑤振荡混匀，室温20～25 ℃下静置40 min后观察结果，或4 ℃下静置60 min（若周围环境温度太高）。

⑥判定HA结果时，将反应板倾斜，当对照孔的红细胞呈明显的纽扣状沉到孔底才能进行结果判定，在对照孔出现正确结果的情况下，以完全凝集（板倾斜时红细胞无泪滴状流淌）的病毒最高稀释倍数为该抗原的血凝滴度。完全凝集的病毒的最高稀释倍数为1个血凝单位（HAU）。

如果没有血凝活性或血凝效价很低，则采用SPF鸡胚用初代分离的尿囊液继续传1代，若仍为阴性，则认为新城疫病毒分离阴性。对于血凝试验呈阳性的样品，说明上述的鸡胚尿囊液中存在能够凝集鸡红细胞的病毒（如NDV、AIV或腺病毒等），但要确定是否是NDV，还须采用新城疫标准阳性血清进一步进行微量血凝抑制试验，才能进行判断。

（2）微量血凝抑制（HI）试验：

①根据血凝试验结果配制4HAU，即以完全血凝的病毒最高稀释倍数作为终点，终点稀释倍数除以4即为含4单位病毒（4HAU）的抗原的稀释倍数，4 ℃保存，当天使用有效。

②取96孔V型微量反应板，用微量移液器在1～11孔各加入0.025 mLPBS，第12孔加入0.05 mLPBS，换滴头。

③在第1孔加入0.025 mL新城疫标准阳性血清，充分混匀后移出0.025 mL至第2孔，依此类推，倍比稀释至第10孔，第10孔弃去0.025 mL，第11孔为阳性对照，第12孔为PBS对照。

④在第1～11孔各加入0.025 mL含4HAU抗原，轻叩反应板，使反应物混合均匀，室温下（约20～25 ℃）静置不少于30 min，4 ℃不少于60 min。

⑤每孔加入0.025 mL1%的鸡红细胞，混匀后，室温（约20～25 ℃）静置约40 min，若周围环境温度太高时，放4 ℃静置60 min，当对照孔红细胞呈显著纽扣状时判定结果。

⑥判定结果：只有当阴性血清与标准抗原对照的HI滴度不大于2 log 2，阳性血清与标准抗原对照的HI滴度与已知滴度相差在1个稀释度范围内，并且所用阴阳性血清都不发生自凝的情况下，HI试验结果方判定有效；尿囊液HA效价大于等于4 log 2，且标准新城疫阳性血清对其HI效价大于等于4 log 2，判为新城疫病毒；对确定存在新城疫病毒繁殖的尿囊液应进一步测定其毒力。

不同的新城疫分离株的毒力差异显著，而且由于ND弱毒活疫苗在家禽中的广泛使用，仅从发病鸡群分离出NDV还不能作出ND的确诊。因此，需对分离毒株的致病性进行评估，可进行1日龄雏鸡脑内接种致病指数（ICPI）、6周龄雏鸡静脉接种致病指数（IVPI）、鸡胚平均致死时间（MDT）以及最小致死量等指标的测定，然后根据结果加以判断。

自测训练

一、知识训练

1. 鸡新城疫的流行病学、临诊症状和病理变化有哪些特点？

2. 拟订新城疫病的综合防治措施。

二、技能训练

1. 记录 ND 实验室诊断的内容及结果,并进行判定。

2. 学会新城疫抗体的检测(血凝抑制试验)方法。

任务2 禽流行性感冒

禽流行性感冒(AI)简称禽流感,曾称为真性鸡瘟、欧洲鸡瘟。是由 A 型禽流感病毒引起家禽、野禽和人的一种从呼吸系统到严重全身败血症等多种症状的综合病症。根据致病力的不同,禽流感病毒可分为高致病性、低致病性和非致病性三大类。临床特征为隐性感染;或表现为轻度的呼吸道、消化道症状,产蛋下降,死亡率较低;或表现为较严重的全身性、出血性、败血性症状,死亡率较高。

本病于 1878 年首次发现于意大利。目前本病在欧、美、亚、非洲许多国家和地区均有发生,我国也有发生。高致病性禽流感因传播快、危害大,而且有人感染导致死亡的报道。高致病性禽流感被 OIE 列为 A 类法定报告疾病名录,我国将高致病性禽流感列为一类动物疫病病种名录,低致病性禽流感列为二类动物疫病病种名录。

一、病　原

禽流感病毒属于 A 型流感病毒。成熟的 A 型流感病毒粒子的直径为 $80 \sim 120$ nm,一般为圆形。低致病性禽流感病毒株(H_5N_2 、 H_7N_7 、 H_9N_2),可经 $6 \sim 9$ 个月禽间流行的迅速变异而成为高致病性毒株(H_5N_1)。感染人的禽流感病毒亚型主要为 H_5N_1 、 H_9N_2 、 H_7N_7 ,在公共卫生上应高度重视。禽流感病毒存在于病禽所有组织、体液、分泌物和排泄物中,对紫外线比较敏感,对热的抵抗力较低,对大多数防腐消毒药和去污剂比较敏感。在尘埃中可存活 2 周,在 4 ℃条件下可保存数周,在冷冻的禽肉和骨髓中可存活 10 个月之久。

二、流行病学

(一)易感动物

能感染多种类的家禽和野禽。火鸡、鸡、鸽子、珍珠鸡、鹌鹑、鹦鹉等陆禽都可感染发病,但以火鸡和鸡最为易感,发病率和死亡率都很高。鸭和鹅等水禽也易感染,并可带毒或隐性感染,有时也会大量死亡。各种日龄的鸡和火鸡都可感染发病死亡,而对于水禽如雏鸭、雏鹅,其死亡率较高。鸽子自然发病不多见。

（二）传染源

主要为患禽流感或携带 AIV 的家禽，另外野禽或猪也可成为传染源。

（三）传播途径

病毒通过病禽的各种排泄物、分泌物及尸体等污染饲料、饮水及空气，经消化道、呼吸道、伤口和眼结膜等引起感染。

（四）流行特点

本病四季均可发生，主要发生在冬春季节。饲养管理不当，鸡群状况不良及环境应激因素，都可成为本病发生的诱因，并加重病情，使死亡率升高。

三、临床症状

自然感染的潜伏期一般为 3~5 d，短的仅几个小时。

（一）高致病性禽流感

本病发病比较迅速，急性病例体温迅速升高（达 41.5 ℃以上），拒食，病鸡很快陷于昏睡状态。羽毛松乱，头翅下垂，冠与肉髯肿胀、发绀，呈紫色，有时有散在的黄色坏死点。头、颈及眼睑出现水肿，眼结膜潮红，有分泌物。呼吸困难，鼻有黏液性分泌物，病鸡常摇头，企图甩出分泌物，严重时引起窒息。排黄白或黄绿色稀粪。趾及跖部角质鳞片出血。蛋鸡产蛋量明显降低，产软壳蛋。病程往往很短，常于症状出现后数小时内死亡，死前不久，体温常降到常温以下。

（二）低致病性禽流感

病禽精神沉郁，食减，不愿走动，消瘦，母鸡产蛋减少，轻度或严重的呼吸道症状，咳嗽、喷嚏、啰音，流泪，头面部水肿，皮肤发绀等。病死率为 10% ~15%。

禽流感的发病率和死亡率差异很大，取决于禽类种别和毒株以及年龄、环境和并发感染等，通常情况为高发病率和低死亡率。在高致病力病毒感染时，发病率和死亡率可达 100%。

四、病理变化

（一）高致病性禽流感

高致病性毒株引起的病变主要是肌肉、组织器官黏膜和浆膜以及脂肪的广泛出血。心外膜或冠状脂肪有出血点、心肌坏死，坏死的白色心肌纤维与正常的粉红色心肌纤维红白相间，胰腺有黄白色坏死斑点或周边出血，腺胃乳头、腺胃与肌胃及腺胃与食道交界处、肌胃角质膜下、十二指肠黏膜出血，喉气管黏膜充血、出血，盲肠扁桃体肿大及出血。有些病例还可见头颈部、腿部皮下胶样浸润，有的毒株肝、脾、肾有灰白色小坏死灶。鸭的病变主要表现心肌的条状灰白色的坏死。

（二）低致病性禽流感

本病常看不到明显的病变，表现为轻微的窦炎，窦中可见卡他性、纤维素性、黏脓性或干酪性炎症，气管下段和支气管内有黄白色纤维素栓子堵塞，气囊炎症，气囊壁增厚，并有纤维素性或干酪样渗出物附着,有时可见纤维素性心包炎,纤维素性腹膜炎或卵黄性腹膜炎,肠黏膜充血或轻度出血,胰腺有斑状灰黄色坏死点,产蛋鸡常见卵巢退化、出血和卵泡畸形、萎缩和破裂,输卵管黏膜充血水肿,内有白色黏稠渗出物,似蛋清样。

五、诊　断

根据该病的流行特点、临诊表现和病理变化可作出初诊。确诊应进行实验室诊断。

禽流感诊断技术方面,已建立:①琼脂扩散(AGP)诊断技术;②亚型分型技术;③病毒分子诊断技术。而病毒的致病性必须通过人工静脉接种无特定病原鸡来最后确定。在动物发热初期采取新鲜鼻液,或用灭菌棉棒擦拭鼻咽部分泌物,立即接种于孵化 9~11 d 的鸡胚尿囊腔或羊膜腔内。培养 5 d 后,收获尿囊液或羊水作血凝试验。阳性则证明有病毒繁殖,再以此材料作补体结合试验鉴定型,通过血凝抑制试验鉴定亚型。RT-PCR技术已成功用于禽流感及其亚型的诊断。实际工作中,常用的方法还是血凝和血凝抑制实验。

根据农业部《关于印发〈高致病性禽流感防治技术规范〉等 7 个重大动物疫病防治技术规范的通知》(农办牧〔2002〕74 号)规定,有下列情况的,可确认为发生高致病性禽流感:①有典型的临床症状和病理变化,发病急、死亡率高,且能排除新城疫和中毒性疾病,血清学检测阳性。②未经免疫鸡场的家禽出现 H_5、H_7 亚型禽流感血清学阳性。③在禽群中分离到 H_5、H_7 亚型禽流感毒株或其他亚型禽流感毒株。

在临床上应注意禽流感与鸡新城疫、禽霍乱等病的区别。

六、防　治

(一)预防措施

平时采取一般的兽医卫生措施。但最有效方法是疫苗接种。

一般的兽医卫生措施包括:注意厂址选择;不从疫区引进种蛋和种禽;对过往车辆以及场区周围的环境、孵化厅、孵化器、鸡舍笼具、工作人员的衣帽和鞋等进行严格的消毒;采取"全进全出"的饲养模式,杜绝鸟类与家禽的接触;在养殖场中应专门设置供给工作人员出入的通道,对工作人员及其常规防护物品应进行可靠的清洗及消毒;严禁一切外来人员进入或参观动物养殖场区。在受高致病性禽流感威胁的地区应在当地兽医卫生管理部门的指导下进行疫苗的免疫接种,定期对鸡群进行 HI 抗体的免疫监测,以保证疫苗的免疫预防效果确实可靠。

推荐免疫程序:蛋鸡和种鸡在 2 周龄时首免,接种 0.3 mL;5 周龄时二免,接种 0.5 mL;120 日龄前后加强免疫一次,接种 0.5 mL;以后间隔 5 个月注射一次疫苗,接种 0.5 mL。

8 周龄出栏的肉仔鸡,在 10 日龄免疫一次即可,接种剂量为 0.5 mL。

100 日龄出栏的肉仔鸡,在 2 周龄时首免,接种 0.3 mL;5 周龄时二免,接种 0.5 mL。

鸭、鹅、火鸡,2 周龄时首免,接种剂量 0.5 mL;5 周龄时二免,剂量为 1 mL;以后间隔 5 个月注射一次疫苗,剂量 1 mL。

(二)扑灭措施

治疗本病尚无特效药物,当发生低致病性禽流感时,应在严格隔离的情况下对症治疗,缓解病情。同时,给予抗生素或磺胺类药物控制其他病原菌的继发感染。

当发生高致病性禽流感时,必须按照动物防疫法的规定,对疫点周围 3 km 范围内的所有禽类全部扑杀并进行无害化处理,对疫区周围 5 km 范围内的所有禽类按照规定标准进行强制免疫。对疫点周围 10 km 内的活畜市场强制关闭。对污染的禽舍必须先用去污剂清洗以除去污物,再用次氯酸钠溶液消毒,最后用福尔马林和高锰酸钾熏蒸消毒。铁制笼具也可采用火焰消毒。由于粪便中含病毒量很高,因此在处理时要特别注意。粪便和垫料应通过掩埋方法来进行处理,对处理粪便和垫料所使用的工具要用火碱水或其他消毒剂浸泡消毒。

七、公共卫生

高致病性禽流感病毒 H_5N_1 亚型有感染人的报道。人感染后,以发病急骤、高热头痛、四肢酸痛无力为主要临床特点,常伴咳嗽、鼻塞、流涕等呼吸道症状,易引起肺炎、心肌炎等严重并发症,老、弱、免疫力低下者可以引起死亡。到目前为止,由于仍没有有效的治疗药物,临床常用的药物只能缓解症状,因此流感预防更胜于治疗。平时要注意室内开窗换气,保持空气清新,流行季节减少户外集体活动。老年人、体弱多病者及儿童要尽量避免到人群拥挤的公共场所,定期接种流感疫苗。在流感多发期也可采用食醋熏蒸进行室内空气消毒。

自测训练

1. 试述高致病性禽流感的诊断标准,发生高致病性禽流感后如何处置?
2. 禽流感的综合诊断与防治要点包括哪些?

任务3 禽脑脊髓炎

禽脑脊髓炎(AE)是由禽脑脊髓炎病毒引起的禽的一种急性、高度接触性传染病。以共济失调、快速震颤特别是头颈部震颤和非化脓性脑炎为特征,故又称流行性震颤。

本病最初在美国(1930 年)罗得岛发现,目前在世界所有养禽的国家和地区均有发生。我国在 20 世纪 80 年代初开始,至今已证实本病在大多数商业化养禽地区存在。我国将其列为三类动物疫病病种名录。

一、病 原

禽脑脊髓炎病毒(AEV)为 RNA 病毒,属小 RNA 病毒科、肠道病毒属,病毒粒子直径为 24～32 nm,无囊膜。本病毒可在无母源抗体的鸡胚卵黄囊、尿囊腔和羊膜腔中增殖,受感染胚体可出现肌肉萎缩、神经变性和脑水肿现象。病毒也可在鸡胚成纤维细胞和鸡胚肾细胞中增殖,并呈现细胞变圆、固缩和细胞浆颗粒变性等细胞变性。

病毒对环境的抵抗力很强。对乙醚、氯仿、酸、胰酶、胃蛋白酶、DNA酶有抵抗力,双价镁离子可保护其不受热影响。

二、流行病学

(一)易感动物

鸡、野鸡、火鸡、鹌鹑均可感染,尤以12~21日龄雏鸡最易感,1月龄以上鸡感染后不表现临诊症状,仅见成年母鸡有一过性产蛋下降。

(二)传染源

病鸡、带毒鸡是本病传染源。

(三)传播途径

本病可通过直接接触或间接接触传播,也可垂直传播。垂直传播是造成本病传播的主要途径。产蛋鸡感染后,3周内所产种蛋均带有病毒,这些种蛋在孵化过程中一部分死亡,另一部分可孵化出病雏,病雏又可导致同群鸡感染。

(四)流行特点

本病一年四季均可发病。雏鸡发病率一般为40%~60%,死亡率一般为10%~25%。

三、临床症状

本病感染后只有雏禽才出现临诊症状。经蛋垂直传播者潜伏期1~7 d,水平传播潜伏期11 d。病雏最初表现为迟钝、目光呆滞,头和颈部震颤是鸡群患病的先兆。继而出现共济失调,步态不稳,走路蹒跚,行动迟缓或不愿走动而蹲伏于地或坐在脚踝上呈犬坐姿势。病鸡羽毛蓬乱、消瘦,被驱赶时摇摆不定以翅扑地,最终倒卧一侧;受到惊吓时,腿、翼尤其是头颈部出现明显的震颤,持续时间长短不一,并经不规则的间歇后再发。另外,一些病鸡可一侧或两侧眼球晶状体混浊,眼球增大及失明。

本病1月龄以上鸡感染后很少发病。唯一能觉察到的是母鸡的产蛋量下降(5%~20%),可持续两周,但不出现神经症状。此期间所产种蛋常携带AEV,是雏禽发病的主要原因。

四、病理变化

将病死鸡剖解,能见到的病变主要是腺胃黏膜表面有数目不等的从针尖到米粒大小的灰白色斑点。有的可见眼球晶状体混浊,肝脂肪变性,小脑水肿,脾肿大,小肠有轻度炎症。

特征性的病变是中枢神经系统(CNS)的损害,而外周神经系统(ONS)不受牵连,这对于本病有鉴别诊断意义。CNS的损害为弥散性非化脓性脑脊髓炎及背根神经结炎。脑部血管出现明显的"管套现象",即在血管周围有数层淋巴细胞的堆积和浸润,胶质细胞弥漫性或结节性增生。此外,腺胃、肌胃的肌层、胰腺和心肌有多量淋巴细胞呈滤泡状增生浸润。

五、诊 断

(一)临诊诊断

临诊上以3周龄内的雏禽发病,共济失调、麻痹、头颈震颤等主要症状,药物治疗又无效,病死鸡无明显的肉眼可见病变等为诊断依据,结合以下方法进行确诊。

(二)实验室诊断

1. 病原诊断

(1)病毒的分离与鉴定。分离本病毒最好的病料是刚出现症状的病雏脑组织,也可采胰或十二指肠作为病料。分离病毒有两种方法:一是将病料悬液颅内接种1日龄敏感雏,这是目前认为分离本病毒最好的方法。接种后1~4周内雏鸡有特征性临诊症状者,取脑,在易感鸡中连续传代。另一种方法是将病料接种于5~6日龄易感SPF鸡胚卵黄囊,接种12 d后若发现鸡胚萎缩、爪卷曲、营养不良等特征性变化,则证明病毒存在,若未见病变,将存活的鸡胚孵化出雏鸡,观察10日龄内有无临诊症状,若有,则采集脑组织分离原代病毒。获得病毒后,对其理化特性、病原性、抗原性和形态学特征进行检测,以确定其与AEV的一致性。

(2)鸡胚敏感试验。这是全世界普遍使用的方法。即用待检鸡群的受精卵孵化的6日龄鸡胚经卵黄囊接种100 EID_{50} 胚适应毒株,接种后10~12 d检查有无特征性病变(用已知易感鸡作对照),若100%的鸡胚有病变即认为鸡群易感。若50%以下有病变时,表明鸡群有免疫力。若出现病变的鸡胚比例为50%~100%,说明鸡群在近期有感染。

2. 血清学诊断

用病毒中和试验(VNT)、荧光抗体试验(FAT)、ELISA、琼脂扩散试验等方法进行诊断。

(三)鉴别诊断

本病还须与产生中枢神经系统功能失调的疾病作鉴别诊断,如:新城疫(ND)、MD、维生素缺乏症、硒缺乏症、霉菌性肺炎、脑肿瘤、脑脓疮病和中毒等。

六、防 治

(一)预防措施

不从没有免疫过该病的种鸡场引进种蛋和雏鸡,种鸡感染后1个月内的种蛋不宜用于孵化。种鸡群在生长期接种疫苗,保证其在性成熟后不被感染,以防止病毒通过蛋源传播,是防治AE的有效措施。母源抗体还可在关键的2~3周龄之内保护雏禽不受AEV接触感染。疫苗接种也可防止蛋鸡群感染AEV所引起的暂时性产蛋下降。8周龄后,或开产前至少4周,是接种疫苗的合适时间。目前使用的疫苗有两种:一类是致弱的活疫苗,可采用点眼、滴鼻、口服、刺种或喷雾的途径进行免疫。一类是灭活的油乳剂苗,以肌注接种。大多数鸡群都用鸡胚繁殖的活疫苗通过饮水和喷雾等自然途径免疫,可获得终身免疫。但易造成病毒的扩散。灭活疫苗在开产前一个月肌肉注射接种,也可在开始产

蛋的鸡群使用。

(二)扑灭措施

病鸡无治疗价值,一旦确诊,应将发病鸡群扑杀并做无害化处理。如有特别的需要,也可将病鸡隔离,加强饲养管理,避免病鸡被走动的鸡践踏,以减少死亡。有条件的可用康复鸡或免疫后高抗体的鸡卵黄抗体早期全群注射。

自测训练

禽脑脊髓炎的诊断和防治要点。

任务4 马立克氏病

马立克氏病(MD)是由疱疹病毒引起的鸡的一种淋巴组织增生性传染病,以外周神经、性腺、虹膜、各种脏器、肌肉和皮肤的单核细胞浸润为特征,具有高度接触传染性,传播速度快,范围广,但它不感染哺乳动物。

本病于1907年首先由Marek报道,以后很多学者相继报道了此病。MD存在于世界所有养禽国家与地区,其危害随着养鸡业的集约化而增大。自20世纪70年代广泛使用火鸡疱疹病毒(HVT)疫苗以来,本病的损失已大大下降,但疫苗免疫失败屡有发生。近年来,世界各地相继发现毒力极强的马立克氏病毒,给本病的防治带来了新的问题。OIE将其列为B类法定报告疾病名录,我国将其列为二类动物疫病病种名录。

一、病　原

马立克氏病病毒(MDV)是一种细胞结合性病毒。属于疱疹病毒科,a疱疹病毒亚科的马立克氏病毒属,禽疱疹病毒2型。MDV有囊膜,病毒的裸体粒子或核衣壳直径为85~100 nm,具有囊膜的病毒粒子直径130~170 nm,羽囊上皮细胞中的带囊膜病毒粒子273~400 nm。MDV分三个血清型:1型为致肿瘤性MDV;2型为非致肿瘤性MDV;3型为火鸡疱疹病毒(HVT)。羽囊上皮细胞中带囊膜病毒粒子随角化细胞脱落,成为传染性极强的细胞游离病毒。强毒MDV可在鸭胚成纤维细胞(DEF)和鸡肾细胞(CK)上增殖,经过继代的1、2和3型病毒均能在鸡胚成纤维细胞(CEF)上增殖,出现由折光性强并已变圆的变性细胞组成的局灶性病变,称为蚀斑。受害细胞常可见到A型核内包涵体,并有合胞体形成。

MDV和HVT以细胞结合和游离于细胞外两种状态存在。细胞结合病毒的传染性随细胞的死亡而丧失,因此需按保存细胞的方法保存毒种。从感染鸡羽囊随皮屑排出的游离病毒,对外界环境有很强的抵抗力,污染的垫料和羽屑在室温下其传染性可保持4~8个月,但常用化学消毒剂可使病毒失活。

二、流行病学

（一）易感动物

本病最易感的动物是鸡,火鸡、野鸡、鸽、鹌鹑也可自然感染并发病。各种年龄的鸡均可感染,尤其是 1 ~ 7 日龄的雏鸡最易感。但自然感染 MD 发病一般多在 12 ~ 30 周龄之间。蛋鸡通常在 16 ~ 20 周龄之间并持续至 24 ~ 30 周龄,最早 3 周龄就能发病,最迟至 60 周龄还有发生。肉仔鸡多在 40 日龄之后发病。MD 发病率的变动范围大,发病率为 5% ~ 60% ,但病死率可达 100% 。

（二）传染源

病鸡和隐性感染鸡是主要传染源,昆虫(甲虫)和鼠类也可作为传染源。

（三）传播途径

病毒通过直接或间接接触经空气传播。羽囊上皮细胞中复制的传染性病毒,随羽毛、皮屑排出,使污染鸡舍的灰尘长期保持传染性。很多外表健康的鸡可长期持续带毒排毒。故在一般条件下 MDV 在鸡群中广泛传播,于性成熟时几乎全部感染。

（四）流行特点

自然条件下,最早表现出马立克氏病症状的鸡为 3 周龄,一般为 2 ~ 5 月龄。急性型均发生在青年鸡群,并与环境应激因素或其他疾病有关。患病鸡常转归于死亡,极少出现康复者。

三、临床症状

本病是一种肿瘤性疾病,潜伏期较长且难以确定,受病毒的毒力、剂量、感染途径和鸡的遗传品系、年龄和性别的影响,可以存在很大差异。本病一般分为神经型(古典型)、急性型(内脏型)、皮肤型和眼型四种,有时可混合发生。

（一）神经型

本型主要侵害外周神经,由于所侵害的神经部位不同,症状亦不同。一般病鸡出现共济失调,发生单侧性或双侧性肢体麻痹。翅神经受害则翅下垂(俗称"穿大褂");颈部神经受害可导致头下垂或头颈歪斜;迷走神经受害可引起嗉囊扩张(俗称"大嗉子")、失声以及呼吸困难;坐骨神经受害可导致步态不稳、麻痹不能行走,蹲伏地上,或呈一腿伸向前方,另一腿伸向后方的特征性"劈叉"姿势。

上述症状最常见,易于发现。这些症状有时也可出现于同一个体上。病鸡常因病程长,采食困难,饥饿,导致脱水、消瘦、鸡冠苍白、下痢,多为黄白色或白色与绿色混杂的稀便。死亡通常因衰竭或同栏鸡的踩踏所致。

（二）内脏型

本型常侵害幼龄鸡导致内脏肿瘤,死亡率高,主要表现为精神委顿,食欲不振甚至废绝,病程较短,突然死亡。

（三）眼　　型

本型有些病鸡虹膜受侵害,导致失明。一侧或两侧虹膜正常色素消失,呈同心环状

或斑点状以致弥漫的灰白色（俗称"灰眼"或"银眼"）。瞳孔开始时边缘变得不整齐，呈锯齿状，后期则仅为一针尖大小孔。

（四）皮肤型

本型病鸡精神委顿，食欲不振，消瘦，因衰竭而死。

四、病理变化

（一）神经型

本型最恒定的病变部位是外周神经，以腹腔神经丛、前肠系膜神经丛、臂神经丛、坐骨神经丛和内脏大神经最常见。受害神经横纹消失，变为灰白色或黄白色，有时呈水肿样外观，局部或弥漫性增粗，可达正常的 2～3 倍以上。病变通常为单侧性，将两侧神经对比有助于诊断。

（二）内脏型

本型最常侵害的内脏器官是卵巢，其次为肝、肾、心、肺、肠系膜、脾、胰、腺胃和肠道。在上述器官和组织中可见大小不等的肿瘤块，灰白色，质地坚硬而致密，有时肿瘤呈弥漫性，使整个器官变得很大。法氏囊通常萎缩，极少发生弥漫性增厚的肿瘤变化。

（三）皮肤型

本型病鸡毛囊肿瘤性增生，常见皮肤表面有大小不一的弥漫性肿瘤结节，最初见于颈部和两翅皮肤，以后遍及全身，其表面有时可见鳞片状棕色痂皮，这些病变多在褪毛后才被发现。

（四）眼　型

本型临床上较为少见，常为一侧性病变，可见虹膜褪色，瞳孔缩小、边缘不整齐，有时偏向虹膜一侧。

混合型 MD 病鸡内脏和皮肤均可见肿瘤病变。MD 的非肿瘤变化包括法氏囊和胸腺的萎缩，以及骨髓和内脏器官的变性损害，这是强烈的溶细胞感染结果，可导致鸡的早期死亡。

五、诊　断

见"技能训练"马立克氏病的诊断。

注意该病与鸡淋巴白血病（LL）和网状内皮增生症（RE）等病的鉴别诊断。

六、防　治

加强饲养管理，增强机体抗病力。坚持自繁自养，执行"全进全出"的饲养制度。严格执行卫生消毒制度，尤其是种蛋、出雏器及孵化室要严格消毒，防止雏鸡在孵化室感染，这是防治本病的关键。消除各种应激因素，做好其他疾病（如 IBD、ALV、REV 等）的防治工作。加强检疫，及时淘汰病鸡和阳性鸡，净化种鸡。不断提高兽医卫生综合防治水平。

免疫接种是预防本病的关键。选择质量可靠的疫苗,在雏鸡出壳后尽快接种,最好在 24 h 内完成,可有效预防本病。用于制造疫苗的病毒主要有致弱的血清 1 型 MDV(如 CVI988)、自然致弱的血清 2 型 MDV(如 SB_1、Z_4)和 3 型 MDV(HVT,如 FC_{126})。HVT 疫苗使用最广泛,因为制苗经济,而且可制成冻干制剂,保存和使用较方便。多价疫苗主要由 2 型和 3 型或 1 型和 3 型组成。1 型毒和 2 型毒只能制成细胞结合疫苗,需在液氮条件下保存。

有很多因素可以影响疫苗的免疫效果。早期感染可能是引起免疫鸡群超量死亡的最重要原因,因为疫苗接种后需 7 d 才能产生坚强免疫力,而在这段时间内在出雏室和育雏室都有可能发生感染。IBDV、REV、呼肠孤病毒、强毒 NDV、A 型流感病毒和鸡传染性贫血病等引起的免疫抑制的感染均可干扰疫苗诱导免疫力,它们均有免疫抑制作用。

由超强毒株引起的 MD 爆发,常在用 HVT 疫苗免疫的鸡群中造成严重损失,用 1 型 CVI988 疫苗,2、3 型毒组成的双价疫苗或 1、2、3 型毒组成的 3 价疫苗可以控制。2 型和 3 型毒之间存在显著的免疫协同作用,由它们组成的二价疫苗免疫效果明显优于单价疫苗。由于二价苗是细胞结合疫苗,其免疫效果受母源抗体的影响很小。

对不同品种或品系的鸡,疫苗产生的免疫力也不一样,有人发现用 HVT 疫苗免疫有遗传抗病力的鸡,效果比双价苗($HVT + SB_1$)免疫易感鸡的还要好。因此选育生产性能好的抗病品系商品鸡,是未来防治马立克氏病的一个重要方面。

另外,许多地区的鸡群经免疫后仍爆发马立克氏病,除以上原因外,还与母源抗体的干扰、疫苗在运输、储存、配制过程中处理不当、免疫接种方法等有关。

本病目前尚无有效治疗药物,对病鸡应及早发现,及时淘汰,以减少传染。

【技能训练】 马立克氏病的诊断

一、训练目标

掌握鸡马立克氏病临诊综合诊断要点;学会马立克氏病琼脂扩散诊断的方法。

二、设备和材料

恒温培养箱、酒精灯、手术剪、手术刀、镊子、打孔器、针头、小试管、培养皿、玻璃棒、毛细滴管、有盖搪瓷盘、待检鸡、生理盐水、MD 标准琼脂扩散抗原、MD 阳性血清、1% 琼脂凝胶平板等。

三、训练内容及方法

(一)临诊综合诊断

鸡马立克氏病多发于 2 ~ 5 月龄鸡,散发。神经型、内脏型、眼型和皮肤型有特征性症状和病理变化。在临床上病鸡出现下列一种或多种症状时,即可定为鸡马立克氏病:周围神经或脊神经节发生淋巴细胞浸润性肿大;瞳孔缩小边缘不整齐,虹膜褪色;18 周龄以内的病鸡各内脏器官发生淋巴性肿瘤。

(二)病毒学诊断

可采取病鸡的肿瘤组织,接种于 1 日龄雏鸡,严格隔离 2～10 周,而后做病理学检查。也可取肿瘤组织接种于鸡肾细胞培养、分离病毒。

(三)琼脂扩散试验

琼脂扩散试验可用于马立克氏病毒抗原抗体的检出。该方法一般在马立克氏病毒感染 14～24 d 后检出病毒抗原,在病毒感染 3 周后检出抗体。

1. 琼脂平板制备

(1)制底膜。用蒸馏水配制 0.3% 的稀琼脂溶液,水浴加温使其充分融化,加入平皿,每个直径 90 mm 左右的平皿大约加 3 mL 琼脂液,制成底膜,置 37 ℃ 温箱中充分干燥后备用。

(2)铺琼脂。用含 8% 氯化钠的磷酸盐缓冲液(0.01 mol/L,pH7.4)配制 1% 的琼脂溶液,水浴加温使其充分融化后经脱脂棉过滤(用精制琼脂粉制作时,无需过滤),稍凉(60～70 ℃)后,加入上述备用平皿中,每个平皿大约加 20 mL,平置,在室温下凝固,然后放入普通冰箱中保存备用。

(3)打孔。按准备好的图形打孔。一般由 1 个中心孔和 6 个周边孔组成。中心孔直径 4 mm,周边孔直径 3 mm,孔距 3 mm(见右图)。将孔中的琼脂用 8 号针头斜向上挑出。

(4)封底。用酒精灯火焰轻烤平皿底部至琼脂轻微融化为止,封闭孔的底部。

2. 用标准抗原检测抗体(被检鸡血清)

(1)用滴管将被检鸡的血清分别加入 2、3、5、6 孔内,以将孔加满而不溢出为度,每加 1 份血清更换 1 个滴管。

(2)用另一滴管向 1、4 孔内加入标准阳性血清,以加满而不溢出为度。

(3)再用一滴管向中心孔内加入标准抗原,同样以加满而不溢出为度。

(4)将加样完毕的平皿加盖后,在室温下静置 5～10 min,待样品稍稍扩散而液面下陷后,平放于带盖的湿盒内,置 37 ℃ 温箱中,24～48 h 观察并记录结果。

3. 用标准阳性血清检测病毒抗原

(1)从被检鸡的腋下、大腿部拔 1 根新近长出的嫩毛或拔下带血的毛根,剪下毛根尖端下段 5～7 mm,直接插在已打好的外周 2、3、5、6 孔内(也可直接插在中央孔周围 2、3、5、6 孔处而不必打孔),每鸡 1 根羽毛,用 1 个孔。

(2)用另一滴管向 1、4 孔内加入标准抗原,以加满而不溢出为度。

(3)再用一滴管向中心孔内加入标准阳性血清,同样以加满不溢出为度。

(4)将加样完毕的平皿加盖后,在室温下静置 5～10 min,待样品稍稍扩散而液面下陷后,平放于带盖的湿盒内,置 37 ℃ 温箱中,24～48 h 观察并记录结果。

4. 结果判定和判定标准

(1)将琼脂板置日光灯或自然光下进行观察,当标准阳性血清孔与标准抗原孔之间有明显沉淀线,而待检血清孔与标准抗原孔间或待检抗原孔与标准阳性血清孔之间有明显沉淀线,且此沉淀线与标准抗原和标准血清孔间的沉淀线末端相融合,则待检样品为阳性。

（2）当标准阳性血清孔与标准抗原孔间的沉淀线末端在毗邻的待检血清孔或待检抗原孔处的末端向中央孔方向弯曲时,待检样品为弱阳性。

（3）当标准阳性血清孔与标准抗原孔间有明显沉淀线,而待检血清与标准抗原孔或待检抗原与标准阳性血清孔间无沉淀线,或标准阳性血清与标准抗原孔间的沉淀线末端向毗邻的待检血清孔或待检抗原孔直伸或向外侧偏弯曲时,该待检样品为阴性。

（4）介于阴、阳性之间为可疑,可疑应重检,仍为可疑判为阳性。

自测训练

一、知识训练
1. 鸡马立克氏病的流行病学、临诊症状和病理变化有哪些特点?
2. 鸡马立克氏病防治措施包括哪些?
二、技能训练
记录 MD 实验室诊断的内容及结果,学会马立克氏病的琼脂扩散试验技术。

任务 5　禽白血病

禽白血病(AL)是由禽白血病/肉瘤病毒群中的病毒引起的禽类(主要是鸡)各种良性和恶性肿瘤的一群疾病,它包括淋巴细胞性白血病、成红细胞性白血病、成髓细胞性白血病、骨髓细胞瘤、内皮瘤、骨石化病等。在自然条件下,以淋巴细胞性白血病最为多见。

世界各国均有存在,一些养鸡业发达的国家大多数鸡群均感染本病。虽一般呈散在性发生,但有时也可引起产蛋鸡群严重的经济损失。我国将其列为二类动物疫病病种名录。

一、病　原

禽白血病病原是白血病/肉瘤病毒群中的病毒,在分类上属反转录病毒科禽 C 型反转录病毒群成员。本群病毒粒子近似球形,直径约为 $80 \sim 145$ nm,有囊膜。禽白血病病毒的多数毒株能在 $11 \sim 12$ 日龄鸡胚中良好生长,可在绒毛尿囊膜产生增生性痘斑。腹腔或其他途径接种 $1 \sim 14$ 日龄易感雏鸡,可引起鸡发病。多数禽白血病病毒可在鸡胚成纤维细胞上生长,通常不产生细胞病变,但可用中和试验、沉淀试验、补体结合试验和荧光抗体等方法证实病毒的存在。

白血病/肉瘤病毒对脂溶剂和去污剂敏感,对热的抵抗力弱。病毒在 -60 ℃以下环境下可以保存数年不丧失感染性。本群病毒在 pH5 ~9 稳定。

二、流行病学

（一）易感动物

本群所有病毒的自然宿主是鸡,除鹧鸪和鹌鹑外,还未从其他禽类分离到这些病毒。但这些病毒能使鸡、珍珠鸡、鸭、鸽、鹌鹑、火鸡等禽类发生肿瘤病症。

（二）传染源

患病鸡和带病毒鸡是本病传染源。

（三）传播途径

本病以垂直传播和水平传播方式传播。经卵传播是造成本病扩散的主要原因,具有重要的流行病学意义。先天性感染的雏鸡呈现免疫耐受,其血液和组织中经常含有大量病毒,随粪便和唾液等大量排出,成为水平传播病毒的来源。

（四）流行特点

通常以 4 ~ 10 月龄的鸡发病率最高,一般母鸡易感性比公鸡高。有些鸡感染后不一定发生肿瘤,可见产蛋下降甚至免疫抑制。

三、临床症状与病理变化

（一）淋巴细胞性白血病

本病为最常见的一种,自然感染者多在 14 周龄以后开始发病,在性成熟期发病率最高。病鸡没有明显的特征性症状,主要表现为精神委顿,食欲不振或废绝,渐进性消瘦,下痢,贫血,冠髯苍白、皱缩,病鸡停止产蛋,腹部常明显膨大,用手按压可触摸到肿大的肝脏,最后多衰竭死亡。病理剖检可见肿瘤主要发生于肝脏、脾脏、法氏囊,也可侵害肾脏、心脏、肺脏、胰腺、骨髓、肠系膜等组织器官,肿瘤多呈结节型或弥漫性,形状、大小变化很大,颜色灰白色至淡黄白色,切面均匀一致,很少有坏死灶。

（二）成红细胞性白血病

本型较少见。通常发生于 6 周龄以上的高产鸡,临床上常分为两种类型,即增生型和贫血型。增生型相对多见,主要特征是血液中存在大量的成红细胞。贫血型少见,血液中仅有少量未成熟细胞。两种病型的早期症状相似,表现为全身衰弱,嗜睡,冠髯稍苍白或发绀,病鸡消瘦,下痢,毛囊出血。病程从几天到几个月。病理剖检时,可见全身性贫血,皮下、肌肉、内脏常伴有小出血点。增生型的特征性病变是肝脏、脾脏、肾脏弥漫性肿大,颜色从樱桃红到暗红,质地柔软易破碎,有的剖面可见灰白色肿瘤结节,骨髓柔软或呈水样,颜色为暗红色至樱桃红色。贫血型病鸡多见内脏萎缩,脾脏最为明显,骨髓颜色变淡,形如胶冻样,外周血液中红细胞明显减少。增生型病鸡血管内常出现大量的成红细胞,约占红细胞总量的 90% ~ 95%。

（三）成髓细胞性白血病

本型很少自然发生,较罕见。

（四）骨髓细胞瘤病

本型极为少见。

（五）骨硬化病

本病也叫骨石化症,病鸡表现发育不良,冠髯苍白,行走拘谨或跛行,长骨增粗,触摸有温热感,晚期病鸡胫骨呈特征性的"长靴样"外观。病理剖检可见两侧胫骨、跖骨、跗骨甚至肩带部骨的骨干不规则增粗,外观呈纺锤形,骨骼断面骨质极度增厚,纤维化或石化,质地坚韧,骨髓腔缩小甚至消失。

（六）血管瘤

见于皮肤或内脏表面,血管腔高度扩大形成"血疱","血疱"破裂后,可使病禽严重失血而致死。

四、诊　断

（一）临诊诊断

主要根据流行病学、临床症状和病理学检查作出初步诊断。

（二）实验室诊断

包括病毒分离鉴定、琼脂扩散试验、ELISA、PCR 等。它们虽然在日常诊断中很少使用,但在净化种鸡场、原种鸡场特别是 SPF 鸡场时却十分有用。

（三）鉴别诊断

主要是淋巴细胞性白血病需与鸡马立克氏病相鉴别。

五、防　治

禽白血病虽然感染率很高且危害严重,但到目前为止,还没有合适的疫苗和有效的药物加以对抗,尤其是病毒各型间交叉免疫力很低,雏鸡极易出现免疫耐受,对疫苗不产生免疫应答。因此对该病的防治必须采取以下各种综合性措施。

（一）搞好日常免疫

马立克氏病(MD)、传染性法氏囊病(IBD)、呼肠孤病毒病(REO)、球虫病等疾病,都能引起免疫抑制,降低机体对禽白血病病毒的抵抗力,容易引发禽白血病。因此,生产上一定要重视这些疾病的免疫工作。

（二）提高非特异性抵抗力

使用免疫增强剂,可以提高机体免疫功能,增强对禽白血病病毒的抵抗力。黄芪多糖、香菇多糖、人参多糖、党参多糖、干扰素、肿瘤坏死因子、鸡转移因子、白细胞介素等,都可以作为免疫增强剂,用于预防禽白血病。另外,将具有抗病毒作用的中药如板蓝根、穿心莲、大青叶、鱼腥草、黄连、金银花、龙胆草等,用于鸡群的日常保健,也会提高机体抵抗禽白血病的能力。

（三）重视种群净化

在原种场,种鸡在 8 周龄和 18～22 周龄时,用阴道拭子采集原料检查抗原。在

22~24周龄时,检查是否有病毒血症,同时检测蛋清、雏鸡胎粪中的抗原。阳性种鸡、种蛋和种雏全部淘汰,选择试验阴性母鸡的受精蛋进行孵化。要求在隔离条件下出雏、饲养。此方法费时、费力,在短时间不可能剔除所有的带毒鸡,只有持续不断地进行检疫,并将假定健康鸡严格进行隔离饲养,才能彻底净化种群。也可使用琼脂扩散试验法,但需要逐只拔毛取髓,且化验过程需要 2 d 左右时间,实际操作起来难度很大。

(四)加强饲养管理和环境卫生消毒措施

饲料中维生素缺乏、内分泌失调等因素都可促进禽白血病的发生。因此,加强饲养管理,给鸡群提供良好的外部环境条件,是预防禽白血病的基础。禽白血病病毒的抵抗力不强,病毒对脂溶剂和去污剂敏感。因此,日常管理要突出消毒环节,经常进行喷雾消毒。及时处理粪便,这是切断禽白血病传播途径的重要措施。

自测训练 ■

> 禽白血病诊断与防治要点。

任务6 传染性法氏囊病

传染性法氏囊病(IBD)是由传染性法氏囊病毒引起的幼鸡的一种急性、高度接触性传染病。发病率高,病程短,有不同程度的死亡,主要以腹泻、颤抖、极度虚弱、法氏囊及肾脏的病变和腿肌、胸肌出血、腺胃和肌胃交界处条状出血为特征。

1957 年,本病首先发生于美国特拉华州冈博罗附近的一些鸡场的肉鸡,所以又称为冈博罗病。目前该病在世界养鸡的国家和地区广泛流行。我国各省市都有该病发生的报道,给养鸡生产带来严重的危害。该病不仅能引起雏鸡大量死亡,还可以导致雏鸡发生严重的免疫抑制,造成鸡对多种疫苗的免疫应答功能下降,造成免疫失败。OIE 将其列为 B 类法定报告疾病名录,我国将其列为二类动物疫病病种名录。

一、病　原

传染性法氏囊病毒(IBDV)属于双 RNA 病毒科,双 RNA 病毒属,无囊膜。目前已知 IBDV 有 2 个血清型,即血清 Ⅰ 型(鸡源性毒株)和血清 Ⅱ 型(火鸡源性毒株)。血清 Ⅰ 型毒株可分为 6 个亚型(包括变异株)。这些亚型毒株在抗原性上存在明显差别,可能就是免疫失败的原因之一。本病毒能在鸡胚上生长繁殖,分离病毒最佳接种途径是绒毛尿囊膜。病毒经接种后 3~5 d 死亡,胚胎全身水肿,头部和趾部充血和小点出血,肝脏有斑驳状坏死。由变异株引起的病变仅见于肝脏坏死和脾肿大,不致死鸡胚。

病毒在外界环境中极为稳定,对外界环境和一般消毒药抵抗力强,被污染的鸡场难以净化,能够在鸡舍内长期存在,而且比较耐热,56 ℃5 h,60 ℃3 min 仍有活力,70 ℃ 30 min可灭活病毒。该病毒对次氯酸钠、甲醛溶液和碘类消毒药比较敏感。

二、流行病学

（一）易感动物

鸡、火鸡、鸭、鹅均可感染，但自然病例仅见于鸡，主要发生于2～15周龄的鸡，3～6周龄的鸡最易感，能导致严重的免疫抑制。近年来，该病发病日龄范围已大为扩展，小至10日龄左右，大到临开产的鸡群均可发病。成年鸡一般呈隐性经过。

（二）传染源

病鸡和带毒鸡是本病的主要传染源。

（三）传播途径

本病可通过直接接触传播，也可通过病毒污染的各种媒介物间接传播。感染途径包括消化道、呼吸道和眼结膜等。

（四）流行特点

本病一旦发生，在短时间内很快传播全群，在感染后第3 d开始死亡，5～7 d达到高峰，以后很快停息，表现为尖峰式死亡曲线。死亡率差异有所不同，死亡率常因病毒的毒力、发病年龄、有无继发感染而有较大的变化，有的仅为3%～5%，一般为15%～20%，严重发病鸡群死亡率可达70%。本病发生后，由于出现免疫抑制，通常易与大肠杆菌病、鸡支原体病、新城疫混合感染，使病情更为复杂，死亡率也提高。

三、症　状

潜伏期为2～3 d，病初病鸡有啄肛倾向，精神委顿，食欲减退，羽毛蓬松，畏寒，常堆在一起，随即病鸡出现腹泻，排出白色黏稠的稀粪，泄殖腔周围的羽毛被粪便污染，严重者脱水，衰竭，闭目昏睡而死亡。近年来，发现传染性法氏囊病毒亚型毒株或变异株感染的鸡，表现为亚临床症状，炎症反应弱，法氏囊萎缩，死亡率较低，但产生严重的免疫抑制，造成更大的危害。

四、病理变化

病死鸡脱水，爪和皮下组织较干燥，腿部和胸部肌肉出血。法氏囊的病变具有特征性，可见法氏囊内黏液增多，法氏囊水肿和出血，体积增大，质量增加，比正常重2倍，5 d后法氏囊开始萎缩，切开后黏膜皱褶多混浊不清，黏膜表面有点状出血或弥漫性出血。严重时，法氏囊外观呈紫葡萄样，切开法氏囊见有血块。病程稍长者可见法氏囊有干酪样坏死，肾脏有不同程度肿胀，有尿酸盐沉积，呈花斑状。急性死亡者，腺胃和肌胃交界处有条状出血。

五、诊　断

（一）临诊诊断

3～6周龄的雏鸡最易感，常突然发病，并迅速波及全群，发病率高，有明显的尖峰式

死亡曲线,腹泻和极度衰弱,腿部和胸部肌肉出血,法氏囊水肿和出血,病程稍长者可见法氏囊有干酪样坏死,肾脏有不同程度肿胀,有尿酸盐沉积,呈花斑状,腺胃和肌胃交界处有条状出血。

(二)实验室诊断

取病鸡的法氏囊和脾脏,经磨碎制成悬液,接种于9~12日龄SPF鸡胚绒毛尿囊膜上,进行分离培养。用已知抗血清做病毒的中和试验鉴定分离的病毒。

1.病毒分离鉴定

无菌采取病鸡法氏囊及脾,制成匀浆,-20℃及室温冻融3次,加等量氯仿,摇匀过夜,3 000 r/min离心10 min,取上清液加入青霉素、链霉素,-20℃冻存备用。绒毛尿囊膜(CAM)接种9~11日龄的SPF鸡胚0.1 mL/枚,受感染的鸡胚在3~5 d死亡,可见到胚胎水肿、出血。鉴定分离出来的IBDV,可用已知阳性血清在鸡胚或鸡胚成纤维细胞培养做中和试验;血清亚型的鉴定则需进行复杂的交叉中和试验。

2.琼脂扩散试验

参见鸡马立克氏病。

(三)鉴别诊断

本病主要应与肾型传染性支气管炎、新城疫、鸡传染性贫血、鸡白痢等相鉴别。

六、防 治

(一)预防措施

加强环境卫生的消毒工作是控制本病的关键措施,必须贯穿种蛋、孵化、育雏的全过程,选用有效的消毒药对育雏舍、用具、鸡笼等进行严格消毒,间隔4~6 h,反复消毒2~3次,以切断各种传播途径。因雏鸡在疫苗接种到抗体产生需经一段时间,所以必须将免疫接种的雏鸡放置在彻底消毒的育雏舍内,以防止雏鸡早期感染IBDV。此外应将不同年龄的鸡分开饲养,采取"全进全出"的饲养方式。

生产中应提高种鸡的母源抗体水平,保护子代雏鸡避免早期感染。应用油乳剂灭活疫苗对18~20周龄种鸡进行首免,于40~42周龄时二免,母源抗体能保护雏鸡至2~3周龄,可有效防止雏鸡早期感染和免疫抑制。对雏鸡进行免疫接种,常用的疫苗有活毒疫苗和灭活疫苗。活疫苗有三种类型:一是弱毒疫苗,对法氏囊无任何损伤,但免疫保护力低;二是中等毒力疫苗,接种后对法氏囊有轻微的损伤,但保护率较高,在污染场地使用这种疫苗效果好;三是中等偏强毒力型,对法氏囊损伤比较严重,并有免疫干扰,故不使用。灭活疫苗是用鸡胚成纤维细胞毒或鸡胚毒的油乳剂灭活苗,一般用于活疫苗免疫后的加强免疫。

确定雏鸡的首免日龄至关重要。首免时间常以琼脂扩散试验测定雏鸡母源抗体水平来确定。对1日龄雏鸡琼脂扩散试验抗体阳性率不到80%的鸡群,首免时间为10~16日龄。阳性率达80%~100%的鸡群,待到7~10日龄时再测定一次抗体水平,其阳性率达50%时,首免时间为14~18日龄。在养鸡生产中由于传染性法氏囊病病毒变异株感染引起免疫失败时,可用当地分离的毒株制成灭活疫苗进行免疫接种,常收到良好的效果。

（二）发病后处理措施

发现病鸡及时隔离、消毒,病死鸡作深埋和焚烧处理。选择合适的消毒药对鸡舍、鸡体表及周围环境进行严格彻底消毒。与病鸡的同群鸡可使用双倍量的中等毒力活疫苗进行紧急免疫接种,或及早注射法氏囊高免蛋黄和干扰素。此外,应加强饲养管理,降低饲料中的蛋白质含量,提高维生素含量。饮水中加5%的葡萄糖或肾肿解毒药,供应充足的饮水。在投服抗生素时,避免使用对肾脏毒性较大的药物。

自测训练

> 鸡传染性法氏囊病的流行特点、症状、病理变化、诊断及防治措施。

任务7 禽呼肠孤病毒感染

禽呼肠孤病毒感染是由禽呼肠孤病毒引起的鸡的多种疾病的总称,主要有病毒性关节炎(又叫病毒性腱鞘炎)、矮小综合征、呼吸道疾病、肠道疾病和吸收不良综合征。临床多表现为鸡病毒性关节炎。本病由于运动障碍引起鸡增重减少、饲料转化率低、免疫抑制及淘汰率的增加等,给养鸡业造成很大的经济损失。

该病在世界各地均有发生,我国自20世纪80年代中期以来已有多个省、市发现本病,并从一些病例中分离鉴定出呼肠孤病毒。我国将鸡病毒性关节炎列入三类动物疫病。

一、病 原

呼肠孤病毒无囊膜,呈正二十面体对称,有双层衣壳结构,为双股 RNA 病毒。1 日龄肉用雏鸡足垫内接种第 2 d 即可引起局部红肿等典型的病毒性关节炎表现。不同的毒株在抗原性和致病性方面有差异,据此可将呼肠孤病毒划分不同的血清型,不同血清型之间有相当大的交叉中和反应。病毒对外界环境抵抗力较强,能耐受 60 ℃达 8 ~ 10 h,对 2% 来苏儿、3% 福尔马林等均有抵抗力。用70% 的乙醇和0.5% 的有机碘可以灭活病毒。

二、流行病学

（一）易感动物

鸡和火鸡是引起关节炎的呼肠孤病毒的自然宿主。鸡病毒性关节炎主要侵害肉鸡,也可见于商品蛋鸡和火鸡,自然感染病例多见 4 ~ 6 周龄的肉鸡,1 日龄鸡最易感,随着年龄的增长有一定的抵抗力。呼肠孤病毒引起的吸收不良综合征主要发生于 1 ~ 3 周龄肉鸡。禽呼肠孤病毒感染引起的病症在很大程度上取决于宿主年龄、免疫状态、病毒的血清型以及感染途径。

（二）传染源

病鸡和带毒鸡是本病的传染来源。

（三）传播途径

本病有水平传播和垂直传播两种方式。水平传播是主要的传播方式，虽然感染后最少 10 d 内病毒可通过消化道和呼吸道排出，但通过粪便排毒是最主要的传播途径。经种蛋的传播率较低，约 1.7%。

（四）流行特点

本病一年四季均可发生，感染率和发病率因鸡的年龄不同而有差异。随年龄增长易感性降低，患病率为 0.4% ~20%，但死亡率通常低于 6%。

三、症　状

鸡病毒性关节炎在急性感染期见病鸡跛行，少数病鸡跗关节不能自由运动，其上下两部分（腱索和腱鞘）肿胀。病鸡喜坐在跗关节上，不愿走动。在日龄较大的肉鸡中可见腓肠肌肌腱断裂，患肢屈曲不能伸展并向外扭转，导致顽固性跛行或不能行走，采食困难，逐渐消瘦，最后衰竭死亡。种鸡在产蛋期受到感染，其症状与肉用仔鸡相似，产蛋率下降 15% ~20%。

由呼肠孤病毒引起的吸收不良综合征，以生长参差不齐、色素沉着差、羽毛发育不正常、骨骼变形和死亡率增加为特征，主要侵害 1~3 周龄肉用型鸡。

四、病理变化

病毒性关节炎表现趾屈肌和跖伸肌腱水肿，踝关节常含有枯草色或带血色的渗出物，踝上滑膜常有出血点。腱区炎症转为慢性时，腱鞘硬化并融合在一起。胫跗远端的关节软骨出现小的溃疡。吸收不良综合征主要病变是腺胃增大，并可能有出血或坏死，肠道可见卡他性炎症。此外，还可能有关节炎和骨质疏松。

五、诊　断

（一）临诊诊断

根据病鸡跛行和跗关节、腱鞘肿胀的表现，可怀疑为本病。

（二）实验室诊断

取关节腔内的渗出液，接种于 9~12 日龄鸡胚绒毛尿囊膜，进行分离培养。用已知抗原做琼脂扩散试验、ELISA，检测鸡血清中特异性抗体。

（三）鉴别诊断

临诊上该病与滑膜支原体引起的鸡传染性滑膜炎、致病性葡萄球菌引起的鸡传染性骨关节炎、多杀性巴氏杆菌引起的慢性型禽霍乱关节炎、大肠杆菌引起的关节炎等伴发性关节炎有类似之处，应注意鉴别。

六、防　治

本病尚无有效的治疗方法。目前对该病的防治主要依靠综合性防疫措施。对商品鸡采取"全进全出"的饲养方式,每批鸡出售后彻底消毒禽舍,并空置一段时间。不从有病鸡场引进种蛋和雏鸡,对患病种鸡坚决淘汰。还应特别注意育雏隔离、消毒,防止早期感染等。

用疫苗对种鸡进行免疫接种是防治本病的有效方法,不仅可通过母源抗体保护1日龄雏鸡,而且对垂直传播有一定的限制作用。禽呼肠孤病毒感染疫苗有弱毒疫苗和灭活疫苗,不论使用哪种疫苗,必须与当地流行毒株的血清型相符。弱毒疫苗一般源于S1133株的弱毒苗,通常用于7日龄或更大日龄的雏鸡免疫。因该疫苗与鸡马立克氏病疫苗同时免疫,会干扰鸡马立克氏病活疫苗的免疫效果,因此,在接种了鸡马立克氏病活苗的雏鸡群,不能过早皮下注射接种这种弱毒活疫苗。油佐剂灭活疫苗应在种鸡开产前2～3周进行注射,使雏鸡被动获得较高的母源抗体,保护小鸡在3周内不受感染。由于禽呼肠孤病毒可以长期存在于鸡的盲肠扁桃体和跗关节内,所以严格检疫消除带毒鸡是防治禽呼肠孤病毒感染的关键。

自测训练 ▸

> 禽呼肠孤病毒感染的诊断与防治要点。

任务8　鸡传染性贫血

鸡传染性贫血(CIA)是由鸡传染性贫血病毒引起的一种传染病。又称为贫血综合征、贫血症-皮炎综合征、出血性贫血、蓝翅病、贫血因子病等。本病以再生障碍性贫血、全身淋巴组织萎缩造成免疫抑制为特征。因此,传染性贫血病常常会继发病毒、细菌和真菌感染。

本病广泛流行于世界各地,发病呈上升趋势,该病可造成免疫抑制,给养鸡业造成了巨大的损失。

一、病　原

鸡传染性贫血病毒(CIAV)属于圆环病毒科圆环病毒属,是近似细小病毒的环状单股DNA病毒,呈球形,无囊膜。病毒加热56 ℃或70 ℃ 1 h、80 ℃ 15 min仍有感染力,100 ℃ 15 min完全失活;用5%酚(也称石碳酸)处理5 min即失去感染性;福尔马林和次氯酸钠等含氯制剂可用于消毒。

二、流行病学

(一)易感动物

本病仅感染鸡,主要发生在 2~4 周龄的雏鸡,1~7 日龄雏鸡最易感染,其中以肉鸡,尤其是公鸡最易感染,2 周龄以上的鸡感染不发病。随鸡日龄的增长,其易感性、发病率和死亡率逐渐降低。发病率约为 20%~60%,病死率一般为 5%~10%,严重时可高达60% 以上。

(二)传染源

病鸡和带毒鸡是本病的主要传染源。

(三)传播途径

主要感染途径是消化道,其次是呼吸道。通过孵化鸡蛋垂直传播是最重要的传播途径之一,可引起新生雏鸡发生典型的贫血病。在自然感染条件下,一个亲本群的垂直传播可持续 3~6 周,具体时间取决于种鸡群的大小和饲养管理方式。

(四)流行特点

本病与 MD、IBD 及 RE 混合感染时,能增强病毒的传染性和降低母源抗体的抵抗力,从而增加鸡的发病率和死亡率。本病能诱导雏鸡的免疫抑制,不仅增加对继发感染的易感性,而且能降低疫苗的免疫力,特别是对鸡马立克氏病疫苗的免疫。在有些情况下,被CIAV 污染的疫苗也能造成本病的传播。因此,在生产实践中要注意预防和控制。

三、症　状

潜伏期为 8~12 d。主要特征是贫血,皮肤出血,有的皮下出血,可能继发坏疽性皮炎。红细胞和血红素明显降低,红细胞压积降至 20% 以下(25% 以下为贫血),白细胞和血小板减少,血液中出现幼稚型红细胞,吞噬细胞内有变性的红细胞。感染后 14~16 d病程达到高峰。病鸡精神沉郁,肉髯苍白,增重减少,皮下出血。如果仅感染传染性贫血病毒,鸡在发病后 12~28 d 内的死亡率一般不超过 30%。成年鸡感染后,一般不出现症状,但可通过种蛋传播病毒,危害很大。

四、病理变化

全身贫血,血液稀薄,凝固不良,全身肌肉苍白,广泛性出血。胸腺萎缩,可能导致完全退化。骨髓萎缩是最有特征性的病变,严重者可表现股骨骨髓脂肪化呈淡脂肪色、淡黄或淡红色,导致再生障碍性贫血。部分病例法氏囊萎缩,腺胃黏膜出血并有灰白色脓性分泌物。

五、诊　断

(一)临诊诊断

本病主要发生于鸡,2~3 周龄的鸡最易感,日龄越小发病和死亡越严重,日龄增大对本病的易感性迅速下降。剖检病变以贫血为主要特征,可见贫血变化,肌肉广泛性出血,胸腺萎缩,骨髓萎缩,呈脂肪色。病鸡的红细胞、白细胞及血小板均显著减少,红细胞压积在20%以下。

(二)实验室诊断

1. 病原的分离、培养

肝脏含有高滴度的病毒,是分离CIAV病毒的最好材料。可将肝脏制成匀浆,离心取上清液,加热70 ℃ 5 min或用氯仿处理去除或灭活可能的污染物,用于雏鸡、鸡胚或细胞培养接种。

(1)接种雏鸡。1日龄SPF雏鸡是初次分离CIAV最可靠的实验动物。用肝脏病料1∶10稀释后肌肉或腹腔接种1日龄SPF雏鸡,每只0.1 mL,观察典型症状和病理变化。

(2)接种鸡胚。用肝脏病料卵黄囊接种4～5日龄鸡胚,无鸡胚病变,孵出小鸡发生贫血和死亡。

2. 血清学诊断

目前已建立的CIAV血清学诊断技术有血清中和试验(VN)、ELISA等,可用于检测感染鸡血清中的抗体。其中,ELISA是检测CIAV抗体的一种良好的血清学方法,其敏感性高,操作简便、快速,所需血样少,可以同时检测大量样品,利于大规模普查。

(三)鉴别诊断

鸡传染性贫血应与成红细胞引起的贫血、MD、IBD、腺病毒感染、鸡球虫病,以及高剂量的磺胺类药物或真菌毒素中毒进行区别。对6周龄以下的鸡,可从临床症状、血液学变化、肉眼和显微镜下病变和鸡群病史进行综合分析鉴别。对血液的涂片镜检,可区分由成红细胞引起的贫血;MDV与IBDV均可引起淋巴组织萎缩,并有典型的组织学变化,但MDV自然感染发病鸡不引起贫血;腺病毒是包涵体肝炎—再生障碍性贫血综合征的主要病因,该综合征常发生于5～10周龄鸡,而单一病原感染的鸡不会有再生障碍性贫血。球虫病引起的贫血可见到血便和明显的肠道出血,而CIA没有血便,肠道也无点状出血。磺胺类药物与真菌毒素中毒可引起再生障碍性贫血,但肌肉与肠道有点状出血,同时鸡群有使用磺胺类药物的历史。

六、防 治

重视鸡群的饲养管理及卫生措施,防止从疫区引种时引入带毒鸡;对种鸡加强检疫,及时淘汰阳性鸡是控制本病的最主要措施。鸡群应注意传染性法氏囊病和马立克氏病的防治。目前国外已试用鸡传染性贫血弱毒疫苗。为防止CIAV垂直感染子代,必须对13～16周龄的种鸡群进行疫苗接种,但不得迟于第一次收集种蛋前的4～5周,以免疫苗毒通过种蛋而传播。如果饲养期间发生自然感染,并测定出CIAV抗体,可不必进行免疫接种。种鸡群还应使用灭活苗进行传染性法氏囊病的免疫接种,从而为子代出生后最初几周提供保护。对于雏鸡应注意日常综合性卫生防疫措施和生物隔离措施,并防止由于环境因素和其他各种传染病引起的免疫抑制而降低对CIAV的抵抗力。雏鸡2～3日龄可应用干扰素、白细胞介素2,对CIA的预防效果较好。治疗也可用干扰素加白细胞介素2,配合抗生素及抗病毒药,效果明显。

自测训练

鸡传染性贫血诊断与防治要点。

任务 9　禽腺病毒感染

腺病毒科中对动物致病的包括两个属：即哺乳动物腺病毒属和禽腺病毒属。禽腺病毒属分为三个群：Ⅰ群是从鸡、火鸡、鹅和鹌鹑的呼吸道感染分离出的禽腺病毒，有共同的群特异性抗原；Ⅱ群包括火鸡出血性肠炎病毒、鸡大脾病病毒和雉大理石脾病毒，它含有与Ⅰ群腺病毒不同的群特异性抗原；Ⅲ群是从鸡产蛋下降综合征和鸭分离到的腺病毒，它仅含有部分的Ⅰ群腺病毒共同抗原，现已知禽腺病毒有 12 个血清型，能引起多种禽类的几种疾病。与Ⅱ、Ⅲ群病毒不同，Ⅰ群腺病毒作为病原的作用尚未完全明确，作为自然感染的原发性病原尚有争议。一般认为它可引起包涵体肝炎，它在 IBD 和 CIA 中起继发或协同致病作用。Ⅰ型腺病毒还可引起产蛋下降，饲料转化率下降，生长迟缓和呼吸道疾病等。在禽腺病毒感染中对鸡危害严重的有鸡包涵体肝炎、产蛋下降综合征，这两种病在世界上分布很广，对养禽业可引起严重的经济损失。

一、产蛋下降综合征

产蛋下降综合征（EDS_{76}）是由腺病毒Ⅲ群中的病毒引起的以鸡产蛋下降为特征的一种病毒性传染病，其主要表现为鸡群产蛋下降，蛋壳颜色变浅，薄壳蛋、软壳蛋、无壳蛋和畸形蛋数量增加。病鸡其他方面没有明显的临床症状。本病可使产蛋下降 20%～40%，蛋的破损达 20%～40%，被列为世界上危害养鸡业最严重的病毒性传染病之一。

1976 年 Van Eck 首次报道本病，发生于荷兰，1977 年分离到血凝性腺病毒。现在，世界上有 20 多个国家和地区都有该病的发生，我国在 1991 年从发病鸡分离到该病毒，现流行广泛，给养殖业造成巨大的损失。我国将其列为二类动物疫病病种名录。

（一）病　原

产蛋下降综合征病毒是一种无囊膜的双股 DNA 病毒，在国内外分离到的毒株有 10 多个，国家标准毒株为 EDS_{76-127}。已知各地分离到的毒株同属一个血清型。该病毒具有很强的血凝性，能凝集鸡、火鸡、鸽子和孔雀的红细胞，其血凝滴度可达 18～20 log 2 以上，且稳定性很好，具有特异性。本病毒接种在 7～10 日龄鸭胚中生长良好，并可致死鸭胚。

EDSV 有较强的抵抗力，60 ℃加热 30 min 丧失致病力，70 ℃加热 20 min 则完全灭活。在室温条件下至少存活半年以上。

（二）流行病学

1. 易感动物

本病易感动物主要是鸡，自然宿主为鸭、鹅和野鸭。有报道天鹅、海鸥、珍珠鸡存在

有 EDS_{76} 抗体。本病只在产蛋鸡中出现，其发生与鸡的品种、年龄和性别有一定关系，产褐色蛋鸡最易感染。本病主要侵害 26～32 周龄产蛋鸡，35 周龄以上较少发病，幼龄鸡感染后不表现症状，血清中也查不出抗体，在性成熟开始产蛋后，血清才转为阳性。

2. 传染来源

病鸡和带毒者是本病的传染源。

3. 传播途径

EDS_{76} 可通过种蛋垂直传播，被病毒感染的精液和受精种蛋可以传播本病。经黏膜、口腔接种雏鸡和易感鸡可复制 EDS_{76}，证明该病可以发生水平传播。

4. 流行特点

鸡感染病毒后，在性成熟前不表现致病性，在产蛋初期由于应激反应致使病毒活化而使产蛋鸡发病。产蛋高峰后发病率高，恢复期长，良种鸡多发，流行面广。

（三）症　状

本病发病日龄大多集中在产蛋高峰期，185～250 d，发病鸡无明显症状，突然出现群发性产蛋量下降 20%～30%，甚至 50%。发病后 2～3 周产蛋率降到最低，并持续 3～10 周，以后开始恢复，但产蛋量难达到正常水平。病鸡采食减少，下痢，有时粪便中混有无壳蛋。同时产出薄壳蛋、软壳蛋、无壳蛋、小蛋、蛋体畸形、蛋壳表面粗糙（一端为细颗粒状，一端为砂布样）、蛋壳颜色变浅、蛋白如水样、蛋黄色淡或蛋白中有血液等，异常蛋占 15% 以上。蛋的破损率增高。所产的正常蛋受精率和孵化率不受影响。

（四）病理变化

本病一般不发生死亡，无明显病理变化，剖检时个别鸡可见卵巢萎缩，子宫和输卵管黏膜出血和急性卡他性炎症，有的出血。输卵管腺体水肿，单核细胞浸润，黏膜上皮细胞变性坏死，病变细胞中有核内包涵体。

（五）诊　断

1. 临诊诊断

根据产蛋鸡群产蛋量突然下降，同时出现无壳软蛋、薄壳蛋及蛋壳失去褐色素的异常蛋，结合鸡群发病的年龄、发病前后产蛋量的统计、临床表现和病理变化，排除其他因素之后，可作出 EDS_{76} 的初步诊断。

2. 实验室诊断

（1）病原分离和鉴定。取病鸡的输卵管、泄殖腔、肠内容物和粪便做病料，经无菌处理后接种于 10～12 日龄鸭胚尿囊腔，首次分离时鸭胚死亡不多，随着传代次数增加，鸭胚死亡数增多，无菌收集每代接种后 72 h 的尿囊液，用 HA 和 HI 试验进行病毒鉴定。

HA 和 HI 试验：第三代尿囊液能凝集鸡的红细胞，HA 效价为 2^5，5 代后 HA 效价可达 2^{16}，此血凝性可被已知 EDS_{76} 阳性血性抑制，而不能被 ND 阳性血清抑制。

（2）血清学试验。目前已经建立的血清学诊断方法有琼脂扩散试验、血凝抑制试验、酶联免疫吸附试验和中和试验。血凝抑制试验是常用的诊断方法之一，如果鸡群 HI 效价在 1:8 log 2 以上，证明此群已感染。谈建明等利用 EDS_{76} 具有凝集红细胞的特性，建立了全血平板凝集抑制试验检测血清，认为该法具有比 HI 试验更快速、更方便易行的优

点,用于基层单位的推广应用,尤其用于鸡群的净化。

（3）分子生物学检查。随着分子生物学技术的发展,PCR 及核酸探针已用于 EDS₇₆病毒的检测。PCR 能特异性地检出 EDS$_{76}$病鸡的粪便、输卵管、蛋清样品中的病毒。PCR 法比血清学方法更灵敏。核酸探针检测 EDS$_{76}$病毒具有快速、准确、操作简单、灵敏度高、特异性强、易于判断、重复性好等优点,可用于大量抗原样品的检测。

3.鉴别诊断

该病注意与病毒性关节炎、禽脑脊髓炎、鸡传染性支气管炎等鉴别。

（六）防　治

本病主要经垂直传播,所以应从非疫区鸡群中引种,引进的种鸡要严格隔离饲养,产蛋后经 HI 检测,确认 HI 抗体阴性者,才能留作种鸡用。严格执行兽医卫生措施,加强饲养管理,加强鸡场和孵化房的消毒和带鸡消毒,在日粮配合中,必须注意氨基酸、维生素的平衡。免疫接种用油佐剂灭活苗,鸡在 110～130 日龄进行免疫接种,免疫后 HI 试验效价可达 1:8 log 2～1:9 log 2,免疫后 7～10 d 可检测抗体,免疫期为 10～12 个月。试验证明以 NDV 与 EDSV 制备二联油佐剂灭活疫苗,对这两种病有良好的保护力。本病尚无有效治疗方法,给发病鸡群投服抗生素,以防止继发感染,补充电解多维,可促进病鸡康复。

二、鸡包涵体肝炎

鸡包涵体肝炎是由禽腺病毒 I 群引起的一种急性传染病,病鸡死亡突然增多,严重贫血、黄疸、肝脏肿大、出血和坏死灶,可见肝细胞核内有包涵体。该病又称贫血综合征。1951 年美国首次报道本病,随后广泛分布于世界各地,我国也有此病发生,主要危害幼龄和青年鸡群,并能降低种蛋孵化率及雏鸡成活率。

（一）病　原

包涵体肝炎病毒属禽腺病毒 I 群,迄今证明有 12 个血清型,各血清型的病毒粒子均能侵害肝脏。该病毒对热稳定,对紫外线、阳光及一般消毒药品均有一定抵抗力。甲醛和碘制剂对其有灭活作用。

（二）流行病学

本病主要发生于 3～15 周龄的鸡,5 周龄肉仔鸡最易感染,鸽子、鸭、火鸡等多种家禽也可感染发病,产蛋鸡却很少发病。主要通过种蛋垂直传播,导致种蛋孵化率下降并且雏鸡死亡率增高,一旦传入很难根除。也可经水平传播,病鸡、带毒鸡的病毒通过粪便、气管和鼻排出病毒而感染健康鸡。多突然发病,很快停止,呈一过性流行,也有持续 2～3 周的。死亡率在 10%～30%,若有其他疾病混合感染时,病情加剧,病死率上升。本病多发于春、秋两季,发生过传染性法氏囊病的鸡群易发本病。

（三）症　状

自然感染的鸡潜伏期 1～2 d,初期不见任何症状即死亡,2～3 d 后少数病鸡精神沉郁、嗜睡、肉髯褪色、贫血,鸡冠苍白,黄疸,皮下有出血,偶尔有水样稀粪,3～4 d 达死亡高峰,持续 3～5 d 后,逐渐停止。蛋鸡产蛋下降。鸡群如果有其他传染源污染时,如传染性支气管炎、慢性呼吸道病、大肠杆菌病和沙门氏菌病等,可使死亡率增加。

(四)病理变化

特征性的病理变化见于肝脏,即肝肿大,表面有大小不等的出血点和黄白色点状或斑块状的坏死灶,质地松脆,呈淡褐色或灰黄色;病程稍长者可见肝脏萎缩、肝周炎;无症状病鸡的肝脏也比正常鸡大,色泽发黄。此外,管状骨骨髓颜色变淡,呈淡粉红色或发黄。胴体贫血。胸腿肌肉、皮下组织、心脏及肠道浆膜有出血点。脾脏肿大,斑点出血。肾脏轻度肿胀,色泽变淡。法氏囊和胸腺明显萎缩。

(五)诊　断

根据流行病学、典型症状和病变可作出初步诊断,确诊需进行病原分离和血清学等实验室诊断。取病鸡或病死鸡的肝脏,制备 1:5～1:10 悬液,3 000 r/min 离心 30 min,取上清液按每毫升加入青霉素、链霉素各 500～1 000 IU,置 37 ℃温箱作用 30 min,接种于 5 日龄腺病毒阴性鸡胚卵黄囊内,5～10 d 鸡胚死亡,见胚胎有出血,肝脏坏死,并有包涵体。若对鸡群进行抗体检测,可用 ELISA、琼脂扩散试验、中和试验等,但应测定发病期和恢复期双份血清才有现实诊断意义。也可用荧光抗体进行诊断。

(六)防　治

对于本病,目前尚无有效疫苗和药物,防治本病须采取综合性防治措施。

自测训练

1. 产蛋下降综合征的症状和病理变化特点,与鸡类症病的鉴别要点。
2. 禽腺病毒感染的诊断与防治要点。

任务 10　禽网状内皮组织增殖症

禽网状内皮组织增殖症(RE)是由网状内皮组织增殖症病毒(REV)引起的一组综合征,以贫血、生长缓慢、消瘦和多种内脏器官肿瘤性增生、胸腺和法氏囊萎缩、腺胃炎为特征。本病可导致免疫功能下降或免疫抑制,严重影响其他疫苗的免疫效果和引起混合感染。另外,REV 常常污染其他禽类疫苗而造成严重损失。

1958 年,美国从怀疑患白血病的火鸡群中分离到第一株 REV,目前该病呈世界性分布。我国 1986 年从鸡群中分离到 REV,称 C4s 株,血清学调查也证明我国很多地区有较高感染率。我国将其列为二类动物疫病病种名录。

一、病　原

REV 群属反转录病毒科禽 C 型反转录病毒属,包括 REV-T 株、REV-A 株、雏鸡合胞体病毒(CSV)、鸭传染性贫血病毒(DIAV)和脾坏死病毒(SNV),目前已从世界各地分离到 30 多个毒株。虽然不同毒株的致病力不同,但都具有相似的抗原性,同属于一种血清型。病毒呈球形,直径为 100 nm,有囊膜,单股 RNA。REV 可以在鸡胚绒毛尿囊膜上产生痘样病变,并常能致死鸡胚。可在鸡胚、鸭胚、火鸡胚和鹌鹑胚等成纤维细胞培养物上增殖,一般不产生细胞病变。

REV 对热不稳定,37 ℃ 20 min 病毒感染性丧失 50%;37 ℃ 1 h 病毒感染性丧失 99%;在 -70 ℃ 和 -196 ℃ 可长期保存;在碱性条件下可被乙醚、氯仿灭活。

二、流行病学

(一)易感动物

易感动物包括火鸡、鸭、鹅、鸡和鹌鹑,此外还有野鸡和珍珠鸡等。

(二)传染源

病鸡和带毒鸡是本病传染源。病禽的泄殖腔排出物、眼和口腔分泌物中常带有病毒。据报道正常鸡群的带毒现象很普遍。用污染 REV 的疫苗接种鸡在本病的传播上具有重要作用。

(三)传播途径

病毒可通过与感染鸡和火鸡接触而发生水平传播。也可通过鸡胚垂直传播,但垂直传播率比较低。

(四)流行特点

本病在商品鸡群中呈散在发生,在火鸡和野水禽中可呈中等程度流行。

自然发病为 80 日龄左右,发病率和死亡率不高,呈一过性流行,病程约 10 d;常因免疫功能下降而导致其他疾病的继发感染,加重病情,造成严重损失。

三、症 状

(一)急性网状细胞瘤

急性网状细胞瘤是由复制缺陷性 REV-T 株引起的。人工接种后潜伏期最短为 3 d,但死亡常发生于接种后 3 周左右。由于临床症状出现迅速,几乎见不到症状就已经死亡,病死率可高达 100%。病禽肝脏、脾脏肿大,表面有大小不等的灰白色弥漫性肿瘤,有时可见结节呈扣状;肠壁肿瘤增生,呈串珠状,腺胃肿胀,黏膜出血。病变还可见于胰、心、肾和性腺。

(二)矮小综合征

矮小综合征是指几种与非缺陷型 REV 毒株感染有关的非肿瘤病变,包括生长抑制、胸腺和法氏囊萎缩、外周神经(翼神经、颈神经和坐骨神经)肿大增粗、羽毛发育异常、肠炎和肝脏、脾脏坏死等。临床上患病鸡表现为明显的发育迟缓和消瘦苍白,羽毛粗乱稀少。非缺陷型 REV 感染鸡后常发生免疫抑制。

(三)慢性肿瘤

慢性肿瘤是由非缺陷性 REV 毒株引起的,慢性肿瘤可分为两类:第一类包括鸡和火鸡经漫长的潜伏期后发生的淋巴瘤,这种肿瘤与淋巴细胞性白血病的主要区别在于前者以淋巴网状细胞为主。第二类是指那些较短潜伏期的肿瘤,这些肿瘤的特征大多尚未进行深入研究。

四、诊 断

根据典型的肉眼病变和组织学变化可以作出初步诊断。但确诊还需进一步证明REV或抗REV抗体的存在。

病原学检查可取病禽的肿瘤组织悬液、全血、血浆等接种于易感的组织培养物中。组织培养物至少应坚持2次7 d的盲传代,观察细胞致病作用,并用抗REV的特异性血清检查免疫荧光抗原。按此法分离出来的病毒,可以腹腔接种于1日龄雏鸡,以复制典型病例和进一步做包括病毒中和试验在内的血清学分析加以鉴定。

血清学检查应用直接免疫荧光或病毒中和试验,可以检测感染禽血清或卵黄中的特异性抗体。间接免疫荧光试验可以检测出多数血清中的抗体。

本病应与马立克氏病或淋巴细胞性白血病相鉴别。肿瘤病变中如有淋巴网状细胞应认为对本病有相当诊断价值,因为这种细胞对后两种病都不是典型病变。

五、防 治

本病目前尚无有效的防治方法,加强饲养管理,严格执行兽医卫生措施,防止病原侵入,是唯一可行的方法。

自测训练

> 禽网状内皮组织增殖症的流行特点、症状、病变要点。

任务11 传染性鼻炎

鸡传染性鼻炎(IC)是由副鸡嗜血杆菌(HPG)引起的一种鸡的急性或亚急性呼吸道疾病。以发生鼻炎、结膜炎为特征。最先由Beach于1920年认定为一种独立的疾病。本病多见于雏鸡群和产蛋鸡群,造成淘汰鸡数量增加和产蛋量显著减少。许多养鸡国家和地区均有发生,我国20世纪80年代以来也有本病的报道。近几年来,该病发病率呈上升趋势,鸡群一旦感染本病,发病率高,产蛋率下降,可造成严重的经济损失。我国将其列为三类动物疫病病种名录。

一、病 原

本病病原系巴氏杆菌科、嗜血杆菌属的副鸡嗜血杆菌。该菌为革兰氏阴性小球杆菌,大小为$0.4 \sim 0.8 \ \mu m \times 1.0 \sim 3.0 \ \mu m$,在病鸡鼻窦分泌物中检出的本菌呈两极染色特性,不形成芽孢,强毒株可带有荚膜,无鞭毛。菌体形态呈多形性,在24 h培养物中为杆状或球杆状,并有成丝的倾向。培养48~60 h后发生退化,出现碎片和不规则的形态,此时将其移到新鲜培养基上可恢复典型的杆状或球杆状形态。鸡副嗜血杆菌为兼性厌氧

菌,对培养基营养的需求较高,在10%的二氧化碳条件下,在鸡血或巧克力琼脂培养基上于37 ℃培养24～48 h,发育成青灰色、半透明、光滑、边缘整齐、直径约0.3 mm的针尖状菌落,不溶血。含5%～10%鸡血清的糖发酵管,可测定本菌的生化特性。该菌分A、B、C 3个血清型,而且3个血清型有共同的抗原,HA抗原有致病性。

该菌离开机体后抵抗力非常弱。排泄物和组织在37 ℃其感染性可保持24 h,4 ℃可保持数天。在45～55 ℃于2～10 min死亡。一般消毒药均能将其杀死。

二、流行病学

(一)易感动物

鸡是副鸡嗜血杆菌的自然宿主,各种年龄的鸡都易感,尤其老龄鸡感染较为严重,4周龄以上的鸡最易感。出壳3～4 d的雏鸡有一定的抵抗力。而出壳7 d的雏鸡,以鼻腔内人工接种病菌常可发病。人工感染4～13周龄的鸡有90%以上出现典型症状。在较老的鸡中,潜伏期较短,而病程长。雉鸡、珠鸡、鹌鹑也能偶然发病。人工感染时,火鸡、鸭、鸽子、麻雀、乌鸦、兔子、小白鼠等均有抵抗力。

(二)传染源

病鸡及带菌鸡是传染源,带菌鸡是在鸡群中长期发生本病的重要原因。

(三)传播途径

本病主要通过飞沫、尘埃等经呼吸道传播,但也可通过污染的饮水、饲料等经消化道传播。

(四)流行特点

本病四季可发,但多发于冬、秋两季,尤其在冬季,气候突变,鸡舍的卫生条件差,鸡群密度过大,鸡舍通风不良,造成氨气浓度大,刺激鸡呼吸道黏膜和眼结膜,导致鸡的黏膜保护力下降,使得副鸡嗜血杆菌极易侵入机体,而导致发病。此外,若鸡群中潜伏有其他呼吸道传染病,如传染性支气管炎、支原体病、霉菌病等,均能增加本病的严重程度和持续时间。本病具有传播快、发病率高、死亡率低的特点。

三、症状

潜伏期一般为1～3 d。病初仅少数鸡流鼻汁,打喷嚏,几天后大批鸡感染,发病率可高达90%以上。病鸡精神沉郁,食欲减退。成鸡因鼻腔浆液性鼻汁蓄留而出现呼吸障碍和甩头等症状。随后一侧或两侧面部、眼睑和鼻窦肿胀。结膜发炎,有黏液或脓性干酪样分泌物堆积。严重的整个头部肿大。病程长的角膜混浊、失明。严重病例炎症蔓延到气管和支气管,出现呼吸困难。特别是公鸡,下呼吸道感染后,听到啰音。雏鸡发病常见张口呼吸,眼睑粘着,多因觅食和行动困难而饥饿、衰竭死亡,幸存雏鸡发育停滞或增重缓慢,弱残鸡增多。蛋鸡除表现成鸡症状外,开产期延迟,产蛋量显著下降。

四、病理变化

主要病变是鼻腔、眶下窦和眼结膜急性卡他性炎症,黏膜充血、肿胀,表面有大量黏液或脓性渗出物或干酪样坏死物。鼻黏膜固有层可见显著的肥大细胞浸润。有的气囊膜混浊增厚,面部皮下水肿,眼睑肿胀,结膜炎,角膜炎,结膜囊内有干酪样物。病程较长的可在气囊、腹腔和输卵管内见有乳黄色干酪样分泌物。

五、诊　断

根据流行特点、临床症状、病理变化,结合在培养基上呈"卫星"现象生长的菌落,可作出初步诊断。进一步确诊,可做病原分离、血清学试验以及 PCR 诊断技术。涂片镜检取眼或鼻窦分泌物涂片,革兰氏染色镜检,可观察到单个、成对、成短链状两极浓染的革兰氏阴性短杆菌。

注意与鸡支原体、传染性喉气管炎、传染性支气管炎、禽霍乱和维生素 A 缺乏症等鉴别。

六、防　治

(一)预防措施

杜绝引入病鸡和带菌鸡。平时加强饲养管理,改善鸡舍通风条件,做好鸡舍内外的环境卫生消毒工作。此外,应做到全进全出,禁止不同日龄的鸡混养;转群之前,做好鸡舍内环境消毒。鸡舍内氨气浓度过大是发生传染性鼻炎的重要原因,因此在冬季饲养时要注意解决保温和通风之间的矛盾。冬季气候比较干燥,干燥和不洁净的空气进入鸡舍很容易诱发鸡传染性鼻炎,可用 0.2% 过氧乙酸或次氯酸钠对鸡舍进行喷洒,净化空气。

筛选适合当地的疫苗菌株或多价疫苗进行免疫,将对预防和控制本病具有重要意义。目前使用的疫苗,根据所用佐剂的不同,可分为氢氧化铝胶疫苗、油乳剂疫苗,根据所用副鸡嗜血杆菌血清型的不同,可分为单价苗、双价苗和三价苗。

参考免疫程序:

种鸡:在 5 周龄时皮下或肌肉注射 0.5 mL 鸡传染性鼻炎三价疫苗;产蛋前 4 周进行二免。

肉鸡:在 5 周龄时皮下或肌肉注射 0.5 mL 鸡传染性鼻炎三价疫苗;视情况,可以进行二免。

(二)发病后处理措施

鸡群一旦发病,应及时隔离、消毒,并用药物或疫苗进行预防。每天对发病鸡舍进行带鸡消毒,及时清除场内和栋舍内的污物、杂草,加强饲养管理,注意通风、保暖,搞好鸡舍内外的环境卫生。通过血清学方法分离鉴定本地流行菌型,选择相应血清型疫苗进行紧急接种,如果确定不了菌型,则用多价苗进行免疫接种。治愈康复的鸡可能会长期带菌,不能留作种用,最好处理淘汰,以免继续传播病原菌。

治疗本病的首选药物为磺胺类药物。一般用复方新诺明或磺胺增效剂与其他磺胺类药物合用,或用 2~3 种磺胺类药物组成的联磺制剂均能取得较明显效果。用磺胺二甲氧嘧啶 3~7 d,或用双氢链霉素每天肌肉注射 2 次,连用 3~5 d。没条件做药敏实验的鸡场,可选用左旋氧氟沙星、氧氟沙星、强力霉素、氟苯尼考等药物。一般投药 5~7 d,可控制病情。各种抗菌药物必要时可轮换使用,以免产生抗药性。为缓解呼吸困难等症

状,可对症投服一些止咳平喘的中药制剂。用药时,选择良好的给药途径往往可以达到更佳的治疗效果,通常是药物饮水好于拌料,而拌料又好于肌肉注射。本病可能会复发。因此对已患了本病的鸡群,进行边治疗边用灭活疫苗接种,能有效地控制该病的复发。

自测训练

鸡传染性鼻炎的流行特点、症状、病变要点及防治措施。

任务 12 传染性喉气管炎

传染性喉气管炎(ILT)是由传染性喉气管炎病毒引起的鸡的一种急性、高度接触性呼吸道传染病,以呼吸困难、咳嗽、常咳出带血渗出物,喉头和气管黏膜肿胀、出血、糜烂及坏死为特征。雏鸡发病严重,死亡率较高。

本病最早于 1920 年发生于澳大利亚,现已遍及世界许多国家和地区,我国有些地区呈地方流行,给养鸡业造成较大的经济损失,是当前严重威胁养鸡业发展的重要呼吸道传染病之一。OIE 将其列为 B 类法定报告疾病名录,我国将其列为二类动物疫病病种名录。

一、病　原

传染性喉气管炎病毒(ILTV)属疱疹病毒科、α 疱疹病毒亚科中的鸡疱疹病毒 I 型。病毒的核酸类型为 DNA。病毒粒子呈球形,有囊膜,完整的病毒粒子直径为 195～250 nm。病毒在细胞内呈散在或结晶状排列。病毒主要存在于病鸡的气管及其渗出物中,肝、脾和血液中较少见。病毒易在鸡胚细胞培养基上生长,核内可见包涵体。病毒还可在鸡白细胞培养基上生长,出现以多核巨细胞为特征的细胞病变。

病毒对外界环境的抵抗力较弱,55 ℃ 10～15 min,3% 来苏儿或 1% 氢氧化钠溶液 1 min 都可将病毒杀死。病禽尸体内的病毒存活时间较长,在 −18 ℃ 条件下能存活 7 个月以上。

二、流行病学

(一)易感动物

本病主要侵害鸡,不同品种、性别和年龄的鸡均可感染,但主要发生于 2 月龄以上的鸡,4～10 月龄的成年鸡感染本病时多出现特征性症状。野鸡、山鸡和孔雀也易感。

(二)传染源

病鸡及康复后的带毒鸡是主要传染源。带毒鸡带毒时间可长达 2 年。

(三)传播途径

自然感染的门户是上呼吸道和眼结膜,也可经消化道感染。通过与感染鸡的排泄物、气管渗出物、鼻液以及死亡鸡直接、间接接触而发生感染。接种 ILT 活毒疫苗后可长时间排毒,易感鸡与接种活毒疫苗的鸡长时间接触也可感染本病。被污染的垫料、饲料和饮水,也可成为传播媒介,人员、车辆、家禽、啮齿类家畜及野生动物的活动也可机械传播。

(四)流行特点

本病四季均可发生,但以秋、冬及早春季节多发,多呈散发。该病传播较为迅速,全群感染 1 ~ 2 周,感染率可达 90% 以上,致死率一般为 10% ~ 20%。鸡舍过分拥挤,通风不良,饲养管理不当,感染寄生虫,缺乏维生素 A,接种疫苗,都是引起本病发生和传播的诱因,并能增加病鸡的死亡率。

三、症 状

(一)急性型(喉气管型)

本型主要发生于成年鸡,传播迅速,短期内全群感染。病鸡精神沉郁,食欲减少或废绝,鸡冠发绀,羽毛松乱,有时排绿色粪便。患鸡初期流出浆液性或黏液性泡沫状鼻液,眼流泪。随后表现为特征性的呼吸道症状,呼吸时发出湿性啰音,咳嗽。病鸡蹲伏,每次吸气时头和颈部向前向上,张口尽力吸气。严重病例高度呼吸困难、痉挛、咳嗽、咳出带血黏液,污染喙角及头部羽毛,打开鸡口腔,将其喉头用手向上顶,可见喉头周围有泡沫状液体,喉头出血,喉头被血痂或纤维蛋白凝块堵塞。病程一般为 10 ~ 14 d,康复后的鸡可能成为带毒者,产蛋鸡的产蛋量下降。

(二)温和型(眼结膜型)

本型主要发生于 40 日龄内鸡。病初眼角积聚泡沫性分泌物,流泪,眼结膜炎,不断用爪抓眼,眼睛轻度充血,眼睑肿胀和粘连,严重的失明。病程后期角膜浑浊、溃疡,鼻腔有分泌物。病鸡偶见呼吸困难,表现生长迟缓。病死率根据病毒的毒力、饲养管理条件,以及是否有其他微生物混合感染等而有所不同。

四、病理变化

(一)急性型(喉气管型)

本型特征病变在喉头和气管。在鼻腔和鼻窦中,可见有黏液性、脓性或纤维蛋白性渗出物。在喉和气管内有卡他性或出血性渗出物,呈血凝块状;或有纤维素性的干酪样物质,呈灰黄色,很容易从黏膜剥脱。随后,炎症向下蔓延到肺、气囊。鼻腔和眶下窦黏膜发炎、充血、出血、肿胀。产蛋鸡卵巢异常,卵泡变软、变形、出血等。

(二)温和型(眼结膜型)

本型有的病例单独侵害眼结膜,有的则与喉、气管病变合并发生。眼部周围肿胀,眼结膜充血、肿胀及出血。轻者,只出现眼结膜炎和眶下窦上皮水肿和充血。

五、诊　断

（一）临诊诊断

病鸡呼吸困难,张口呼吸,咳嗽和咯出血性黏液。主要病变为喉头和气管黏膜肿胀、出血、糜烂及坏死。

（二）实验室诊断

1. 病原诊断

（1）病原分离和鉴定。将喉、气管、支气管及其渗出物和鼻黏液处理后,接种 7 ~ 11 日龄鸡胚尿囊膜上或尿腔内接种 0.1 mL 待检的上清液,孵化 3 ~ 4 d,如待检液中存有病毒时,可在尿膜上形成大的白色肥厚的痘斑,尿腔内则形成不规则小痘斑。在尿膜形成痘斑的病毒,除 LITV 外,还有鸡痘病毒、鸡呼肠孤病毒和鸡腺病毒等,但后两者仅能在尿膜上接种时形成痘斑。

（2）动物接种。采取病鸡气管内渗出物或组织悬液,分别给易感染鸡和免疫鸡气管内接种,观察易感鸡是否发病,其症状、病变是否表现典型的鸡传染性喉气管炎症状和病变。同时观察免疫鸡是否发病。

2. 血清学诊断

目前有关鸡传染性喉气管炎的检测方法有中和试验、琼脂扩散试验、酶联免疫吸附试验和荧光抗体试验。

3. 病理组织学诊断

取鸡喉头黏膜上皮进行涂片,或者将病料接种于鸡胚培养后取鸡胚液涂片,经姬姆萨氏染色,在油镜下检查细胞核内有无包涵体。

（三）鉴别诊断

本病应注意与新城疫、传染性支气管炎和败血支原体病等相鉴别。见表4-2。

六、防　治

（一）预防措施

带毒鸡是本病的主要传染源之一,因此在防治上应坚持严格隔离、消毒等措施。另外,使用疫苗进行免疫会收到效果。如用弱毒疫苗进行滴鼻或点眼。由于制苗用的毒株多具有一定的残留毒力,因此,在疫苗接种后可引起少数鸡出现轻微的呼吸道反应,结膜潮红,流泪或轻微的呼吸道症状,如无其他病原微生物的混合感染,接种疫苗后的反应在 7 d 内即可消失;若鸡群中潜伏有支原体或副鸡嗜血杆菌等病原体时,疫苗反应持续 30 ~ 45 d 不等。若无法确定鸡群是否存在支原体或副鸡嗜血杆菌潜伏感染,在接种 LITV 活毒疫苗前 2 ~ 3 d,可先用对支原体或副鸡嗜血杆菌敏感的抗生素控制鸡群中的支原体或副鸡嗜血杆菌,以便减轻由于接种 LITV 疫苗引起的严重反应。

参考免疫程序:弱毒疫苗首免在 28 日龄左右,二免在首免后 6 周进行。免疫方法仅限于点眼或滴鼻。鸡群接种后可产生一定的疫苗反应,轻者出现结膜炎和鼻炎,严重者可引起呼吸困难,甚至死亡,因此所使用的疫苗必须严格按使用说明进行(未发生过该病或从未用过疫苗的地方应尽量不用弱毒疫苗,以免病毒扩散污染环境)。

近年来,由于分子生物学技术的发展。哈尔滨兽医研究所研制的鸡传染性喉气管炎和鸡痘基因工程活载体疫苗(简称喉痘二联疫苗)是以鸡痘病毒为载体,表达鸡传染性喉气管炎病毒gI基因的基因工程疫苗。该疫苗免疫反应很小,即使是被支原体污染的鸡群,在接种该疫苗时,也不会出现严重的免疫反应。

(二)发病后处理措施

及时隔离病鸡,并对鸡舍、饲养用具等进行严格消毒,加强鸡舍的通风换气,以减轻环境污染,防止水平传播。并视情况可对鸡群采取紧急免疫或一些对症治疗措施。如在饮水中加入一些止咳平喘的药物(溴乙新等)能减轻呼吸道症状。为防止继发感染,可在饮水中添加氧氟沙星或氟苯尼考等抗生素。

自测训练 ◢

1. 鸡传染性喉气管炎的流行特点、症状、病变要点及防治措施。
2. 鸡传染性喉气管炎与其他鸡呼吸道传染病的鉴别要点。

任务 13 鸡传染性支气管炎

鸡传染性支气管炎(IB)是由传染性支气管炎病毒(IBV)引起的鸡的一种急性、高度接触性呼吸道传染病。以气管啰音、咳嗽、打喷嚏、肾脏病变等为特征;产蛋鸡感染后出现产蛋量减少和蛋的品质下降等症状。患病鸡常因呼吸道或肾脏感染而引起死亡。IB在临床上以支气管型和肾型最为常见,近年来还出现了腺胃型、肠型及生殖道型等。

1930年,在美国首次发现本病,目前呈世界性分布,我国各地常有流行。IBV传染性强,而且血清型众多,新的变型又不断出现,给IB的诊治带来极大困难,对养鸡业生产造成了严重影响。OIE将其列为B类法定报告疾病名录,我国将其列为二类动物疫病病种名录。

一、病 原

鸡传染性支气管炎病毒(IBV)属于冠状病毒科冠状病毒属,为单股RNA病毒。多呈球形,有囊膜,直径约为90~204 nm,表面有杆状纤突,长约20 nm,呈放线状排列。IBV血清型已多达30种以上,而且新的血清型仍在不断出现。IBV抗原异常复杂,不同毒株在毒力、致病性和组织嗜性上存在很大差异,不同血清型毒株之间的交叉保护率较低或完全不能交叉保护。

该病毒对一般消毒剂比较敏感,如1%来苏尔、0.01%高锰酸钾、1%福尔马林、75%乙醇等均能在3~5 min内将其杀死。但对酸、碱有较强的耐受性。

二、流行病学

（一）易感动物

本病仅发生于鸡。各种年龄和品种的鸡均易感，但以雏鸡最严重，其中呼吸型以6周龄以下易感性最高，肾型则多于20～40日龄内发病，而腺胃型以10～90日龄的雏鸡和育成鸡最易感。

（二）传染源

传染源主要是病鸡和康复后带毒鸡，康复鸡可带毒35 d。

（三）传播途径

本病主要通过病鸡咳出的飞沫经呼吸道传播，也可通过病毒污染的饲料、饮水和用具等间接地经消化道传播。

（四）流行特点

本病发生无季节性，但以秋冬季多发，以气候寒冷的季节较为严重。腺胃型传支以夏秋多发。病毒的传染力极强，特别容易通过空气在鸡群中迅速传播，数日内即可波及全群。鸡群拥挤、鸡舍通风不良、冷应激、缺乏维生素和矿物质，以及饲料供应不足或配合不当，均可促使本病的发生。

三、症　状

（一）呼吸型

本型多在5周龄以下发病，除衰弱、精神不振等一般症状外，4周龄以下鸡常表现为伸颈、张口呼吸、咳嗽、打喷嚏、气管啰音等。5～6周龄以上的鸡症状较轻，表现气管啰音、气喘和微咳。产蛋鸡呼吸道症状温和，但会出现产蛋率下降，产软壳蛋、畸形蛋，蛋清稀薄如水并黏着于壳膜表面，蛋清与蛋黄分离。

（二）肾　型

本型多于20～40日龄内发病，10日龄以下、70日龄以上比较少见，临床上初期2～4 d有轻微呼吸道症状，随后表面康复，7 d左右开始排白色稀粪，迅速消瘦，饮水量增加。

（三）腺胃型

本型主要发生于20～80日龄，患鸡精神不振，重者沉郁，拉黄或绿色稀粪，有呼吸道症状，随病程发展，病情加重，中后期饮食明显减少，高度沉郁，消瘦，最后衰竭死亡。出现死亡时呼吸道症状变得相对较轻。随日龄增长，其易感性和死亡率均呈下降趋势。

（四）生殖道型

本型发生于产蛋鸡群，初期以呼吸道有"呼噜"声为主，可持续5～7 d，混合感染时出现咳嗽及甩鼻音。同时出现采食量下降，排稀软或水样粪便，产蛋下降，康复后也不能恢复至正常产蛋水平，同时蛋品质下降，壳变薄变粗糙，出现小型蛋、软壳蛋、畸形蛋及蛋壳褪色等。

（五）肠　　型

本型病鸡主要表现为脱水、剧烈水泻，还可出现呼吸道症状。对产蛋鸡致病力因毒株而异，可以是仅见蛋壳颜色变化而无产蛋量下降，也可以是产蛋量下降至10%～50%。

四、病理变化

（一）呼吸型

本型主要病变是气管、支气管、鼻腔和窦内有浆液性、黏液性和干酪样渗出物，气管下部黏膜充血、肿胀，有出血点，管腔内有透明黏稠液体；肺淤血，气囊混浊。产蛋鸡卵泡充血、出血、变形。18日龄内感染可造成输卵管发育异常，并造成永久性损伤。

（二）肾　　型

本型主要病变为肾肿大、苍白，为间质性肾炎变化，呈斑驳状的"花斑肾"。输卵管扩张，并和直肠、泄殖腔一样有多量尿酸盐沉积。

（三）腺胃型

本型初期病变不明显，病鸡极度消瘦，气管内有黏液。中后期腺胃明显肿大，约为正常时的3～5倍，腺胃乳头平整融和，轮廓不清，可挤出脓性分泌物，腺胃壁增厚，黏膜有出血和溃疡。十二指肠有不同程度的炎症变化及出血，盲肠扁桃体肿大。还可见肾脏肿大，法氏囊、胸腺萎缩等。

（四）生殖道型

本型初期气管内有黏液，卵泡充血、出血、变形，输卵管萎缩、变短，肠道卡他性炎症；恢复期输卵管则充血、水肿，卵巢萎缩，蛋清稀薄如水样。

（五）肠　　型

本型普遍脱水，气管中存在过多的黏液、血液，表皮肿胀，黏膜水肿。部分病例可见气管下部和支气管出现干酪样阻塞物、肾脏尿酸盐沉积、肿大、输卵管发育不全等病变。少见肠组织的明显病变，进一步病理组织学检查可见有些肠组织特别是直肠组织出现以淋巴细胞、巨噬细胞等局灶性浸润为特征的炎症变化，在肠道组织还可见绒毛顶端上皮细胞脱落和黏膜下层充血病变。

五、诊　　断

（一）临诊诊断

根据雏鸡或幼鸡的急性高度接触性呼吸道感染、肾脏或腺胃病变、高度病死率和母鸡产蛋量显著下降、产出畸形蛋等病史及剖检所见可作出初步诊断。确诊需进行实验室诊断。

（二）实验室诊断

1. 病毒分离

取病鸡支气管分泌物或组织（其他型可相应取肾脏或腺胃）做悬液，每毫升加青霉素

和链霉素 1 万 IU,置 4 ℃冰箱过夜。经尿囊腔接种于 9 ~ 11 日龄鸡胚,经几次继代后可致死鸡胚并出现特异性的卷曲胚或用上述悬液接种于鸡胚气管组织培养物中,发现气管纤毛运动停止即可证明有病毒存在。用原始样品或第 1 代组织培养液接种于易感小鸡,18 ~ 36 h 可出现典型的呼吸道症状。

2. 血清学试验

分别采集病初和 2 ~ 3 周后的双份血清,同时检测血清中对 IB 病毒的中和抗体,如果第 2 次(康复期)血样抗体效价高于第 1 次血样 4 倍以上,即可确诊为本病。将气管上皮涂片用荧光抗体法可检出 IB 病毒抗原。其他检测抗体方法还有琼脂扩散、血凝抑制、间接血凝和酶联免疫吸附试验(ELISA)等。

(三)鉴别诊断

在临诊诊断上应注意与新城疫、传染性喉气管炎、传染性鼻炎、慢性呼吸道病、禽流感和减蛋综合征等疾病相区别。

六、防 治

(一)预防措施

防止病毒的侵入,对鸡进行隔离饲养,限制管理人员出入鸡舍。对鸡舍、用具、衣鞋等物进行严格消毒。由于病毒可随风传播,所以不仅要对本鸡群、鸡舍进行卫生管理,而且还要在周围地区建立卫生管理体制,对鸡群进行预防接种。

目前国内常用的 IB 疫苗包括弱毒苗和灭活苗,其中弱毒苗主要是使用由 M_{41} 株致弱的血清型如 H_{52}、H_{120} 和 Ma5 等,已得到广泛使用。H_{120} 株毒力较弱,对雏鸡安全;H_{52} 毒力较强,适用于 20 日龄以上鸡;Ma5 用于肾型 IB,1 日龄及 15 日龄各免疫 1 次。活苗能有效地激发体液和细胞免疫,使用方便,成本低,但有出现毒力返强或变异强毒株的隐患;H_{52}、H_{120} 对变异型 IB(肾型、腺胃型)的交叉免疫保护比较差,因此在养鸡生产中要注意使用相应型的 IB 灭活疫苗,才能有效控制相应型的 IB。此外 IB 灭活疫苗安全性好,不存在散播病原和毒力返强的问题,且能激发良好的体液免疫反应。其中油乳剂灭活苗和组织灭活油剂苗较为常用,可用于各种日龄鸡,多价油乳剂灭活苗及和其他病毒的联苗可在一定程度上扩大其应用,如 ND-腺胃型 IB、ND-肾型 IB、肾型 IB、ND-IBD-AI 等。灭活苗的缺点是使用剂量大,需与佐剂配合使用,成本较高。由于 IBV 血清型众多,应因地制宜地选择合适的疫苗,实施合适的免疫程序,以取得好的预防效果。

参考免疫程序:5 ~ 7 日龄,采用 H_{120} 滴鼻点眼,同时可用 IB 多价苗油苗注射;25 ~ 35 日龄,用 H_{52} 二免;种鸡在 2 ~ 4 月龄用 H_{52} 苗再接种一次。100 ~ 140 日龄种鸡用 ND-IBD-IB(多价)三联苗加强免疫;220 ~ 280 日龄种鸡用 ND-IBD-IB(多价)三联苗加强免疫。产蛋鸡在产蛋期间注意安排时间进行 H_{120} 弱毒苗免疫,以增强呼吸道黏膜对 IBV 的保护力。

(二)发病后处理措施

本病尚无特效疗法,一旦发现应及时隔离患病鸡,并对鸡舍和其他饲养用具进行严格消毒。同时对发病鸡群视情况而定,可采取紧急免疫或一些综合性措施,以缓解病情。

如对因治疗,可以在饮水里加入黄芪多糖,并用干扰素作肌肉注射,对干扰 IBV 的复制有一定的作用。对症治疗可采取如下措施:如发生肾型 IB 时,为了消除肾脏炎症,可在饮水中加入肾肿解毒药和电解多维;发生呼吸道型 IB 时,为了缓解鸡的呼吸道症状,可在饮水中加入一些止咳平喘的药物。

自测训练

1. 雏鸡传染性支气管炎的典型症状、病理变化及防治措施。
2. 传染性支气管炎与其他鸡呼吸道传染病的鉴别要点。

任务 14　鸡败血支原体感染

鸡败血支原体感染又称鸡慢性呼吸道病,是由鸡败血支原体(MG)引起的鸡和火鸡的一种慢性呼吸道传染病。临床上主要以咳嗽、流鼻涕、呼吸啰音、喘气、窦部肿胀为特征。该病发展慢,病程长,在鸡群长期蔓延。虽死亡率低,但患鸡生长缓慢,存活率、活重下降,料肉比提高。蛋鸡产蛋率下降,种蛋孵化率、出雏率降低。

本病呈世界性分布,国内也很普遍,近 50 年来由于鸡只的高度集中,以及随之而来的饲养管理条件和环境条件的改变,鸡败血支原体的危害性越来越突出,给养禽业造成重大的经济损失。OIE 将其列为 B 类法定报告疾病名录,我国将其列为二类动物疫病病种名录。

一、病　原

鸡败血支原体又称鸡毒支原体、鸡败血霉形体等,为支原体科支原体属成员。鸡败血支原体多呈球形或卵圆形,有时为棒状或球杆状,直径约 $0.25 \sim 0.5$ μm,无细胞壁,在电镜下形态不一,有的为圆形,有的呈丝状,用姬姆萨氏染色法着色良好,革兰氏染色呈弱阴性。培养时对营养要求较高,在牛肉浸液培养基中需加 10% ~15% 灭活鸡血清或猪血清,再加 1% 酵母浸膏、酪蛋白的胰酶水解物和葡萄糖,在 37 ℃潮湿环境下培养 5 ~6 d 后可出现光滑、圆形、透明细小的菌落。本支原体也能在 7 日龄鸡胚的卵黄囊内生长繁殖,通常在 5 ~7 d 内死亡。本支原体能溶解马红细胞及凝集鸡、火鸡的红细胞。

该支原体对外界环境的抵抗力不强,在 20 ℃左右的室温下可存活 7 d,加热很容易杀死,45 ℃ 1 h、55 ℃ 20 min 即可失去毒力。在低温下能长期保存。常用的消毒药可迅速杀死。鸡败血支原体对新霉素、多粘菌素、磺胺类和青霉素有抵抗力;对喹诺酮类抗生素和泰乐菌素比较敏感。

二、流行病学

(一)易感动物

鸡和火鸡是该病的主要宿主,不同年龄的鸡和火鸡都能感染本病,以 4 ~8 周龄时最

易感,火鸡发病多见于 5 ~ 16 周龄。成鸡多为隐性感染。纯种鸡比杂种鸡易感,火鸡比鸡更易感染。其他禽类如野鸡、鸭、鹅、珍珠鸡、孔雀等也有易感性。

(二)传染源

病鸡、隐性感染鸡、带菌鸡和带菌种蛋是主要传染源。

(三)传播途径

病原体通过呼吸道和消化道传播,但垂直传播为主要传播途径,成为鸡场连绵不断流行本病的主要原因。感染公鸡的精液可通过配种和授精传播本病。

(四)流行特点

本病四季可发,但以寒冷的冬春季节较严重。雏鸡多呈急性,发病率为 10% ~ 50%,成年鸡多呈慢性,散发。该病的发病率高,死亡率 10% ~ 30%。鸡舍内通风不良、拥挤、卫生不良、潮湿、营养不良、气雾免疫、气候突变及寒冷等,都可使病情加重。鸡群同时受到其他病原微生物和寄生虫侵袭时,可促使本病暴发和复发。

三、症 状

本病多为隐性感染。鸡感染败血支原体后,一般仅表现轻微的呼吸道症状,偶尔可见于鼻孔周围附着污染物。由于饲养管理不良和环境条件因素的影响,尤其是和其他病原微生物混合感染时,还可出现明显的呼吸道症状,病鸡打喷嚏、咳嗽、张口呼吸,鼻液增多,流浆液性或脓性鼻液,鼻孔堵塞,妨碍呼吸,频频摇头或发出啰音。继之发生鼻炎、窦炎及结膜炎,鼻腔和眶下窦中蓄积渗出物,眼湿润、流泪。眼睑肿胀,眼部突出如肿瘤状。患禽一侧或双侧眶下窦发炎、肿胀。严重时眼睛张不开,食减,生长发育迟缓,逐渐消瘦。常有鼻涕堵塞鼻孔,有时鼻孔被黏液混合物堵满,病禽频频摇头急于甩掉。有时关节发炎出现跛行。

本病一般呈慢性经过,病程可长达 1 个月以上。仔鸡的病死率较高,成年鸡症状较缓和,常呈隐性感染。母鸡还表现为产蛋减少、孵化率下降、弱病雏增加等。火鸡感染主要表现为眶下窦肿胀和呼吸困难。

四、病理变化

单纯感染败血支原体的病例,其病理变化主要表现在呼吸道,有时也出现在输卵管。呼吸道的变化轻重不一,轻微的不易察觉,仅发现鼻孔、鼻窦、气管和肺部出现比较多的黏性液体或者卡他性分泌物,气管壁略水肿。自然感染的病例多为混合感染,可见到呼吸道黏膜水肿、充血、肥厚,窦腔内充满黏液和干酪样渗出物。症状严重时炎症可波及肺和气囊,早期气囊轻度混浊,表面有增生的结节状病灶。随着病情的发展,气囊膜增厚,囊腔内含有大量干酪样渗出物。在严重的慢性病例,眶下窦和结膜发炎,窦腔内积有混浊黏液或干酪样渗出物,有时炎症蔓延到眼部,可使一侧或两侧眼部肿大,眼球被破坏,在眼结膜中能挤出灰黄色干酪样物质。

五、诊 断

根据本病的流行情况、临床症状及病理变化可作出初步诊断。但应注意与鸡传染性支气管炎、鸡传染性喉气管炎及传染性鼻炎等呼吸道传染病相区别。本病的确诊必须进行病原分离鉴定及血清学检查。血清学检查方法目前有凝集试验(包括全血凝集反应和快速平板凝集反应)和血凝抑制试验两种。

六、防　治

(一)预防措施

目前国内使用的支原体疫苗主要有鸡毒支原体油佐剂灭活苗和鸡毒支原体弱毒疫苗。各种浓缩灭活疫苗有一定的免疫力,但免疫期较短。弱毒疫苗经鼻接种后,安全有效,能抵抗强毒的侵害,免疫鸡产下的卵也不带菌。参考免疫程序为:1 周龄接种鸡支原体冻干弱毒苗;7 ~ 15 日龄雏鸡颈部皮下注射 0.2 mL 鸡毒支原体油佐剂灭活苗,10 周龄重新接种 1 次 0.5 mL 鸡毒支原体油佐剂灭活苗。同时,注意搞好传染性法氏囊病、传染性支气管炎、传染性喉气管炎、新城疫和传染性鼻炎的免疫接种,防止鸡体的呼吸道黏膜受到损伤,这也是预防慢性呼吸道病的关键。

防治该病除了依靠疫苗免疫外,还应该采取综合性的防治措施。尽可能做到自繁自养,平时加强饲养管理,消除引起鸡体抵抗力下降的一切因素。鸡场饲养密度不能过大,鸡舍要通风良好,阳光充足,防止受凉,饲料配合要适当,定期驱除寄生虫,并经常注意鸡舍的消毒。在育雏期,应防止其他疫病的侵入造成混合传染,而引起严重的支原体病。接种弱毒疫苗时,要注意鸡的健康情况,特别是对有本病污染的幼雏不能用气雾方法进行鸡新城疫和传染性支气管炎疫苗的接种,以免激发鸡支原体病。为了控制本病,必须从培养无支原体病的健康种鸡群(场)着手,采用检疫结合投药方法消灭本病。首先用凝集反应法选出阴性鸡,待投予 1 ~ 2 个疗程的抗生素后,抽检部分鸡,如鸡群无阳性反应鸡出现时,即可采卵。如有阳性反应鸡出现时,可根据情况再进行投药,然后复检,剔除阳性反应鸡。在采卵过程中,对母鸡每月投药一次。以此种卵孵出的鸡雏作为第一代的假定健康雏。建立无病群后,还应严格执行消毒隔离制度,防止病原传入,并定期作血清学检查。一般鸡场应采用"全进全出"的方式饲养,并空舍 1 ~ 2 周,两次消毒后再进新鸡。

(二)治　疗

喹诺酮类抗生素(如左旋氧氟沙星、沙拉沙星、氧氟沙星、洛美沙星、环丙沙星等)、大环内酯类抗生素(替米考星、泰乐菌素等)和四环素类抗生素(强力霉素)对本病均有良好的治疗效果,特别是对临床症状轻微的鸡,效果较为明显。但是抗生素只能控制病原体在体内的活动,减轻症状,不能完全根除病原体,特别是呈潜伏状态的病原体。投药后经一定时间虽可降低血检阳性率,控制本病的暴发和蔓延,但药物必须是全群投给,停药后,感染鸡往往仍可发病。

自测训练 ■

1. 鸡败血支原体感染的流行特点及防治措施。
2. 鸡败血支原体感染与其他鸡呼吸道传染病的鉴别诊断要点。

任务 15　禽曲霉菌病

禽曲霉菌病是由曲霉菌引起的多种禽类的一种真菌性疾病。尤以幼禽最易感染,并可呈急性爆发,发病率和死亡率都较高,成年禽则多为散发。其主要特征表现在呼吸系统,肺和气囊发生炎症,并形成霉菌结节,故又称曲霉菌性肺炎。

本病呈世界性分布,常在孵化室呈爆发性流行,对雏鸡的危害最大,可引起幼雏大批死亡,给养禽业造成巨大损失。

一、病　原

曲霉菌是一种由菌丝形成的真菌,自然界分布广泛,各种环境中都可发现。常见致病性最强的为烟曲霉菌,还有黄曲霉、黑曲霉、构巢曲霉、土曲霉、青霉菌等。曲霉菌的形态特征是分生孢子呈串珠状,在孢子柄膨大形成烧瓶形的顶囊,囊上呈放射状排列。烟曲霉的菌丝呈圆柱状,色泽由绿色、暗绿色至熏烟色。本菌为需氧菌,在沙堡弱氏葡萄糖琼脂培养基上,菌落直径 3 ~ 4 cm,扁平,最初为白色绒毛状结构,逐渐扩延,迅速变成浅灰色、灰绿色、熏烟色以及黑色。在沙堡氏、马铃薯等培养基上生长良好,接种后 24 ~ 30 h 可产生孢子,菌落呈面粉状、淡灰色、深绿色等,而菌落周边仍呈白色。曲霉菌能产生毒素,可使动物痉挛、麻痹、组织坏死和致死等。

本菌抵抗力很强,一般自然条件的冷热干湿均不能破坏其孢子的生活能力。120 ℃干热 1 h 或在 100 ℃沸水中煮沸 5 min,才能使其失掉发芽能力。曲霉菌对一般消毒药抵抗力较强,2% 甲醛 10 min、3% 石碳酸 1 h、3% 苛性钠 3 h,仅能使其孢子致弱。

二、流行病学

(一)易感动物

本病可发生于各种禽类,常见鸡、火鸡及水禽,野鸟、动物园中的鸟以及笼养鸟也偶有发生。但多发生于 4 ~ 12 日龄的雏鸡,尤其是在 1 ~ 4 日龄左右的雏鸡。常呈急性爆发,发病率很高,死亡率也较高,成年禽散发,多呈慢性。哺乳动物如牛、马、猪和人较少感染。

(二)传播途径

本病可通过多种途径感染。常因接触霉变饲料和垫料经呼吸道或消化道感染。在孵化过程中,曲霉菌可穿透蛋壳进入蛋内,引起胚胎死亡或雏鸡感染。此外,肌肉注射、静脉注射、眼睛接种、气雾、阉割伤口等也可成为感染途径。

（三）流行特点

本病多发于阴凉、潮湿、多雨季节，常呈急性爆发，发病率很高，死亡率也较高。鸡群饲养密度过大、通风不良、卫生条件差、营养不良等是本病爆发的重要原因。

三、症　　状

1月龄以内的雏禽多呈急性经过，其潜伏期一般为2~7 d。

（一）急性型

本型病禽初期常无特征症状。仅表现为精神不振，食欲减少，继之出现口渴，频频饮水，羽毛粗乱，两翼下垂，闭目无神。病程稍长者，表现呼吸困难，伸颈张口呼吸，时常发出啰音及哨音，有时摇头连续打喷嚏，接着出现腹式呼吸，两翼扇动，口黏膜和面部青紫，最后窒息而死。少数禽出现神经症状。鸭、鹅的症状不如鸡明显。患眼曲霉菌病的雏禽，初期结膜充血肿胀，继而出现眼睑肿胀。

（二）慢性型

本型病禽多数是原来发病较轻而耐过的急性病雏，部分是中禽和成禽。幼禽表现生长发育不良，羽毛蓬乱无光，不爱运动，闭目呆立，眼窝下陷，步行不稳，有的口腔黏膜出现溃疡，逐渐消瘦而死亡。成禽停止产蛋或产蛋量下降，有时出现跛行。病程可达2周以上，死亡率一般为5%~50%。

四、病理变化

（一）急性型

本型病理变化主要表现在呼吸系统的肺脏和气囊。肺脏表面有散在或密集的针头大、小米大、绿豆大乃至豌豆大灰白色或淡黄色结节，易于从周围组织剥离。有时数个或十几个结节融合在一起而形成坏死灶。有的肺表面呈黄白色或粉土色硬团，切开内部包有干酪块。许多病例有不同时期的小叶性或大叶性肺炎，并分布有很多大小不等的灰白色或黄白色结节。气囊壁增厚，气囊内常含有灰白色或黄白色的炎性渗出液或脓汁，继之变成凝乳块样，最后形成大小不等的干酪块。结节还可见于肝、脾、肾、卵巢的表面。

（二）慢性型

本型干酪样结节变大，数量更多，气囊壁肥厚，结节融合成大块干酪样病灶。随着病程的延长，在气囊、气管、支气管、肺脏及腹膜表面形成大小不一的霉菌斑，菌斑上有灰绿色粒状物或绒球状物。

五、诊　　断

（一）临诊诊断

幼禽多发且呈急性经过，饲料、垫草发霉，病禽呼吸困难，张口呼吸，喘气，有浆液性鼻漏。在肺、气囊等部位可见灰白色结节或霉菌斑块。

（二）病原检查

取霉菌结节少许，置载玻片上，滴 1~2 滴 10% 氢氧化钠溶液，用细针将其弄碎，压盖盖玻片，显微镜观察。若见曲霉菌的菌丝及孢子，即可确诊。必要时可无菌采集样品直接涂布于适宜的真菌培养基上作病原分离培养。也可把样品放入生理盐水中，用组织捣碎机短时捣碎后划线接种于真菌培养基表面。接种后的培养基置于 27 ℃ 和 37 ℃ 两种温度下培养 7~14 d，观察菌落的形态，镜检菌丝和孢子的形态结构可得到证实。

（三）鉴别诊断

应注意与禽结核、传染性鼻炎、鸡毒支原体感染、传染性喉气管炎、传染性支气管炎相鉴别。

六、防 治

（一）预防措施

加强饲养管理，搞好禽舍内环境卫生，勤通风换气，防止潮湿和积水。不用发霉饲料。尤其是阴雨季节，防止霉菌污染环境、种蛋、孵化器等。育雏室内保持清洁卫生，育雏之前应对禽舍进行彻底的消毒，充分通风换气之后进行育雏。

（二）扑灭措施

发现疫情时，须及时隔离病雏，清除垫草，消毒地面，铲取地面一层土后，用 20% 石灰乳彻底消毒，更换新垫料。

本病目前尚无特效的治疗方法。据报道用制霉菌素防治本病有一定效果。在常患本病的禽场，进入阴雨潮湿的季节时，用制霉菌素按每 100 只用 50 万 IU，拌在饲料中喂给，每日 2 次，连用 2~4 d，可收到良好的预防效果。治疗剂量可加倍，病重时直接灌服，每日 3 次，每次 1 万~3 万 IU，连用 3~5 d。口服克霉唑，每次 20 mg/kg 体重，每日 3 次。或用 1∶3 000 的硫酸铜溶液作饮水，连用 3~5 d，有一定的疗效。

自测训练

禽曲霉菌病的诊断和防治要点。

任务 16 禽霍乱

禽霍乱又称禽巴氏杆菌病、禽出败，是由多杀性巴氏杆菌引起鸡、鸭、鹅和火鸡等禽类的一种急性、败血性传染病。主要特征是急性病例表现为突然发病、下痢，出现急性败血症症状，慢性病例发生肉髯水肿及关节炎。

该病在世界上大多数国家都有分布，是家禽常见病之一，呈散发性流行。在我国，广大农村的鸡、鸭群中时有发生，是一种目前尚无很好防治办法而又造成重大经济损失的禽类疾病。OIE 将其列为 B 类法定报告疾病名录，我国将其列为二类动物疫病病种名录。

一、病　原

禽霍乱的病原体为多杀性巴氏杆菌。另参考猪巴氏杆菌病病原。

二、流行病学

（一）易感动物

本病对各种家禽,如鸡、鸭、鹅、火鸡等都有易感性,但鹅易感性较差,各种野禽也易感。

（二）传染源

本病的传染源主要是病禽和带菌禽。

（三）传播途径

本病可以通过消化道、呼吸道和黏膜或皮肤外伤感染。

（四）流行特点

四季可发,但在高温、潮湿、多雨的夏秋两季,以及气候多变的春季多发。禽群拥挤、圈舍潮湿、营养缺乏,有内寄生虫,或长途运输等,是本病发病的诱因。

三、临床症状

自然感染的潜伏期由数小时到 $2 \sim 5$ d。

（一）最急性型

本型常见于流行初期,以肥胖和高产蛋鸡最常见。病鸡无前驱症状,晚间一切正常,吃得很饱,次日发病死在鸡舍内,有的下完蛋就死在蛋窝中。

（二）急性型

本病此型最为常见,病鸡主要表现为精神沉郁,羽毛松乱,缩颈闭眼,头缩在翅下,不愿走动,离群呆立。病鸡常有腹泻,排出黄色、灰白色或绿色的稀粪。体温升高到 $43 \sim 44$ ℃,减食或不食,渴欲增加。呼吸困难,口、鼻分泌物增加。鸡冠和肉髯变青紫色,有的病鸡肉髯肿胀,有热痛感。产蛋鸡停止产蛋。最后发生衰竭,昏迷而死亡,病程短的约半天,长的 $1 \sim 3$ d,死亡率高。

（三）慢性型

本型由急性不死转变而来,多见于流行后期。冠髯苍白,水肿,变硬。关节肿胀,关节腔内有干酪样物,跛行。有的慢性病鸡长期腹泻,病程可延长到几周甚至几个月,鸡群产蛋量下降。

鸭的急性型禽霍乱与鸡的基本相似。病鸭不断摇头,企图甩出分泌物,故鸭的禽霍乱又称为"摇头瘟"。

四、病理变化

(一)最急性型

本型死亡的病鸡无特殊病变,有时只能看见心外膜有少许出血点。

(二)急性型

本型病变较有特征性,病鸡的腹膜、皮下组织及腹部脂肪常见小点出血。心包变厚,心包内积有多量不透明淡黄色液体,有的含纤维素絮状液体,心外膜、心冠脂肪出血尤为明显。肺有充血或出血点。肝脏的病变具有特征性,肝稍肿,质变脆,呈棕色或黄棕色,肝表面散布有许多灰白色、针头大的坏死点。脾脏一般不见明显变化,或稍微肿大,质地较柔软。肌胃出血显著,肠道尤其是十二指肠呈卡他性和出血性肠炎,肠内容物含有血液。

(三)慢性型

本型因侵害的器官不同而有差异。当呼吸道症状为主时,见到鼻腔和鼻窦内有多量黏性分泌物,某些病例见肺硬变。局限于关节炎和腱鞘炎的病例,主要见关节肿大变形,有炎性渗出物和干酪样坏死。公鸡的肉髯肿大,内有干酪样的渗出物。母鸡的卵巢明显出血,有时卵泡变形,似半煮熟样。

五、诊　断

(一)临诊诊断

在温热、潮湿的季节里,根据多种禽类(鸡、鸭、鹅等)同时发病、死亡率高等流行病学特点,剖检时可见浆膜、黏膜出血和肝有坏死点等病理变化,可作出初步诊断,确诊需进行实验室诊断。

(二)病原诊断

1.涂片镜检

取病死禽心血、肝、脾等组织涂片,用美蓝或瑞氏染色法染色,显微镜检查,可见两极着色的卵圆形短杆菌。

2.细菌培养

病料分别接种鲜血琼脂、血清琼脂、普通肉汤培养基,置37 ℃温箱中培养24 h,观察培养结果。在鲜血琼脂平皿上,可长出圆形、湿润、表面光滑的露滴状小菌落,菌落周围不溶血,表面光滑,边缘整齐。在普通肉汤中,呈均匀混浊,放置后有黏稠沉淀,摇振时沉淀物呈辫状上升。菌落可作荧光特性检查。培养物作涂片、染色、镜检,大多数细菌呈球杆状或双球状,不表现为两极着色。必要时可进一步作培养物的生化特性鉴定。

3.动物接种

取病料研磨,用生理盐水做成1∶10悬液(也可用24 h肉汤纯培养物),取上清液0.2 mL接种于小鼠、鸽或鸡,接种动物在1~2 d后发病,呈败血症死亡,再取病料(心血、肝、脾等)涂片、染色、镜检,或作培养,即可确诊。

（三）鉴别诊断

注意与鸡新城疫、鸭瘟等相区别。

六、防 治

（一）预防措施

（1）预防本病的最关键措施是做好平时的饲养管理工作,避免或杜绝发病的诱因。

（2）养禽场严格执行消毒卫生制度,尽量做到自繁自养,引进种禽时,必须从无病禽场购买。新引进的鸡、鸭等家禽要隔离饲养半个月,观察无病时方可混群饲养。

（3）免疫接种。总体而言,禽霍乱疫苗的免疫效果不够理想。在禽霍乱常发或流行严重的地区,可以考虑接种疫苗进行预防。目前国内使用的疫苗有弱毒疫苗和灭活疫苗两种,弱毒疫苗有禽霍乱 731 弱毒疫苗、禽霍乱 G190E40 弱毒疫苗等,免疫期为 3 ~ 3.5 个月。灭活疫苗有禽霍乱氢氧化铝疫苗、禽霍乱油乳剂灭活疫苗等,免疫期为 3 ~ 6 个月。弱毒苗一般在 6 ~ 8 周龄进行首免,10 ~ 12 周龄进行再次免疫,常采用饮水途径接种。灭活苗一般在 10 ~ 12 周龄首免,肌肉注射 2 mL,16 ~ 18 周龄再加强免疫 1 次。此外,有条件的地区或养禽场,可用病禽肝脏做成禽霍乱组织灭活苗,一般是每只禽肌肉注射 2 mL,也可从病死鸡分离出菌株,制成氢氧化铝甲醛疫苗,用于当地禽霍乱的预防,可取得良好的免疫效果。

（二）扑灭措施

禽群一旦发生禽霍乱后,应积极进行治疗。同时对禽舍、饲养环境和饲养管理用具应彻底消毒或冲洗干净,及时清除粪便,堆积发酵沤熟后利用。将病死禽全部烧毁或深埋。如果发病数量较多,在防止病菌扩散的条件下,全部病禽进行急宰处理,肉经加工后利用,内脏、羽毛、污物等深埋。发病群中尚未发病的家禽,可在饲料中拌喂抗生素或磺胺类药物,以控制发病。

对禽霍乱有疗效的药物较多。青霉素、链霉素、土霉素、四环素、磺胺类药物、氟哌酸和喹乙醇等对本病均有较好的治疗效果。但巴氏杆菌在实际致病过程中存在一定的耐药性,因此最好根据药敏试验结果选用敏感的抗菌药物进行治疗,可收到良好的防治效果。

自测训练

1. 禽霍乱的临床症状和剖检病变有哪些?

2. 简述禽霍乱的综合诊断和防治要点。

任务 17　禽沙门氏菌病

禽沙门氏菌病是由不同血清型的沙门氏菌所引起的禽类急性或慢性疾病的总称。它包括鸡白痢、禽伤寒和禽副伤寒 3 个可以相互区分的疾病。其中鸡白痢由鸡白痢沙门

氏菌所引起,禽伤寒由鸡伤寒沙门氏菌所引起,这两种都有宿主特异性,主要引起鸡和火鸡发病。禽副伤寒则由除鸡白痢沙门氏菌、禽伤寒沙门氏菌以外的多种沙门氏菌所引起,能广泛感染各种动物和人类。目前受其污染的家禽及相关产品已成为人类沙门氏菌感染和食物中毒的主要来源之一。因此,禽副伤寒沙门氏菌病具有重要的公共卫生意义。OIE 将鸡伤寒、鸡白痢列为 B 类法定报告疾病名录,我国将鸡白痢、禽伤寒列为二类动物疫病病种名录。

一、病　原

鸡白痢沙门氏菌和鸡伤寒沙门氏菌无鞭毛,不能运动。鸡白痢、鸡伤寒沙门氏菌在普通培养基上生长贫瘠,禽副伤寒沙门氏菌在各种普通培养基上生长良好。在 SS 琼脂、远藤氏琼脂上形成与培养基颜色一致的淡粉红色或无色菌落。另参见猪沙门氏杆菌病病原。

二、流行病学

(一)易感动物

1. 鸡白痢

流行主要限于鸡与火鸡,其他家禽、鸟类可自然感染。各种品种、日龄和性别的鸡对本病均有易感性,但以 2 ~ 3 周龄以内的雏鸡发病率和死亡率最高,常呈流行性发生。随着日龄的增加,鸡的抵抗力也随之增强,3 周龄后的鸡发病率和死亡率显著下降。成年鸡感染后常呈局限性、慢性或隐形感染。不同品种、性别以及不同饲养模式下鸡只对本病的易感性有差异。如重型品种鸡比轻型品种鸡易感,褐羽产褐壳蛋鸡敏感,母鸡比公鸡易感,地面平养的鸡群比网上饲养的鸡群易感。

2. 禽伤寒

主要发生于鸡,且主要感染成年鸡和青年鸡,种鸡群如有禽伤寒阳性鸡,其后代 1 日龄即可出现死亡并持续到开产。火鸡、珠鸡、孔雀、雏鸭等也可自然感染。

3. 禽副伤寒

在家禽中最常见于鸡、火鸡、鸭、鸽子等,还可感染啮齿类、爬虫类及哺乳动物,引起多种动物的交互感染,并通过食品等途径传染给人,引起人的胃肠炎,甚至败血症,因此本病在公共卫生方面具有特别重要的意义。

(二)传染源

本病的传染源主要是病禽和带菌禽。

(三)传播途径

1. 鸡白痢

本病既可通过多种途径水平传播,也可垂直传播。经带菌蛋垂直传播是本病最重要的传播方式。隐性感染的母鸡排卵后卵子受到污染而使蛋带菌,造成蛋内感染。随着病雏胎绒的飞散,粪便的污染,孵化室、育雏室内的所有用具、饲料、饮水、垫料及其环境都被严重污染,即可造成本病的水平传播。感染雏多数死亡,耐过者及同群未发病的带菌雏,在长大后将有大部分成为带菌鸡,产出带菌蛋,又孵出带菌的雏鸡。因此有鸡白痢的种鸡场,每批孵出的雏鸡都会发生鸡白痢病,形成反复感染,循环发病,代代相传。

2.禽伤寒

可通过污染土壤、饲料、饮水、用具、车辆和环境等多种途径传播,但感染鸡通过种蛋将病菌传染给后代是本病最重要的传播途径。这种鸡还可通过排出的粪便经消化道途径将病水平传染给同群鸡。

3.禽副伤寒

可通过消化道等途径水平传播,也可通过蛋垂直传播。病愈禽成为带菌者。污染的饲料、饮用水和蛋壳成为主要传播媒介。其中饲料是禽副伤寒沙门氏菌很常见和很重要的传播媒介,各种饲料中以鱼粉的污染最常见。

(四)流行特点

1.鸡白痢

常呈流行性爆发。新发病的雏鸡死亡率可高达 100%,老疫区一般为 20% ~ 40%。随着日龄的增加,鸡对本病的抵抗力增强,如 4 周龄后的鸡发病率和死亡率显著下降。

2.禽伤寒

常呈散发,有时也会出现地方流行。老疫区的鸡的抵抗力相对新疫区要强。

3.禽副伤寒

常呈地方流行性。禽舍闷热、潮湿、卫生条件不好、过度拥挤,饲料缺乏维生素或矿物质等都有助于本病的流行。

三、临床症状

(一)鸡白痢

1.雏　鸡

雏鸡一般在 5 ~ 6 日龄开始发病,以后逐渐增多,于第二到第三周达到发病高峰。如蛋内感染,在孵化过程中可出现死胚、弱雏或在出壳后 7 d 内死亡。病雏怕冷寒,常成堆拥挤在一起,翅下垂,精神萎靡,不食,闭眼嗜睡。突出的表现是下痢,排出白色、糊状稀粪,胚门周围的绒毛常被粪便所污染,干后结成石灰样硬块,封住肛门,造成排便困难,排便时发出尖叫声。肺有较重病变时,表现呼吸困难及气喘症状。有的可见关节肿大,出现跛行。幸存的雏鸡大多生长很慢,发育不良。

2.中　鸡

中鸡多发于 40 ~ 80 日龄的鸡群。最明显的是腹泻,排出颜色不一的粪便,病程比雏鸡白痢长一些,本病在鸡群中可持续 20 ~ 30 d。

3.成年鸡

成年鸡一般呈隐性或慢性感染。但产蛋率下降,无产蛋高峰。种蛋受精率下降。部分鸡排白色稀便,鸡冠苍白。有的因卵巢炎症引起卵黄性腹膜炎,使腹部下垂呈囊状。

(二)禽伤寒

本病潜伏期 4 ~ 5 d,雏鸡和雏鸭感染后病状与鸡白痢相似。

（三）禽副伤寒

1. 雏禽

雏禽多蛋内感染或早期在孵化器内感染时有的在啄壳前或啄壳时就死亡，或出壳后最初几天发生死亡。各种雏禽的症状相似，主要表现为：嗜睡，垂头闭眼，翅下垂，羽毛松乱，食欲减少，饮水欲增加，白色水样下痢，泄殖腔粘有粪便，在靠近热源处拥挤在一起。雏鸡常有眼盲和结膜炎症状。雏鸭可见颤抖、呼吸困难、泄殖腔粘有粪便、眼睑常水肿。

2. 成年禽

成年禽有时表现为腹泻症状，一般为隐性带菌者，常不显症状。

四、病理变化

（一）鸡白痢

1. 雏鸡

育雏早期突然死亡的雏鸡，肝脏肿大、充血，并有条纹状出血。肺充血或出血。病程长的可见卵黄吸收不良，内容物呈带黄色的奶油状或干酪样。特征性病变是在肝、肺、心肌、肌胃、盲肠有坏死结节。脾脏肿大。肾脏充血或贫血，输尿管因充满尿酸盐而明显扩张。肠壁增厚，常有腹膜炎变化。盲肠膨大，有干酪样物堵塞。

2. 中鸡

中鸡突出的变化是肝明显肿大，有的较正常肝脏大数倍。淤血呈暗红色，或略呈土黄色，质脆易破，表面散在或密布灰白、灰黄色坏死点，有的肝被膜破裂，破裂处有凝血块，腹腔内亦有血块或血水。心肌上有数量不等的坏死灶。

3. 成年鸡

成年鸡主要变化是发生在生殖系统。卵巢最常见的病变为卵泡变形、变色和呈囊状，卵黄性腹膜炎及腹腔脏器粘连，常有心包炎。公鸡的病变仅限于睾丸和输精管，睾丸极度萎缩，有小脓肿，输精管管腔增大，充满黏稠的渗出物。成年公鸡和母鸡有的发生心包炎，心包液增多且浑浊，严重时心包膜增厚且不透明，极少数病鸡肝脏显著肿大，质地极脆，往往发生肝脏破裂，引起急性内出血，造成病鸡突然死亡。

（二）禽伤寒

病、死鸡肝脾肿大，充血变红。肿大的肝脏有时呈现淡绿色、棕色或古铜色。肝和心肌上面散布着一种灰白色的小坏死点。胆囊扩张，充满胆汁。有心包炎病变。卵泡发生出血、变形和变色。母禽常因卵泡破裂而引起腹膜炎。肠道有轻重不等的卡他性肠炎，小肠的炎症较重。

（三）禽副伤寒

病死的雏鸡肝脏淤血肿大，胆囊扩张，充满胆汁。病程长的病鸡死后可见消瘦、失水。卵黄凝固，肝和脾脏淤血，有出血条纹或针尖状灰白色坏死点。肾脏淤血，常有心包炎，心包液增多，呈黄色，含有纤维性渗出物。小肠有出血性炎症，以十二指肠最严重，盲肠扩张，肠壁中有时有淡黄色的干酪样物质堵塞。

五、诊　断

(一)临诊诊断

根据流行特点、症状与病变可作出初步诊断,确诊需进行实验室诊断。

(二)实验室诊断

1.病原诊断

(1)涂片镜检。无菌采取病雏鸡、死禽的肝、脾、肺、心血、胚胎、未吸收的卵黄、脑组织及其他有病变的组织;成年鸡取卵巢、输卵管及睾丸等组织作为病料。用病料涂片,经革兰氏或瑞氏染色后,镜检,沙门氏菌为革兰氏阴性的直杆状菌,无荚膜、芽孢,有鞭毛(除鸡白痢和鸡伤寒沙门氏菌外),具有活泼的运动性。

(2)分离培养。取病料直接接种在普通肉汤、营养琼脂平板、SS 琼脂平板或麦康凯琼脂平板、鲜血琼脂培养基上,37 ℃培养 18～24 h,在肉汤中呈轻度均匀混浊生长;在营养琼脂平板上生长贫瘠;在 SS 琼脂平板或麦康凯琼脂平板上长成圆形、光滑、湿润和半透明的无色小菌落;在鲜血琼脂平板上生长良好,菌落是灰白色,不溶血。

(3)生化反应。禽沙门氏菌能发酵葡萄糖、甘露醇,不发酵乳糖、蔗糖、麦芽糖(鸡伤寒沙门氏菌产酸,副伤寒沙门氏菌产酸产气),不产生吲哚,不分解尿素,产生硫化氢。

(4)动物接种。必要时可取分离菌液经口服或腹腔注射易感雏禽,若接种后的雏禽表现与自然病例相同的症状及病理变化,又从该病死禽中分离到沙门氏菌,即可确诊。

2.血清学诊断

对中鸡和成年鸡的鸡白痢、禽伤寒可用凝集试验进行诊断。目前我国大多数鸡场采用全血平板凝集试验对群体进行检疫。对于禽副伤寒慢性病鸡的生前诊断,目前还没有可靠的方法进行判定。

(三)鉴别诊断

临床上鸡白痢应注意与其他沙门氏菌、大肠杆菌、葡萄球菌感染相区别;禽伤寒应注意与鸡白痢、禽副伤寒、急性禽霍乱、大肠杆菌败血症相区别;禽副伤寒应注意与鸡白痢、大肠杆菌病、鸭病毒性肝炎、鸭瘟等相区别。

六、防　治

(一)预防措施

1.建立健康鸡群

坚持自繁自养,全进全出,严防病原传入。引进种鸡,需隔离观察,经检疫确认健康后方可混群。挑选健康的种鸡、种蛋,建立健康鸡群。

2.定期检疫

消灭种鸡群中的带菌鸡是防治本病的有效方法。种鸡群每年春秋两季用全血平板凝集试验进行定期全面检疫,检出的阳性鸡立即淘汰,净化鸡群。检测 1 次通常不能除去所有的感染鸡,要建立无白痢种鸡群应间隔 2～4 周检疫 1 次,直至连续两次均为阴性。

在大多数情况下可以通过短间隔检测,从鸡群消灭感染鸡,重检 2～3 次足以检出所有的感染鸡。

3. 加强卫生消毒

孵化用的种蛋必须来自健康种鸡群,要求种蛋每天收集 4 次(即 2 h 内收集 1 次),收集的种蛋放入种蛋消毒柜熏蒸消毒,然后再送入蛋库中贮存。种蛋入孵化器后进行第 2 次熏蒸,排气后按孵化规程进行孵化。当出雏约 60%～70% 时,对雏鸡进行消毒。鸡舍、一切用具及周围环境要经常清洗消毒,鸡粪要经常清扫,集中堆积发酵。

4. 药物预防

出雏后半月内可在饲料或饮水中轮换添加敏感药物进行预防。

(二)治疗措施

磺胺类、喹诺酮类和某些抗生素对本病均有一定疗效。这些药物使用后可减少雏禽死亡,但不能清除带菌鸡。磺胺类药物如磺胺二甲基嘧啶常与磺胺增效剂(TMP)按 5∶1 并用,每千克饲料加入 200 mg 该合剂,混饲,连用 2 周。由于磺胺类可抑制鸡生长,并干扰饲料、饮水的摄入,因此仅有短期经济价值。常用的敏感抗生素有:氟哌酸 0.1 g/kg 水,混饮,连用 7 d;环丙沙星 0.1 g/kg 水,混饮,连用 3～5 d;庆大霉素 50～100 mg/kg 水,混饮 4 d;氟苯尼考 50～100 mg/kg 水,混饮 4 d。此外,目前使用效果较好的药物还有恩诺沙星、氨苄青霉素等。沙门氏菌对抗微生物药物的耐药菌株已屡有发现,因此各类药物应交叉使用,用药前最好进行药敏试验。

【技能训练】 鸡白痢的检疫

一、训练目的

(1)掌握鸡白痢的病理剖检特征。
(2)掌握鸡白痢的血清学检疫方法(全血平板凝集试验)及其判定标准。

二、设备和材料

剪刀、镊子、酒精灯、酒精棉球、记号笔、洁净带凹槽的玻璃板、针头、橡胶乳头滴管(尖端每滴约 0.5 mL)、鸡白痢全血平板凝集抗原(为每毫升含 100 亿菌的悬浮液,其中有柠檬酸钠和色素)、鸡白痢阳性血清和阴性血清、70% 酒精、疑似鸡白痢病的成年病鸡和被检鸡、工作衣帽等。

三、内容及方法

(一)主要病理变化的观察

疑似鸡白痢病的成年母鸡最常见的病变为卵泡变形、色泽变暗,质地变硬,有时发生腹膜炎和心包炎。

（二）鸡白痢的检疫（全血平板凝集试验）

取一洁净带凹槽的玻璃板，用记号笔编号。将鸡白痢全血平板凝集抗原充分振荡后，用滴管吸取1滴（约0.5 mL）置于玻板凹槽内，随即以针头刺破被检鸡冠或翅下静脉，用接种环取血液1满环，立即与凹槽内的抗原混匀，扩散至整个凹槽，置室温（20 ℃左右）下或在酒精灯上微加温，2 min内判定结果。

（三）判定标准

如出现明显的颗粒或块状凝集为阳性反应（＋），如不出现凝集或呈均匀一致的微细颗粒或边缘由于干涸形成细絮状物为阴性反应（－），如不易判定为疑似反应（±）。

四、注意事项

（1）本实验只适用于成年母鸡和1岁以上公鸡的检疫，对雏鸡不适用。
（2）反应应在20 ℃左右进行。
（3）检疫开始时，必须用阳性和阴性血清对照。
（4）操作用过的器具，经消毒后方可再用。

自测训练

一、知识训练
1. 简述鸡白痢的诊断和防治要点。
2. 简述禽沙门氏菌病的公共卫生学意义。
二、技能训练
鸡白痢全血平板凝集试验。

任务18　禽大肠杆菌病

禽大肠杆菌病是由某些致病血清型或条件致病性大肠埃希氏杆菌引起的禽类不同疾病的总称。包括大肠杆菌性败血症、肉芽肿、肝周炎、输卵管炎、卵黄囊炎及脐炎等一系列疾病。该病是禽类胚胎和雏鸡死亡的重要病因之一。

本病最早由 Ligniers 于1894年系统报道并分离出病原。鸡敏感的大肠杆菌 O_{157} : H_7，也是引起人肠道出血的重要致病因子。因此，该病作为一种潜在的人兽共患病，具有重要的流行病学及公共卫生意义。随着养禽业的发展，该病在各养禽国家的流行日益严重，并导致巨大的经济损失。

一、病　原

该病病原是某些致病血清型或条件致病性大肠埃希氏杆菌。病原性大肠杆菌的许多血清型（如 O_1、O_2、O_4、O_{11}、O_{18}、O_{26}、O_{78}、O_{88} 等）可引起鸡发病。另参考猪大肠杆菌病病原。

二、流行病学

(一)易感动物

多种类型和各种年龄的禽均可感染大肠杆菌,以鸡、火鸡、鸭最为常见。1月龄前后的雏鸡发病较多,肉鸡较蛋鸡更易感。

(二)传染源

本病的传染源主要是病鸡和带菌鸡。鼠是本菌的携带者。

(三)传播途径

主要传播途径是呼吸道,但也可通过消化道、蛋壳穿透、交配感染等。

(四)流行特点

本病四季可发,但以冬春寒冷和气温多变季节多发。本病常与慢性呼吸道病、新城疫、传染性支气管炎、传染性法氏囊病、马立克氏病、曲霉菌病、葡萄球菌病、鸡副嗜血杆菌病、球虫病等混合感染,同时也与饲养管理、营养、应激等因素密切相关。

三、临床症状

(一)急性败血型

本型肉鸡较常见。病鸡常无特殊症状而突然死亡,部分肉鸡表现精神委顿,羽毛松乱,食欲下降或废绝,腹部胀满,出现白色或黄绿色下痢。

(二)卵黄性腹膜炎型

本型笼养蛋鸡较常见。病鸡消瘦,动作缓慢或小心移动,迅速陷入衰竭,有些病例出现神经症状。腹部触诊时,患鸡有痛感,腹部膨胀而下垂。

(三)大肠杆菌性肉芽肿

本型病鸡精神沉郁,食欲减退,活动减少或离群呆立,羽毛蓬乱,鸡冠暗紫色,有的鸡出现黄白色下痢。

(四)输卵管炎型

本型多见于产蛋期母鸡。病鸡精神委顿,鸡冠萎缩,食欲下降,排白色粪便,日渐消瘦,产蛋下降或停止,产畸形蛋和内含大肠杆菌的带菌蛋。

(五)卵黄囊炎和脐炎型

本型主要发生于孵化后期的胚胎及 1~2 周龄的雏鸡,死亡率为 3%~10%。表现为皮薄发红,脐部闭合不全,腹部大而下垂,排白色或黄绿色泥土样稀粪,出壳后第 1 天或病状延续几天后死亡。

(六)神经型

当细菌侵害大脑时,表现为头颈震颤,角弓反张,呈阵发性发作。

(七)眼炎型

当细菌侵害眼时,眼前房积脓,有黄白色的渗出物。

四、病理变化

(一)急性败血型

1. 纤维素性心包炎

心包腔中积有淡黄色液体,内有灰白色纤维素性渗出物,与心肌粘连,心包膜混浊、增厚,上有大量灰白色绒毛状或片状的纤维素性附着物,严重者心包膜与心外膜粘连。

2. 纤维素性肝周炎

肝脏肿大,表面有纤维素性渗出物,有时整个肝脏表面覆盖一层灰白色纤维素性薄膜。严重者肝脏渗出的纤维蛋白与胸壁、心脏、胃肠道粘连。脾脏肿大,呈紫红色。

3. 纤维素性腹膜炎

腹腔有数量不等的淡黄色腹水,并混有纤维素性渗出物。

(二)卵黄性腹膜炎型

剖检可见腹腔内积有大量卵黄,腹腔内或输卵管内常见有大小不等的淡黄色干酪样凝块。肠管或脏器间相互粘连。

(三)大肠杆菌性肉芽肿

剖检可见十二指肠、盲肠、肝脏、肠系膜、脾脏出现肉芽肿。重症病例还出现于心脏、肾脏、卵巢及皮肤等。肉芽肿小如米粒大至鸡蛋,呈黄白色。小者切面多汁,有弹性,呈放射状结构;大者中心坚硬,呈黄白色或灰黄色,其外有坚硬度各异的被膜,呈蓝灰色,有时大结节内还有许多小结节。肠管与邻近的盲肠因肉芽肿而粘连。

(四)输卵管炎

剖检可见腹腔内有淡黄色腥臭的混浊液体,并混有破损的卵黄,卵泡膜充血、出血、变形,有的卵泡皱缩,呈灰褐色。输卵管黏膜充血、出血、肿胀,内有多量分泌物。管壁极度扩张变薄,坏死,内有凝固卵黄和蛋白,并有许多灰白色纤维素性碎块,可闻到恶臭味。输卵管外观呈条索状或块状,并可随时间的延长而增大。病鸡输卵管邻近的肠系膜因受挤压而呈黑色。产蛋鸭、鹅也可能由于大肠杆菌从泄殖腔侵入而引起输卵管炎。

(五)卵黄囊炎和脐炎型

剖检可见脐环周围炎性肿胀,局部皮下胶样浸润,或由黏性物或出血性分泌物浸润。病灶近处腹壁水肿,呈紫红色,有时出现坏死灶。

(六)神经型

脑膜充血、出血,脑实质水肿,脑膜易剥离,脑壳软化。

(七)眼炎型

单侧或双侧眼肿胀,眼结膜潮红,严重者失明。镜检见全眼都有异染性细胞和单核细胞浸润,脉络膜充血,视网膜完全破坏。

五、诊　断

（一）临诊诊断

根据流行病学资料、临诊症状,尤其是特征性的病理变化,可以作出初步诊断。确诊需作病原菌的分离和鉴定。

（二）病原诊断

根据病型采取不同病料。

1. 涂片镜检

病料直接涂片,进行革兰氏染色,典型者可见单在的革兰氏阴性小杆菌,但有时在病料中很难看到典型的细菌。

2. 分离培养

如病料没有被污染,可直接用普通平板或血平板进行划线分离,如病料中细菌数量很少,可用普通肉汤增菌后,再行划线培养。如果病料污染严重,可用鉴别培养基划线分离培养后,挑取可疑菌落除涂片镜检外,还应作纯培养进一步鉴定。

3. 生化试验

乳糖发酵试验、靛基质试验阳性,柠檬酸盐利用阴性,硫化氢试验阴性。具体可参考"技能训练"大肠杆菌病的实验室检查。

对于已确定的大肠杆菌,可通过动物试验和血清型鉴定确定其病原性。在排除其他病原感染,经鉴定为致病血清型大肠杆菌,或动物试验有致病性者方可认为是原发性大肠杆菌病;在其他原发性疾病中分离出大肠杆菌时,应视为继发性大肠杆菌病。

（三）鉴别诊断

应注意与新城疫、禽流感等相区别。

六、防　治

（一）预防措施

1. 一般措施

场址应建立在地势高燥、水源充足、水质良好、排水方便、远离居民区和其他禽场、屠宰或畜产加工厂。搞好禽舍环境卫生。禽舍空气通畅,降低鸡舍内氨气等有害气体的浓度和尘埃,并定期消毒。加强饲养管理。及时淘汰处理病鸡。采精、输精严格消毒。保持营养平衡,保证饲料、垫料、饮水无污染,做好灭鼠工作。搞好其他常见病毒病的免疫,控制好支原体、传染性鼻炎等细菌病,建立科学的免疫程序,使鸡群保持较好的免疫水平。加强孵化厅、孵化用具的消毒卫生管理。种蛋孵化前进行熏蒸或消毒,淘汰破损明显或有粪迹污染的种蛋。

2. 疫苗免疫

目前已研制出针对主要致病血清型 $O_2 : K_1$ 和 $O_{78} : K_{80}$ 等的多价灭活疫苗。但鉴于大肠杆菌血清型较多,不同血清型抗原性不同,菌株之间缺乏完全保护,不可能针对所有养禽场流行的致病血清型,因此这种疫苗有一定的局限性。目前较为实用的方法是,在常发病的养禽场,可从本场病禽中分离致病性的大肠杆菌,选择几个有代表性的菌株制成自家(或优势菌株)多价灭活佐剂疫苗。在雏鸡 7 ~ 15 日龄、25 ~ 35 日龄、120 ~ 140 日龄各免疫 1 次,对减少本病的发生具有较好的效果。

(二)治疗措施

选择治疗药物时必须先进行药敏试验,尽量选择高度敏感的药物,避免同一药物连续使用,要采取"轮换"或"交替"用药方案,同时药物剂量要充足,可在发病日龄前 1 ~ 2 d 进行预防性投药,或发病后作紧急治疗。目前认为较为有效的药物有阿莫西林、环丙沙星或恩诺沙星、阿米卡星(丁胺卡那霉素)、金霉素、新霉素、庆大霉素、链霉素及磺胺类药物。

(1)阿莫西林:每升水加入 200 mg,混饮,连用 3 ~ 5 d。

(2)环丙沙星或恩诺沙星:每升水加入 50 mg,混饮,连用 3 ~ 5 d。

(3)阿米卡星(丁胺卡那霉素):每升水加入 30 ~ 120 mg,混饮;每千克饲料加入 40 mg,混饲;每千克体重 30 ~ 40 mg,肌肉注射。以上均连用 3 ~ 5 d。

(4)新霉素:每千克饲料加入 200 mg,混饲;或每升水加入 100 mg,混饮,连用 3 ~ 5 d。由于该药在肠道中不易吸收,只宜用于发病早期的预防性投药或大肠杆菌引起的肠炎治疗。

(5)四环素类药物:每千克饲料加入 200 ~ 600 mg,混饲,连用 3 ~ 4 d。

(6)抗感染中草药:黄连、黄芩、黄柏、秦皮、双花、白头翁、大青叶、板兰根、穿心莲、大蒜、鱼腥草等。

自测训练

1. 简述禽大肠杆菌病的综合诊断要点。

2. 如何防治禽大肠杆菌病?

任务 19 鸭 瘟

鸭瘟又称鸭病毒性肠炎,是由鸭瘟病毒引起的鸭、鹅和其他雁形目禽类的一种急性、热性、败血性传染病。本病流行范围广、传播迅速,发病率和死亡率可高达 90% 以上。

本病于 1923 年在荷兰首先发现,1940 年正式命名为鸭瘟,现已遍布世界绝大多数养鸭、鹅地区及野生水禽的主要迁栖地。在我国,1957 年首次发现于广东,现已广泛流行于我国华南、华中、华东养鸭业较发达地区,造成很大的经济损失。OIE 将其列为 B 类法定报告疾病病名录,我国将其列为二类动物疫病病种名录。

一、病 原

鸭瘟病毒属疱疹病毒科,疱疹病毒属。病毒粒子呈球形,有囊膜。为双股 DNA 病

毒。鸭瘟病毒无血凝活性。只有一个血清型，但各毒株之间的毒力明显不同。鸭瘟病毒广泛分布于病鸭的分泌物、排泄物、内脏器官、血液、骨髓中，其中以肝、脾、脑含病毒量最高。

本病毒对低温的抵抗力较强，对热、乙醚和氯仿敏感。对常用消毒剂敏感，0.1%升汞 10~20 min，75%乙醇 5~30 min，0.5%漂白粉、5%生石灰 30 min 均可致弱或杀死病毒。

二、流行病学

（一）易感动物

自然情况下，只有雁形目的鸭科成员（鸭、鹅、天鹅）对本病敏感。其中以番鸭、泥鸭（本地麻鸭与番鸭的杂交种）、麻鸭和绍鸭（小种鸭、蛋鸭）最易感，绵鸭（大种鸭、苏鸭或娄门鸭）和北京鸭次之。自然感染多见于成年鸭，尤其是产蛋母鸭的发病和死亡最为严重，1 月龄以内的雏鸭很少发病。

（二）传染源

本病的传染源主要是病鸭和隐性带毒鸭。

（三）传播途径

本病最主要的感染途径是消化道，也可通过呼吸道、眼结膜和交配而感染。在病毒血症期间，吸血节肢动物是潜在的传播媒介。

（四）流行特点

本病一年四季皆可发生，但各地因环境条件（如繁殖季节、饲养量及收购转运等）不同，情况略有差异，如华南地区以夏秋两季较多，而华东地区则以春夏之际和秋季流行最为严重。

三、临床症状

自然感染潜伏期为 3~5 d，人工感染为 1~4 d。病初体温急剧升至 43 ℃以上，呈稽留热。体温升高并稽留至中后期是本病非常明确的发病特征之一。病鸭精神沉郁，离群独处，不愿下水，驱赶入水后也很快挣扎回岸；头颈蜷缩，羽毛松乱，翅膀下垂；饮欲增加，食欲减退或废绝；两腿麻痹无力，行动迟缓或伏坐地上不能走动，强行驱赶时常以双翅扑地行走，走几步即倒地；腹泻，排出绿色或灰白色稀粪，有腥臭味，泄殖腔周围的羽毛被沾污或结块；肛门肿胀，严重者外翻，翻开肛门可见泄殖腔黏膜充血、出血及水肿，黏膜上有绿色假膜，剥离后可留下溃疡；部分病鸭头部肿大或下颌水肿，触之有波动感，所以本病又俗称"大头瘟"或"肿头瘟"；眼有分泌物，初为浆液性，使眼睑周围羽毛湿润，后变为脓性，常造成眼睑粘连；眼结膜充血、水肿，甚至形成小溃疡，部分外翻；鼻中流出稀薄（初期）或黏稠（后期）的分泌物，呼吸困难，并发生鼻塞音，叫声嘶哑，部分病鸭有咳嗽；倒提病鸭时从口腔流出污褐色液体；病的后期，体温降至常温以下，精神衰竭，不久死亡。

本病一般呈急性经过，病程为 2~5 d。有的病例甚至可在泄殖腔发现外形完整而未来得及产出的鸭蛋。少数病例呈亚急性过程，拖延数天，也有部分（不到 1%）转为慢性经过,病程达 2 周以上。呈慢性经过的病鸭表现消瘦,生长发育不良,产蛋减少,有的可见角膜混浊,甚至出现一侧性溃疡,并因采食困难而引起死亡。

鹅感染鸭瘟的临床症状一般与病鸭相似,病程约为 2~3 d,病死率可达 90% 以上。

四、病理变化

病鸭皮下结缔组织常出现炎性水肿,切开时流出淡黄色的透明液体,尤以头、颈、颌下、翅膀等处皮下组织及胸腔、腹腔的浆膜等处较为显著。全身肌肉松弛,常显深红色或紫红色。口腔黏膜表面常覆盖淡黄色的假膜,刮落后即露出鲜红色、外形不规则的浅溃疡面。腺胃黏膜上有不同程度的出血点,与食道膨大部的交界处,形成一条灰黄色坏死带或出血带。肌胃角质层下充血或出血。整个肠道发生急性卡他性炎症,以十二指肠、盲肠和直肠最为严重。肝表面和切面上可见到自针尖头至米粒大的不规则的灰白色坏死灶。产蛋母鸭的卵巢、卵泡发生充血和出血,变形和变色。有一部分卵泡破裂,卵黄散布于腹腔中而引起腹膜炎。

鹅感染鸭瘟病毒后的病变与鸭相似,即血管破损,组织出血,消化道黏膜有出血性损害,淋巴样器官出现特异性病变以及实质器官出现退行性变化。

五、诊　断

(一)临诊诊断

根据流行病学特点,肿头、流泪、两腿麻痹、排绿色稀粪的典型症状,以及肝脏坏死灶、出血点和消化道黏膜的出血坏死等特征病变,可作出初步诊断。确诊还必须进行实验室检查。

(二)实验室诊断

1.病毒分离鉴定

采集病死鸭的肝脏、脾脏等组织,无菌处理后分别接种于 9~14 日龄非免疫鸭胚的绒毛尿囊膜,以及 9~11 日龄 SPF 鸡胚的尿囊腔。如病料含有鸭瘟病毒,则鸭胚多在接种后 4~6 d 死亡,胚胎有典型病变,而鸡胚正常。也可将可疑病料接种鸭胚成纤维细胞,于 39.5~41.5 ℃培养,根据致细胞病变效应(CPE)或空斑的产生作出初步诊断。对培养物可用已知抗鸭瘟血清作中和试验,即可确诊。

2.血清学试验

常用中和试验、琼脂凝胶沉淀试验、ELISA 和 Dot-ELISA 等。

3.分子生物学方法

国内外一些实验室先后建立了针对鸭瘟病毒基因组核酸中保守区段的 PCR 检测方法。实验室结果表明,该方法灵敏、快速、简单,特异性好,目前正在制订相关的诊断规程,以便推广应用。

(三)鉴别诊断

应注意鸭瘟与鸭出败、禽流感、雏鸭病毒性肝炎、小鹅瘟的鉴别。

六、防　治

(一)预防措施

首先应避免从疫区引进鸭苗和种蛋鸭,如必须引进,一定要经过严格检疫,并避免接触可能被污染的物品或运载工具。新引进的鸭苗也要隔离饲养2周以上,证明健康后才能合群饲养。另外,搞好饲养管理,加强对禽场栏舍、运动场和工具的清洁消毒,还有禁止在鸭瘟流行区域和野水禽出没区域放牧也很重要。在受威胁地区,所有鸭、鹅均应接种鸭瘟弱毒疫苗。肉鸭一般在20日龄左右免疫1次即可。种鸭和蛋鸭除首免外,还应在开产前(23~24周龄)加强免疫1次。必要时可在停产期补免,一般一周后可产生坚强的抵抗力。普通鸭瘟疫苗也能有效预防鹅发生鸭瘟,但接种剂量宜增大5~10倍。鉴于鸭瘟病毒存在变异情况,所以有专家建议筛选鹅体分离毒株来制备鹅用鸭瘟疫苗。

(二)扑灭措施

发生鸭瘟时应立即采取隔离和消毒措施,扑杀病鸭,并将死鸭予以焚烧或深埋。同时对发病禽群紧急预防接种弱毒疫苗,必要时剂量加倍,注射疫苗时,要做到一个针头注射一只鸭,用过的针头须经煮沸消毒后方可继续使用。发病鸭群必须停止放牧,以防疫情扩大,并禁止上市出售。

对鸭瘟目前尚无有效的治疗药物,高免疫血清虽然可以引起人工被动免疫,但无实际应用价值。实践证明,搞好预防工作,才是有效控制本病的最佳选择。

自测训练

1. 简述鸭瘟的综合诊断和防治要点。
2. 临床上如何鉴别鸭瘟、鸭出败、禽流感、雏鸭病毒性肝炎、小鹅瘟?

任务 20　鸭传染性浆膜炎

鸭传染性浆膜炎又称鸭疫里氏杆菌病,原名鸭疫巴氏杆菌病,是雏鸭、雏火鸡和其他多种禽类的一种常见的急性败血性传染病。本病的特征是雏鸭发生纤维素性心包炎、肝周炎、气囊炎、关节炎、干酪性输卵管炎和脑膜炎。该病具有高死亡率,高淘汰率。

本病最早由 Riemer 于 1904 年报道在鹅群中发生。在我国,1975 年邝荣禄等首次报道本病在广州存在,以后在江苏、广西、浙江、安徽、四川、河南、山东等大部分地区均报道了本病。目前该病呈全球性流行,给养鸭业造成巨大的经济损失。我国将其列为二类动物疫病病种名录。

一、病　原

鸭疫里氏杆菌为革兰氏阴性、无运动性、不形成芽孢的小杆菌,瑞氏染色时大部分细菌呈两极着色特性,呈单个、成双,偶尔呈链状排列。本菌在普通培养基上不生长,在胰酶大豆琼脂中添加0.05%酵母浸出物、5%新生牛血清以及5%～10%二氧化碳环境可促进其生长。血液琼脂上培养24 h，形成凸起、边缘整齐、透明、有光泽的奶油状、无色素的光滑型菌落，无溶血现象。本菌血清型较复杂，国际上已确认有21个血清型，我国流行的以血清Ⅰ型为主。

本菌对理化因素的抵抗力不强。对多数抗菌药物敏感，但对卡那霉素和多粘菌素不敏感，对庆大霉素有一定抗药性。

二、流行病学

(一)易感动物

家禽中以鸭最易感，樱桃谷鸭、番鸭、麻鸭等多种品种的鸭均可发病。主要侵害2～7周龄幼鸭，尤以2～3周龄雏鸭最严重。成鸭和种鸭较少发生本病。对鹅、火鸡、水禽等也有致病性，其中以雏鹅易感性较强。临床上常见在发生过本病后的鸭场，几乎批批鸭都会再感染此病。鸡、鸽、兔和小鼠对鸭疫里氏杆菌有抵抗力。

(二)传染源

本病的传染源主要是病鸭和带菌鸭。

(三)传播途径

通过呼吸道和消化道，以及损伤的皮肤进行传播。

(四)流行特点

一般以气温低、湿度大的季节，发病率和死亡率最高。发病率和死亡率受多种因素的影响，差异较大。通过改善饲养管理条件，可大大降低发病率和死亡率。

三、临床症状

潜伏期为1～3 d。根据病程长短，临床上分为最急性、急性和慢性3种病型。

(一)最急性型

本型见于鸭群刚开始发病时，往往看不到任何明显症状就突然死亡。

(二)急性型

此型最为常见，病鸭精神倦怠、厌食、缩颈闭眼、眼鼻有浆液或黏液性分泌物，常因鼻孔分泌物干涸堵塞，引起打喷嚏，眼周围羽毛黏结形成"眼圈"；拉稀，粪便稀薄呈淡黄白色、绿色或黄绿色；病鸭软脚无力，不愿走动，伏卧、站立不稳，常用喙抵地面；部分鸭不自主地点头，摇头摇尾，扭颈，前仰后翻，翻倒后划腿，头颈歪斜等神经症状。多数病鸭死前可见抽搐，死后常呈角弓反张姿势。病程一般1～3 d。

(三)慢性型

本型见于4～6周龄的幼鸭。表现为腿软或不愿走动，站立呈犬坐姿势。有的病例出现跗关节肿胀，跛行。痉挛性点头运动或头左右摇摆，前仰后翻，翻倒后仰卧不易翻转。病程可达1周以上，耐过鸭生长受阻，没有饲养价值。

四、病理变化

最明显的肉眼病变是浆膜表面有纤维素性渗出物,主要在心包膜、肝表面和气囊。病程较急的病例,心包液增多,心外膜表面覆盖一薄层纤维素性渗出物。病程较慢的,则心囊充填淡黄色纤维素,使心包膜与心外膜粘连。肝脏表面覆盖一层极易剥离的灰白色或灰黄色纤维素膜。肝土黄色或棕红色,质较脆,多肿大。胆囊肿大。多数病例气囊上有纤维素膜。脾多肿大,表面也常有纤维素膜。慢性病例常见关节炎,尤以跗关节较常见,关节肿胀,触之有波动感,关节液增多,呈乳白色黏稠状。

五、诊　断

(一)临诊诊断

根据临床表现的神经症状和剖检所见广泛性纤维素渗出性炎症变化可作出初步诊断,确诊需要进行该菌的分离和鉴定。

(二)实验室诊断

1.病原诊断

(1)涂片镜检。无菌操作取病死鸭的脑、肝脏及心血涂片,用瑞氏染色法染色镜检,可见有两极浓染的短小杆菌。

(2)细菌培养。无菌采取急性病例或刚死亡不久的病鸭心血、肝脏、脑组织在巧克力琼脂平板培养基上作划线分离、培养,置于37 ℃温箱中培养48 h。观察可见圆形、表面光滑、边缘整齐、稍突起,呈奶油状的小菌落。

(3)动物接种。无菌取其细菌纯培养物1 mL腹腔注射6日龄雏鸭,接种48～72 h后发病,观察其临诊症状、病理变化及实验室检查结果与自然发病鸭相同。

2.血清学诊断

常用的血清学诊断方法有荧光抗体技术、间接血凝试验、ELISA 等。

(三)鉴别诊断

临诊上应注意与鸭大肠杆菌病相区别。两种病都可见到纤维素性心包炎、肝周炎和气囊炎病变。大肠杆菌病剖检时有特殊臭味,病鸭心脏和肝脏表面附着的渗出物较厚,一般为干酪样(凝乳状),色较重,不易剥离,肝脏肿大呈铜绿色,不表现神经症状。鸭传染性浆膜炎病鸭心脏和肝脏表面附着的渗出物较薄,一般较湿润,色淡且表现出头颈震颤、歪斜等神经症状。

六、防　治

(一)预防措施

加强饲养管理,对于圈养的雏鸭,保持适当的通风换气,避免过度拥挤,减少炎热或寒冷的应激等。搞好环境卫生,注意水域的选择与日常卫生消毒工作。在其易感发病年龄前用敏感药物进行预防,常用的有效药物有磺胺喹沙啉等。

对经常发生本病的鸭场,给1周龄以内的雏鸭注射由不同血清型组合的多价灭活苗,能提高雏鸭对本病的免疫力。由于该病血清型较多,不少地区使用当地分离的鸭疫里氏杆菌制成灭活疫苗进行免疫预防,都取得了良好效果。

（二）扑灭措施

发生本病时,立即隔离病鸭,消毒被污染的环境,进行紧急预防接种。本病常用治疗药物有孢噻呋钠、林可霉素、大观霉素、氟苯尼考、强力霉素、克林霉素等,但根据当地流行菌株的药敏试验结果来选用有效的药物。对于全群发病的雏鸭用氟苯尼考按每升水加入40 mg,混饮,连用3～5 d。林可霉素与壮观霉素、青霉素与链霉素联合注射,可有效地减少雏鸭的病死率。饮水或饲料中添加0.2%～0.25%磺胺二甲基嘧啶可有效地降低感染鸭的病死率。

自测训练

鸭传染性浆膜炎的诊断与防治要点。

任务21　鸭病毒性肝炎

鸭病毒性肝炎简称鸭肝炎,是由鸭肝炎病毒引起的雏鸭的一种急性、接触性、高度致死性传染病,临床以发病急,传播迅速,病程短,死亡率高,病鸭角弓反张、肝脏有明显出血点和出血斑为特征。是危害养鸭业的主要疾病之一。

本病于1945年最先发生于美国长岛,此后在英国、加拿大、德国、意大利、印度、法国、日本等国陆续报道了该病的流行。在我国许多养鸭的省市均有本病的流行。OIE将其列为B类法定报告疾病名录,我国将其列为二类动物疫病病种名录。

一、病　原

鸭肝炎病毒属小核糖核酸病毒科,肠道病毒属。病毒粒子呈球形,无囊膜,无血凝性,单股RNA。可在鸭、鸡、鹅胚尿囊腔增殖。该病毒目前发现有3个血清型,即Ⅰ、Ⅱ、Ⅲ型。Ⅰ型在世界多数养鸭的国家发生,能抵抗乙醚和氯仿,主要发生于1～4周龄雏鸭,死亡率为50%～90%;Ⅱ型只见于英国的报道,对乙醚和氯仿敏感,发生于2～6周龄雏鸭,死亡率为25%～50%;Ⅲ型目前只局限于美国和中国,发生于2周龄以内雏鸭,死亡率不超过30%。3个血清型之间无抗原相关性,没有交叉保护和交叉中和作用。

在自然环境中,病毒可在污染的孵化器或育雏室中存活10周,在阴湿处的粪便中存活37 d以上,在4 ℃下存活2年以上。病毒在56 ℃加热60 min仍可存活,但加热至62 ℃、30 min可灭活。病毒在1%福尔马林或2%氢氧化钠中2 h(15～20 ℃),在2%的漂白粉溶液中3 h均可灭活。

二、流行病学

(一)易感动物

本病在自然条件下只发生于鸭,主要引起3周龄以内的雏鸭出现症状和死亡,成年鸭有抵抗力,其他禽类和哺乳动物不发病。

(二)传染源

本病的传染源主要是病鸭和带毒鸭。

(三)传播途径

本病主要通过消化道和呼吸道发生感染,而不经种蛋传播。

(四)流行特点

本病一年四季均可发生,冬春季更易发生。鸭场饲养管理和环境卫生条件等应激因素的影响较大。未施行免疫接种计划的鸭场,发病率可高达100%,死亡率则差别很大,从10%到95%不等。通常情况下,1周龄以内雏鸭死亡率最高,2~4周龄的雏鸭次之,4~5周龄的中雏鸭死亡率较低,5周龄以上鸭基本不发生死亡。

三、临床症状

潜伏期为1~4 d,该病流行过程短促,发作和传播快,一经发现,发病率急剧上升,短期内即可达到高峰,死亡常在3~4 d内发生,随即迅速下降以至停止继续死亡,这是由于潜伏期及病程短,而雏鸭易感性又随日龄的增长而下降所致。雏鸭发病初精神委顿、废食、眼半闭呈昏睡状,以头触地。有的出现腹泻,排出绿色稀薄粪便。不久即出现神经症状,运动失调,身体倒向一侧,两脚痉挛踢动,死前头向背部扭曲,呈角弓反张状,两腿伸直向后张开呈特殊姿势,俗称"背脖病"。通常在出现神经症状后几小时或几分钟内死亡。有些病例发病很急,病雏鸭常没有任何症状而突然倒毙。

四、病理变化

主要病变在肝脏和胆囊。肝脏肿大,质脆,色暗淡或发黄,表面有大小不等的出血斑点。胆囊肿胀呈长卵圆形,内充满胆汁,胆汁呈褐色、淡茶色或淡绿色。脾有时肿大呈斑驳状。心肌质软,呈熟肉样。多数病例肾肿胀、灰暗色,血管充血,呈暗紫色的树枝状。脑充血、水肿、软化。病鸭康复后1个月内,其肝脏仍保持肿大,并呈淡黄色。

五、诊 断

(一)临诊诊断

本病可根据流行病学、典型症状及病变,即小鸭发病死亡、发病急、死亡快、死亡时间集中以及肝脏有明显的出血点或出血斑等即可作出初步诊断。确诊须进行实验室检验。

（二）实验室诊断

1. 病原诊断

（1）病毒分离。以无菌操作法取病死鸭肝,按常规处理后接种 9～11 日龄鸡胚或 10～12 日龄鸭胚(无母源抗体),每胚 0.2 mL,观察 24～124 h 胚体死亡情况,收集死亡胚的尿囊液作为待鉴定病毒分离物。

（2）病毒鉴定

①中和试验:已知阳性血清具有中和鸭肝炎病毒致死鸡胚或鸭胚的能力。

②血清保护试验:用 1～5 日龄易感雏鸭,每只皮下注射 1～2 mL 阳性血清,1～3 d 后用 0.2～0.5 mL 病毒分离物或处理好的病料肌注。接种鸭肝炎病毒阳性血清的雏鸭保护率达 80%～100%,而对照鸭死亡率达 50% 以上。

以上这两种试验实用性强、特异性高,但所需时间较长。

2. 血清学诊断

荧光抗体技术、中和试验、琼扩试验和 ELISA 可用于本病的诊断。

（三）鉴别诊断

本病应与鸭瘟、鸭传染性浆膜炎、鸭霍乱、黄曲霉菌毒素中毒等鉴别。

六、防 治

（一）环境卫生

控制本病可用严格隔离的办法预防,对 4 周龄以内的雏鸭隔离饲养,防止病毒感染,可有效控制鸭肝炎的发生。实行严格的消毒是预防本病的一项重要措施。

（二）疫苗免疫

1. 弱毒疫苗

用鸡胚化鸭肝炎弱毒疫苗给种鸭在收集种蛋前 2～4 周皮下免疫,以 1 周为间隔进行两次免疫注射,每次 1 mL。这些母鸭的抗体至少可维持 4 个月,其后代雏鸭母源抗体可保持 2 周左右,如此即可度过最易感的危险期。但在一些卫生条件差,常发肝炎的疫场,则雏鸭在 10～14 日龄时仍需进行 1 次主动免疫。未经免疫的种鸭群,其后代 1 日龄时经皮下或肌肉注射 0.5～1 mL 弱毒疫苗,即可受到保护。

2. 灭活疫苗

如果进行过弱毒疫苗的基础免疫,油佐剂灭活疫苗可诱导鸭体产生高滴度抗体,反之抗体水平很低。在部分该病流行严重地区和鸭场,种鸭开产前 1 个月,先用弱毒疫苗免疫,1 周后再用油佐剂灭活疫苗加强免疫,可使下一代雏鸭获得更高滴度的母源抗体。

目前生产实践中,一般情况下广泛使用的是弱毒疫苗,而灭活疫苗由于价格贵和产生免疫力时间长而很少使用。

（三）特异性抗体使用

（1）对于没有母源抗体保护的雏鸭,可于 1～2 日龄每只鸭皮下注射 0.5～1 mL 高免血清或高免蛋黄液,可有效预防鸭肝炎的发生。

（2）鸭肝炎爆发初期，每只鸭皮下注射 1.5 ~ 3 mL 高免血清或高免蛋黄液，可有效控制本病的蔓延，如有细菌继发或混合感染，加入敏感抗生素则效果更佳。

自测训练

简述鸭病毒性肝炎的综合诊断和防治要点。

任务 22　番鸭细小病毒病

番鸭细小病毒病又名番鸭"三周病"，是由番鸭细小病毒引起的专一侵害雏番鸭，以喘气、腹泻和软脚为主要症状的一种急性、高度接触性传染病。本病最早于 20 世纪 80 年代中后期出现于中国福建和法国西部集约化养鸭地区，给番鸭养殖业带来严重的经济损失。

一、病　原

番鸭细小病毒属细小病毒科、细小病毒属。病毒粒子呈圆形或六边形，无囊膜，为单股 DNA 病毒。病毒广泛存在于病番鸭的肝、脾、肾脏和胰腺等内脏器官和肠道内。将经过处理的病料组织悬液接种 10 ~ 12 日龄易感鹅胚或番鸭胚的尿囊腔，经 3 ~ 10 d 可引起部分胚死亡。经过鹅胚或番鸭胚传代的毒株，能在鹅胚和番鸭胚成纤维细胞内复制，并引起细胞病变。

本病毒对乙醚、氯仿、胰蛋白酶、酸和热均有很强的抵抗力，但对紫外线照射很敏感。

二、流行病学

（一）易感动物

仅有雏番鸭对该病敏感，其他禽类均不感染发病。

（二）传染源

本病的传染源主要是病番鸭和带毒番鸭。

（三）传播途径

病鸭通过分泌物和排泄物，特别是通过粪便排出大量病毒，污染饲料、水源、饲养工具、运输工具、人员和周围环境造成传播。如果病鸭的排泄物污染种蛋外壳，则引起孵房内污染，使出壳的雏番鸭成批发病。

（四）流行特点

本病对 7 ~ 20 日龄番鸭最易感，自然感染死亡率为 30% ~ 80%，最高可达 100%。本病的发生无明显季节性，但以冬、春寒冷季节发病较多。

三、临床症状

潜伏期 4 ~ 9 d，病程 2 ~ 7 d。

（一）最急性型

6日龄内的病雏多为此型。病势凶猛,病程仅数小时,多数病例不表现先驱症状即倒地死亡。临死时两脚乱划,头颈向一侧扭曲。该型约占病鸭总数的4%~6%。

（二）急性型

本型主要见于7~14日龄雏番鸭,主要表现为精神委顿,羽毛蓬松,两翅下垂,尾端向下弯曲,两脚无力,懒于走动,厌食,离群;有不同程度腹泻,排出灰白或淡绿色稀粪,并黏附于肛门周围;呼吸困难,喙端发绀,后期常蹲伏,张口呼吸。病程一般为2~4 d,濒死前两肢麻痹,倒地,衰竭死亡。

（三）亚急性型

本型多见于发病日龄较大的雏鸭,主要表现为精神委顿,喜蹲伏,两脚无力,行走缓慢,排黄绿色或灰白色稀粪,并黏附于肛门周围。病程5~7 d,病死率低,大部分病愈鸭颈部、尾部脱毛、嘴变短、生长发育受阻,成为僵鸭。

四、病理变化

胰脏充血或局灶性出血,表面有针尖大的灰白色坏死小点。肝肿大,有时可见纤维素性肝周炎。肠道胀气,黏膜散在小出血点,呈卡他性肠炎,尤以十二指肠最明显。肾充血,表面多有灰白色条纹。心肌色淡松弛,心脏变圆,有时可见纤维素性心包炎。肺多呈单侧性淤血。此外,还常见不同程度的腹水。

五、诊 断

（一）临诊诊断

根据本病仅发生于2~4周龄的雏番鸭,其他品种的雏鸭和鸡、鹅不感染发病,临床表现为腹泻、呼吸困难和软脚,再结合剖检变化即可作出初步诊断。确诊需进行实验室诊断。

（二）实验室诊断

1.病原诊断

无菌操作取病死番鸭的肝脏、脾脏或胰腺,经处理后将无菌的上清液作为病毒接种材料,经尿囊腔接种10~12日龄番鸭胚,每胚0.2 mL,于37~38 ℃继续孵育,24 h后死亡胚放4 ℃冰箱冷却后收获尿囊液。经无菌检验后低温保存作为病毒传代用。

2.动物接种

将收集的尿囊液经皮下或肌肉注射5~10只2周龄的易感雏番鸭,每只0.5 mL,检验死亡雏番鸭的病理变化是否与自然病例相同。

3.血清学诊断

可用中和试验、琼脂扩散试验、荧光抗体技术等。

（三）鉴别诊断

临床上应注意与雏番鸭小鹅瘟、鸭病毒性肝炎相鉴别。

雏番鸭小鹅瘟：是引起3～25日龄雏番鸭和雏鹅的一种高度接触性和致死性传染病，其发病率和病死率均比雏番鸭细小病毒病高，甚至有时病死率高达95%以上；临床症状以扭颈、抽搐和水样腹泻为主要特征，一般不表现呼吸困难；而特征性的剖检病变为肠黏膜出血、坏死、脱落和肠道内形成腊肠样栓子堵塞肠道，肠壁变薄等。

鸭病毒性肝炎：患病雏番鸭肝脏肿大，质脆，表面有出血性斑点的特征性病变。

六、防　治

（一）预防措施

1. 做好雏番鸭的饲养管理工作

本病仅发生于雏番鸭，因此要加强早期育雏的饲养管理，如育雏温度适宜，注意通风换气，防止密度过大，刚出壳的雏番鸭必须避免与新进的种蛋接触，防止被感染，并及时饮水。雏番鸭出炕后4周内必须隔离饲养，严禁与非免疫种鸭、青年鸭接触以及到其他鸭群放牧过的场地放牧。

2. 做好炕孵的卫生管理工作

该病毒主要通过孵坊和饲养场地污染传播，因此，孵坊的清洁卫生工作是防止本病发生的一项重要措施。孵坊及用具、设备，在每次炕孵使用后必须清洗消毒。种蛋先清除蛋壳表面污物，再用0.1%新洁尔灭液作3 000倍稀释液洗涤、消毒、晒干，入孵当天用福尔马林熏蒸消毒。

3. 疫苗接种

种番鸭免疫：种番鸭在产蛋前15 d用鹅胚化或番鸭胚化种鸭弱毒苗1 mL进行皮下或肌肉注射，在免疫12 d后至4个月内，番鸭群所产种蛋孵化的雏番鸭能抵抗人工自然病毒的感染。

雏番鸭免疫：未经免疫的种番鸭群，或种番鸭群免疫4个月以上的所产蛋孵化的雏番鸭群，雏鸭出壳后48 h内皮下接种雏番鸭细小病毒弱毒疫苗0.2 mL，免疫后7 d内严格隔离饲养，保护率达95%左右。

（二）扑灭措施

一旦发生本病，立即隔离病雏，场地彻底消毒，在发病早期使用高免血清或卵黄抗体。在本病流行区域，或已被该病毒污染的孵坊，雏番鸭出炕后立即皮下注射高免血清或卵黄抗体，每雏0.5 mL，其保护率可达95%左右；对已感染发病的雏鸭群的同群番鸭，每雏皮下注射1 mL，保护率可达80%左右；对已感染发病早期的雏番鸭，每雏皮下注射1.5 mL，必要时重复注射1次，治愈率可达50%左右。目前尚无有效的药物治疗本病，没有高免血清时，可采用对症治疗，如补充电解质及多种维生素，尤其是维生素A及维生素D，饲料或饮水中加入抗生素，以降低继发感染和死亡率。但治愈鸭往往成为僵鸭。

自测训练 ▸

简述番鸭细小病毒病的诊断和防治要点。

任务23 小鹅瘟

小鹅瘟又称鹅细小病毒(GPV)感染,是由小鹅瘟病毒引起的初生鹅的一种急性或亚急性败血性传染病。本病主要侵害 3～20 日龄的雏鹅,以传播迅速、发病率和死亡率很高、严重下痢、小肠黏膜坏死脱落形成栓子,堵塞肠腔为特征,日龄愈小,损失愈大。

本病最早于 1956 年发现于我国扬州地区,目前呈世界性分布。对养鹅业的发展影响极大。OIE 将本病列为 B 类法定报告疾病名录,我国将其列为二类动物疫病病种名录。

一、病 原

小鹅瘟病毒属细小病毒科,细小病毒成员。病毒粒子呈六边形,无囊膜,为单股 DNA 病毒。本病毒只有一个血清型,与其他细小病毒无抗原关系。病毒存在于病雏肝、脾、肠、脑及血液等组织中,初次分离时可用 12～14 日龄鹅胚,经绒毛尿囊腔接种后,5～7 d 胚体死亡,在鹅胚中多次继代后,对胚体致死的时间会缩短至 2～3 d。鹅胚适应毒还能在鸭胚中增殖。本病毒亦能在鹅胚成纤维细胞中增殖并引起细胞病变。病毒无血凝活性,但能凝集黄牛精子。

本病毒对外界环境的抵抗力强,在 -15～-20 ℃下能存活 4 年,65 ℃、30 min 或 80 ℃、10 min仍能保持其活力,但病毒对 2%～5%氢氧化钠、10%～20%的石灰乳敏感。

二、流行病学

(一)易感动物

白鹅、灰鹅、狮头鹅以及其他品系的雏鹅易感。番鸭也易感,其他禽类及哺乳类动物不易感。

(二)传染源

本病的传染源主要是病雏鹅和带毒成年鹅。

(三)传播途径

本病主要经消化道感染,也可经卵垂直传播。

(四)流行特点

本病一年四季均可发生,但主要发生于育雏期间。雏鹅发病率和死亡率较低,一般为 20%～50%,与日龄、母源抗体水平有关。

三、临床症状

自然感染潜伏期为 3～5 d。

(一)最急性型

本型多见于流行初期和 1 周龄内雏鹅,发病突然,快速死亡。

（二）急性型

本型多发生于 1～2 周龄雏鹅，或由最急性型转化而来。具典型的消化系统紊乱和神经症状特征。病雏初期食欲减少，精神委顿，缩颈蹲伏，羽毛蓬松，离群独处，步行艰难。继而食欲废绝，严重下痢，排出混有气泡的黄白色或黄绿色水样稀粪。眼、鼻分泌物增多，病鹅摇头，口角有液体甩出，喙和蹼颜色发绀。临死前出现神经症状，全身抽搐或发生瘫痪。病程 1～2 d，多取死亡转归。

（三）亚急性型

本型多见于 2 周龄以上雏鹅或流行后期发病的雏鹅，以精神委顿、不愿走动、减食或不食、拉稀和消瘦为主要症状。病程 3～7 d，部分能自愈，但生长不良。

四、病理变化

主要病变在消化道。

（一）最急性型

本型除肠道黏膜发生急性卡他性炎症外，其他病变一般不明显。

（二）急性型

本型特征性病变是小肠的中段、下段，尤其是回盲部的肠段极度膨大，质地硬实，形如香肠，肠腔内形成淡灰色或淡黄色的凝固物，其外表包围着一层厚的坏死肠黏膜和纤维形成的伪膜，往往使肠腔完全填塞。部分病鹅的小肠内虽无典型的凝固物，但肠黏膜充血和出血，表现为急性卡他性肠炎。心脏变圆，心房扩张，心肌晦暗无光泽，肝、脾肿大、充血，偶有灰白色坏死点，胆囊也增大。

（三）亚急性型

本型常见到状如腊肠样的栓塞物。

五、诊　断

（一）临诊诊断

根据本病特有的流行病学表现，结合严重腹泻与神经症状的出现以及小肠出现特征性的急性卡他性-纤维素性坏死性肠炎的病变可作出初步诊断，确诊需通过实验室诊断。

（二）实验室诊断

1. 病原诊断

可取病雏的脑、脾或肝的匀浆上清液，接种 12～14 日龄鹅胚或原代细胞培养。鹅胚接种含毒材料后，可在 5～7 d 内死亡，主要变化为胚体皮肤充血、出血及水肿，心肌变性呈灰白色。

2. 血清学诊断

检查血清中特异抗体的方法有中和试验、琼脂扩散试验及 ELISA 试验。

3. 分子生物学诊断

可用 PCR 进行检测。

（三）鉴别诊断

临床上应与小鹅流感相鉴别。小鹅流感主要以呼吸系统疾患为特征,病变常限于气管、支气管、喉头及鼻腔内有半透明黏液渗出物,肠道内无渗出性肠炎变化。

六、防 治

（一）预防措施

加强饲养管理,严禁从疫区购买种蛋、种鹅、雏鹅,尽量做到自繁自养,非免疫的雏鹅群在21日龄内必须隔离饲养,严禁与非免疫种鹅、成年鹅接触以及到其他鹅群放过牧的场地进行放牧。控制和预防孵化场传播。对孵坊的一切用具、设备,每次使用前后都必须清洗消毒。收购来的种蛋应用5%福尔马林熏蒸消毒。一经发现孵坊被感染,则应立即停止孵化。鹅舍应经常打扫、定期消毒。

在有本病流行的地区,利用疫苗免疫是预防本病的最经济有效的方法。种鹅在产蛋前15 d左右,每只皮下或肌肉注射1:100倍稀释的鹅胚化种鹅弱毒苗1 mL,免疫3个月以后,种鹅必须再次进行免疫,以达到高度的保护率。未经免疫的种鹅群,或种鹅群超过有效免疫期所产蛋孵化的雏鹅群,在出炕48 h内应用1:50~1:100稀释的鹅胚化雏鹅弱毒疫苗进行免疫,每雏鹅皮下注射0.1 mL,免疫后7 d内严格隔离饲养,防止强毒感染,保护率达95%左右。

（二）扑灭措施

发生本病时,立即隔离病鸭,对环境进行彻底的消毒。本病目前尚无十分有效的治疗方法,在本病流行区域或已被本病污染的孵坊,可用高免血清或卵黄抗体皮下注射,控制本病的发生和流行。若为初期症状的病雏,抗血清的治愈率约为40%~60%。血清用量:对已被感染而表现的症状正处于潜伏期的雏鹅,每只皮下注射1 mL;已出现初期症状者为2~3 mL,隔日以同等剂量再注射1次。也可以用抗小鹅瘟血清给初生雏鹅注射,用以预防或治疗已受感染的雏鹅,在疫区流行期间,给孵出的雏鹅立即注射抗血清,每只皮下注射0.3~0.5 mL,保护率在95%左右。在用血清或卵黄抗体治疗的同时,在饮水中加入葡萄糖、电解多维等,可提高治愈率,减少应激等。

自测训练

1.小鹅瘟的临床症状和病理变化有哪些?

2.如何防治小鹅瘟?

禽传染病鉴别诊断表

表 4-1　禽 7 种腹泻病状类传染病的鉴别诊断

病名	病原	流行特点	主要症状	主要病变	实验室诊断	防治
新城疫	新城疫病毒	鸡最易感，鸭、鹅可带毒，春秋季多发，迅速传播，常呈地方流行性，发病率、病死率高	体温 43~44 ℃，精神沉郁，呼吸困难，鸡冠肉髯发绀，嗉囊积液，下痢，粪便稀薄，黄色或黄绿色，有时混有血液，神经症状	全身黏膜和浆膜出血，呼吸道、消化道最为明显，腺胃黏膜水肿、出血，肠道黏膜有枣核样溃疡，盲肠扁桃体肿胀、出血、坏死和溃疡	病毒分离，血清学诊断	抗体监测，疫苗预防
传染性法氏囊	传染性法氏囊炎病毒	自然病例仅见于鸡，3~6 周龄多发，潜伏期短，传播快，发病率高，尖峰式死亡曲线，冬春季节较严重，能导致严重的免疫抑制	早期症状是啄自己的泄殖腔，畏寒，排白色黏稠或水样稀粪，内含石灰样物质，后期体温低于正常，严重脱水，迅速消瘦，极度虚弱	法氏囊肿胀、出血，后期萎缩，腿部和胸部肌肉出血，肌胃和腺胃交界处有条状出血，的有花肾斑	病毒分离鉴定，琼脂扩散实验	高免卵黄治疗，疫苗预防
禽霍乱	多杀性巴氏杆菌	家禽和野禽均易感，3~4 月龄的鸡和成年鸡易感，无明显的季节性	体温 43~44 ℃，精神委顿，呼吸困难，鸡冠、肉髯发绀，常有剧烈腹泻，粪便初呈灰白色，后转为绿色或带黏液	皮下组织、肠系膜、浆膜、黏膜有大小不等的出血点，肠黏膜充血，有出血性病灶，肠内容物含有血液，肝肿大、质脆、有针尖大小坏死点	涂片镜检查，细菌培养，动物接种试验	用抗生素进行治疗，疫苗预防
鸡白痢	鸡白痢沙门氏菌	主要感染鸡与火鸡，2~3 周龄的鸡病死率较高，可经蛋垂直传播	精神委顿，排白色、糊状稀粪，干结成石灰样硬块，堵塞泄殖腔。成年鸡为慢性或隐性，部分鸡排白色稀便，鸡冠苍白，产蛋率及受精率下降，"垂腹"	雏鸡肝肿大、充血，肝、肺、心肌、肌胃、盲肠、脾、肾等有黄白色坏死灶，卵黄吸收不良，成年鸡卵巢和卵泡变形、变色、变质	细菌分离鉴定，血清学诊断	磺胺类药物和抗生素药物均有效
禽伤寒	鸡伤寒沙门氏菌	主要发生于鸡，且主要是成年鸡和青年鸡，可经种蛋传播	雏鸡困倦，虚弱，食欲废绝，泄殖腔周围有白色粪便，呼吸困难。育成鸡及成年鸡突然停食，腹泻，排黄绿色水样稀粪，频频饮水	雏鸡肺和心肌中常见到灰白色结节状病灶。青年鸡和成年鸡肝脏肿大呈青铜色或绿色，心包炎，腹膜炎，肠道卡他性或出血性炎症	细菌学检查，凝集试验	磺胺类药物、喹诺酮类和抗生素类药物均有效

续表

病名	病原	流行特点	主要症状	主要病变	实验室诊断	防治
禽副伤寒	禽副伤寒沙门氏菌	主要感染鸡、火鸡和鸭,呈地方流行性,2~5周龄内高发,可经蛋垂直传播	雏禽嗜睡,食欲减少,饮水欲增加,白色水样下痢,泄殖腔粘有粪便。成年禽一般隐性经过,有时表现腹泻症状	肝、脾充血肿大,有出血点,肝脏呈青铜色,肺脏、肾脏充血,盲肠扩张,有干酪样物质,直肠肿大出血	细菌学检查,凝集试验	磺胺类药物、抗生素类药物均有效
禽大肠杆菌病	大肠埃希氏杆菌	以鸡、火鸡、鸭最为常见,肉鸡最易感;幼禽更易感,无明显的季节性,多并发或继发	精神委顿,不食,呼吸困难,鸡冠暗紫色,眼炎,羽毛蓬乱,有的排黄白色或黄绿色下痢,蛋鸡产蛋下降或停止,产畸形蛋和内含大肠杆菌的带菌蛋	败血症、心包炎、肝周炎、气囊炎、卵黄性腹膜炎、眼炎、关节炎、脐炎、肺炎及肉芽肿	涂片镜检,分离培养	广谱抗生素治疗有效,疫苗预防

表4-2　禽6种呼吸道病状类传染病的鉴别诊断

病名	病原	流行特点	主要症状	主要病变	实验室诊断	防治
新城疫	新城疫病毒	鸡最易感,鸭、鹅可带毒,春秋季多发,传播迅速,常呈地方流行性,发病率、死亡率高	体温43~44℃,精神沉郁,高度呼吸困难,鸡冠肉髯发绀,咳嗽、伸颈张口呼吸,鼻、口分泌多量黏液,嗉囊膨大,内积气体或酸臭液体,粪便稀薄,黄色或黄绿色,有时混有血液,神经症状	全身黏膜和浆膜出血,呼吸道黏膜的卡他性炎症,喉头充血,气管内有多量泡沫状液体,黏膜充血、肺充血、水肿,食道和腺胃及腺胃和肌胃交界处出血明显,腺胃乳头出血,肠道黏膜有枣核样溃疡,盲肠扁桃体出血、坏死	病毒分离,病原学诊断,血清学诊断	抗体监测,疫苗预防
禽流感	禽流感病毒	鸡和火鸡易感性最强,高致病性禽流感发病急、传播快、病死率高,冬季较多发	发病迅速,发热,拒食,昏睡,羽毛松乱,冠与肉髯发绀,头、颈及眼睑出现水肿,呼吸高度困难,趾及跖部角质鳞片出血,排黄白或黄绿色稀粪,病程1~3 d,致死率可达100%。低致病性禽流感有一般症状,表现为轻重不同的呼吸道和消化道症状,以产蛋质量下降或隐性感染为主,很少死亡	全身广泛出血,输卵管可见黏液性或干酪样渗出物,肠道出血,肠道黏膜有枣核样坏死,盲肠扁桃体和胰脏出血、坏死,肾肿大,有尿酸盐沉积,腺胃黏膜层增厚,腺胃乳头及黏膜、肌胃角质膜下层、十二指肠黏膜、胸肌、心外膜等有点状出血。肝、脾、肾、肺常见灰黄色坏死灶	病毒分离鉴定,血清学试验	综合防治

动物传染病诊断与防治

DONGWU CHUANRANBING ZHENDUAN YU FANGZHI

续表

病名	病原	流行特点	主要症状	主要病变	实验室诊断	防治
传染性鼻炎	副鸡嗜血杆菌	4周龄以上鸡较敏感,尤以产蛋鸡发病较多,发病急、传播快、感染率高,死亡率低,多发生于寒冷季节	精神沉郁,食减,呼吸困难、咳嗽、喷嚏、张口呼吸、啰音、甩头、头部肿大,流泪,眼睑和鼻窦肿胀,结膜发炎,有黏液或脓性干酪样分泌物,病程长的角膜混浊、失明,产蛋量下降	尸体消瘦,脸部肿胀,眼、鼻流出恶臭的脓性渗出物,鼻腔和眶下窦急性卡他性炎症,黏膜充血肿胀,表面有浆液性、黏液性分泌物,鼻窦内有多量淡黄色干酪样渗出物,有气囊炎、肺炎	病毒分离鉴定,血清学诊断	用抗生素或磺胺类药物有效,疫苗接种
传染性喉气管炎	疱疹病毒	主要感染鸡,成年鸡最严重,传播迅速、感染率高,病死率低,气候、饲养管理、卫生条件等有关	精神沉郁,食减,流泪,鼻孔有分泌物,呼吸时湿性啰音,咳嗽,喘气,严重时呼吸困难,病鸡颜面发绀、气喘、伸颈张口呼吸,常咳出带血的黏性分泌物,喉黏膜上有淡黄色凝固物附着,不易擦去,窒息死亡,产蛋量下降或停止	喉头和气管黏膜肿胀、充血、出血、甚至坏死,气管腔内含有血凝块、淡黄色干酪样渗出物或气管栓塞,眼肿胀,眼结膜肿胀及出血,炎症可扩散到支气管、肺和气囊,产蛋鸡卵巢异常,常出现血卵泡	包涵体检查,动物接种试验,病毒分离	用抗生素对症治疗,疫苗接种
传染性支气管炎	冠状病毒	仅感染鸡,以3~4周龄雏鸡最为严重,传播快,秋末至春季多发	精神沉郁,食减,突然出现呼吸症状,4周龄以下的鸡表现气喘、咳嗽、张口呼吸、啰音,窒息死亡,6周龄以上的鸡症状较轻,产蛋鸡感染后产蛋量下降,蛋品质下降	鼻腔、鼻窦、气管和支气管内有黏液性、浆液性或干酪样渗出物,气管、支气管、喉部黏膜充血、水肿,后段气管和支气管中可见干酪样栓子	病毒分离鉴定,琼脂扩散试验	广谱抗生素控制继发感染,接种疫苗
禽曲霉菌病	烟曲霉菌	多种禽类发病,4~12日龄禽最易感,急性爆发,多发于潮湿、多雨季节	呼吸急促,伸颈张口,鸡冠肉髯发绀,甩鼻、打喷嚏,后期出现下痢,死前倒地,头向后弯曲;有些发生眼炎,后期出现下痢,死前倒地,个别有神经症状	肺部有曲霉菌菌落和黄白色或灰白色结节,质地坚硬,气囊浑浊,呈云雾状,除肺和气囊外,气管、支气管、肠浆膜和肝脏也可发现霉菌结节病灶	微生物学检查	制霉菌素、硫酸铜溶液等

表4-3 禽4种神经病状类传染病的鉴别诊断

病名	病原	流行特点	主要症状	主要病变	实验室诊断	防治
新城疫	新城疫病毒	鸡最易感,发病突然,迅速传播,发病率、死亡率很高,春秋季多发	精神沉郁,呼吸困难,嗉囊积液,粪便稀薄,黄色或黄绿色,翅和腿麻痹、站立不稳,头颈扭曲伏地旋转等神经症状,而且呈现反复发作	喉、腺胃乳头、十二指肠、泄直腔黏膜充血、出血,肠道黏膜有枣核样溃疡,气管黏膜充血、肺充血、水肿,慢性型不明显	病毒分离鉴定,血清学诊断	抗体检测,免疫接种
高致病性禽流感	禽流感病毒	鸡和火鸡易感性最强,高致病性禽流感传播迅速,发病率、病死率极高,冬季较多发	拒食,昏睡,口渴,不愿走动,鸡冠、肉髯暗紫色,头、颈及眼睑水肿,跗关节肿胀,呼吸困难,摇头,严重时引起窒息,趾及跖部角质鳞片出血,排黄白或黄绿色稀粪,瘫痪,病程1~3 d	肌肉、组织器官黏膜和浆膜以及脂肪出血。心外膜或冠状脂出血,胰腺坏死及周边出血,腺胃乳头、腺胃与肌胃及腺胃与食道交界处、肌胃角质膜下、十二指肠黏膜出血,喉气管黏膜充血、出血,盲肠扁桃体肿大及出血	病毒分离鉴定,血清学试验	抗生素和磺胺类药物进行对症治疗,疫苗接种
禽脑脊髓炎	禽脑脊髓炎病毒	仅鸡发病,12~21日龄雏鸡最易感,症状明显,主要经蛋传播	病初迟钝、目光呆滞,头和颈部震颤,继而共济失调,蹲伏于地或坐在脚踝上呈犬坐姿势,最终倒卧一侧,受惊吓时,腿、翼尤其是头颈部出现明显的震颤	无肉眼可见的病理变化	病原分离鉴定,血清学诊断	检疫淘汰种鸡,主要依靠疫苗接种
鸡马立克氏病	疱疹病毒	各种年龄的鸡均可感染,1~7日龄最易感,自然感染一般多在12~30周龄,病死率可达100%	病禽呈"劈叉"姿势,翅下垂("穿大褂"),头下垂或颈歪斜,虹膜受损,瞳孔变小,灰眼、鱼眼或珍珠眼,消瘦、贫血,羽毛松乱,羽毛囊出现小结节或瘤状物	坐骨神经、臂神经丛、腹腔神经丛、内脏大神经等肿胀,苍白如水煮样,横纹消失,有大小不同的结节,常一侧明显,内脏可见肿瘤	病毒学诊断,琼扩试验	尚无有效方法治疗,主要依靠预防接种

表 4-4　禽类 6 种产蛋下降传染病的鉴别诊断

病名	病原	流行特点	主要症状	主要病变	实验室诊断	防治
非典型新城疫	新城疫病毒	鸡最易感，鸭、鹅可带毒；春秋季多发；迅速传播，常呈地方流行性，发病率、死亡率均较低	下痢，粪便稀薄，黄色或黄绿色，有时混有血液，有呼吸道症状，产蛋明显下降，软壳蛋增多，蛋壳褪色	其病变不很典型，仅见黏膜卡他性炎症，喉头和气管黏膜充血，有多量黏液，腺胃乳头出血少见，直肠黏膜和盲肠扁桃体出血的比例增多	病毒分离鉴定，血清学试验	尚无有效方法治疗，主要依靠疫苗接种
禽流感	A 型流感病毒	不同品种和年龄的禽类都可感染，发病急，传播快，高致病性禽流感病死率 100%，冬季较多发	发病突然，沉郁，鸡冠、肉髯暗紫色，排白色或绿色稀粪。头颈部水肿，眼睑、跗关节肿胀。鼻腔分泌物增加，咳嗽、喷嚏、啰音、流泪，羽毛松乱，后期瘫痪，病死率可达 100%。低致病性禽流感病状较为复杂，除表现轻重不同的呼吸道、消化道等症状外，以产蛋量下降为主	卡他性、纤维素性、浆液纤维素性、脓性或干酪样窦炎，气管黏膜轻度水肿，伴有浆液性或干酪样渗出物。肠道出血，产蛋禽卵巢出血和卵泡畸形、萎缩和破裂，有时可见纤维素性心包炎，纤维素性腹膜炎或卵黄性腹膜炎，胰腺有斑状灰黄色坏死点	病毒分离鉴定，血凝抑制试验	疫苗接种，抗生素和磺胺类药物进行对症治疗
禽腺病毒感染	禽腺病毒	主要感染鸡，侵害 26～32 周龄的鸡，主要经受精卵垂直传播	群体性产蛋突然下降，起初蛋壳色泽变浅，紧接着产薄壳蛋、软壳蛋、无壳蛋、小蛋、畸形蛋，有的混有血液或异物，蛋黄稀薄如水，破损率增加，病鸡所产种蛋的孵化率下降	输卵管轻度萎缩，黏膜有炎症，有时有卵黄样凝块和黏液，卵巢萎缩或充血，卵泡充血，变形或发育不全	病毒分离与鉴定，血凝抑制试验	尚无有效方法治疗，疫苗接种
传染性鼻炎	副鸡嗜血杆菌	4 周龄以上的鸡较敏感，发病急，传播快，感染率高，死亡率低，多发生寒冷季节	鼻腔和鼻窦内有浆液或黏液性分泌物，面部水肿，病鸡不断甩头、打喷嚏，脸部肿胀，眼结膜发炎，流泪，炎症可蔓延到呼吸道，育成鸡发育不良，产蛋鸡产蛋量明显下降	主要在鼻腔、眶下窦和眼结膜有急性卡他性炎症，黏膜充血、肿胀，表面有大量黏液或脓性渗出物或干酪样坏死物。气囊炎、肺炎，卵泡变性坏死或萎缩	病毒的分离和鉴定，血清学诊断	水溶性泰灭净、复方新诺明等药物治疗，疫苗接种

续表

病名	病原	流行特点	主要症状	主要病变	实验室诊断	防治
传染性喉气管炎	疱疹病毒	主要感染鸡,成年鸡症状最严重,传播快,感染率高,病死率低,与气候、饲养管理、卫生条件等有关	流泪、鼻孔有分泌物,呼吸时发生湿性啰音,咳嗽、喘气,严重时呼吸困难,病鸡颜面发绀、气喘、伸颈张口呼吸,常咳出带血的黏性分泌物,喉黏膜上有淡黄色凝固物附着,不易擦去,产蛋鸡产蛋量下降或停止,恢复较慢	病初,气管和喉部组织黏液样炎症,后期发生黏膜变性、坏死和出血,炎症可扩散到支气管、肺和气囊,产蛋鸡卵巢异常,常出现血卵泡和卵黄性腹膜炎	病毒分离,包涵体检查,动物接种试验,血清学诊断	疫苗接种,用抗生素对症治疗
传染性支气管炎	冠状病毒	仅感染鸡,以3~4周龄雏鸡最为严重,传播迅速,秋末至春季多发	病鸡突然出现呼吸症状,4周龄以下的鸡表现气喘、咳嗽、呼吸啰音,6周龄以上的鸡症状较轻,产蛋鸡感染后产蛋量明显下降,持续4~8周,蛋品质下降,产畸形蛋、软壳蛋、粗壳蛋,蛋清水样	鼻腔、鼻窦、气管和支气管内有黏液性、浆液性或干酪样渗出物,气管、支气管、喉部黏膜充血、水肿,后段气管和支气管中可见干酪样栓子	病毒分离,琼脂扩散试验	接种疫苗,采用广谱抗菌药控制继发感染

表4-5 禽3种肿瘤性传染病的鉴别诊断

病名	病原	流行特点	主要症状	主要病变	实验室诊断	防治
鸡马立克氏病	疱疹病毒	各种年龄的鸡均可感染,1~7日龄最易感,自然感染一般多在12~30周龄,病死率可达100%	病禽呈"劈叉"姿势,翅下垂("穿大褂"),头下垂或颈歪斜,虹膜受损,瞳孔变小,灰眼、鱼眼或珍珠眼,消瘦、贫血,羽毛松乱,羽毛囊出现小结节或瘤状物	坐骨神经、臂神经丛、腹腔神经丛、内脏大神经等肿胀、苍白如水煮样,横纹消失,有大小不同的结节,常一侧明显,内脏可见肿瘤	病毒学诊断,琼扩试验	尚无有效方法治疗,主要依靠疫苗接种
禽白血病	禽白血病病毒	鸡易感,4~10月龄的发病率最高,垂直传播是主要的传播途径	鸡冠、肉髯苍白,皱缩、发绀,消瘦衰弱,下痢,肝肿大而导致腹部增大,骨骼上可见有骨髓细胞增生形成的肿瘤,产蛋鸡产蛋量下降	肝脏、脾脏、法氏囊肿大,肿瘤多呈结节型或弥漫性,骨髓坚实,呈红灰色至灰色,骨骼上有肿瘤,卵巢为灰白色,呈菜花样	主要是分子生物学方法	无切实可行的治疗和疫苗免疫方法,建立鸡群的检疫制度,淘汰阳性种鸡

续表

病名	病原	流行特点	主要症状	主要病变	实验室诊断	防治
禽网状内皮组织增殖症	网状内皮组织增殖症病毒群	自然宿主主要是鸡、火鸡,感染后可引起严重的免疫抑制,可垂直传播	临诊症状出现迅速,突然死亡,病死率高达100%	肝、脾肿大,有时可见增生的肿瘤结节,在胰腺、性腺、心、肠、肾也常见有类似的变化	分离病毒,血清学诊断	无切实可行的治疗和疫苗免疫方法。淘汰阳性母鸡,切断垂直传播

学习情境5
牛羊主要传染病

【知识目标】

1. 理解牛羊主要传染病的性质和部分传染病的重要公共卫生意义。

2. 了解和掌握牛羊大肠杆菌病、沙门氏杆菌病、病毒性腹泻-黏膜病、牛海绵状脑病、李氏杆菌病、牛放线菌病、牛白血病、蓝舌病、梅迪-微斯纳病、羊口疮等病的诊断和防治要点。

3. 重点掌握炭疽、牛结核、牛布病、牛流行热、牛巴氏杆菌病、副结核病、牛传染性鼻气管炎、羊痘、羊梭菌性疾病等病的病原、流行病学、临床症状、病理变化、诊断和防治措施。

【能力目标】

1. 利用所学知识和技能对牛羊主要传染病能作出初步诊断并注意类症鉴别，拟订出初步防治措施。

2. 学会炭疽、结核、布鲁氏菌病等实验室诊断的主要方法。

任务1　炭　疽

炭疽是由炭疽杆菌引起的多种家畜、野生动物和人类共患的一种急性、热性、败血性传染病。临床特征为突发高热，可视黏膜发绀和天然孔出血。其病变的特点是呈败血症变化，以尸僵不全，血凝不良，脾脏显著肿大，皮下及浆膜下结缔组织呈出血性胶样浸润为特征。

炭疽存在已有数千年的历史，在世界各国几乎都有分布，我国近年不断有该病发生，对养殖业生产和一些从事家畜生产与产品加工的人员身体健康造成了严重影响。OIE 将本病列为 B 类法定报告疾病名录之首，我国将其列为二类动物疫病病种名录。

一、病　原

炭疽杆菌为革兰氏染色阳性产芽孢杆菌，菌体两端平直，无鞭毛；在病料的涂片、触片中多散在或呈 2～3 个短链排列，相连的菌端呈竹节状，有荚膜；在培养基中则形成较长的链条,一般不形成荚膜;本菌在病畜体内和未剖开的尸体中不形成芽孢,但暴露于充足氧气和适当温度下能在菌体中央处形成芽孢。炭疽杆菌为兼性需氧菌,对培养基要求不严,在普通琼脂平板上生长,呈灰白色、不透明、扁平、表面粗糙、边缘不整齐的卷发状菌落;在普通肉汤培养基中培养 24 h,管底形成白色絮状沉淀,液体层澄清。

炭疽杆菌对外界理化因素的抵抗力不强,但芽孢具有很强的抵抗力。临床上常用 0.1%碘液、0.1%升汞、20%漂白粉、0.5%过氧乙酸进行消毒。本菌对青霉素、磺胺类等药物敏感。

二、流行病学

(一)易感动物

各种家畜、野生动物和人都有不同程度的易染性,不分年龄、性别。草食兽最易感,以绵羊、山羊、马、牛易感性最强,骆驼和水牛及野生草食兽次之。猪的感受性较低,犬、猫、狐狸等肉食动物很少见,家禽几乎不感染,许多野生动物也可感染发病。人对炭疽易感,但主要发生于那些与动物及畜产品接触机会较多的人员。

(二)传染源

本病的传染源主要是病畜和带菌者。

(三)传播途径

本病可以通过消化道、呼吸道及伤口感染。

(四)流行特点

本病多为散发,偶呈地方流行性,一年四季都可发生。干旱或多雨、洪水涝积、吸血昆虫多都是促进本病发生的诱因。

三、临床症状

自然感染的潜伏期一般为 1~5 d,最长可达 14 d。

(一)最急性型

本型常见于绵羊和山羊,山羊比绵羊更为敏感,羊群中常引起大批死亡。病羊常见突然倒地,全身痉挛,咬牙,呼吸困难,可视黏膜发绀,瞳孔散大,天然孔出血,约数分钟内死亡。有时是头天晚上入圈羊健康如常,次日早上发现死亡。

(二)急性型

本型多见于牛、马,病牛常突然发病,体温升高至 42 ℃,多数精神沉郁,少数兴奋不安,食欲、反刍、泌乳减少或停止,初便秘后腹泻,混有血液或血块,尿暗红,有时带血,呼吸困难,心悸亢进,可视黏膜发绀,肌肉震颤,步行不稳,濒死时可见天然孔流血。1~2 d 死亡。马属动物有剧烈的疝疼(假疝疼)症状。

(三)慢性型

本型多发生于猪,猪多表现为慢性咽炎和咽周炎。

本病最急性型和急性型病死率高,可达 100%,慢性型也常导致急性发作而死亡,猪则较少死亡。

四、病理变化

疑似炭疽病畜尸体,一般禁止剖检。必须进行剖检时,应在专门的剖检室进行,或离开生产场地,准备足够的消毒药剂,人员应有足够安全的防护装备。

(一)死后外观

尸体膨胀;尸僵不全;天然孔流血水;血凝不良;可视黏膜发绀。

(二)急性型

本型常表现败血症的病理变化,皮下和肌间的结缔组织可见黄红色胶样浸润,并有数量不等的出血点,全身浆膜和黏膜下有出血点。血液黏稠,颜色为黑紫色呈煤焦油样,不易凝固。脾脏高度肿大,比正常大2~5倍,被膜紧张,切面脾髓软如泥状,黑红色,用刀可大量刮下。全身淋巴结,尤其是发生胶样浸润附近的淋巴结肿大,切面多汁,呈砖红色,其中有出血点。肺充血、水肿,心、肝、肾也有变性,胃肠有出血性炎症。

(三)慢性型

本型常见于肠、咽及肺等局部形成坏疽样病变,病灶周围呈胶冻样浸润。

五、诊 断

(一)临诊诊断

发现尸体膨胀、尸僵不全、天然孔流血水、血凝不良、可视黏膜发绀的病死尸体外观时,应首先怀疑为炭疽。同时调查本地区有关炭疽病的流行病学情况,为进一步确诊提供依据。

(二)实验室诊断

1. 病原诊断

(1)涂片镜检。简便的方法是在死畜耳静脉或四肢末梢的浅表血管采取血液涂片,用瑞氏或姬姆萨(或碱性美蓝)染色镜检,发现有多量单在、成对或2~4个菌体相连的短链排列、竹节状有荚膜的典型粗大杆菌,即可确诊。猪体局部炭疽涂片的菌体形态常不典型,必要时可以采取新鲜的病料进行分离培养及动物实验等。

(2)动物接种。将病料用无菌生理盐水稀释5~10倍,对小鼠皮下注射0.1~0.2 mL,或豚鼠0.2~0.5 mL,经2~3 d死亡。取死亡动物的脏器、血液等抹片镜检,可见多量有荚膜的成短链的炭疽杆菌。

2. 血清学诊断

炭疽沉淀反应(Ascoli反应)是诊断炭疽简便而快捷的方法,由于炭疽沉淀抗原能耐高温和腐败,所以腐败病料及动物皮张、风干、腌浸肉品均可用此方法检验。此外,还可用琼脂扩散试验、荧光抗体染色试验或PCR等进行检测。

(三)鉴别诊断

临床上应注意与巴氏杆菌病、气肿疽、恶性水肿、焦虫病等相鉴别。急性巴氏杆菌病

231

有显著的呼吸系统症状,死后不见脾脏肿大,病料抹片镜检见有两极着色的巴氏杆菌;气肿疽和恶性水肿在身体各部呈现气性肿胀,按压局部有捻发音,细菌检查多为两端钝圆的大杆菌;焦虫病则可根据发病季节和药物的疗效来鉴别。

六、防 治

(一)预防措施

对炭疽常发地区或受威胁地区的家畜,每年定期进行预防注射,是预防本病的根本措施。目前常用的疫苗有以下两种:一是无荚膜炭疽芽孢苗,1岁以上马、牛皮下注射1 mL;1岁以下马、牛 0.5 mL;绵羊、猪皮下注射 0.5 mL(山羊不宜使用)。注射后 14 d 产生免疫力,免疫期为 1 年;二是 Ⅱ 号炭疽芽孢苗,各种家畜均皮下注射 1 mL,注射后 14 d产生免疫力,免疫期为 1 年。不满 1 个月的幼年动物,临产前两个月的母畜,瘦弱、发热及其他患病畜禽不宜注射,应用时应严格执行兽医卫生制度。

(二)扑灭措施

发生本病时,应尽快上报疫情,划定疫点、疫区,采取隔离封锁等措施;凡生前在畜群中发现炭疽病畜或疑似炭疽病畜时,应立即采取不放血的方式扑杀销毁。对同群家畜要逐一测温,体温正常者进行急宰处理。宰后发现炭疽病畜,其内脏、皮毛及血销毁,被污染或怀疑被其污染的胴体、内脏,亦应进行化制或销毁。对于受威胁区的家畜,皮下或静脉注射抗炭疽血清是防治本病的特效方法,必要时于 12 h 后再注射 1 次,或全群用药 3 d,有一定预防效果。对现场进行彻底消毒,所有被炭疽病畜污染的栏圈、用具、场地等用20% 漂白粉溶液、10% 烧碱溶液消毒,每隔 1 h 喷洒 1 次,连续 3 次,然后用清水冲洗。患病动物污染和停留地的表土要铲除 15 ~ 20 cm,与 20% 漂白粉混合再深埋。污染的饲料、粪便、垫草和废弃物烧掉。被炭疽杆菌污染的毛、皮可用 2% 盐酸或 10% 食盐溶液浸泡2 ~ 3 d消毒,或者用福尔马林熏蒸消毒。凡与炭疽病畜接触过的人员,必须接受卫生防护。在最后一头病畜死亡或痊愈后 15 d,经终末消毒后可解除封锁。

炭疽病畜一般不予治疗,而应严格销毁。特殊动物必须治疗时,应隔离治疗。治疗时用抗炭疽血清,早期使用效果好。也可用大剂量的青霉素、链霉素和磺胺类等抗菌药物,血清和药物两者同时使用效果更佳。治疗的同时也可结合消肿、抗休克、补血、缓泻等对症治疗,如有条件配合中药治疗效果更佳。

七、公共卫生

炭疽杆菌是人类生物恐怖的首选细菌。人的炭疽主要是从事畜禽生产和畜产品加工人员从伤口感染或吸入带芽孢的尘埃感染,导致局部痈疽甚至于引起败血症而死亡。常表现为皮肤炭疽、肺炭疽和肠炭疽 3 种类型,还可继发败血症及脑膜炎。基于炭疽在公共卫生上的重要意义,在防治工作方面应严格遵循国家颁布的相关兽医、卫生法律、法规、标准等具体操作,力求全面、规范。对急性死亡或疑似炭疽的病例严格按照规程进行处理,并做好个人防护,必要时服用抗生素来预防;对于直接或间接接触炭疽的人和动物,均应及时到防疫部门注射炭疽弱毒疫苗进行有效预防。

【技能训练】 炭疽的诊断

一、训练目的

了解和掌握炭疽的诊断步骤和方法。

二、设备和材料

载玻片、剪刀、镊子、手术刀、酒精灯、接种环、革兰氏染色液、美蓝染色液、福尔马林、显微镜、香柏油、二甲苯、擦镜纸、沉淀反应管、毛细吸管、清洁中试管、玻璃漏斗及漏斗架、滤纸、铝锅、肉汤培养基、琼脂平板、血液琼脂平板、炭疽沉淀血清、硫酸铵、异硫氰酸荧光素、小鼠、无荚膜炭疽芽孢菌、二号炭疽芽孢苗、被检材料、工作衣帽、靴等。

三、训练内容及方法

（一）炭疽病畜的生前检查

1. 流行病学

应了解病畜所在地区以往有无炭疽的发生、流行形式、发病季节、发病的动物种类、发病和死亡情况、采取哪些相应的措施、对尸体如何处理以及近年来炭疽预防接种工作等情况。

2. 临诊检查

除精神、食欲、结膜、体温等一般检查外,应特别注意喉部、腹下等处有无肿胀及肿胀的性质,病畜有无疝痛症(应与真性疝痛区别),粪便是否带血。

（二）炭疽的实验室诊断

1. 病原诊断

（1）检验材料的采取。疑为炭疽死亡的动物尸体,通常不作剖检,应先自末梢血管采血涂片镜检,作初步诊断。不进行剖检的尸体可作局部解剖采取小块脾脏,然后将切口用浸透了浓漂白粉液的棉花或纱布堵塞,妥为包装后送检。

（2）涂片镜检。取病畜濒死时或刚死亡动物的血液作涂片标本,瑞氏或姬姆萨(或美蓝)染色,牛羊炭疽在镜下常可见到数量很多的有荚膜炭疽杆菌,单个或成对存在,偶有短链,荚膜呈红紫色;猪炭疽要采取病变部淋巴结或渗出液涂片检查。

（3）培养检查。无菌采取病畜濒死期或刚死动物的病理材料,接种于普通琼脂平板及肉汤中,置37 ℃培养18～24 h,检查有无炭疽杆菌生长。如果检查材料已经陈旧或污染时;可将血液或组织乳剂先放到肉汤中加温65～70 ℃经10 min,杀死无芽孢的细菌,然后吸取0.5 mL,接种于普通琼脂平板进行分离培养。如有疑似炭疽的菌落,则应取得纯培养。为了鉴定分离的细菌是否炭疽杆菌,必须接种各种培养基,观察菌体的形态,菌落的形态及生化反应,同时接种实验动物观察菌体的致病力等。

（4）动物接种。无菌采取病变组织适量,按1:10的比例加入灭菌生理盐水,研磨成乳剂,吸取 0.1~0.2 mL,给小鼠尾根部皮下注射。如为炭疽,注射后于 48 h 内死亡,死亡后再进行涂片、染色、镜检,观察是否有炭疽杆菌存在。

2. 免疫学诊断

(1)Ascoli 试验。采集 1 g 左右可疑病畜的组织,经研磨碎后,用 5~10 mL 含 10% 醋酸的石碳酸生理盐水稀释,煮沸 5 min,冷却后过滤即成抗原。然后取 1 支小试管,加入 0.5 mL 抗炭疽血清,再小心将抗原滤液置于其上,如在 15 min 内,在抗原和血清接触面出现白色沉淀环,则表示阳性反应,本试验应设正常血清和正常组织作对照。

(2)炭疽杆菌荚膜荧光抗体染色。

①抗炭疽杆菌沉淀素荧光抗体的制备。取生物制品厂所生产的炭疽沉淀血清,或用炭疽杆菌免疫家兔制得抗血清,用硫酸铵沉淀提纯所得球蛋白与异硫氰酸荧光素标记。

②荧光抗体法。将可疑的病变组织、血液、分泌物等材料涂成涂片,自然干燥。将玻片浸入克氏固定液中固定 15 min,再经 95% 的乙醇略加漂洗,自然干燥。固定后滴加标记过的抗体,浸没涂膜,置室温或 37 ℃染色 30 min,倾去荧光抗体液,采用 pH8 的 PBS 浸洗 10 min(中间换液一次),最后用蒸馏水轻轻冲洗 2 次,晾干,加磷酸盐缓冲甘油封片、镜检。

结果判定: ++++:荚膜肥厚,有闪光的黄绿色荧光,中央菌体呈明显或不明显的橙红色。

+++:荚膜肥厚,有明亮的黄绿色荧光,中央菌体呈明显或不明显的橙红色。

++:荚膜肥厚,有较强的黄绿色荧光,中央菌体呈明显或不明显的橙红色。

+:荚膜不显著,黄绿色荧光暗淡,中央菌体呈明显或不明显的橙红色。

荧光反应在 ++ 以上者,即判为炭疽。

自测训练

一、知识训练
1. 炭疽病畜有哪些死后外观?
2. 简述炭疽的综合性诊断和防治要点。

二、技能训练
1. 炭疽病料的涂片染色和镜检。
2. Ascoli 试验。

任务2 大肠杆菌病

直到 20 世纪中叶,人类才认识到一些特殊血清型的大肠杆菌对人和动物有病原性,尤其对婴儿和幼畜(禽),常引起严重腹泻和败血症。牛的大肠杆菌病主要发生在犊牛,并且以 10 日龄以内的初生犊牛较为多见。犊牛大肠杆菌病是初生犊牛的一种急性传病。临诊上有败血症、肠毒血症和白痢3种病型。

一、病 原

病原性大肠杆菌的许多血清型（如 O_8、O_9、O_{20}、O_{78}、O_{101} 等）可引起牛（羊）发病，来自犊牛和羔羊的产肠毒素大肠杆菌（ETEC）多带有 K_{99}、F_{41} 黏附素。另参考猪大肠杆菌病病原。

二、流行病学

（一）易感动物

各种牛不分品种性别、日龄均对本菌易感。特别犊牛在出生后 10 d 以内多发；羊在出生后 6 d 至 6 周多发，有些地方 3~8 月龄的羊也有发生；在人，各年龄组均有发病，但以婴幼儿多发。

（二）传染源

患病动物和带菌者是本病的主要传染源。

（三）传播途径

主要为消化道感染，偶见子宫内或脐带感染。

（四）流行特点

本病四季都能发生，但犊牛和羔羊在冬春气候多变的季节多发。引起犊牛抵抗力降低的各种诱因都可促进本病的发生或使病情加重。如分娩前后的母牛营养不足；饲料中缺乏维生素、蛋白质；初生幼犊未吮食初乳或哺乳不及时；母牛乳房部不洁；厩舍通风不良或潮湿阴冷、气候突变以及病原微生物（如支原体及病毒）感染所造成的应激等，都可促使本病的发生和流行。牛、羊发病时呈地方流行性或散发性。

三、临床症状与病理变化

（一）犊 牛

潜伏期很短，仅几个小时。根据症状和病理发生可分为 3 型。

1. 败血型

本型病犊表现发热，精神不振，间有腹泻，常于症状出现后数小时至一天内急性死亡。有时病犊未见腹泻即归于死亡。从血液和内脏易于分离到致病性血清型的大肠杆菌。

2. 肠毒血型

本型较少见，常突然死亡。如病程稍长，则可见到典型的中毒性神经症状，先是不安、兴奋，后来沉郁、昏迷，以至于死亡。死前多有腹泻症状，多由于特异血清型的大肠杆菌增殖产生肠毒素吸收后引起，没有菌血症。

3. 肠 型

本型病初体温升高达40 ℃，数小时后开始下痢，体温降至正常。粪便初如粥样、黄色,后呈水样、灰白色,混有未消化的凝乳块、凝血及泡沫,有酸败气味。病的末期,患畜肛门失禁,常有腹痛,用蹄踢腹壁。病程长的,可出现肺炎及关节炎症状。如及时治疗,一般可以治愈。不死的病犊,恢复很慢,发育迟滞,并常发生脐炎、关节炎或肺炎。

败血症或肠毒血症死亡的病犊,常无明显的病理变化。腹泻的病犊,真胃有大量的凝乳块,黏膜充血、水肿,覆有胶状黏液,皱褶部有出血。肠内容物常混有血液和气泡,恶臭。小肠黏膜充血,在皱褶基部有出血,部分黏膜上皮脱落。直肠也可见有同样变化,肠系膜淋巴结肿大。肝脏和肾脏苍白,有时有出血点,胆囊内充满黏稠暗绿色胆汁。心内膜有出血点,病程长的病例在关节和肺也有病变。

(二)羔 羊

潜伏期数小时至 1~2 d,分为败血型和肠型。

1.败血型

本型主要发于 2~6 周龄的羔羊,病初体温升高达41.5~42 ℃。病羔精神委顿,四肢僵硬,运步失调,头常弯向一侧,视力障碍,继之卧地,磨牙,头向后仰,一肢或数肢作划水动作。病羔口吐泡沫,鼻流黏液。有些关节肿胀、疼痛,最后昏迷。由于发生肺炎而呼吸加快,很少或无腹泻,多于发病后 4~12 h 死亡。从内脏分离到致病性大肠杆菌,剖检病变可见胸、腹腔和心包大量积液,内有纤维素;某些关节,尤其是肘和腕关节肿大,滑液混浊,内含纤维素性脓性絮片;脑膜充血,有很多小出血点,大脑沟常含有多量脓性渗出物。

据近年报道,有些地区 3~8 月龄的绵羊羔和山羊羔也有发生败血型大肠杆菌病的,发病急速,死亡很快。病原主要是那波里大肠杆菌。

2.肠 型

本型主发于 7 日龄以内的幼羔。病初体温升高到40.1~41 ℃,不久即下痢,体温降至正常或略高于正常。粪便先呈半液状,由黄色变为灰色,以后粪呈液状,含气泡,有时混有血液和黏液。病羊腹痛、拱背、委顿、虚弱、卧地,如不及时救治,可经 24~36 h 死亡,病死率15%~75%。有时可见化脓性-纤维素性关节炎。从肠道各部可分离到致病性大肠杆菌。剖检尸体严重脱水,真胃、小肠和大肠内容物呈黄灰色半液状,黏膜充血,肠系膜淋巴结肿胀发红,有的肺呈初期炎症病变。

四、诊 断

(一)临诊诊断

根据发病牛的日龄、症状与剖检变化,可对疾病作出初步诊断,确诊要通过实验室检查。

(二)实验室诊断

1.病原诊断

菌检的取材部位:败血型为血液、内脏组织;肠毒血症为小肠前部黏膜;肠型为发炎的肠黏膜。用实验室病原检验方法,排除其他病原感染(病毒、细菌、支原体等),经鉴定为致病性血清型大肠杆菌,方可认为是原发性大肠杆菌病;在其他原发性疾病中分离出大肠杆菌时,应视为继发性大肠杆菌病。应用病料涂片,经革兰氏染色后镜检,见有典型大肠杆菌后,可应用鉴别培养基进行进一步的分离,对分离出的大肠杆菌应进行生化反应和血清学鉴定,然后再根据需要,做进一步的检验。

2. 肠段结扎试验

用体重 2 kg 左右家兔,禁食后麻醉剖腹取出小肠,自回肠末端开始结扎,每段长 5 cm,共 6 段,其中一段为阳性对照,一段为阴性对照,其余 4 段注入试验菌的肠毒素液 1 mL,然后将小肠放回原处,缝合腹壁,24 h 后剖腹测量各段肠液的蓄存量,如每厘米 ≥ 1 mL者为阳性反应,表示被检菌能产生肠毒素。

3. 分子生物学诊断

近年来,DNA 探针技术和聚合酶链反应(PCR)技术已被用来进行大肠杆菌的鉴定。这两种方法被认为是目前最特异、敏感和快速的检测方法。

另参考【技能训练】大肠杆菌病的实验室检查。

(三)鉴别诊断

本病应与犊牛副伤寒和羔羊痢疾等病进行鉴别诊断。

五、防 治

(一)预防措施

控制本病重在预防。怀孕母畜应加强产前产后的饲养和护理,仔畜应及时吮吸初乳,饲料配比适当,勿使饥饿或过饱,断乳期饲料不要突然改变。对密闭关养的畜(禽)群,尤其要防止各种应激因素的不良影响。用针对本地(场)流行的大肠杆菌血清型制备的多价活苗或灭活苗接种妊娠母畜或种禽,可使仔畜或雏禽获得被动免疫。近年来使用一些对病原性大肠杆菌有竞争抑制的基因工程苗,987P 基因工程苗,K_{88}、K_{99}双价基因工程苗,以及 K_{88}、K_{99}、987P 三价基因工程苗,均取得了一定的预防效果。

(二)治疗措施

发生本病时,立即隔离病畜,对环境进行彻底的消毒降尘、杀菌、降温及中和有害气体。可使用经药敏试验对分离的大肠杆菌血清型有抑制作用的抗生素和磺胺类药物,如土霉素、磺胺甲基嘧啶、磺胺咪、喹诺酮类等,并辅以对症治疗。近年来,使用活菌制剂,如促菌生、调痢生等治疗畜禽下痢,有良好功效。犊牛患病时,可用重新水合技术以调整胃肠机能,其配方为:葡萄糖67.53%,氯化钠14.34%,甘氨酸10.3%,枸橼酸0.81%,枸橼酸钾0.21%,磷酸二氢钾6.8%,称上述制剂64 g,加水2 000 mL,即成等渗溶液,喂药前停乳2 d,每天喂2 次,每次1 000 mL。家禽患病时,用多聚甲醛拌料喂服,据报道有治疗效果。

自测训练 ▸

牛(羊)大肠杆菌病的诊断和防治要点。

任务3　沙门氏菌病

沙门氏菌病,又名副伤寒,是由沙门氏菌属细菌引起的各种动物沙门氏菌病的总称。临诊上多表现为败血症和肠炎,也可使怀孕母畜发生流产。本病遍布于世界各地,给人和动物带来严重威胁。许多血清型沙门氏菌可使人感染,发生食物中毒和败血症等症状。

牛沙门氏菌病以犊牛常见多发,故又名犊牛副伤寒。

一、病　原

牛沙门氏菌病主要由鼠伤寒沙门氏杆菌、纽波特沙门氏菌或都柏林沙门氏杆菌引起,羊主要由鼠伤寒沙门氏菌、羊流产沙门氏菌、都柏林沙门氏菌引起。有时其他沙门氏菌也可参与致病,另参考猪沙门氏菌病病原。

二、流行病学

(一)易感动物

各种年龄、性别和品种的牛(羊)易感。以出生30~40 d以后的犊牛最易感。在羊,以断乳龄或断乳不久的羊最易感。

(二)传染源

患病动物和带菌者为主要传染源。此外,鼠类常携带病菌,传播疾病。

(三)传播途径

主要以消化道感染为主,交配和其他途径也能感染。

(四)流行特点

本病一年四季均可发生,在犊牛群中常年发生,成年牛多于夏、秋季放牧时发生。育成期羔羊常于夏季和早秋发病,孕羊则主要在晚冬、早春季节发生流产。成年牛发病呈散发性,一个牛群仅有1~2头发病,第一个病例出现后,往往相隔2~3周再出现第二个病例;但犊牛发病后传播迅速,往往呈地方流行性。气候突变、过度使役、长途运输、营养不良、哺乳不当、寄生虫侵袭等各种不良因素均可促进本病的发生。

三、临床症状

(一)牛

在成年牛,此病常以高热(40~41 ℃)、昏迷、食欲废绝、脉搏频数、呼吸困难开始,体力迅速衰竭。大多数病牛于发病后12~24 h,粪便中带有血块,不久即变为下痢。粪便恶臭,含有纤维素絮片,间杂有黏膜。下痢开始后体温降至正常或较正常略高。病牛可于发病24 h内死亡,多数则于1~5 d内死亡。病期延长者可见迅速脱水和消瘦,眼窝下陷,黏膜(尤其是眼结膜)充血和发黄。病牛腹痛剧烈,常用后肢蹬踢腹部。怀孕母牛多数发生流产,从流产胎儿中可发现病原菌。某些病例可能恢复。成年牛有时可取顿挫型经过,病牛发热、食欲消失、精神委顿,产奶量下降,但经过 24 h 后,这些症状即可减退。还有些牛感染后取隐性经过,仅从粪中排菌,但数天后即停止排菌。

在犊牛,如牛群内存在带菌母牛,则可于出生后 48 h 内即表现拒食、卧地、迅速衰竭等症状,常于 3～5 d 内死亡。多数犊牛常于 10～14 日龄以后发病,病初体温升高(40～41 ℃),24 h 后排出灰黄色液状粪便,混有黏液和血丝,一般于病状出现后 5～7 d 内死亡,病死率有时可达 50%,有时多数病犊可以恢复,恢复后体内一般很少带菌。病期延长时,腕和跗关节可能肿大,有的还有支气管炎和肺炎症状。

(二)羊

1. 下痢型

病羊体温升高达 40～41 ℃,食欲减退,腹泻,排黏性带血稀粪,有恶臭。精神委顿、虚弱、憔悴、低头、弓背、继而卧地,经 1～5 d 死亡。有的经两周后可康复。发病率 30%,病死率 25%。

2. 流产型

沙门氏菌自肠道黏膜进入血流,被带至全身各个脏器,包括胎盘。怀孕绵羊于怀孕的最后 1/3 期间发生流产或死产。在此之前,病羊体温上升至 40～41 ℃,部分羊有腹泻症状。流产前和流产后数天,阴道有分泌物流出。病羊产下的活羔,表现衰弱,委顿,卧地,并可有腹泻;不吮乳,往往于 1～7 d 内死亡。病母羊也可在流产后或无流产的情况下死亡。羊群爆发一次,一般持续 10～15 d,流产率和病死率可达 60%。其他羔羊的病死率达 10%,流产母羊一般约有 5%～7% 死亡。

四、病理变化

(一)牛

成年牛的病变主要呈急性出血性肠炎。剖检时,肠黏膜潮红,常杂有出血,大肠黏膜脱落,有局限性坏死区。腺胃黏膜也可能炎性潮红。肠系膜淋巴结呈不同程度的水肿、出血。肝脂肪性变或灶性坏死。胆囊壁有时增厚,胆汁混浊,黄褐色。肺可有肺炎区,特别是在病程延长的病例。脾常充血、肿大。

犊牛的病变,急性病例在心壁、腹膜以及腺胃、小肠和膀胱黏膜有小点出血。脾充血肿胀。肠系膜淋巴结水肿,有时出血。在病程较长的病例,肝脏色泽变淡,胆汁常变稠而混浊,肺常有肺炎区,肝、脾和肾有时发现坏死灶。关节损害时,腱鞘和关节腔含有胶样液体。

(二)羊

下痢型病羊真胃和肠道空虚,黏膜充血,有半液状内容物。肠道黏膜上有黏液和小的血块,肠道和胆囊黏膜水肿。肠系膜淋巴结一般肿大充血。心内外膜下有小出血点。

流产的、死产的胎儿或出生后 1 周内死亡的羔羊,表现败血症病变。死亡母羊有急性子宫炎。流产或死产者子宫肿胀,常含有坏死组织、浆液性渗出物和滞留的胎盘。

五、诊　断

根据流行病学、临诊症状和病理变化,只能作出初步诊断,确诊需从患畜的血液、内脏器官、粪便,或流产胎儿胃内容物、肝、脾取材,做沙门氏菌的分离和鉴定。近年来,单克隆抗体技术和酶联免疫吸附试验(ELISA)已用作本病的快速诊断。

动物感染沙门氏菌后的隐性带菌和慢性无症状经过较为多见,检出这部分带菌者有重要的实际意义。

六、防　治

(一)平时预防

加强饲养管理,防止和减少应激,提高机体抗病力。防止鼠类污染饲料、水源。对环境每天彻底消毒一次。关于疫苗免疫,目前国内已研制出猪的、牛的和马的副伤寒疫苗,必要时可选择使用。根据不少地方的经验,应用自本场(群)或当地分离的菌株,制成单价灭活苗,常能收到良好的预防效果。

(二)扑灭措施

发病后立即对犊牛群进行逐头检查,将病健犊牛进行隔离,同时进行消毒、隔离、检疫、药物预防等一系列综合性防治措施,分群进行预防或治疗。本病的治疗,可选用经药敏试验有效的抗生素,如土霉素、喹诺酮类药物等,并辅以对症治疗。磺胺类(磺胺嘧啶和磺胺二甲基嘧腚)药物也有疗效,可根据具体情况选择使用。在分娩2~3 h内对于犊牛注射抗血清进行紧急预防,并于10~14 d后再注射疫苗。

自测训练

> 牛羊沙门氏菌病的诊断和防治要点。

任务4　副结核病

副结核病,也称为副结核性肠炎,是主要发生于牛的一种慢性传染病。病的显著特征是顽固性腹泻和逐渐消瘦,肠黏膜增厚并形成皱襞。本病分布广泛,一般养牛地区都有散发,有时呈地方流行性,一般饲养牛的地区危害较大。OIE将副结核病列为B类法定报告疾病名录,我国将其列为二类动物疫病病种名录。

一、病　原

副结核分枝杆菌属于分枝杆菌科、分枝杆菌属,为革兰氏阳性小杆菌,具抗酸染色的特性,与结核杆菌相似。在组织和粪便中多排列成团或成丛。初次分离培养比较困难,所需时间也较长。培养基中加入一定量的甘油和非致病性抗酸菌的浸出液,有助于其生长。

本菌对热和消毒药的抵抗力与结核杆菌相似。

二、流行病学

（一）易感动物

本病主要引起牛（尤其是乳牛）发病，幼年牛最易感。除牛外，绵羊、骆驼、猪、马、驴、鹿等动物也可罹患，人也有感染此菌的报道。30 日龄以内的动物最易感，6 个月以内的犊牛可自然感染，但 1 岁龄以上的青年牛具有一定的抵抗力。虽然幼年牛对本病最为易感，但潜伏期甚长，可达 6 ~ 12 个月，甚至更长，一般在 2 ~ 5 岁时才表现出临床症状，特别是在母牛开始怀孕、分娩以及泌乳时，易于出现临床症状。因此在同样条件下，此病在公牛和阉牛比母牛少见得多；高产牛的症状较低产牛为严重。

（二）传染源

病牛和隐性感染牛是本病的主要传染源。

（三）传播途径

消化道是本病的主要感染途径，除消化道感染外，有可能经胎盘感染。

（四）流行特点

从感染到出现临床症状之间可以经过数月乃至数年之久，虽然犊牛对本病的易感性很高，但往往要到 2 ~ 5 岁龄才发现临床症状。本病的传播比较缓慢，各个病例的出现往往间隔较长的时间。因此，表面上本病似乎呈散发性，但实际上该病是一种地方流行性疾病，一年四季均可发生。

三、临床症状

病牛体温正常，早期症状为间断性腹泻，以后变为经常性的顽固拉稀。排泄物稀薄，恶臭，带有气泡、黏液和血液凝块。食欲起初正常，精神也良好，以后食减，逐渐消瘦，眼窝下陷，精神不好，经常躺卧。泌乳逐渐减少，最后全部停止。皮肤粗糙，被毛粗乱，下颌及垂皮可见水肿。尽管病畜消瘦，但仍有性欲。腹泻有时可暂时停止，排泄物恢复常态，体重有所增加，然后再度发生腹泻。如腹泻不止，一般经 3 ~ 4 个月因衰竭而死。

绵羊和山羊的症状相似。潜伏期数月至数年。病羊体重逐渐减轻。间断性或持续性腹泻，但有的病羊排泄物较软。保持食欲；体温正常或略有升高。发病数月以后，病羊消瘦、衰弱、脱毛、卧地。病的末期可并发肺炎。染疫羊群的发病率为 1% ~ 10%，多数归于死亡。

四、病理变化

病畜的尸体消瘦。主要病变在消化道和肠系膜淋巴结。消化道的损害常限于空肠、回肠和结肠前段，特别是回肠。有时肠外表无大变化，但肠壁常增厚。浆膜下淋巴管和肠系膜淋巴管常肿大，呈索状。浆膜和肠系膜都有显著水肿。肠黏膜常增厚 3 ~ 20 倍，并发生硬而弯曲的皱褶，黏膜色黄白或灰黄，皱褶突起处常呈充血状态，黏膜上面紧附有

黏液,稠而混浊,但无结节和坏死,也无溃疡。肠腔内容物甚少。肠系膜淋巴结肿大变软,切面浸润,上有黄白色病灶,但无干酪样变。

羊的病变与牛基本相似。

五、诊　断

（一）临诊诊断

根据本病流行病学特点、临床症状和病理变化,一般可作出初步诊断。确诊有赖于实验室诊断。

（二）病原诊断

已有临床症状的病牛,可刮取直肠黏膜或取粪便中的小块黏液及血液凝块,尸体可取回肠末端与附近肠系膜淋巴结或取回盲瓣附近的肠黏膜,制成涂片,经抗酸染色后镜检。副结核杆菌为抗酸性染色(红色)的细小杆菌,成堆或丛状。镜检时,应注意与肠道中的其他腐生性抗酸菌相区别,后者虽然亦呈红色,但较粗大,不呈菌丛状排列。在镜检未发现副结核杆菌时,不可立即作出否定的判断,应隔多日后再对病牛进行检查。有条件或必要时可进行副结核杆菌的分离培养。

（三）免疫学诊断

1.变态反应诊断

对于没有临床症状或症状不明显的家畜,可以用副结核菌素或禽结核菌素做变态反应试验。变态反应能检出大部隐性型病畜(副结核菌素检出率为94%,禽型结核菌素为80%),这些隐性型病畜,尽管不显临床症状,但其中部分病畜(约30%～50%)可能是排菌者。

2.血清学诊断

补体结合反应最早用于本病的诊断。与变态反应一样,病牛在出现临床症状之前即对补体结合反应呈阳性反应,但其消失却比变态反应迟。据实际观察,补体结合反应与变态反应具有互补关系,两者不能互相代替,而应配合使用。也可用琼脂扩散试验、免疫斑点试验、间接血凝试验、免疫荧光抗体及对流免疫电泳等来诊断本病。近年来,应用酶联免疫吸附试验诊断本病的报道日益增多。

（四）DNA 技术

最近,副结核分枝杆菌的特异性 DNA 探针已经研制成功。这项技术可快速地检出牛粪便中的副结核分枝杆菌 DNA 片段,使从粪便中检测病菌的时间从以往培养8～12周缩短到24 h 以内。本法比其他免疫学方法要特异得多,除了与禽分枝杆菌Ⅱ型有交叉外,可以与其他分枝杆菌区别开来。

（五）鉴别诊断

副结核病顽固性腹泻和消瘦现象也可见于其他疾病,如结核、沙门氏菌病、内寄生虫、肝脓肿、肾盂肾炎、创伤性网胃炎、铅中毒、营养不良等,因此,应进行实验诊断以资区别。

六、防　治

(一)预防措施

由于病牛往往在感染后期才出现症状,因此药物治疗常无效果,本症应以预防为主,加强饲养管理,特别是对幼年牛只更应给予足够的营养,以增强其抗病力。不要从疫区引进牛只,如已引进,则必须进行隔离检查,确认健康时,方可混群。

曾经检出过病牛的假定健康牛群,在随时做观察和定期进行临床检查的基础上,对所有牛只,用副结核菌素作变态反应进行检疫,每年要做4次(间隔3个月)。变态反应阴性牛方准调群或出场。连续3次检疫不再出现阳性反应牛,可视为健康牛群。

(二)扑灭措施

对应用各种检查方法检出的病牛,要及时扑杀处理,但对妊娠后期的母牛,可在严格隔离不散菌的情况下,待产犊后3 d扑杀处理;对变态反应阳性牛,要集中隔离,分批淘汰,在隔离期间加强临床检查,有条件时采取直肠刮下物、粪便内的血液或黏液作细菌学检查;对变态反应疑似牛,隔15~30 d检疫1次,连续3次呈疑似反应的牛,应酌情处理;变态反应阳性母牛所生的犊牛,以及有明显临床症状或菌检阳性母牛所生的犊牛,立即和母牛分开,人工喂母牛初乳3 d后单独组群,人工喂以健康牛乳,长至1、3、6个月龄时各做变态反应检查1次,如均为阴性,可按健牛处理。

被病牛污染过的牛舍、栏杆、饲槽、用具、绳索和运动场等,要用生石灰、来苏儿、苛性钠、漂白粉、石碳酸等消毒液进行喷雾、浸泡或冲洗,粪便应堆积高温发酵后作肥料用。

自测训练 ■

> 副结核病的诊断和防治要点。

任务5　病毒性腹泻-黏膜病

牛病毒性腹泻-黏膜病(BVD-MD)简称牛病毒性腹泻或牛黏膜病。是由牛病毒性腹泻病毒引起的牛传染病,本病以发热、白细胞减少、口腔及消化道黏膜糜烂、坏死和腹泻为特征,但大多数牛是隐性感染。

本病呈世界性分布。1980年以来,我国从西德、丹麦、美国、加拿大等十多个国家引进奶牛和种牛,将本病带入我国,并分离鉴定出了病毒。我国将其列为三类动物疫病病种名录。

一、病　原

本病的病原是牛腹泻病毒,又名黏膜病病毒,是黄病毒科,瘟病毒属的成员,为单股RNA病毒,电镜下呈圆形,有囊膜。本病毒能在胎牛肾、睾丸、肺、皮肤、肌肉、鼻甲、气管、胎羊睾丸、猪肾等细胞培养物中增殖传代,也适应于牛胎肾传代细胞系。本病毒与猪瘟病毒、边界病毒为同属病毒,有密切的抗原关系。

病毒对温度敏感,56 ℃很快可以灭活,在低温下稳定,真空冻干的病毒在 −60 ~ −70 ℃可保存多年。在乙醚、氯仿、胰酶、pH3 以下易被破坏。

二、流行病学

(一)易感动物

本病的易感动物主要是牛,特别是奶牛和肉用牛,其次为黄牛、水牛和牦牛等。各种年龄的牛都有易感性,但以幼龄犊牛最易感。人工接种可以使绵羊、山羊、鹿、仔猪、家兔等动物感染。

(二)传染源

患病动物和带毒动物是本病的主要传染源。

(三)传播途径

直接或间接接触均可传染本病,主要通过消化道和呼吸道而感染,也可通过胎盘感染。

(四)流行特点

新疫区急性病例多,不论放牧牛或舍饲牛,大或小均可感染发病,发病率通常不高,约为 5%,其病死率为 90% ~ 100%,发病牛以 6 ~ 18 个月者居多;老疫区则急性病例很少,发病率和病死率很低,而隐性感染率在 50% 以上。本病常年均可发生,通常多发生于冬末和春季。本病也常见于肉用牛群中,关闭饲养的牛群发病时往往呈爆发式。

绵羊多为隐性感染,但妊娠绵羊常发生流产或生产先天性畸形羔羊,这种羔羊也成为传染源,康复牛可带毒 6 个月。

三、临床症状

潜伏期 7 ~ 14 d,人工感染 2 ~ 3 d,就其临床表现,有急性和慢性过程。

(一)急性型

病牛突然发病,体温升高至 40 ~ 42 ℃,持续 4 ~ 7 d,有的还有第 2 次升高。病畜精神沉郁,厌食,鼻眼有浆液性分泌物,2 ~ 3 d 内可能有鼻镜及口腔黏膜表面糜烂,舌面上皮坏死,流涎增多,呼气恶臭。通常在口内损害之后常发生严重腹泻,开始水泻,以后带有黏液和血。有些病牛常有蹄叶炎及趾间皮肤糜烂坏死,从而导致跛行。急性病例恢复的少见,通常多死于发病后 1 ~ 2 周。

(二)亚急性和慢性型

病牛很少有明显的发热症状,但体温可能有高于正常的波动。最引人注意的症状是鼻镜上的糜烂,此种糜烂可在全鼻镜上连成一片。眼常有浆液分泌物。在口腔内很少有糜烂,但门齿齿龈通常发红。由于蹄叶炎及趾间皮肤糜烂坏死而致的跛行是最明显的症状。大多数患牛均死于 2 ~ 6 个月内。

母牛在妊娠期感染本病时常发生流产,或产下有先天性缺陷的犊牛。

绵羊可以用黏膜病病毒实验感染,但仅在妊娠绵羊被感染而病毒通过胎盘及胎儿时才会发病。妊娠 12 ~ 80 d 的绵羊,可能导致胎儿死亡、流产或早产或足月羔羊。

四、病理变化

主要病变在消化道和淋巴组织。特征性损害是食道黏膜糜烂,呈大小不等形状与直线排列。瘤胃黏膜偶见出血和糜烂,第四胃炎性水肿和糜烂。肠壁水肿,肠淋巴结肿大,小肠急性卡他性炎症,空肠、回肠较严重,盲肠、结肠、直肠有卡他性、出血性、溃疡性以及坏死性等不同程度的炎症。在流产胎儿的口腔、食道、真胃及气管内可能有出血斑及溃疡。

五、诊　断

在本病严重爆发流行时,可根据其发病史、症状及病理变化初步诊断,最后确诊须依赖病毒的分离鉴定及血清学检查。

病毒分离应于病牛急性发热期间采取血液、尿、鼻液或眼分泌物,剖检时采取脾、骨髓、肠系膜淋巴结等病料,人工感染易感犊牛或用乳兔来分离病毒;也可用牛胎肾、牛睾丸细胞分离病毒。血清学试验目前应用最广的是血清中和试验,试验时采取双份血清(间隔 3 ~ 4 周),滴度升高 4 倍以上者为阳性,本法可用来定性,也可用来定量。此外,还可应用补体结合试验、免疫荧光抗体技术、琼脂扩散试验以及聚合酶链反应(PCR)等方法来诊断本病。

本病应注意与牛瘟、口蹄疫、牛传染性鼻气管炎、恶性卡他热及水疱性口炎等相区别。

六、防　治

本病在目前尚无有效疗法。应用收敛剂和补液疗法可缩短恢复期,减少损失。用抗生素和磺胺类药物,可减少继发性细菌感染。平时预防要加强口岸检疫,从国外引进种牛、种羊、种猪时必须进行血清学检查,防止引入带毒牛、羊和猪。国内在进行牛只调拨或交易时,要加强检疫,防止本病的扩大或蔓延。近年来,猪对本病的感染率日趋上升,不但增加了猪作为本病传染来源的重要性,而且由于本病病毒与猪瘟病毒有共同的抗原关系,使猪瘟的防治工作变得复杂化,因此在本病的防治计划中对猪的检疫也不容忽视。一旦发生本病,对病牛要隔离治疗或急宰。目前可应用弱毒疫苗或灭活疫苗来预防和控制本病。

自测训练

黏膜病的诊断和防治要点是什么?

任务6　牛结核

结核病是由分枝杆菌引起的一种人兽共患的慢性传染病,其临床特征是病程缓慢、渐进性消瘦、咳嗽、衰竭,在多种组织器官中形成特征性肉芽肿(结核结节),继而结节中心干酪样坏死或钙化。

本病呈世界性分布,是有数千年历史的古老疾病,曾经是引起人畜死亡最多的疾病之一。在 20 世纪中叶以前,我国奶牛的结核病曾非常严重,后来经国家采取大力措施,通过不断检疫、扑杀和三级净化,基本消灭了该病在我国尤其是北方奶牛中的流行。但近年来,该病又有抬头上升趋势,已引起国家的高度重视。OIE 将牛结核病列为 B 类法定报告疾病名录,我国将其列为二类动物疫病病种名录。卫生部《人间传染的病原微生物名录》将结核分枝杆菌列为危害程度第二类的病原微生物。

一、病　原

本病的病原是分枝杆菌属的 3 个种,即结核分枝杆菌、牛分枝杆菌和禽分枝杆菌。结核分枝杆菌是直或微弯的细长杆菌,呈单独或平行相聚排列,多为棍棒状,间有分枝状。牛分枝杆菌稍短粗,且着色不均匀。禽分枝杆菌短而小,为多形性。本菌不产生芽孢和荚膜,也不能运动,为革兰氏染色阳性菌,常用的方法为 Ziehl-Neelsen 氏抗酸染色法。分枝杆菌为专性需氧菌。生长最适温度为 37.5 ℃,但在培养基上生长缓慢,初次分离培养时需用牛血清或鸡蛋培养基,在固体培养基上接种,3 周左右开始生长,出现粟粒大圆形菌落。牛分枝杆菌生长最慢,禽分枝杆菌生长最快。生长最适的酸碱度牛分枝杆菌为 pH5.9~6.9,结核分枝杆菌为 pH7.4~8.0,禽分枝杆菌为 pH7.2。

在自然环境中生存力较强,对干燥和湿冷的抵抗力很强。但对热的抵抗力差,60 ℃ 30 min 即可死亡。在直射阳光下经数小时死亡。常用消毒药经 4 h 可将其杀死。本菌对链霉素、异烟肼、对氨基水杨酸和环丝氨酸等敏感。

二、流行病学

(一)易感动物

本病可侵害人和多种动物,据报道约有 50 种哺乳动物、25 种禽类可感染本病。家畜中牛最易感,特别是奶牛,其次为黄牛、牦牛、水牛,猪和家禽易感性也较强。而绵羊、山羊较少发病,单蹄兽罕见。野生动物猴、鹿较常见,狮、豹等也可发生。结核分枝杆菌主要侵害人、猿、猴等,也可侵害牛、猪。牛分枝杆菌主要侵害牛,也可感染人、绵羊、山羊、猪及犬。禽分枝杆菌主要侵害家禽和水禽,其中鸡和鸽最易感,鹅、鸭次之,牛、猪和人也可感染。

(二)传染源

结核病患病动物尤其是开放性的病畜、病人是本病的主要传染源,其分泌物和排泄物,特别是在肺部形成结核性空洞病变的奶牛的鼻液中含菌量最多,其次患乳腺结核者分泌的乳汁、患肠结核病牛排泄的粪便中含菌量也很多。本病原随鼻汁、唾液、痰液、乳汁和生殖器官分泌物排出体外,能污染饲料、饮水、空气周围环境,使这些物体成为散播结核病的媒介物。

(三)传播途径

本病主要经呼吸道、消化道感染。犊牛以消化道感染为主。健康牛也可通过生殖道交配而感染该病,母牛患子宫结核时,通过脐静脉能使胎儿感染。

(四)流行特点

本病多为散发或地方性流行。牛舍阴暗潮湿、光线不足、通风不良、牛群拥挤、病牛与健康牛同栏饲养以及饲料配比不当、饲料中缺乏维生素和矿物质等,均可促进本病的发生。

三、临床症状

潜伏期长短不一,短者十几天,长者数月甚至数年。

(一)牛结核

牛常发生肺结核,病初食欲、反刍无变化,但易疲劳,常发短而干的咳嗽,尤其当起立运动,吸入冷或多尘埃的空气时易发咳,随后咳嗽加重,频繁且表现痛苦。呼吸次数增多或发气喘。病畜日渐消瘦、贫血,有的牛发生淋巴结核,体表淋巴结肿大,常见于肩前、股前、腹股沟、颌下、咽及颈淋巴结等。当纵膈淋巴结受侵害肿大压迫食道时,则有慢性臌气症状。病势恶化可发生全身性结核,即粟粒性结核。胸膜腹膜发生结核时,胸部听诊可听到摩擦音。多数病牛发生乳房结核,常见乳房上淋巴结肿大无热无痛,泌乳量减少,乳汁初无明显变化,严重时呈水样稀薄。肠道结核多见于犊牛,表现消化不良,食欲不振,顽固性下痢,迅速消瘦。生殖器官结核,可见性机能紊乱,发情频繁,性欲亢进,不孕。孕畜流产,公畜副睾丸肿大,阴茎前部可发生结节、糜烂等。中枢神经系统主要是脑与脑膜发生结核病变,常引起神经症状,如癫痫样发作、运动障碍等。

(二)禽结核

禽结核主要危害鸡和火鸡,成年鸡多发。临诊表现贫血、消瘦、鸡冠萎缩、跛行以及产蛋减少或停止。病程持续2~3个月,有时可达一年。病禽因衰竭或肝变性破裂而突然死亡。

(三)猪结核

猪对禽分枝杆菌、牛分枝杆菌、结核分枝杆菌都有感受性,猪对禽分枝杆菌的易感性比其他哺乳动物为高。养猪场里养鸡或养鸡场里养猪,都可能增加猪感染禽结核的机会。猪主要经消化道感染结核,在扁桃体和颌下淋巴结发生病灶,很少出现临诊症状,当肠道有病灶则发生下痢。猪感染牛分枝杆菌则呈进行性病程,常导致死亡。

四、病理变化

(一)牛

牛肉眼可见在肺脏或其他器官常有很多突起的白色结节。切面为干酪化坏死,有的见有钙化,切开时有沙砾感。有的坏死组织溶解和软化,排出后形成空洞。胸膜和腹膜发生密集结核结节,呈粟粒至豌豆大的半透明灰白色坚硬的结节,形似珍珠状,称所谓的"珍珠病"。胃肠黏膜可能有大小不等的结核结节或溃疡。乳房结核多发生于进行性病例,剖开可见大小不等的病灶,内含有干酪样物质,还可见到急性渗出性乳房炎的病变。子宫病变多为弥漫干酪化,多出现在黏膜上,黏膜下组织或肌层组织内也发生结节、溃疡或瘢痕化。子宫腔含有油样脓液,卵巢肿大,输卵管变硬。

(二)猪

猪全身性结核不常见,在某些器官如肝、肺、肾等出现一些小的病灶,或有的病例发生广泛的结节性过程。有的干酪样变化,但钙化不明显。在颌下、咽、肠系膜淋巴结及扁桃体等发生结核病灶。

(三)禽

禽病变多在肠道、肝、脾、骨髓和关节,其他部位少见。肠段形成的结核结节如同肿瘤样物质突出于肠管的表面。肝脾肿大,切开后可见大小不等的结节,呈干酪样变化。有的病鸡关节肿胀,内含干酪样物质。

五、诊　断

(一)临诊诊断

依据动物发生不明原因的进行性消瘦、咳嗽、乳腺炎、持续性下痢、淋巴结肿胀等,可结合相应的症状作出初诊。但是仅仅依靠临床症状很难进行确诊。病畜的特异性结核结节,可作为诊断的重要依据。

(二)细菌学诊断

本法对开放性结核病的诊断具有实际意义。生前采取痰、乳汁和粪便,死后采取病变组织涂片,经抗酸染色后镜检,发现染成红色的纤细杆菌再结合临诊病状、流行病学资料可以确诊。

采用荧光抗体技术和酶联免疫吸附试验检查病料,使诊断快速、准确,检出率高。

(三)结核菌素试验

结核菌素试验是目前诊断结核病最有现实意义的好方法。操作方法及判定标准见【技能训练】结核病的检疫。

六、防　治

(一)预防措施

动物结核病的防治重点应放在牛结核的防治上。健康牛群(无结核病畜群),平时加强检疫、防疫和消毒措施。每年春秋两季定期进行结核病检疫,主要用结核菌素(见【技能训练】结核病的检疫),结合临诊等检查。卡介苗(BCG)被应用于结核病流行的一些国家。但是 BCG 对牛和其他动物没起到完全的预防作用,因为 BCG 在长期的体外增殖过程中可产生许多突变。此外,接种疫苗的动物降低了结核菌素皮试的阳性效果。开发新的疫苗应该说有很重要的意义。加强消毒工作,每年进行 2~4 次预防性消毒。常用消毒药为 5% 来苏儿或克辽林,10% 漂白粉,3% 福尔马林或 3% 苛性钠溶液。

（二）扑灭措施

完善检疫设施,从严执法,把好检疫、调运关,控制传染源。制订奶牛结核病防治规划,设置专用经费用于该病的检疫和净化。有计划、有步骤地对奶牛养殖户进行宣教,树立奶牛保健意识,包括常规免疫注射、消毒、疾病监控、监测,且随实际效果不断进行改进,提高其可操作性。引导奶牛养殖户建立奶牛档案,对奶牛来源、免疫程序、发病情况、治疗措施、发情配种进行记录,一旦发现与其接触的奶牛患有传染病,可以尽早进行诊断、定性,从而把损失减少到最小。

全面贯彻执行《动物防疫法》和《奶牛场卫生及检疫规范》。奶牛场应建立防疫、卫生、消毒、隔离制度,其条件、设施需由兽医监督部门进行实地考察,考察合格后,发给合格证。取得合格证的奶牛场方可运营。对条件、设施不健全的奶牛场应提早给出整改意见,直至达到标准。由兽医卫生部门联合乳品加工企业对奶牛场每年春秋进行两次结核病检疫,对出现可疑反应的牛应隔离复检,连续两次为可疑以及阳性反应的牛坚决予以扑杀,并对其牛舍中的牛只停止调动,对污染的牛舍、运动场及周围环境、与其接触的挤奶、饲喂工具等必须进行彻底消毒。同时宣布该奶牛场为疫病牛场,限制该牛场牛只流动,以减少疫病传播。

七、公共卫生

人结核病主要由人型结核杆菌引起,牛和禽型分枝杆菌也可引起感染和发病。病人和病畜,尤其是开放性患者是本病的主要传染源。人感染结核病多由饮用带菌的生牛奶而患病,主要症状是低热、食欲不振、消瘦、倦怠、易烦躁、盗汗等。肺结核症状有咳嗽和咯痰,有的咳出脓痰、咯血痰或咯血,胸痛和呼吸困难等。肠结核则腹痛、腹泻、便秘或便秘和腹泻交替出现等。另外,还有结核性胸膜炎、结核性脑膜炎、结核性腹膜炎、淋巴结核等。

防治人结核病的主要措施是早期发现,严格隔离,彻底治疗。牛乳应煮沸后饮用;新生儿和婴幼儿接种卡介苗;与病人、病畜禽接触时应注意个人防护。治疗人结核病采用异烟肼、对氨基水杨酸钠、链霉素、利福平和乙胺丁醇等药物。在一般情况下,联合用药可延缓产生耐药性,增强疗效。

【技能训练】 结核病的检疫

一、训练目的

（1）掌握牛结核菌素变态反应的诊断方法和操作程序。
（2）掌握牛结核菌素变态反应的判定标准。

二、设备和材料

老结核菌素(O.T)、牛结核分枝杆菌 PPD、煮沸消毒锅、来苏尔、1~2.5 mL 金属皮内注射器、针头、镊子、点眼管、卡尺、灭菌吸管、鼻钳、毛剪、脱脂棉、纱布、酒精、生理盐水、带胶塞的灭菌小瓶、消毒托盘、工作服、帽、口罩、胶鞋、记录表、线手套等。

三、训练内容及方法

牛结核菌素变态反应诊断有 3 种方法,即皮内反应、点眼反应及皮下反应。我国现在主要采用前两种方法,而且前两法最好同时并用。1985 年以来,我国逐渐推广改用牛结核分枝杆菌 PPD 变态反应试验来诊断检疫结核病。

(一)老结核菌素变态反应

1. 牛结核菌素皮内反应

(1)操作方法:将牛只保定后编号,于颈中上 1/3(3 个月以内的犊于肩胛部)处剪毛,直径 10 cm,用卡尺测量术部中央皮皱厚度,并作好记录。术部用酒精棉消毒后,以左手拇指和食指捏起术部皱皮,右手持注射器,将老结核菌素确保注入皮内。3 个月以内的小牛0.1 mL;3 个月至 1 岁牛 0.15 mL;12 个月以上的牛 0.2 mL。

(2)观察反应:注射后,分别在 72 h、120 h 进行两次观察,注意肩部有无热、痛、肿胀等炎性反应,并以卡尺测量术部肿胀面积及皮皱厚度,并作好记录。在第 72 h 观察后,对呈阴性及可疑反应的牛只,须在原注射部位,以同一剂量进行第 2 次注射。第 2 次注射后应于第 48 h(即 120 h)再观察 1 次。

(3)判定标准:

①阳性反应:局部有热痛,呈界线不明显的弥漫性水肿,触及硬固或质地如面团,肿胀面积在 35 mm×45 mm 以上,或上述反应较轻,而皱皮厚度在原测量基础上超过 8 mm以上者,为阳性反应,其记录符号为(+)。

②疑似反应:局部炎性水肿不明显,肿胀面积在 35 mm×45 mm 以下,或皮厚差在5~8 mm者,为疑似反应,其记录符号为(±)。

③阴性反应:局部无炎性水肿,或仅有无热坚实的界限明显的硬结,皮厚差不超过5 mm者。为阴性反应,其记录符号为(-)。

2. 结核菌素点眼反应

牛结核菌素点眼,每次进行两回,间隔 3~5 d。

(1)操作方法:点眼前对两眼作详细检查,有眼病或结膜不正常者,不能点眼检疫。结核菌素一般点于左眼,左眼有眼病可点于右眼,但须在记录上说明。点眼时用硼酸棉球擦净眼部周围污物,用左手食指和拇指打开上下眼睑,使瞬膜和下眼睑形成凹窝,右手持吸有结核菌素的点眼器,向凹窝滴入 3~5 滴(约 0.2~0.3 mL)即可。点眼后,注意将牛拴好,防止风沙侵眼,避免阳光直射牛头部以及牛与周围物体摩擦。

(2)观察反应:点眼后于 3 h、6 h、9 h 各观察 1 次,必要时可于 24 h 再观察 1 次。应观察两眼的结膜与眼睑肿胀的状态,流泪及分泌物的性质和量的多少。由结核菌素而引起的食欲减少或停止以及全身战栗、呻吟、不安等其他变态反应,均应详细记录。阴性和可疑的牛72 h后,于同一眼内再滴一次结核菌素,观察记录同上。

(3)判定标准:

①阳性反应:在眼的周围或结膜囊及其眼角内,有两个大米粒大或2 mm×10 mm以上的呈黄白色的脓性分泌物自眼角流出,或上述反应较轻,但有明显的结膜充血、水肿、流泪,并有全身反应者,为阳性反应,其记录符号为(＋)。

②疑似反应:有两个大米粒或2 mm×10 mm以上的灰白色、半透明的黏液性分泌物积聚在结膜囊内或眼角处,而无明显的眼睑水肿和全身症状者,为疑似反应,其记录符号为(±)。

③阴性反应:无反应或仅有结膜轻微充血,流出透明浆液性分泌物者,为阴性反应,其记录符号为(－)。

3.综合判定标准

结核菌素皮内注射与点眼反应两种方法中的任何一种呈阳性反应者,即判定为结核菌素阳性反应牛;两种方法中任何方法为疑似反应者,判定为疑似反应牛。

4.复　检

凡判定为疑似反应牛只,要单独隔离饲养,在25～30 d后再进行第2次检疫,如仍为可疑时,经半个月再进行第3次检疫,如仍为可疑,再酌情处理。

如果在牛群中发现有开放性结核牛,同群牛如有可疑反应的牛只,也应视为被感染,应于30～45 d进行复检,通过两次检疫均为可疑者,即可判为结核菌素阳性牛;连续3次检疫不再发现阳性反应牛时,可判定为健康牛群。

(二)牛结核分枝杆菌PPD皮内变态反应试验

结核分枝杆菌PPD(纯化蛋白衍生物)进行的皮内变态反应试验可以检查活畜结核病。该试验用牛型结核分枝杆菌PPD进行,出生后20 d的牛即可用本试验进行检疫。

1.操作方法

(1)注射部位及术前处理。将牛只编号后在颈侧中部上1/3处剪毛(或提前一天剃毛),3个月以内的犊牛,也可在肩胛部进行,直径约10 cm,用卡尺测量术部中央皮皱厚度,作好记录。注意,术部应无明显的病变。

(2)注射剂量。不论牛只大小,一律皮内注射0.1 mL(含2 000 IU)结核菌素。即将牛型结核分枝杆菌PPD稀释成每毫克2万IU后,皮内注射0.1 mL。如用2.5 mL注射器,应再加等量注射用水皮内注射0.2 mL。冻干PPD稀释后应当天用完。

(3)注射方法。先以75%酒精消毒术部,然后皮内注射定量的牛型结核分枝杆菌PPD,注射后局部应出现小疱,如对注射有疑问时,应另选15 cm以外的部位或对侧重做。

(4)注射次数和观察反应。皮内注射后经72 h时判定,仔细观察局部有无热痛、肿胀等炎性反应,并以卡尺测量皮皱厚度,作好详细记录。对疑似反应牛应即在另一侧以同一批PPD同一剂量进行第2次皮内注射,再经72 h观察反应结果。

对阴性和疑似反应牛,于注射后96 h、120 h再分别观察一次,以防个别牛出现较晚的迟发型变态反应。

2.结果判定

(1)阳性反应。局部有明显的炎性反应,皮厚差大于或等于4.0 mm,记为(＋)。

（2）疑似反应。局部炎性反应不明显，皮厚差大于或等于 2.0 mm、小于 4.0 mm，记为（±）。

（3）阴性反应。无炎性反应，皮厚差在 2.0 mm 以下，记为（－）。

凡判定为疑似反应的牛只，于第 1 次检疫 60 d 后进行复检，其结果仍为疑似反应时，经 60 d 后再复检，如仍为疑似反应，应判为阳性。

自测训练

一、知识训练

1. 牛结核病临床特征和病变特点。

2. 结核病的防治。

二、技能训练

应用牛结核分枝杆菌 PPD 皮内变态反应试验在牛体上进行操作并判定结果。

任务7　牛巴氏杆菌病

牛巴氏杆菌病是主要由多杀性巴氏杆菌所引起的，发生于各种家畜、家禽、野生动物和人类的一种传染病的总称。牛巴氏杆菌病又称牛出血性败血症，简称牛出败，可分为败血型、浮肿型和肺炎型。特征是高热、肺炎，间或呈急性胃肠炎及内脏器官的广泛出血。OIE 将出血性败血病列为 B 类法定报告疾病名录，我国将其列为二类动物疫病病种名录。

一、病　原

本病病原主要是多杀性巴氏杆菌。另参考猪巴氏杆菌病病原。

二、流行病学

（一）易感动物

多杀性巴氏杆菌对多种动物和人均有致病性，可感染奶牛、黄牛、牦牛，绵羊也易感，鹿和骆驼均可发病。但通常以幼龄动物较为多见，致死率高。溶血性巴氏杆菌多引起牛和绵羊肺炎、羔羊败血症。

（二）传染源

患病动物和带菌动物是本病的传染源。

（三）传播途径

主要经消化道传播，也可经呼吸道传播，吸血昆虫可作为媒介物，皮肤、黏膜的伤口也可导致感染的发生。本病既可以通过外源性感染，也可通过内源性感染。

（四）流行特点

本病的发生一般无明显的季节性,但以冷热交替、气候剧变、闷热、潮湿、多雨的时期发生较多。本病一般为散发性,在一般情况下,不同动物对于不同菌型的巴氏杆菌的感受性虽有差别,但同种及异种动物之间都可相互感染。不同种类动物间巴氏杆菌也可相互传染。

三、临床症状

（一）牛

牛感染本病时,又名牛出血性败血病。潜伏期2~5 d。病状可分为败血型、浮肿型和肺炎型。

1.败血型

病初发高烧,可达41~42 ℃,随之出现全身症状。稍经时日,患牛表现腹痛,开始下痢,粪便初为粥状,后呈液状,其中混有黏液、黏膜片及血液,具有恶臭,有时鼻孔内和尿中有血。拉稀开始后,体温随之下降,迅速死亡。病期多为12~24 h。

2.浮肿型

除全身症状外,在颈部、咽喉部及胸前的皮下结缔组织出现迅速扩展的炎性水肿,同时伴发舌及周围组织的高度肿胀,舌伸出齿外,呈暗红色,患畜呼吸高度困难,皮肤和黏膜普遍发绀。也有下痢或某一肢体发生肿胀者。往往因窒息而死,病期多为12~36 h。

3.肺炎型

主要呈纤维素性胸膜肺炎症状。病期较长的一般可到3 d或1周左右。

浮肿型及肺炎型是在败血型的基础上发展起来的。本病的病死率可达80%以上。痊愈牛可产生坚强免疫力。

（二）羊

本病多发于幼龄绵羊和羔羊。病程可分为最急性、急性和慢性3种。

（1）最急性。多见于哺乳羔羊。羔羊往往突然发病,呈现寒战、虚弱、呼吸困难等症状,可于数分钟至数小时内死亡。

（2）急性。精神沉郁,食欲废绝,体温升高至41~42 ℃。呼吸急促,咳嗽,鼻孔常有出血,有时血液混杂于黏性分泌物中。眼结膜潮红,有黏性分泌物。初期便秘,后期腹泻,有时粪便全部变为血水。颈部、胸下部发生水肿。病羊常在严重腹泻后虚脱而死,病期2~5 d。

（3）慢性者病程可达3周。病羊消瘦、不思饮食。流黏液脓性鼻液、咳嗽、呼吸困难。有时颈部和胸下部发生水肿。有角膜炎。病羊腹泻,粪便恶臭,临死前极度衰弱,四肢厥冷,体温下降。山羊感染本病时,主要呈格鲁布性肺炎症状,病程急促,平均10 d,存活者仍有长期咳嗽表现。与绵羊相比,山羊发病者少见。

四、病理变化

（一）牛

（1）败血型。因败血型而死亡的，呈一般败血症变化。内脏器官出血，在黏膜、浆膜以及肺、舌、皮下组织和肌肉，都有出血点。脾脏无变化，或有小出血点。肝脏和肾脏实质变性。淋巴结显著水肿，胸腹腔内有大量渗出液。

（2）浮肿型。本型和猪的类似。

（3）肺炎型。主要表现胸膜炎和格鲁布性肺炎。胸腔中有大量浆液性纤维素性渗出液。整个肺有不同期的变化，小叶间淋巴管增大变宽，肺切面呈大理石状。有些病例由于病程发展迅速，在较多的小叶里能同时发生相同阶段的变化，肺泡里有大量红细胞，使肺病变呈弥漫性出血景象。病程进一步发展，可出现坏死灶，呈污灰色或暗褐色，通常无光泽。有时有纤维素性心包炎和腹膜炎，心包与胸膜粘连，内含有干酪样坏死物。

（二）羊

一般在皮下有液体浸润和小点出血。胸腔内有黄色渗出物。肺淤血，小点出血和肝变，偶见有黄豆至胡桃大的化脓灶。胃肠道出血性炎症。其他脏器呈水肿和淤血，间有小点出血，但脾脏不肿大。病期较长者尸体消瘦，皮下胶样浸润，常有纤维素性胸膜肺炎和心包炎，肝有坏死灶。

五、诊　断

（一）临诊诊断

根据流行病学材料、临诊症状和剖检变化，结合对病畜（禽）的治疗效果，可对本病作出初诊，确诊有赖于细菌学检查。

（二）细菌学诊断

败血症病例可从心、肝、脾或体腔渗出物等，其他病型主要从病变部位、渗出物、脓汁等取材，如涂片镜检见到两极染色的卵圆形杆菌，接种培养基分离到该菌，可以作出诊断，必要时可用小鼠进行实验感染。

（三）鉴别诊断

在牛，本病的败血型与浮肿型应与炭疽、气肿疽和恶性水肿相区别，而肺炎型则应与牛肺疫区别。

六、防　治

（一）预防措施

加强饲养管理，消除发病诱因，提高机体抵抗力，定期消毒。每年定期接种牛出败氢氧化铝疫苗 1 次，体重 200 kg 以上的牛 6 mL，小牛 4 mL，皮下或肌肉注射。

（二）扑灭措施

发生本病时，应将病畜隔离，严密消毒，发病动物还应实行封锁，对病畜发病初期可用高免血清治疗,效果良好。青霉素、链霉素、四环素族抗生素或磺胺类药物也有一定疗效。如将抗生素和高免血清联用,则疗效更佳。同群的假定健康动物,可用高免血清进行紧急预防注射,隔离观察1周后,如无新病例出现,再注射疫苗。如无高免血清,也可用疫苗进行紧急预防接种,但应做好潜伏期病畜发病的紧急抢救准备。

自测训练

牛巴氏杆菌病的诊断要点和防治方法。

任务8　牛传染性鼻气管炎

牛传染性鼻气管炎,又称"坏死性鼻炎""红鼻病",是由病毒引起的牛的一种接触性传染病,表现为上呼吸道及气管黏膜发炎、呼吸困难、流鼻汁等症状,还可引起生殖道感染、结膜炎、脑膜脑炎、流产、乳房炎等多种病型。

本病自1955年美国首次报道以来,世界许多国家和地区都相继发生和流行。本病的危害性在于感染牛导致的持续性感染,使致长期乃至终生带毒,给防治本病带来极大困难。OIE本病列为B类法定报告疾病名录,我国将其列为二类动物疫病病种名录。

一、病　原

牛传染性鼻气管炎病毒,又称牛(甲型)疱疹病毒,是疱疹病毒科、疱疹病毒亚科甲、水痘病毒属的成员。本病毒为双股RNA,有囊膜。病毒可在猪、羊、马、兔肾、牛胎肾细胞上生长,并可产生病变,使细胞聚集,出现巨核合胞体。无论在体内或体外,被感染细胞用苏木紫伊红染色后均可见嗜酸性核内包涵体。本病毒只有1个血清型。与马鼻肺炎病毒、马立克氏病病毒和伪狂犬病病毒有部分相同的抗原成分。病毒可存在于神经组织内,而中和抗体对于神经组织内的病毒无作用。

本病毒对乙醚和酸敏感,对热敏感,加热至50 ℃经21 min灭活,在pH7的环境中稳定,在常温下,病毒可保存1个月左右,本病毒对各种消毒药都较敏感。

二、流行病学

(一)易感动物

本病主要感染牛,尤以肉用牛较为多见,其次是奶牛。肉用牛群的发病有时高达75%,其中又以20～60日龄的犊牛最为易感,病死率也较高。

(二)传染源

病牛及带毒牛为传染来源,隐性带毒牛往往是最危险的传染源。

(三)传播途径

常通过空气经呼吸道传染,交配也可传染,病毒也可通过胎盘侵入胎儿引起流产。

（四）流行特点

本病多发生于寒冷季节,主要在冬季和春秋季节流行,舍饲牛群和大群密集饲养,过分拥挤,可促进本病发生。本病的持续性感染,可使该病在牛群中长期存在,不易根除。有的个别散发,一般发病率为20%～30%,有时可达80%。死亡率因发病牛群而有差异,一般在1%～5%,犊牛病死率较高。

三、症 状

潜伏期一般为4～6 d,有时可达20 d以上,滴鼻或气管内接种可缩短到18～72 h。

（一）呼吸道型

本型急性病例可侵害整个呼吸道,病初发高热39.5～42 ℃,极度沉郁,拒食,有多量黏脓性鼻漏,鼻黏膜高度充血,出现浅溃疡,鼻窦及鼻镜因组织高度发炎而称为"红鼻子"。有结膜炎及流泪。常因炎性渗出物阻塞而发生呼吸困难及张口呼吸。因鼻黏膜的坏死,呼气中常有臭味。呼吸数常加快,常有深部支气管性咳嗽。有时可见带血腹泻。乳牛病初产乳量大减,后完全停止,病程如不延长(5～7 d)则可恢复产量。

（二）生殖道感染型

本型由配种传染,潜伏期1～3 d。可发生于母牛及公牛。病初发热,沉郁,无食欲。频尿,有痛感。产乳稍降,阴户联合下流黏液线条,污染附近皮肤,阴门阴道发炎充血,阴门黏膜上出现小的白色病灶,可发展成脓疱,大量小脓疱使阴户前庭及阴道壁形成广泛的灰色坏死膜。生殖道黏膜充血,轻症1～2 d后消退,继则恢复;严重的病例发热,包皮、阴茎上发生脓疱,随即包皮肿胀及水肿,公牛可不表现症状而带毒,从精液中可分离出病毒。

（三）脑膜脑炎型

本型主要发生于犊牛。体温升高达40 ℃以上。病犊共济失调,沉郁,随后兴奋、惊厥,口吐白沫,最终倒地,角弓反张,磨牙,四肢划动,病程短促,多归于死亡。

（四）眼炎型

本型一般无明显全身反应,有时也可伴随呼吸型一同出现。主要症状是结膜角膜炎。表现结膜充血、水肿,并可形成粒状灰色的坏死膜。角膜轻度混浊,但不出现溃疡。眼、鼻流浆液脓性分泌物,很少引起死亡。

（五）流产型

本型病毒经呼吸道感染后,从血液循环进入胎膜、胎儿所致。胎儿感染为急性过程,7～10 d后以死亡告终,再经2～48 h排出体外。因组织自溶,难以证明有包涵体。

四、病理变化

（一）呼吸道型

鼻腔、咽喉、气管、支气管黏膜充血、水肿。鼻翼和鼻镜部明显坏死,鼻窦内有大量渗出物,并伴有纤维素性伪膜。咽喉、器官常发生糜烂,导致咽喉部出现水肿,气管黏膜高度充血、出血。肺脏伴发感染,可见病牛出现化脓性支气管炎或纤维素性肺炎。第四胃黏膜常有发炎及溃疡,大小肠可有卡他性肠炎。

(二)眼炎型

眼结膜水肿、坏死,外观呈颗粒状,有角膜翳。眼部分泌浆液性分泌物。

(三)生殖道型

阴道前庭及阴道壁形成广泛的灰色坏死膜,阴门阴道发炎充血,阴道底面上有不等量黏稠无臭的黏液性分泌物。

(四)脑膜脑炎型

脑部无明显眼观变化,镜检可见神经元内出现包涵体,神经周围血管套现象。

(五)流产型

胎儿发生自溶现象,胎儿皮肤水肿,肝、脾、肾等实质器官有坏死性病灶,浆膜下出血,有渗出物。

五、诊　断

(一)临诊诊断

根据病史及临床症状,可初步诊断为本病。确诊本病要作病毒分离。

(二)病原诊断

分离病毒的材料,可在感染发热期采取病畜鼻腔洗涤物,流产胎儿可取其胸腔液,或用胎盘子叶。可用牛肾细胞培养分离,再用中和试验及荧光抗体来鉴定病毒。间接血凝试验或酶联免疫吸附试验等均可作本病的诊断或血清流行病学调查。近年来,检测病毒DNA的核酸探针技术,国内外均已有报道,利用生物素标记的病毒DNAHindⅢ酶切片段作探针,可以检出10 pg水平的病毒DNA,而且在感染后2 h内收集的鼻拭子和分泌物即可呈现阳性结果。诊断本病的聚合酶链反应(PCR)技术也已建立。据报道,应用核酸探针、PCR技术检测潜伏的病毒取得了较好的效果。

(三)鉴别诊断

应与牛流行热、牛病毒性腹泻-黏膜病、牛蓝舌病和茨城病等相区别。

六、防　治

(一)预防措施

由于本病毒能导致持续性感染,所以实行严格检疫,防止引入传染源和对引进冻精、胚胎等遗传材料加强监督是防治本病最重要的措施。有证据表明,抗体阳性牛实际上就是本病的带毒者,因此具有抗本病病毒抗体的任何动物都应视为危险的传染源,应采取措施对其严格管理。

关于本病的疫苗,目前有弱毒疫苗、灭活疫苗和亚单位苗(用囊膜糖蛋白制备)3类。研究表明,用疫苗免疫过的牛,并不能阻止野毒感染,也不能阻止潜伏病毒的持续性感染,只能起到防御临床发病的效果。因此,采用敏感的检测方法(如PCR技术)检出阳性

牛并予以扑杀可能是目前根除本病的唯一有效途径。

（二）扑灭措施

发生本病时，应采取隔离、封锁、消毒等综合性措施。本病尚无特效药物，发病时应立即隔离病牛，用抗生素和磺胺类药等防止细菌继发感染，配合对症治疗减少死亡，对未感染的牛可接种弱毒疫苗或灭活苗。若无细菌继发感染，本病一般呈良性经过。康复牛可终生免疫，皮下或肌肉注射康复牛血清，可对牛群产生良好的保护作用。

当暴发本病时，对所有牛都接种疫苗。母牛免疫后所分娩犊牛的母源抗体可维持4个月，影响主动免疫的产生，因此只对5~7个月的犊牛进行免疫接种。

自测训练 ∎

牛传染性鼻气管炎病的诊断要点和防治方法。

任务9　牛海绵状脑病

牛海绵状脑病（BSE）俗称疯牛病（MCD），是由非常规致病因子（朊病毒）引起的牛的一种神经性、渐进性、致死性疾病。其临床和组织病理学特征是潜伏期长，精神、行为失常，共济失调，触听视3觉过敏和死后大脑呈海绵状空泡变性，发病缓慢及最终死亡。

该病自1985年4月首次在英国发现以来，至今已在许多国家都有发现。该病给许多国家奶牛业造成了严重的经济损失。目前，世界上有100多个国家面临着疯牛病的严重威胁。由于本病还可危害人类健康，因此，受到世界各国的高度关注。OIE将本病列为B类法定报告疾病名录，我国将其列为一类动物疫病病种名录。

一、病　原

BSE的病原是一种无核酸的蛋白性侵染颗粒（简称朊病毒或朊粒），是由宿主神经细胞表面正常的一种糖蛋白（PrPc）在翻译后发生某些修饰而形成的异常蛋白（PrPBSE），与原糖蛋白相比，该异常蛋白对蛋白酶具有较强抵抗力。它有许多与病毒不一致的地方：

第一，对理化因素如热、电离和紫外线等具有很强的抵抗力，对理化因素比一般的细菌和病毒抵抗力强，对甲醛溶液、紫外线不敏感；对强酸强碱有很强的抵抗力，pH2.1~10.5时，用2%的次氯酸钠或90%的石碳酸经2 h以上才可灭活病原，在121 ℃中能耐热30 min以上。

第二，机体对感染BSE不产生免疫应答，但不影响机体对其他感染的免疫应答，这与中枢神经系统产生无免疫应答反应的性质是一致的，也是该病无血清学诊断方法的原因所在。

很长的潜伏期，异常的稳定和缺乏免疫应答反应等特性是人们把这类病原体称为"非常规致病因子"的原因。

二、流行病学

(一)易感动物

BSE 可实验性地感染狨(中南美洲所产的一种猴,属于灵长类)、鼠、牛、猪、绵羊和山羊。将牛海绵状脑病患牛的脑组织匀浆脑内接种和腹腔接种狨,46~47 个月后出现神经症状,脑组织病理学检查可发现具有 BSE 的典型病理学变化。从而证明了 BSE 的宿主也包括灵长类。灵长类感染 BSE 的时间是牛、猪、绵羊、山羊和鼠的两倍,比人的克-雅氏病传给狨的时间还长,是狨传给狨的 3 倍,这说明灵长类和其他品种的动物可能存在种间屏障。

(二)传染源

患病牛和带毒牛以及感染痒病的绵羊是本病的传染源。

(三)传播途径

BSE 不仅可通过消化道或在实验室里经脑内接种发生水平传播,还可通过带子母牛的胎盘等垂直传播。从流行病学特征分析,含有被痒病病原因子污染的反刍动物蛋白的肉骨粉是 BSE 的传播媒介。BSE 在奶牛群的发病率高于哺乳牛群,这与品种的易感性无关,原因是两种牛的饲养方式不同。奶牛通常在断奶后头 6 个月饲喂含肉骨粉的混合饲料。而哺乳肉牛则很少饲喂这种饲料。BSE 患牛的比例还与牛群的大小成正比,因为牛群越大,就需要越多的饲料,那么购买被污染的饲料的比率就更大。病例对比试验表明,小牛饲料中含有肉骨粉,是发生 BSE 的最大风险因素。

(四)流行特点

本病的流行无明显季节性,潜伏期长,2~8 年不等。多发于 3~5 岁的奶牛,病情逐渐加重,终归死亡。未发现疯牛病直接由疯牛传染给人和其他动物。

三、临诊症状

BSE 平均潜伏期为 4~5 年。病牛临床表现为精神、行为异常,运动障碍和感觉障碍。

(一)精神、行为异常

主要表现为不安、恐惧、狂暴、神志恍惚、磨牙等,当有人靠近或追逼时往往出现攻击性行为。

(二)运动障碍

运动障碍主要表现为共济失调、颤抖或倒下。病牛步态呈"鹅步"状,四肢伸展过度,后肢运动失调,震颤或跌倒,麻痹,轻瘫;有时倒地难以站立。

(三)感觉障碍

最常见的是对触摸、声音和光过度敏感,这是 BSE 病牛很重要的临床诊断特征。用手触摸或用钝器触压牛的颈部肋部,病牛会异常紧张、颤抖;用扫帚轻碰后蹄,也会出现紧张的踢腿反应;病牛听到敲击金属器械的声音,会出现震惊和颤抖反应;病牛在黑暗环

境中,对突然打开的灯光出现惊吓和颤抖反应。

在临诊期的某些阶段,大约79%的病牛出现一种临诊症状和一种神经症状。经病理学确诊为牛海绵状脑病的动物,没有只表现一般临诊症状而无神经症状的。

出现临诊症状几星期后,病牛因症状加剧而不活动并出现死亡。由于病牛的反复摔倒而出现损伤和不可想象的行为。大多数病牛在发病的早期就应考虑淘汰,从病牛最早出现临诊症状到死亡或被杀掉,少则两周,多则1年,平均为1~2月。

四、病理变化

BSE 无肉眼可见的病理变化,也无生物学和血液学异常变化,肝脏等实质器官未见异常。典型的组织病理学和分子学变化都集中在中枢神经系统。BSE 有3个典型的非炎性病理变化:①出现双边对称的神经空泡具有重要的诊断价值,这包括灰质神经纤维网出现微泡即海绵状变化,这是 BSE 的主要空泡病变。BSE 很少见有其他类型的大空泡,而这类空泡是痒病的特征性病变。②星型细胞肥大常伴随空泡的形成。③大脑淀粉样病变是痒病家族病的一个不常见的病理学特征,BSE 存在淀粉样病变,但不多见。

分子病理学变化:除了痒病家族应有的特征性组织病理变化外,牛脑组织提取液中还含有大量的异常纤维(SAF),可用电镜负染技术观察到,这对牛感染 BSE 的确诊非常重要。

五、诊　断

(一)临诊诊断

病牛临床同时表现惊恐、感觉异常和共济失调三症状长达1个月以上,即可怀疑BSE。机体感染 BSE 后既无任何炎症,也不产生免疫应答,所以该病至今尚无血清学诊断方法,病牛的血液生化指标也无显著异常。因此本病主要依据流行病学、临床症状和组织病理学进行初诊。

(二)实验室诊断

用蛋白酶 K 处理延脑闩门病料后进行蛋白印迹分析可以确诊。

(三)鉴别诊断

包括李斯特菌病、狂犬病、伪狂犬病及中枢神经系统肿瘤等。

六、防　治

我国尚未发现该病,应加强国境检疫,防止传入该病。禁止进口染疫国家或地区易感动物和肉骨粉产品。牛、羊等动物在饲喂日粮中,禁止添加肉骨粉产品。一旦发现可疑病牛,立即隔离并报告当地动物防疫监督机构,力争尽早确诊。确诊后扑杀所有病牛和可疑病牛,甚至整个牛群,尸体焚毁或深埋。并根据流行病学调查结果进一步采取措施。

七、公共卫生

该病原可以感染人,发病动物的肉以及其他动物产品一律禁止食用,以减少对人的感染机会。

自测训练

1. 牛海绵状脑病病原、流行病学、临床、病变特点。
2. 牛海绵状脑病的防治方法。

任务10　牛布鲁氏菌病

布鲁氏菌病是由布鲁氏菌引起的人兽共患传染病。常见于牛、羊、猪等家畜,并由它们传给人和其他家畜。病牛的特征为生殖器官及胎膜发炎,孕牛流产、胎衣不下,公牛发生睾丸炎、附睾炎和关节、滑膜囊炎等。OIE 将牛布鲁氏菌病列为 B 类法定报告疾病名录,我国将布鲁氏菌病列为二类动物疫病病种名录。

一、病　原

布鲁氏菌为革兰氏阴性球杆菌,专性需氧、不形成荚膜和芽孢。布鲁氏菌属共有 6 个种:马尔他布鲁氏菌、流产布鲁氏菌、猪布鲁氏菌、犬布鲁氏菌、沙林鼠布鲁氏菌和绵羊布鲁氏菌。马尔他布鲁氏菌主要感染绵羊、山羊,也能感染牛、猪、鹿、骆驼等;猪布鲁氏菌主要感染猪,也能感染鹿、牛和羊;流产布鲁氏菌主要感染牛、马、犬,也能感染水牛、羊和鹿;其他 3 种布鲁氏菌除感染本属动物外,对其他动物致病力很弱或基本无致病力。

本菌对外界环境有较强的抵抗力。在污染的土壤中能存活两个月以上,粪尿中可存活 45 d,羊毛上可存活 3~4 个月,在冷暗处的胎儿体内能存活 6 个月左右。对热敏感。对常用的消毒剂敏感。对盐酸四环素、利福平、卡那霉素、硫酸链霉素等敏感。

二、流行病学

(一)易感动物

本病的易感动物种类很多,羊、牛、猪最易感,其次是水牛、牦牛、羚羊、鹿、骆驼、野猪、犬、猫、狐、狼、野兔、猴等,鸡、鸭及一些啮齿类动物也有感染的报道。在一般情况下,初产动物最为易感,流产率也最高,随着产仔胎次的增加,易感性也逐渐降低。

(二)传染源

传染源主要是病畜和带菌动物。家畜感染后,可终身带菌。

(三)传播途径

本病的传播途径包括皮肤黏膜、消化道、呼吸道以及苍蝇携带和吸血昆虫叮咬等。

感染动物首先在同种动物间传播,造成带菌或发病,随后波及人类。

(四)流行特点

本病一年四季都有发生,但以产仔季节为多,牧区发病率明显高于农区。母畜感染后第一胎流产的多,以后多不再流产(带菌免疫)。新疫区流产率高。检疫制度不健全,集市贸易和频繁的流动,毛、皮收购与销售等都能促进本病的传播。

三、临床症状

潜伏期2周至6个月。

母牛最明显的症状是流产,流产可发生于妊娠后的任何时期,通常在妊娠后的第6~8个月。流产前表现出分娩的征兆,如阴道黏膜潮红肿胀,有粟粒大结节,阴道流出灰白色或灰色黏性分泌物。阴唇及乳房肿胀,不久即发生流产。流产胎儿多为死胎、弱胎,弱胎生后不久死亡。多数母牛流产后发生胎衣滞留(尤其是在妊娠后期流产)和子宫内膜炎。从阴道流出污秽不洁的红褐色恶臭分泌物,分泌物延至1~2周后消失。有的病例长期不愈,导致不孕。未发生胎衣滞留者,病牛可迅速康复,再次受孕,但可能再次流产。公牛感染后主要发生睾丸炎和附睾炎。除以上明显症状外,还常见关节炎、滑液囊炎,偶见腱鞘炎和乳房炎。

如胎衣不发生滞留,则病牛迅速康复,又能受孕,但以后可能再度流产。如胎衣未能及时排出,则可能发生慢性子宫炎,引起长期不育。

四、病理变化

可见胎衣水肿增厚,并有出血点,呈黄色胶样浸润,表面覆以纤维蛋白絮片和脓液。绒毛叶贫血,覆有纤维素性、脓性渗出物或黄色脂样渗出物。胎儿皮下及肌间结缔组织出血性浆液性浸润,胸腹腔有淡红色液体。真胃内有淡黄色或白色黏液絮状物,胃肠黏膜出血。淋巴结肿大,多发生于颌下、颈部、腹股沟和咽淋巴结,灰黄色、较为硬固。流产胎儿和胎衣的病变不明显,偶见胎衣充血、水肿及斑状出血,少数胎儿皮下积有出血性液体,腹腔液增多,有自溶性变化。公牛睾丸、附睾和前列腺等处有脓肿。母牛子宫黏膜的脓肿为灰黄色,呈粟粒状。

五、诊　断

(一)临诊诊断

根据本病临诊表现有助于本病的初诊,但确诊必须进行实验室诊断。

(二)实验室诊断

见【技能训练】布鲁氏菌病的诊断。

(三)鉴别诊断

本病应与有流产症状的疫病进行区别,如弯曲菌病、胎毛滴虫病、钩端螺旋体病、乙型脑炎、伪狂犬病等,鉴别的关键是病原体的检出及特异性抗体的检测。

六、防 治

应当着重体现"预防为主"的原则。最好办法是自繁自养,必须引进种畜或补充畜群时,要严格执行检疫。即将牲畜隔离饲养两个月,同时进行布鲁氏菌病的检查,全群两次免疫生物学检查阴性者,才可以与原有牲畜接触。清净的畜群,还应定期检疫,一经发现,即应淘汰。加强动物群的保护措施,不从疫区引进可能被病菌污染的饲草、饲料和动物产品;尽量减少动物群的移动,防止误入疫区。畜群中如果发现流产,除隔离流产畜和消毒环境及流产胎儿、胎衣外,应尽快作出诊断。消灭布鲁氏菌病的措施是检疫、隔离、控制传染源、切断传播途径、培养健康畜群及主动免疫接种。

我国普遍使用猪布鲁氏菌 2 号弱毒菌苗(S_2)、羊布鲁氏菌 5 号弱毒菌苗(M_5)免疫接种,均有较好的免疫效果。国际上多采用弱毒苗,如牛流产布鲁氏菌 19 号苗(S_{19})、马尔他布鲁氏菌 Rev I 苗。也有使用灭活苗的,如牛流产布鲁氏菌 45/20 苗和马尔他布鲁氏菌 53H38 苗等。弱毒苗具有一定的残余毒力,防疫人员应做好自身防护工作。

布鲁氏菌是兼性细胞内寄生菌,化疗药剂效果较差。因此对病畜一般不做治疗,应淘汰屠宰。

七、公共卫生

人因接触病畜或食用受污染的牛奶或奶制品而感染。临床上主要表现为病情轻重不一的发热、多汗、关节痛等。人类布鲁氏菌病的预防,首先要注意职业性感染,凡在动物养殖场、屠宰场、畜产品加工厂的工作者以及兽医、实验室工作人员等,必须严守防护制度,尤其在仔畜大批生产季节,更要特别注意。病畜乳肉食品必须灭菌后食用。必要时可用 M_{104} 冻干苗接种,接种前应行变态反应试验,阴性反应者才能接种。

【技能训练】 布鲁氏菌病的诊断

一、训练目的

了解布鲁氏菌病的临诊检疫方法;掌握布鲁氏菌病的细菌学、血清学诊断及变态反应等检疫方法。

二、设备和材料

无菌采血试管、采血针头及注射器、皮内注射器及针头、灭菌小试管及试管架、灭菌试管(0.2 mL,1 mL,5 mL,10 mL)、清洁玻璃板、酒精灯、牙签或火柴、布鲁氏菌水解素、5% 碘酊棉球、70% 酒精棉球、0.5% 石碳酸生理盐水或 0.5% 石碳酸 10% 氯化钠溶液、布鲁氏菌试管凝集抗原、平板凝集抗原、虎红平板凝集抗原、阳性和阴性血清。

三、训练内容及方法

(一)临诊检疫

1. 流行病学

了解患病家畜的种类、发病数量及饲养管理和畜群的免疫接种情况。

2. 临诊检查

根据所学此病的症状进行仔细观察,特别注意怀孕后期母畜是否有流产症状,牛流产后有无胎衣滞留,公畜睾丸及附睾有无肿胀、疼痛、硬固。

3. 病理变化

对流产胎儿及胎衣仔细观察,结合所学知识注意观察特征性的病理变化。

(二)实验室诊断

1. 病原诊断

(1)涂片镜检。材料可无菌采取流产胎儿或其胃内容物、胎衣、阴道分泌物、乳汁、尿液及脓肿中的脓汁等制成抹片,做革兰氏和科兹洛夫斯基染色,若发现呈阴性,鉴别染色为红色的球状杆菌或短小杆菌,即可作出初步的疑似诊断。

(2)分离培养鉴定。将无污染病料接种于含10%马血清的马丁琼脂斜面等适宜培养基上,37 ℃培养 2~3 d,如长出湿润、闪光、无色、圆形、隆起、边缘整齐的小菌落,则为布鲁氏菌的可疑菌落。取以上菌落,进行革兰氏和科兹洛夫斯基染色镜检。

污染病料接种于选择性培养基进行分离培养。对于细菌数量较少的病料如乳汁、血液、精液、尿液等,应使用增菌、豚鼠皮下接种或鸡胚卵黄囊接种等方法增菌后再进行分离鉴定。

2. 血清学诊断

采血和血清分离。马、牛、羊颈静脉采血,猪以耳静脉采血,局部剪毛并用70%酒精棉球消毒后,无菌采集 7~10 mL 血液于灭菌试管中,摆成斜面使之凝固,经 10~12 h,待析出血清后,用毛细管吸取血清于灭菌小瓶中,封存于冰箱中备用,并作好记录。如不及时应用,按 9∶1 比例加入 5% 石碳酸保存,但不得超过 15 d。

(1)试管凝集试验:

①操作方法。取反应管 6 支,立于试管架上,并标明血清和试管号,按表 1 分别加入 0.5% 石碳酸生理盐水(羊用 0.5% 石碳酸 10% 氯化钠溶液)、被检血清和抗原,充分混合后,放入 37 ℃温箱 18~20 h,取出后室温静置 2 h,记录每管的反应情况,出现 50% 以上凝集的最高稀释度就是这份血清的凝集价。

实验应该设立以下对照,阴性血清对照,操作步骤与被检血清相同;阳性血清对照:阳性血清稀释到原有滴度,其他同上;抗原对照:已稀释抗原 0.5 mL + 稀释液 0.5 mL。

表1 试管凝集反应表解

成　分 ＼ 倍　数　　试管号	血清稀释管 1:12.5	1 1:25	2 1:50	3 1:100	4 1:200	对　照
0.5%石碳酸生理盐水	2.3	—	0.5	0.5	0.5	0.5
待检血清	0.2	0.5	0.5	0.5	0.5	弃去
20倍稀释抗原	—	0.5	0.5	0.5	0.5	0.5
结果（以大家畜为例） 阴性反应	−	＋＋	＋	−	−	−
可疑反应	−	＋＋＋	＋＋	＋	−	−
阳性反应	−	＋＋＋＋	＋＋＋	＋＋	＋	−

②记录反应。＋＋＋＋表示抗原完全凝集而沉淀于管底,上层液体清凉透明。

＋＋＋表示75%抗原凝集而沉淀,液体悬浮25%抗原而稍混浊。

＋＋表示50%抗原凝集而沉淀,液体悬浮50%抗原而半透明。

＋表示35%抗原凝集而沉淀,液体悬浮75%抗原而较混浊。

−表示抗原完全不凝集,液体完全混浊。

③结果判定。牛、马、骆驼血清凝集价在1:100以上,猪、山羊、绵羊和狗在1:50以上,判定为阳性。牛、马、骆驼血清凝集价在1:50以上,猪、山羊、绵羊和狗在1:25以上,判定为可疑。可疑家畜经过3~4周重检,牛羊重检仍然为可疑,可判定为阳性,猪马重检仍然为可疑,但是无临床症状判定为阴性。

(2)平板凝集试验:

①操作方法。用平板凝集试验箱或清洁玻璃板一块,画出若干4 cm² 大小的方格,横排五格,纵排可以数列,每一横排第一格写血清号码,用0.2 mL吸管将血清以0.08 mL、0.04 mL、0.02 mL、0.01 mL分别依次加于每排4小方格内,吸管须稍倾斜并接触玻璃板,然后以抗原滴管垂直每格血清上滴加一滴抗原(0.03 mL),或用0.2 mL吸管滴加0.03 mL,用牙签搅拌混匀。一份血清用一个牙签,以0.01、0.02、0.04、0.08的顺序进行。混合完毕将玻板均匀加温约30 ℃左右(无凝集反应箱可使用灯泡或酒精火焰),5~8 min按下列标准记录反应结果。同时以阳、阴性血清作对照。

②记录反应。＋＋＋＋出现大凝集片或小粒状物,液体完全透明,即100%凝集。

＋＋＋有明显凝集片和颗粒,液体几乎完全透明,即75%凝集。

＋＋有可见凝集片和颗粒,液体不甚透明,即50%凝集。

＋仅可以看见颗粒,液体浑浊,即25%凝集。

−液体均匀浑浊,无凝集现象。

③结果判定。同试管凝集反应。结果通知单只在血清凝集价的格内分别换成0.08(1:25)、0.04(1:50)、0.02(1:100)和0.01(1:200)。

(3)虎红平板凝集试验:

①操作方法。在进行虎红平板试验前,应将抗原和受检血清放置室温30~60 min。准备一块洁净的玻璃板,用蜡笔划成4 cm²的方格,每格中滴一份受检血清0.03 mL。吸取抗原(抗原在吸取前应反复倒转瓶体并摇动,使抗原均匀悬浮)。在每一方格的血清样

品旁滴加 0.03 mL，每份血清用一根牙签搅动使血清和抗原均匀混合，使抗原和血清摊开呈圆形直径约 2～3 cm。在室温(20 ℃)4～10 min 内记录反应结果。同时以阳、阴性血清作对照。

②结果判定。在阳性血清及阴性血清试验结果正确的对照下，被检血清出现任何程度的凝集现象均判为阳性，完全不凝集的判为阴性，无可疑反应。

(4)全乳环状反应。用于乳牛及乳山羊布氏杆菌病检疫，以监视无病畜群有无本病感染，也可用于个体动物的辅助诊断方法。可由畜群乳桶中取样，也可由个别动物乳头取样，按《乳牛布氏杆菌病全乳环状反应技术操作规程及判定标准》进行。全乳环状反应抗原用苏木紫染色抗原或四氮唑染色抗原。

被检乳汁须为新鲜全脂乳。凡腐败、变酸和冻结的不适于本试验用(夏季采集的乳汁应于当天内检验，如保存于 2 ℃时，7 d 内仍可使用)。患乳房炎及其他乳房疾病的乳汁、初乳、脱脂乳及煮沸乳汁也不能作环状反应用。

①操作方法。取新鲜全乳 1 mL 加入小试管中，加入抗原 1 滴(约 0.05 mL)充分振荡混合；置 37～38 ℃水浴中 60 min，小心取出试管，勿使振荡，立即进行判定。

②结果判定。判定时不论哪种抗原，均按乳脂的颜色和乳柱的颜色进行判定。

强阳性反应(＋＋＋)：乳柱上层的乳脂形成明显红色或蓝色环带，乳柱呈白色，分界清楚。

阳性反应(＋＋)：乳脂层的环带虽呈红色或蓝色，但不如"＋＋＋"显著，乳柱微带红色或蓝色。

弱阳性反应(＋)：乳脂层环带颜色较浅，但比乳柱颜色略深。

疑似反应(±)：乳脂层环带不甚明显，并与乳柱分界模糊，乳柱带有红色或蓝色。

阴性反应(－)：乳柱上层无任何变化，乳柱呈均匀浑浊的红色或蓝色。

脂肪较少，或无脂肪的乳汁呈阳性反应时，抗原菌体呈凝集现象下沉管底，判定时以乳柱的反应为标准。

(5)变态反应试验。本试验是用不同类型的抗原进行布氏杆菌病诊断的方法之一。布氏杆菌水解素即变态反应试验的一种抗原，这种抗原专供绵羊和山羊检查布氏杆菌病之用。按《羊布氏杆菌病变态反应技术操作规程及判定标准》进行。

①操作方法。使用细针头，将水解素注射于绵羊或山羊的尾褶壁部或肘关节无毛处的皮内，注射剂量 0.2 mL。注射前应将注射部位用酒精棉消毒。如注射正确，在注射部形成绿豆大小的硬包。注射一只后，针头应用酒精棉消毒，然后再注射另一只。

②结果判定。注射后 24 h 和 48 h 各观察反应一次(肉眼观察和触诊检查)。若两次观察反应结果不符时，以反应最强的一次作为判定的依据。判定标准是：

强阳性反应(＋＋＋)：注射部位有明显不同程度肿胀和发红，不用触诊，一望而知。

阳性反应(＋＋)：肿胀程度虽不如上述现象明显，但也容易看出。

弱阳性反应(＋)：肿胀程度也不显著，有时靠触诊始能发现。

疑似反应(±)：肿胀程度似不明显，通常须与另一侧皱褶相比较。

阴性反应(－)：注射部位无任何变化。

阳性反应牲畜，应立即移入阳性畜群进行隔离。可疑牲畜须于注射后 30 d 进行第 2 次复检，如仍为疑似反应，则按阳性牲畜处理，如为阴性则视为健康。

自测训练

一、知识训练

1. 牛布鲁氏菌病的症状和病变要点。
2. 牛布鲁氏菌病的防治要点。

二、技能训练

1. 布鲁氏菌病病料的涂片染色镜检。
2. 熟练操作平板凝集试验。

任务11 牛李氏杆菌病

李氏杆菌病是由产单核细胞李氏杆菌引起的一种人兽共患传染病。家畜和人以脑膜脑炎、败血症和流产为特征;家禽和啮齿类动物以坏死性肝炎、心肌炎及单核细胞增多症为特征。本病广泛分布于全世界,我国的许多省、市都有发生。我国将李氏杆菌病列为三类动物疫病病种名录。

一、病　原

产单核细胞李氏杆菌是一种革兰氏阳性的小球杆菌,无荚膜,无芽孢,在抹片中或单个分散或两个菌体排成"V"形或互相并列。本菌为需氧菌和兼性厌氧菌,在普通琼脂培养基上可生长,含有血清或血液的培养基上生长更佳。

本菌抵抗力不强,在土壤、粪便中可存活数月。对食盐耐受性较强,在20%食盐溶液内能长期存活。65 ℃经30～40 min才能将其灭活,巴氏消毒法和一般消毒剂可将其杀死。对氨苄青霉素、链霉素、硫酸新霉素、四环素和磺胺类药物敏感。

二、流行病学

(一)易感动物

家畜中以绵羊、猪最易感,牛、山羊次之,马、犬、猫发病较少;在家禽中,以鸡、火鸡、鹅较多,鸭较少。各种年龄的动物都可感染发病,以幼龄动物较易感,发病较急,妊娠母畜也较易感。

(二)传染源

病畜和带菌动物是本病的传染源。其粪、尿、乳汁、精液以及眼、鼻、生殖道的分泌液都曾分离到本菌。

(三)传播途径

本病的传播途径尚不完全清楚,自然感染可能是通过消化道、呼吸道、眼结膜及损伤的皮肤。污染的饲料和饮水可能是主要的传播媒介。

（四）流行特点

本病通常为散发，有一定的季节性，主要发生在冬季和早春，多见于饲喂青贮饲料的反刍动物。偶尔可见地方流行性，一般只有少数发病，但病死率较高。

三、临床症状

潜伏期2~3周，短者数天，长者可达数月。

水牛和奶牛病初体温升高，不久降至常温。表现精神沉郁、呆立、低头垂耳、行动缓慢、不愿活动，食欲不佳、采食无神，呼吸稍困难，有时从鼻孔流出黏液状分泌物，有的病畜行走时头向前下方伸张，一遇障碍物，则以头抵靠不动，有的病畜头颈呈单侧性弯曲。

黄牛体温升高后可持续到濒死前，鼻流黏液性分泌物，眼球突出，常向一个方向不改变地斜视，很快失明，饮水时特别明显，临死前颈强硬，有的呈现角弓反张，最后呈昏迷状，卧于一侧，强使翻身，又很快翻转过来，以致死亡。病程短的2~3 d，长的1~3周或更长。妊娠母畜常发生流产。

四、病理变化

一般见脑膜脑炎病变。脑脊液增加，稍混浊，脑干变软，有小化脓灶，牛羊脑和脑膜充血、水肿，脑脊髓液增多。败血症的病畜，肝脏有坏死。家禽心肌和肝脏有坏死灶或广泛坏死。反刍兽和马不见单核细胞增多，而常见中性粒细胞增多。流产的母畜可见到子宫内膜充血以至广泛坏死，胎盘子叶常见有出血和坏死。

五、诊　断

（一）临诊诊断

根据临床症状如特殊神经症状、妊娠母畜流产、病理变化，可作出初诊。典型病理变化为脑及脑膜水肿，肝脏有坏死灶。

（二）病原诊断

1.涂片镜检

无菌取病死牛的肝、脾、血、脑脊髓液及脑桥等病料，涂片染色后油镜下观察，发现革兰氏阳性、两端钝圆的短小杆菌，多单在，有的排列呈V字形或平行排列，肝脏、脑组织中含量较多。

2.分离鉴定

用病料接种血液琼脂进行分离培养，37 ℃ 24 h后形成圆形光滑、半透明的β溶血的露滴样菌落，纯培养物进行各项生物学特征鉴定。

（三）血清学诊断

血清学试验可用凝集试验和补体结合反应，直接荧光抗体染色法可快速、准确地检出病原菌。

（四）鉴别诊断

应注意与脑包虫病、伪狂犬病、牛散发性脑脊髓炎等进行鉴别。

六、防 治

(一)预防措施

预防应严格执行兽医卫生防疫制度,不从疫区引进动物,消灭鼠类及体外寄生虫,避免用污染的青贮饲料喂牲畜。发病时应立即隔离、消毒、治疗。病死动物尸体应无害化处理。

(二)治疗措施

本病的治疗常用青霉素、链霉素或庆大霉素、磺胺类等药物,同时结合解痉、镇痛、强心、补液等对症治疗措施,可收到较好的效果。

七、公共卫生

产单核细胞李氏杆菌广泛分布于土壤、水、冷藏食品、蔬菜、熟肉制品以及腌制品中,是重要的食源性致病菌。人感染后表现为脑膜炎、粟粒状脓肿、败血症、心内膜炎及流产等症状。平时应注意个人卫生,不吃过期食物,蔬菜水果要洗净,购买正当来源的熟肉制品以及腌制品等,患病后应及时就医。

自测训练 ■

李氏杆菌病的症状和病变要点。

任务 12 牛流行热

牛流行热又称三日热或暂时热,是由牛流行热病毒引起的牛的一种急性热性传染病,其临床特征为突发高热、流泪、有泡沫样流涎,鼻漏,呼吸迫促,后躯僵硬,跛行,一般取良性经过,发病率高,病死率低。由于大批牛只发病,严重影响奶牛的产奶量、出肉率以及役用牛的使役能力,且部分牛只常因瘫痪被淘汰,对养牛业影响很大。

本病广泛分布于非洲、亚洲、大洋洲,我国自1938年以来就有该病的流行报道,而且分布较广,我国将其列入三类动物疫病病种名录。

一、病 原

牛流行热病毒,又名牛暂时热病毒,属弹状病毒科,暂时热病毒属的成员,电镜下子弹形或圆锥形。成熟的病毒粒子长 130 ~ 220 nm、宽 60 ~ 70 nm,含单股 RNA,有囊膜。该病毒具有血凝性,能凝集小鼠、豚鼠、仓鼠、鹅、鸽和马等动物的红细胞,而且能被相应的抗血清所抑制。该病毒各地分离株在血清学上没有明显差异,只有 1 个血清型。

该病毒对外界环境抵抗力不强,对热、pH 敏感,56 ℃ 10 min,37 ℃ 18 h 可灭活;pH2.5 以下或 pH9 以上于 10 min 内可灭活,对一般常用消毒剂敏感。

二、流行病学

(一)易感动物

本病主要侵害奶牛和黄牛,水牛较少感染。以3~5岁牛多发,1~2岁牛及6~8岁牛次之,犊牛及9岁以上牛少发。6月龄以下的犊牛不显临床症状。肥胖的牛病情较严重。母牛尤以怀孕牛发病率略高于公牛,产奶量高的母牛发病率高。

(二)传染源

病牛是本病的主要传染源。

(三)传播途径

本病可经呼吸道、吸血昆虫叮咬感染,蚊子、蝇和库蠓等是本病重要的传播媒介。

(四)流行特点

本病的发生具有明显的季节性和周期性,一般在夏末到秋初、高温炎热、多雨潮湿、蚊蠓多生的季节流行。约3~5年或6~8年流行1次,1次大流行之后,常隔1次较小的流行。本病的传染力强,传播迅速,短期内可使很多牛发病,呈流行性或大流行性。有时疫区与非疫区交错相嵌,呈跳跃式流行。

三、临床症状

潜伏期为3~7 d。表现为突然发病,体温升高达39.5~42.5 ℃,持续2~3 d后,降至正常。在体温升高同时,患牛表现精神不振,食欲减退,反刍停止,脉搏、呼吸加快。病牛皮温不整,特别是角根、耳、肢端有冷感。多数病牛鼻炎性分泌物呈线状,随后变为黏性鼻涕;流泪,眼睑和结膜充血、水肿,畏光;口腔发炎,流涎,口角有泡沫。个别牛四肢关节浮肿、僵硬、疼痛,而出现跛行,重者起立困难、卧地不起。病牛有时出现便秘或腹泻,尿量少呈暗褐色混浊。妊娠牛可能发生流产、死胎,泌乳量下降或停止。多数病例呈良性经过,病程3~4 d,很快恢复,少数严重者可于1~3 d内死亡,死亡率一般不超过1%。有的病例常因跛行或瘫痪而淘汰。

四、病理变化

急性死亡的自然病例,可见有明显的肺间质气肿,还有一些牛可有肺充血与肺水肿。肺气肿者肺高度膨隆,间质增宽,内有气泡,压迫肺呈捻发音。肺水肿病例胸腔积有多量暗紫红色液,两侧肺肿胀,间质增宽,内有胶冻样浸润,肺切面流出大量暗紫红色液体,气管内积有多量的泡沫状黏液。淋巴结充血、肿胀和出血。实质器官浑浊肿胀。真胃、小肠和盲肠呈卡他性炎症和渗出性出血。

五、诊　断

(一)临诊诊断

本病的特点是大群发生,传播快速,有明显的季节性和周期性,高热稽留,呼吸困难,流浆液性鼻液,咳嗽,羞明流泪,运动障碍,病程短,发病率高、病死率低,据此可作出初步诊断。

（二）实验室诊断

确诊本病还要作病原分离鉴定,或用中和试验、补体结合试验、琼脂扩散试验、免疫荧光法、酶联免疫吸附试验等进行检验。必要时采取病牛全血,用易感牛做交叉保护试验。

（三）鉴别诊断

要注意与牛病毒性腹泻-黏膜病、牛传染性鼻气管炎等相区别。

六、防　治

（一）预防措施

在本病的常发区加强消毒,扑灭蚊、蠓等吸血昆虫,切断本病的传播途径。由于本病发生有明显的季节性,因此在流行季节到来之前,对牛进行免疫注射是预防本病的重要措施,本病可选用 β-丙内酯灭活苗、亚单位疫苗及病毒裂解疫苗接种牛只。

（二）治疗措施

发生本病时,要对病牛及时隔离,及时治疗,对假定健康牛群及受威胁牛群可采用高免血清进行紧急预防接种。

本病尚无特效药物,只能进行对症治疗。经验证明,早发现、早隔离、早治疗,合理用药,护理得当,是治疗本病的重要原则。病初可根据具体情况酌用退热药及强心药,停食时间长可适当补充生理盐水及葡萄糖溶液。另外可结合病情应用强心剂、解毒剂、镇静剂和抗生素等。治疗时,切忌灌药,因病牛咽肌麻痹,药物易流入气管和肺里,引起异物性肺炎。

自测训练

1. 简述牛流行热的症状和病变要点。
2. 简述牛流行热的防治要点。

任务 13　牛放线菌病

放线菌病又称大颌病,在牛最为常见,是一种多菌性非接触性慢性传染病。以头、颈、颌下和舌的放线菌肿为特征。

一、病　原

牛放线菌病的病原主要是牛放线菌、林氏放线杆菌和猪放线菌。牛放线菌是牛、猪放线菌病的主要病菌,主要侵害牛的骨骼和猪的乳房。猪放线菌主要对猪、牛、马易感。

林氏放线杆菌主要侵害牛、羊的软组织。

牛放线菌和猪放线菌在病灶中形成肉眼可见的别针头大的黄白色小菌块,呈硫黄颗粒状,此颗粒放在载玻片上压平后镜检呈菊花状,菌丝末端膨大,呈放射状排列。革兰氏染色后菌块中央呈阳性,周围膨大部分呈阴性。

林氏放线杆菌是皮肤和柔软器官放线菌病的主要病原。在病灶中也形成菌芝,但没有显著的辐射状菌丝,革兰氏染色后中央和周围均呈红色。

对干燥、高热、低温抵抗力很弱,80 ℃经 5 min 或 0.1% 升汞 5 min 可将其杀死。对石碳酸抵抗力较强,对青霉素、链霉素、四环素、头孢霉素、林可霉素、锥黄素和碘胺类药物敏感,但因药物很难渗透到脓灶中,故不易达到杀菌目的。

二、流行病学

(一)易感动物

牛、猪、羊、马、鹿等均可感染发病,人也可感染。动物中以牛最易感,牛以 10 岁以下易感,尤其是 2～5 岁的牛最易感。

(二)传播途径

本病的病原体存在于被污染的饲料、土壤和饮水中,寄生于牛的口腔和咽部、扁桃体内。因此,只要黏膜或皮肤上有破损,放线菌病便可以自行发生。多给牛喂饲带刺芒的饲料时,损伤口腔黏膜感染而致病。

(三)流行特点

本病一年四季都可发生,散发。

三、临床症状

以形成肉芽肿、瘘管和流出一种含灰黄色干酪状颗粒的脓液为特征。牛多发生颌骨、唇、舌、咽、齿龈、头部的皮肤和皮下组织。以颌骨放线菌病最多见,常在第 3、4 白齿处发生肿块,坚硬、界限明显,初期疼痛,后期无痛,破溃后形成瘘管,长久不愈。头、颈、颌下等部软组织也常发生硬结,不热不痛。舌感染放线菌通常称为"木舌病",可见舌高度肿大,常垂于口外,并可波及咽喉部位,病牛流涎,咀嚼吞咽困难。乳房患病时,呈弥漫性肿大或有局灶性硬结,乳汁黏稠,混有脓汁。

四、病理变化

在受害器官部位个别的有扁豆至豌豆大的结节样生成物,这些小结节聚形成大结节最后变成脓肿,当细菌侵入骨骼(主要见于颌骨、鼻骨、腭骨等),后逐渐增大、状似蜂窝。也可见瘘管从皮肤破溃或引入口腔中,有时在口腔黏膜上见有蘑菇状生成物,病程长的肿块可钙化。

五、诊　断

（一）临诊诊断

根据典型症状和病变可作出初步诊断,确诊需进一步作实验室诊断。

（二）实验室诊断

取少量浓汁加入无菌生理盐水冲洗,沉淀后将硫黄样颗粒放在载玻片上,加5%氢氧化钾溶液1滴,盖上盖玻片镜检或用盖玻片将颗粒压碎、固定,革兰氏染色后镜检。牛和猪放线菌中心呈紫色,周围辐射状菌丝呈红色;林氏放线菌呈均匀的红色。

六、防　治

（一）预防措施

为预防本病的发生,应避免在低洼地放牧。舍饲时最好将干草、谷糠等饲草浸泡后再饲喂,避免刺伤口腔黏膜。另外也要防止皮肤和其他器官黏膜发生损伤,有伤口要及时处置治疗。

（二）治疗措施

硬结可以手术摘除,若有瘘管形成,要连同瘘管一并摘除。切除后的新创腔,用碘酊纱布填塞,1~2 d更换1次,伤口周围注射10%碘仿乙醚或2%碘的水溶液;内服碘化钾,成牛每天5~10 g,犊牛2~4 g,可连服2~4周;重症可静注10%碘化钠,每日50~100 mL,隔日1次,共用3~5次。在用药过程中如出现皮肤发疹、脱毛、流泪、消瘦和食欲不振等碘中毒现象,应暂停用药5~6 d或减少剂量。抗生素对本病也有效,可将青霉素、链霉素注射于患部周围,青霉素200万IU,链霉素100万IU,每日1次,连续5 d为1疗程。碘化钾与链霉素同时应用,对软组织放线菌肿和木舌病效果显著。亦可选用四环素、红霉素、林可霉素及头孢菌素类抗生素进行治疗。

自测训练

牛放线菌病的临诊和防治要点。

任务14　牛白血病

牛白血病又称地方流行性牛白血病、牛淋巴肉瘤、牛白细胞增生病,是由牛白血病病毒引起的牛的一种慢性肿瘤性传染病。其特征是全身淋巴结肿大、淋巴样细胞恶性增生,进行性恶病质和高病死率。

本病早在19世纪末即被发现,目前分布广泛,几乎遍及全世界养牛的国家。该病被OIE列为B类法定报告疾病名录,我国将其列为二类动物疫病病种名录。

一、病　原

本病病原为牛白血病病毒,属于反录病毒科、丁型反录病毒属。病毒粒子呈球形,外包双层囊膜,病毒含单股 RNA,能产生反转录酶。本病毒是一种外源性反转录病毒,存在于感染动物的淋巴细胞 DNA 中。本病毒能凝集绵羊和鼠的红细胞。

该病毒对外界环境的抵抗力很弱,对乙醚和胆盐敏感,60 ℃以上可使病毒失去感染力。紫外线照射和反复冻融对病毒有较强的杀灭作用,对一般消毒剂敏感。

二、流行病学

(一)易感动物

本病主要发生于牛、绵羊、瘤牛,水牛和水豚也能感染。在牛,本病主要发生于成年牛,尤以 4 ~ 8 岁的牛最常见。

(二)传染源

病牛和带毒者是本病的传染源。

(三)传播途径

本病可水平传播、垂直传播及经初乳传染给犊牛。近年来证明吸血昆虫在本病传播上具有重要作用。被污染的医疗器械,可以起到机械传播本病的作用。

三、临床症状

潜伏期很长,约 4 ~ 5 年,根据临床表现可分为亚临床型和临床型。

(一)亚临床型

临床上无淋巴结增生肿大,主要是淋巴细胞增生,但无明显全身症状,多数牛可持续多年或终身不恶化,少数牛可进一步发展为临床型。

(二)临床型

体温一般正常,有时略为升高。食欲不振、生长缓慢,体重减轻。体表或经直肠能摸到淋巴结呈一侧性或对称性肿大,触诊无热无痛,能移动。腮淋巴结或股前淋巴结常显著增大,触摸时可移动。如一侧肩前淋巴结增大,病牛的头颈可向对侧偏斜;眶后淋巴结增大可引起眼球突出。通常以死亡而告终,但其病程可因肿瘤病变发生的部位、程度不同而异,一般在数周至数月之间。

四、病理变化

病体消瘦、贫血。腮淋巴结、肩前淋巴结、股前淋巴结、乳房上淋巴结、腰下淋巴结及体内的肾淋巴结、纵隔淋巴结和肠系膜淋巴结肿大,被膜紧张,呈均匀灰色,柔软,切面突出,有出血和坏死。心脏、皱胃和脊髓常发生浸润。心肌浸润常发生于右心房、右心室和心隔,色灰而增厚。循环紊乱导致全身性被动充血和水肿。皱胃壁由于肿瘤浸润而增厚变硬。脊髓被膜外壳里的肿瘤结节使脊髓受压、变形和萎缩。肾、肝、肌肉、神经干和其他器官亦可受损,但脑的病变少见。

五、诊 断

(一)临诊综合诊断

临床诊断基于触诊发现增大的淋巴结(腮、肩前、股前)。在疑似本病的牛只,直肠检查具有重要意义。尤其在病初,触诊骨盆腔和腹腔的器官可发现白血组织增生的变化,常在表现淋巴结增大之前,具有特别诊断意义的是腹股沟和髂淋巴结的增大。

对感染淋巴结作活组织检查,发现有成淋巴细胞(瘤细胞),可以证明有肿瘤的存在。尸体剖检可以见到特征的肿瘤病变。最好采取组织样品(包括右心房、肝、脾、肾和淋巴结)作显微镜检查以确定诊断。

(二)血清学诊断

血清学试验包括琼脂扩散、补体结合、中和试验、间接免疫荧光技术、酶联免疫吸附试验等,如用于检测血清和牛奶样品中针对病毒囊膜糖蛋白 gp51 的抗体的牛白血病病毒抗体酶联免疫(ELISA)检测试剂盒,可用于本病的诊断。

六、防 治

本病尚无特效疗法。根据本病的发生呈慢性持续性感染的特点,防治本病应采取以严格检疫、淘汰阳性牛为中心,包括定期消毒、驱除吸血昆虫、杜绝因手术、注射可能引起的交互传染等在内的综合性措施。无病地区应严格防止引入病牛和带毒牛,引进新牛必须进行认真的检疫,发现阳性牛立即淘汰,但不得出售,阴性牛也必须隔离3~6月以上方能混群。疫场每年应进行3~4次临床、血液和血清学检查,不断剔除阳性牛。对感染不严重的牛群,可借此净化牛群,如感染牛只较多或牛群长期处于感染状态,应采取全群扑杀的坚决措施。对检出的阳性牛,如因其他原因暂时不能扑杀时,应隔离饲养,控制利用;肉牛可在肥育后屠宰。阳性母牛可用来培养健康后代,犊牛出生后即行检疫,阴性者单独饲养,喂以健康牛乳或消毒乳。阳性牛的后代均不可作为种用。

自测训练

简述牛白血病的流行病学、症状和病变要点。

任务 15 羊梭菌性疾病

羊梭菌性疾病是由梭状芽孢杆菌属中的致病菌引起的一类疾病。包括羊快疫、羊猝狙、羊肠毒血症、羊黑疫和羔羊痢疾等病。其特点是发病快、病程短、死亡率高。临床症状有相似之处,容易混淆,常引起羊的急性死亡,对养羊业危害较大。

一、羊快疫和羊猝疽

羊快疫是由腐败梭菌引起的羊的一种急性传染病。其特点是突然发病、病程短，真胃黏膜呈出血性、坏死性炎症。羊快疫在百余年前就出现于北欧一些国家，现已遍及世界各地。

羊猝疽是由 C 型魏氏梭菌引起的一种毒血症，以急性死亡、腹膜炎和溃疡性肠炎为特征。羊猝疽最先发现于英国，在美国和苏联也曾发生过。

（一）病　原

1. 羊快疫

羊快疫病原是腐败梭菌，为革兰氏阳性的大杆菌，两端钝圆、专性厌氧，有鞭毛，在体内外均能形成芽孢，不形成荚膜。用病羊肝被膜做触片，经染色、镜检呈无关节长丝状的形态是本菌极突出的特征，具有重要的诊断意义。本菌能产生 α、β、γ、δ 4 种毒素。

常用的消毒药能杀死腐败梭菌的繁殖体，但芽孢体抵抗力很强，3% 福尔马林溶液能在 10 min 内杀死。消毒常用 20% 漂白粉、3% ~ 5% 氢氧化钠溶液。

2. 羊猝疽

羊猝疽病原为 C 型产气荚膜梭菌，又称魏氏梭菌。该菌两端钝圆，单个或成双排列，无鞭毛，不运动的杆菌。在动物体内能形成荚膜，芽孢位于菌体的中央或近端。革兰氏染色为阳性。本菌对厌氧要求不十分严格。在普通培养基上迅速生长。在牛乳培养基中"暴发酵"是本菌的特征。根据产生毒素的不同，可将本菌分为 A、B、C、D、E 等 5 个型，A 型和 C 型均能产生 α 毒素，C 型还可以产生 β 毒素，D 型主要产生 ε 毒素。

常用的消毒药能杀死魏氏梭菌的繁殖体，但芽孢体抵抗力较强，消毒时常用 20% 漂白粉、3% ~ 5% 氢氧化钠溶液等。

（二）流行病学

1. 羊快疫

羊快疫主要发生于绵羊，6 ~ 18 月龄多发。山羊和鹿也能感染，但发病少。一般经消化道感染，腐败梭菌常以芽孢形式分布于低洼潮湿草地、熟耕地、污水及人畜的粪便中，芽孢随之进入羊的消化道。许多羊的消化道平时就有这种细菌存在，但不发病，当存在不良的外界诱因，特别是在秋、冬和初春气候骤变、阴雨连绵之际，羊只受寒感冒或采食了冰冻带霜的草料，机体遭受刺激，抵抗力减弱时，腐败梭菌大量繁殖，产生外毒素，使消化道黏膜，特别是真胃黏膜发生坏死和炎症，同时经血液循环进入体内，刺激中枢神经系统，引起急性休克，迅速死亡。常呈散发或地方流行。发病率 10% ~ 20%，病死率可达 90% 以上。

2. 羊猝疽

羊猝疽发生于成年绵羊，以 1 ~ 2 岁的绵羊多发。主要经消化道感染。魏氏梭菌随污染的饲料和饮水进入羊消化道后，在小肠（特别是十二指肠和空肠）繁殖，产生毒素通过肠黏膜入血引发毒血症。羊猝疽常发生于低洼、沼泽地区。多发生于冬春季节，呈地方流行性，常与羊快疫并发。

（三）临床症状

1.羊快疫

本病潜伏期一般为 12～72 h,患羊往往未出现临床症状而突然死亡,常见于放牧时死于牧场或早晨死于羊圈中。病程稍长者,有的表现离群独处,不愿走动,卧地,强迫行走时,表现虚弱和运动失调,腹部膨胀,腹痛、腹泻,磨牙。体温一般不高,但也有高达41.5 ℃,呼吸困难,病羊最后极度衰竭、昏迷,从口鼻流出泡沫,有时带有血色,多数在数分钟或数小时至 1 d 内死亡。

2.羊猝疽

本病潜伏期0.5～1 d,病程短促(3～6 h),看不到临床症状而突然死亡。病程稍缓的病羊常呈现掉群、卧地,不安,腹胀、腹痛。体温一般不高。病初粪球干小,濒死期肠鸣腹泻,排出褐色稀粪,有的带有血丝,有的带有肠伪膜,有的蛋清样,臭味难闻。有的痉挛倒地,出现四肢滑动、眼球突出、磨牙、头颈后弯等神经症状。最后口、鼻流沫,常于昏迷中死亡。

（四）病理变化

1.羊快疫

病畜尸体迅速腐败膨胀,剖开有恶臭,皮下有出血性胶样浸润。真胃和十二指肠黏膜有明显的充血、出血,表面发生坏死,出血坏死区低于周围的正常黏膜,黏膜下组织水肿甚至形成溃疡。肠腔内充满气体。胸腔、腹腔和心包大量积液,暴露于空气中易凝固。心内外膜有出血点,多数羊胆囊肿大,充满胆汁,肠道和肺脏的浆膜下也可见到出血。

2.羊猝疽

病变主要见于消化道和循环系统。十二指肠和空肠黏膜严重充血、糜烂,有的肠段可见大小不等的溃疡。胸腔、腹腔和心包积液,暴露于空气中可形成纤维素絮块。浆膜上有出血点。肌肉出血,有气性裂孔,死亡后骨骼肌出现气肿和出血。

（五）诊　断

1.临诊诊断

羊快疫和羊猝疽病程急速,生前诊断比较困难。如果羊突然发病死亡,死后又发现第四胃及十二指肠等处有急性炎症,肠内容物中有许多小气泡,肝肿胀而色淡,体腔有积水等变化时,应怀疑可能是这一类疾病,确诊需进行微生物学和毒素检查。

2.实验室诊断

羊快疫的病原腐败梭菌虽然可产生毒素,但直到目前,还没有直接从病羊体内检查出毒素的有效方法。它的微生物学诊断,是根据死亡羊只均有菌血症而检查心血和肝、脾等脏器中的病原菌。本菌在肝脏的检出率较其他脏器为高。由肝脏被膜触片染色镜检,除可发现两端钝圆、单在及呈短链的细菌之外,常常还有呈无关节的长丝状者。在其他脏器组织的涂片中,有时也可发现。但并非所有病例都能发现这种特征表现。必要时可进行细菌的分离培养和实验动物(小鼠或豚鼠)感染。据报道,荧光抗体技术可用于本病的快速诊断。羊猝疽的诊断,是从体腔渗出液、脾脏取材作 C 型魏氏梭菌的分离和鉴定,以及用小肠内容物的离心上清液静脉接种小鼠,检测有无 β 毒素。

3.鉴别诊断

羊快疫、羊猝疽与羊肠毒血症、黑疫、巴氏杆菌病、炭疽容易混淆,应注意区别。

(六)防　治

加强饲养管理,防止受寒感冒,避免采食冰冻饲料。在本病常发地区,每年可定期注射羊快疫-猝疽二联苗、羊快疫-猝疽-肠毒血症三联苗或羊快疫-猝疽-肠毒血症-羔羊痢疾-黑疫五联苗。由于吃奶羔羊产生主动免疫力较差,故在羔羊经常发病的羊场,应对怀孕母羊在产前进行两次免疫,第一次在产前 1~1.5 个月,第二次在产前15~30 d,但在发病季节,羔羊也应接种菌苗。

发生本病后应及时隔离病羊,对病程长者用敏感抗生素或磺胺类药物进行治疗。对未发病羊只,应转移到高燥地区放牧,加强饲养管理,同时进行紧急接种。

二、羊肠毒血症

羊肠毒血症又称类快疫、软肾病,是由 D 型魏氏梭菌在羊肠内大量繁殖产生毒素所引起的一种急性传染病。特点是腹泻、惊厥、麻痹和突然死亡,死后肾脏多软化如泥。本病在临床症状上类似羊快疫,故又称"类快疫"。我国将本病列为三类动物疫病病种名录。

(一)病　原

病原为 D 型魏氏梭菌,主要产生 ε 毒素,该菌特征见羊猝疽。

(二)流行病学

各种品种、年龄的羊都可以感染发病,但绵羊多发,山羊较少,通常以 2~12 月龄、膘情好的羊多发。D 型魏氏梭菌为土壤常在菌,也存在于污水中,病原体芽孢污染饲料或饮水。当春末夏秋季节从干草改吃了大量谷类或青嫩多汁和富有蛋白质的草料之后,本菌在肠道内大量繁殖,产生大量 ε 原毒素,在胰蛋白酶的作用下转变成 ε 毒素,引起肠毒血症。因此,病羊作为传染源的意义有限。本病有明显的季节性和条件性,在牧区,多发于春夏之交抢青时和秋季牧草结籽后的一段时期;在农区,常发于收获庄稼后羊群抢食大量富含蛋白质饲料时,本病多呈散发性流行。

(三)临床症状

潜伏期 0.5~1 d,突然发病,很快死亡,很少能见到临床症状。体温不高,血、尿常规检查常有血糖、尿糖升高现象。临床上可分为两种类型:一类以抽搐为特征,表现为四肢强烈地划动,肌肉震颤,眼球转动,磨牙,口水过多,随后头颈显著抽缩,往往在 2~4 h 内死亡;另一类型以昏迷和安静死亡为特征,表现为步态不稳,以后卧倒,并有感觉过敏,流涎,上下颌"咯咯"作响,继以昏迷,角膜反射消失,有的发生腹泻,通常在 3~4 h 内安静地死去。抽搐型和昏迷型在症状上的差别是由于吸收的毒素多少不一的结果。

(四)病理变化

病变常限于呼吸道、消化道和心血管系统。尸体异常膨胀,胃肠内充满气体和液状内容物。真胃黏膜发炎,有坏死灶,内充满未消化的饲料。肠道(主要是小肠)黏膜充血、出血,严重者整个肠壁呈血红色,俗称"红肠子",有时出现溃疡。肾脏肿大,实质变软,重者软化如泥。心包常扩大,内含灰黄色液体和纤维素絮块,左心室的心内外膜下有多数小点出血。心内外膜有出血点,肺脏出血和水肿。胸腺常发生出血。

(五)诊　断

1.临诊诊断

依据本病发生的情况和病理变化,可作出初步诊断。发现高血糖和糖尿也有诊断意义,确诊需依靠实验室检验。

2.实验室诊断

取肠内容物,如内容物稠厚可用生理盐水稀释1~3倍(若内容物稀薄则不必稀释),用滤纸过滤或以3 000 r/min离心5 min,取上清液给家兔静脉注射2~4 mL或静注小白鼠0.2~0.5 mL。如肠内毒素含量高,即可使实验动物于10 min内死亡;如肠毒素含量低,动物于注射后0.5~1 h卧下,呈轻昏迷,呼吸加快,经1 h左右可能恢复。

据报道,仅从肠道发现D型魏氏梭菌,或检出毒素,尚不足以确定本病,因为D型魏氏梭菌在自然界广泛存在,且ε毒素可存在于有自然抵抗力的或免疫过的羊只肠道而不被吸收。因此,确诊本病须以下几点:肠道内发现大量D型魏氏梭菌;小肠内检出ε毒素;肾脏和其他实质脏器内发现D型魏氏梭菌;尿内发现葡萄糖。

(六)防　治

1.预防措施

加强饲养管理,农区、牧区春秋季节避免抢青、抢茬,秋天避免吃过量结籽饲草,少喂菜根、菜叶等多汁饲料,同时注意饲料的合理搭配。在常发地区,应定期注射羊快疫-猝疸-肠毒血症三联苗或羊快疫-猝疸-肠毒血症-羔羊痢疾-黑疫五联苗。

2.治疗措施

发病时病羊隔离,病程长者可用抗生素结合强心、镇静、解毒有一定疗效。对尚未发病的羊只转移到高燥的地区放牧,并进行紧急预防接种。

三、羊黑疫

羊黑疫又名传染性坏死性肝炎,是B型诺维氏梭菌引起的绵羊和山羊的一种急性高度致死性毒血症。其特征是肝实质发生坏死性病灶。本病发生于许多国家,亚洲也有此病存在。

(一)病　原

病原为诺维氏梭菌,又为革兰氏阳性大杆菌,呈单个或短链状排列。严格厌氧、有鞭毛、无荚膜、易形成芽孢。根据产生的毒素不同将本菌分为A、B、C、D 4个菌型。B型菌产生α、β、η、ζ、θ等5种外毒素。抵抗力与羊快疫和羊肠毒血症的病原体相似。

(二)流行病学

本菌能使1岁以上的绵羊感染,以2~4岁的绵羊发生最多。发病羊多为肥胖羊只,山羊也可感染,牛偶可感染。实验动物中豚鼠最敏感,家兔、小鼠易感性较低。诺维氏梭菌广泛存在于土壤中,羊通过采食被诺维氏梭菌芽孢污染的饲料而感染。本病主要发生于春夏肝片吸虫流行的低洼潮湿地区。

（三）临床症状

本病临床症状与羊快疫、羊肠毒血症等极其相似。病程急促，绝大多数病例未见临床症状而突然发生死亡。少数病例病程稍长，可拖延 1~2 d，但不超过 3 d。病畜掉群，不食，呼吸困难，体温 41.5 ℃左右，呈昏睡俯卧，并保持在这种状态下毫无痛苦地突然死去。病死率近乎 100%。

（四）病理变化

病羊尸体皮下静脉显著充血，其皮肤呈暗黑色外观（黑疫之名由此而来）。胸部皮下组织常见水肿，体腔积液，暴露于空气中易凝固，液体常呈黄色，但腹腔液略带血色。左心室心内膜下常出血。真胃幽门部和小肠充血出血。肝脏充血肿胀，从表面可看到或摸到有一个到多个凝固性坏死灶，坏死灶的界限清晰，灰黄色，不整圆形，周围常为一鲜红色的充血带围绕，坏死灶直径可达 2~3 cm，切面成半圆形。羊黑疫肝脏的这种坏死变化具有很大的诊断意义。

（五）诊　断

1. 临诊诊断

在肝片吸虫流行的地区发现急性死亡或昏睡状态下死亡的病羊，剖检见肝脏的特殊坏死变化，可作出初步诊断。

2. 实验室诊断

必要时可作细菌学检查和毒素检查，毒素检查可用卵磷脂酶试验。此法检出率和特异性均较高。其法为用病死动物的腹水或坏死灶组织悬浮液的沉淀上清液或澄清的滤液，加入试管 4 支，每支 0.5 mL，再于第 1~3 管中分别加入 A 型诺维氏梭菌抗毒素血清、B 型诺维氏梭菌抗毒素血清及魏氏梭菌抗毒素血清 0.25 mL，第 4 管不加抗毒素血清而加同量生理盐水，作为对照。混合均匀，置室温下作用 30 min，然后每管加入卵磷脂卵黄磷蛋白液 0.25 mL，混合后置温箱内 1~2 h，取出观察结果。若对照产生乳光层，即表示被检材料中含有卵磷脂酶，在第 1~3 管中此反应被何种细菌的抗毒素所抑制，即证明此卵磷脂酶为该种细菌所产生。卵磷脂卵黄磷蛋白液的制备方法是：打散鸡蛋黄一个，混于 250 mL 生理盐水中，将此混合液以赛氏滤器过滤，无菌分装为小量，5 ℃冰箱保存备用。

3. 鉴别诊断

羊黑疫、羊快疫、羊猝疽、羊肠毒血症等梭菌性疾病由于病程短促，病状相似，在临床上不易区别，同时，这一类疾病与羊炭疽也有相似之处，故应注意类症鉴别。

（六）防　治

1. 预防措施

控制肝片吸虫的感染；在发病地区定期接种黑疫-快疫二联、五联或厌气菌七联干粉苗。

2. 治疗措施

发生本病时，应将羊群转移到高燥地区放牧；对病羊可用抗诺维氏梭菌血清（每毫升含 7 500 IU）治疗。

四、羔羊痢疾

羔羊痢疾是由 B 型魏氏梭菌引起的初生羔羊的一种急性毒血症,其特征为剧烈腹泻和小肠发生溃疡。本病常可使羔羊发生大批死亡,给养羊业带来重大损失。

(一)病 原

病原为 B 型魏氏梭菌,产生 β 型毒素,其他同羊肠毒血症。

(二)流行病学

1. 易感动物

本病主要发生于 7 日龄以内的羔羊,以 1~3 日龄的羔羊发病最多,7 日龄以上的羔羊很少发病。

2. 传染源

病羔是主要传染来源,其次是带菌母羊。

3. 传播途径

主要经消化道感染,也可经脐带或伤口感染。羔羊在出生数日内,产气荚膜梭菌可通过羔羊吮乳、饲养员的手和羊的粪便而进入羔羊消化道。在外界不良诱因如母羊怀孕期营养不良,羔羊体质瘦弱;气候寒冷,羔羊受冻;哺乳不当,羔羊饥饱不匀,羔羊抵抗力减弱时,细菌大量繁殖,产生毒素,引发毒血症。

4. 流行特点

呈地方性流行,特别是草质差的年份或气候寒冷多变的月份,发病率和病死率均较高。

(三)临床症状

潜伏期 1~2 d。病初精神委顿,低头拱背,不吃奶。不久就发生腹泻,粪便恶臭,有的稠如面糊,有的稀薄如水,呈黄绿色、黄白色或灰白色。后期粪便中含有血液、黏液和气泡。病羔羊逐渐衰弱,卧地不起。如不及时治疗,一般在 1~3 d 内死亡,只有少数病轻者可能自愈。羔羊以神经症状为主,四肢瘫软,卧地不起,呼吸急促,口流白沫,最后昏迷,头向后仰,体温降至常温以下,常在数小时到十几小时内死亡。

(四)病理变化

尸体严重脱水,最显著的病理变化是在消化道,真胃内有未消化的凝乳块,小肠(特别是回肠)黏膜充血发红,溃疡周围有一出血带环绕,有的肠内容物呈血色。肠系膜淋巴结肿大、充血或出血。心包积液,心内膜有时有出血点。肺常有充血区域或淤斑。

(五)诊 断

根据发病羔羊年龄、症状和剖检变化可作出初步诊断,辅以细菌学检查情况,可以确诊。为了确定病原,应从新鲜尸体采取回肠内容物、肠系膜淋巴结和肝脏、心血等进行病原体和毒素检验。但注意与沙门氏菌、大肠杆菌等引起初生羔羊下痢的区别。

（六）防　治

1. 预防措施

应加强饲养管理，增强妊娠母羊的体质，同时注意羔羊的保暖，合理哺乳，严格实行消毒、隔离、免疫接种和药物治疗等综合措施才能有效地防治本病。每年秋季注射羔羊痢疾菌苗，羊五联苗或厌气菌七联干粉苗，于产前 14～21 d 再接种 1 次。初生羔羊吸吮免疫母羊的奶汁，可获得被动免疫力。羔羊出生后 12 h 内可灌服土霉素 0.15～0.2 g，每天 1 次，连用 3 d，有一定的预防效果。

2. 治疗措施

（1）土霉素 0.2～0.3 g，或再加胃蛋白酶 0.2～0.3 g，加水灌服，每日 2 次。

（2）磺胺脒 0.5 g，鞣酸蛋白 0.2 g，次硝酸铋 0.2 g，重碳酸钠 0.2 g，加水灌服，每日 3 次。

（3）先灌服含 0.5% 福尔马林的 6% 硫酸镁溶液 30～60 mL，6～8 h 后再灌服 1% 高锰酸钾溶液 10～20 mL，每日服 2 次。

（4）病初可灌服增减承气汤或加味白头翁汤。

在选用上述药物的同时，还应针对其他症状进行对症治疗。

自测训练

1. 羊快疫、羊肠毒血症和羊猝疽的鉴别诊断要点。
2. 羊梭菌性疾病的防治要点。

任务 16　痘　病

痘病是由痘病毒引起的多种动物和人类共患的一种急性、热性、接触性传染病。哺乳动物痘病的特征是在皮肤上发生丘疹和痘疹；禽痘则在皮肤产生增生性和肿瘤样病变。绵羊痘和山羊痘危害最为严重，OIE 将其列为 A 类法定报告疾病名录，我国将其列为一类动物疫病病种名录。

痘病的病原是痘病毒。痘病毒属于痘病毒科脊椎动物痘病毒亚科，与痘病有关的有 6 个属，即正痘病毒属、山羊痘病毒属、禽痘病毒属、兔痘病毒属、猪痘病毒属和副痘病毒属，痘病毒为双股 DNA 病毒，有囊膜，病毒粒子呈砖形或椭圆形。各种禽痘病毒与哺乳动物痘病毒间不能交叉感染或交叉免疫，但各种禽痘间在抗原上极为相似，其他属的同属病毒的各成员之间也存在着许多共同抗原和广泛的交叉中和反应。

本病毒对低温和干燥的抵抗力较强，对温度敏感，55 ℃经 20 min 可灭活。病毒对直射阳光、碱和消毒剂敏感，常用消毒剂如 0.5% 福尔马林、0.01% 碘溶液数分钟内可将其杀死。

一、绵羊痘和山羊痘

绵羊痘和山羊痘是由羊痘病毒引起的一种急性、热性共患型传染病。临诊特征是皮肤和黏膜上发生特异性的痘疹,可见斑疹、丘疹、水疱、脓疱和结痂的病理过程。

(一)病 原

绵羊痘病毒和山羊痘病毒均为痘病毒科、山羊痘病毒属的成员。

(二)流行病学

绵羊痘主要感染绵羊;山羊痘则可感染山羊和绵羊。不同品种、性别、年龄的羊均易感,但细毛羊最易感,羔羊比成年羊易感,妊娠母羊感染常常引起流产。病羊是主要的传染源。病毒可随鼻液、唾液、痘疹渗出液、痘疹痂皮、呼出的空气与乳汁从病羊体内排出,污染环境。病毒主要经呼吸道感染,也可通过损伤的皮肤、黏膜感染。饲养管理人员、护理用具、毛皮、饲料、垫草和体外寄生虫都可成为本病的传播媒介。本病发生于冬末春初。气候恶劣、饲养管理不良等条件都可促进本病的发生。

(三)临床症状

潜伏期平均为 6~8 d。

1.典型病例

病初,病羊体温升高到 41~42 ℃,食欲减少,精神不振,眼睑肿胀,结膜潮红,有浆液性分泌物,鼻腔也有浆液、黏液或脓性分泌物流出,呼吸和脉搏增速。约经 1~4 d 后开始发痘,在唇、鼻、颊、眼周、四肢和尾内侧、乳房和腿内侧等无毛区出现红斑,1~2 d 后形成淡红色或灰白色突出于皮肤表面的丘疹。几天之内变成水疱,继而发展为脓疱。如果无继发感染则在几天内脓疱干缩而结成褐色痂块,痂皮脱落后痊愈。

2.非典型病例

非典型病例不呈现上述典型临诊症状或经过,有的仅出现体温升高和呼吸道、眼结膜的卡他性炎症;有的通常不发烧,甚至不出现或仅出现少量痘疹,痘疹停止在丘疹期,呈硬结状,不形成水疱和脓疱,俗称"石痘",呈良性经过。但有些病羊的痘疱内出血,称"黑色痘";有些皮肤发生化脓和坏疽,形成深的溃疡,发出臭味,称为"臭痘"和"坏疽痘",呈恶性经过,病死率高达 25%~50%。

(四)病理变化

前胃和真胃黏膜有大小不等圆形或半球形坚实的结节、有的病例还形成糜烂或溃疡。咽、食道和支气管黏膜常有痘疹。在肺见有干酪样结节和卡他性肺炎区。另外,常见细菌性败血症变化,如肝脂肪变性、心肌变性、淋巴结急性肿胀等。

(五)诊 断

1.临诊诊断

典型病例可根据皮肤、黏膜发生特异性痘疹,结合流行特点作出诊断,非典型病例可结合群的不同个体发病情况作出诊断。

2.实验室诊断

确诊可通过病料样品的分离培养、荧光抗体检查或电镜观察进行病原学检测或采取中和试验、血凝抑制试验等血清学方法进行诊断。

3.鉴别诊断

应与羊传染性脓疱鉴别。

（六）防 治

1.预防措施

平时加强饲养管理,抓好秋膘,冬季注意补饲、防寒。常发地区每年定期用羊痘鸡胚化弱毒苗在尾内侧进行皮内接种,不论羊只大小,一律在尾根皱褶处或尾内侧进行皮内注射 0.5 mL,注射后 4~6 d 产生可靠的免疫力,免疫期持续 1 年。

2.扑灭措施

一旦发现病畜,立即报告疫情,按照《中华人民共和国动物防疫法》规定,采取紧急、强制性的控制和扑灭措施。对发病羊及同群羊只及时扑杀销毁,并对污染场进行严格消毒,对疫区内未发病的羊及受威胁区的羊群进行紧急免疫接种。病死羊的尸体应深埋,畜舍、饲养管理用具等应进行严格消毒,污水、污物、粪便应进行无害化处理。

二、牛 痘

牛痘系由痘苗病毒或牛痘病毒引起的牛的一种接触性传染病。

（一）病 原

牛痘病原为痘苗病毒或牛痘病毒,同属于正痘病毒属。

（二）流行病学

病毒能感染多种动物和人,主要发生于乳牛。传染源是病牛,一般通过挤奶工人的手或挤奶机而传播。人受感染是从接触牛的乳房或乳头病变而来,从人到人的传播非常罕见。

（三）临床症状

潜伏期 4~8 d。病牛体温轻度升高,食欲减退,反刍停止,挤奶时乳头和乳房敏感,不久在乳房和乳头(公牛在睾丸皮肤)上出现红色丘疹,1~2 d 后形成约豌豆大小的圆形或卵圆形水疱,疱上有一凹窝,内含透明液体,逐渐形成脓疱,然后结痂,10~15 d 痊愈。若病毒侵入乳腺,可引起乳腺炎。

人感染痘病,常发生于挤奶工人,可在手、臂,甚至脸部发生痘疹,通常都能自愈。

（四）病理变化

主要是在病牛乳房和乳头部位出现丘疹、水泡、脓疱和痂皮等病变。

（五）诊 断

根据流行特点和临诊特征可作出初步诊断。确诊可采取病变部组织作包涵体检查,或采水疱液作电镜检查。也可将水疱液接种鸡胚、单层细胞或作实验动物感染试验。为区分牛痘病毒和痘苗病毒可进行鸡的皮肤试验,痘苗病毒可在接种处发生典型的原发性痘疹,而牛痘病毒则无接种反应。诊断时,应注意与伪牛痘相区别,其症状与牛痘极为相似。

（六）防 治

应注意挤奶卫生,发现病牛及时隔离。治疗可用各种软膏(如氧化锌、磺胺类、硼酸或抗生素软膏)涂抹患部,促使愈合和防止继发感染。

自测训练

1. 绵羊痘和山羊痘的临床症状和病理变化。
2. 绵羊痘和山羊痘防治措施。

任务 17　蓝舌病

蓝舌病又称为口鼻疮、伪口蹄疫、口鼻病，是由蓝舌病病毒引起的反刍动物的一种急性、非接触性传染病。主要发生于绵羊，以发热，消瘦，口、鼻和胃黏膜发生溃疡性炎症为特征。由于病羊，特别是羔羊长期发育不良、死亡、胎儿畸形、羊毛的破坏，造成的经济损失很大。

本病的分布很广，很多国家均有本病存在，1979 年我国云南省首次确定绵羊蓝舌病，1990 年在甘肃省又从黄牛分离出蓝舌病病毒。该病被 OIE 列为 A 类法定报告疾病名录，我国将其列为一类动物疫病病种名录。

一、病　原

蓝舌病病毒属于呼肠孤病毒科、环状病毒属，为双股 RNA 病毒，已知病毒有 24 个血清型，各型之间无交互免疫力。该病毒对外界环境的抵抗力较强，在腐败的血液中可保持活力数年，耐干燥，但对酸、碱敏感。常用的消毒药 3% 甲醛溶液和 3% 氢氧化钠溶液能迅速将其灭活。

二、流行病学

(一)易感动物

本病主要是各种反刍动物。绵羊最易感，不分品种、性别和年龄，以 1 岁左右的绵羊最易感，吃奶的羔羊有一定的抵抗力。牛和山羊的易感性较低，多为隐性感染。

(二)传染源

病畜和病愈带毒畜是本病的主要传染源，病愈绵羊血液能带毒达 4 个月之久。牛和山羊感染后多数成为无症状带毒者，也是重要传染源。

(三)传播途径

本病主要通过库蠓传递，绵羊虱蝇也能机械传播本病。公牛感染后，其精液内带有病毒，可通过交配和人工授精传染给母牛。病毒也可通过胎盘感染胎儿。

(四)流行特点

本病发生具有严格的季节性，多发于湿热的夏季和早秋，特别是池塘、河流较多的低洼地区。

三、临床症状

潜伏期为 3~8 d。病初体温为 40.5~41.5 ℃,稽留为 5~6 d。表现厌食,委顿,离群。流涎,口唇水肿可蔓延到面部和耳部,甚至颈部、腹部。口腔黏膜充血而后发绀,呈青紫色。发热几天后,口腔连同唇、齿龈、颊、舌黏膜糜烂,导致吞咽困难;随着病程的发展,在溃疡部位有血液渗出,使唾液呈红色。鼻流炎性、黏性分泌物,鼻孔周围结痂,引起呼吸困难和鼾声。有的蹄冠、蹄叶发炎,触之敏感,呈不同程度的跛行,甚至膝行或卧地不动。病羊后期消瘦、衰弱,有的便秘或腹泻,有时下痢带血。妊娠母羊可发生流产、死胎或胎儿先天性异常。

病程一般为 6~14 d,发病率为 30%~40%,病死率 2%~3%。有时可高达 90%。经 10~15 d 痊愈,6~8 周后蹄部也恢复。怀孕 4~8 周的母羊遭受感染时,其分娩的羔羊中约有 20% 发育缺陷,如脑积水、小脑发育不足、回沟过多等。

山羊的症状与绵羊相似,但一般比较轻微。牛通常缺乏症状,约有 5% 的病例可显示轻微症状,其临床表现与绵羊相同。

四、病理变化

病变主要见于口腔、瘤胃、心脏、肌肉、皮肤和蹄部。口腔出现糜烂和深红色区,舌、齿龈、硬腭、颊黏膜和唇水肿。瘤胃黏膜有深红色区和坏死灶。真皮充血、出血和水肿。肌肉出血,肌纤维变性,有时肌间有浆液和胶冻样浸润。消化道、呼吸道和泌尿道黏膜及心肌、心内外膜均有出血点,严重者消化道黏膜有坏死和溃疡。脾脏通常肿大,肾和淋巴结轻度发炎和水肿,有时出现蹄叶炎变化。

五、诊　断

（一）临诊诊断

根据流行病学、典型症状和病变可以作初步诊断。发病绵羊主要表现发热、白细胞减少,口唇肿胀、糜烂,跛行,行动强直,蹄叶发炎及流行季节等;牛和其他动物多为亚临床感染。

（二）实验室诊断

确诊可采取病料接种绵羊、鸡胚或易感细胞分离病毒。也可进行血清学诊断:琼脂扩散试验、补体结合反应、免疫荧光抗体技术具有群特异性,可用于病的定性试验。中和试验具有型特异性,可用来区别蓝舌病的血清型,也可采用 DNA 探针技术。

（三）鉴别诊断

牛羊蓝舌病与口蹄疫、牛病毒性腹泻-黏膜病、恶性卡他热、牛传染性鼻气管炎、水疱性口炎、茨城病、牛瘟等有相似之处,应注意鉴别。

六、防　治

(一)预防措施

定期进行药浴、驱虫,控制和消灭本病的媒介昆虫(库蠓),做好牧场的排水工作。预防和控制本病的关键是有效疫苗的应用。在流行地区可在每年发病季节前1个月接种疫苗;在新发病地区可用疫苗进行紧急接种。目前所用疫苗有弱毒疫苗、灭活疫苗和亚单位疫苗,以弱毒疫苗比较常用。

(二)扑灭措施

非疫区发现疫情时应采取坚决措施扑杀发病羊群和与其接触过的所有羊群及其他易感动物、并彻底消毒,防止本病的扩散。在疫区,有条件时病畜或分离出病毒的阳性带毒畜应予以扑杀,血清学阳性畜,要定期复检,限制其流动,就地饲养使用,不能留作种用。对病畜要精心护理,严格避免烈日风雨,给以易消化的饲料,每天用温和的消毒液冲洗口腔和蹄部。预防继发感染可用磺胺类药或抗生素。

自测训练

蓝舌病的诊断与防治要点。

任务 18　梅迪-维斯纳病

梅迪-维斯纳病是由梅迪-维斯纳病毒引起的绵羊的慢性接触性传染病。其临床病理表现分为两种病型。梅迪病主要表现为慢性间质性肺炎;维斯纳病主要表现为慢性脑膜炎和脑脊髓炎。病羊衰弱,消瘦,最后终归死亡。OIE 将本病列为 B 类法定报告疾病名录,我国将其列为二类动物疫病病种名录。

本病最早发现于南非绵羊中,以后在荷兰、美国、冰岛、法国、印度、匈牙利、加拿大等国均有本病报道。我国进口的绵羊及其后代中曾发现并分离到梅迪-维斯纳病毒。

一、病　原

梅迪-维斯纳病毒属于反转录病毒科的慢病毒属。含有单股 RNA,病毒颗粒近似于球形,有囊膜,表面有纤突。病毒对乙醇、乙醚、氯仿和胰酶敏感,0.1% 甲醛、4% 苯酚、56 ℃ 30 min、pH4.2 以下可灭活。

二、流行病学

(一)易感动物

本病主要发生于绵羊,不分品种和性别,但多见于 2 岁以上的成年绵羊;山羊也可感染。

（二）传染源

病羊和带毒羊是主要传染源。

（三）传播途径

本病可通过吸入带病毒的飞沫经呼吸道感染，或通过采食含有病毒的乳汁、饲料、饮水等感染，也可经胎盘和乳汁而垂直传播。吸血昆虫也可能成为传播媒介。

（四）流行特点

一年四季均可发生。本病多呈散发，发病率因地域而异。

三、临床症状

（一）梅迪（呼吸道型）

本型常发生于3岁以上的绵羊。潜伏期2～3年。体温一般正常，首先表现为放牧时掉群，并出现干咳；病羊鼻孔扩张，头高仰，有时张口呼吸，呼吸困难日渐加重，特别是在运动时明显；逐渐消瘦，病羊呈现慢性间质性肺炎病状，呈进行性加重，病程3～6月或更长，最终死亡。听诊时在肺的背侧可闻啰音，叩诊时在肺的腹侧发现实音，血常规检查可见持续性的白细胞增多症。发病率因地区而异，病死率可能高达100%。

（二）维斯纳（神经型）

本型多发生于2岁以上的羊。潜伏期4～5年。病羊最初表现经常落群，步态异常，运动失调和轻瘫，特别是后肢易失足，发软。同时体重有些减轻，随后距关节不能伸直，休息时经常用跗骨后段着地。四肢麻痹并逐渐发展，带来行走困难。用力后容易疲乏。有时唇和眼睑震颤，头微微偏向一侧，然后出现偏瘫或完全麻痹，病程通常为数月，有的可达数年，最终死亡。

四、病理变化

（一）梅迪（呼吸道型）

梅迪的病变主要见于肺和肺淋巴结。病肺体积膨大2～4倍，打开胸腔时肺不塌陷，各肺叶之间以及肺和胸壁粘连，触摸有橡皮感觉。病肺组织致密，质地如肌肉，以膈叶的变化最重，心叶和尖叶次之。肺小叶间隔增宽，呈暗灰细网状花纹，在网眼中显出针尖大小暗灰色小点，肺的切面干燥。病变在膈叶外侧区发生得比较早。组织学检查为间质性肺炎变化。

（二）维斯纳（神经型）

本型剖检时见不到特异变化。病期很长的，其后肢肌肉经常萎缩。少数病例有脑膜充血，白质的切面上会有灰黄色小斑。组织学检查初期脑膜下和脑室膜下出现浸润和网状内皮系统细胞的增生。病重的羊脑、脑干、桥脑、延髓及脊髓的白质里广泛存在着损害。

五、诊　断

（一）临诊诊断

根据流行病学、临床症状和病理变化可作出初步诊断,确诊需进一步作实验室诊断。

（二）实验室诊断

取有临床或亚临床症状的病例的外周血液或乳中白细胞与适当的绵羊或山羊细胞混合培养分离病毒或取感染组织来分离病毒;也可应用琼脂凝胶免疫扩散试验或酶联免疫吸附试验(血清、血浆和乳汁样品中病毒的特异性抗体)进行检测。

（三）鉴别诊断

鉴别诊断需考虑肺腺瘤病、蠕虫性肺炎、肺脓肿和其他的肺部疾病。肺腺瘤病的组织切片中可发现特殊的肺泡上皮和细支气管上皮异型性增生,形成腺样结构。蠕虫性肺炎在肺泡和细支气管内可发现寄生虫。肺脓肿和其他肺部疾病都有其特定的病变。

六、防　治

本病目前尚无疫苗和有效的治疗方法,因此防治本病的关键在于防止健康羊群接触病羊。加强进口检疫,引进种羊应来自非疫区,新进的羊必须隔离观察,经检疫认为健康时始可混群。避免与病情不明羊群共同放牧。每6个月对羊群做一次血清学检查。凡从临床和血清学检查发现病羊时,最彻底的办法是将感染群绵羊全部扑杀。病尸和污染物应销毁或用石灰掩埋。圈舍、饲管用具应用2%氢氧化钠或4%碳酸钠消毒。

严格隔离饲养,羔羊产出后立即与母羊分开,实行严格隔离饲养,禁止吃母乳,喂以健康羊乳或消毒乳。经过几年的检疫和效果观察,认为能培育出健康羔羊。

自测训练

梅迪-维斯纳病的诊断与防治要点。

任务 19　羊传染性脓疱

羊传染性脓疱又名羊传染性脓疱性口炎,俗称羊口疮。它是由病毒引起的一种急性接触性传染病,羔羊最易患病。其特征为口腔黏膜、唇部、面部、腿部和乳房部的皮肤形成丘疹、脓疱、溃疡和结成疣状厚痂。

本病见于世界各地,欧、非、澳、美各洲多见。我国的甘肃、青海及陕西均有发生。我国将其列为三类动物疫病病种名录。

一、病　原

羊传染性脓疱病毒属于痘病毒科、副痘病毒属。病毒粒子呈砖形,含有双股 DNA 核心和由脂类复合物组成的囊膜。病毒对外界有相当强的抵抗力,暴露于夏季阳光下经30~60 d其传染性才消失,秋冬季散落在土壤里的病毒到第2年春天仍有传染性。本病毒对高温较为敏感,60 ℃ 30 min即可被灭活。常用的消毒药为2%氢氧化钠溶液、10%石灰乳、20%热草木灰溶液。

二、流行病学

(一)易感动物

感染羊无性别和品种差异,以3~6个月龄的羔羊发病最多,人和猫也可感染本病,其他动物不易感染。

(二)传染源

本病主要传染来源是病羊和其他带毒动物。

(三)传播途径

病毒主要存在于病变部的脓疱和痂皮内,损伤的皮肤和黏膜是主要感染途径。污染的羊舍、草场、草料、饮水和饲管用具等可成为传播媒介。

(四)流行特点

本病无明显的季节性,以饲养环境改变和引种长途运输产生应激反应而诱发,传染很快,常见为群发。疫区的成年羊多有一定的抵抗力,为常年散发。

三、临床症状

潜伏期为4~7 d。本病在临床上分为唇型、蹄型和外阴型,也见混合型感染病例。

(一)唇 型

此型最为常见,病初山羊精神沉郁,不愿采食,体温无明显升高,口角、上下唇或鼻镜上出现散在的小红斑,逐渐变为丘疹和小结节,继而成为水疱、脓疱,破溃后结成黄色或棕色的疣状硬痂。如为良性经过,则经1~2周,痂皮干燥、脱落而康复。严重病例,患部继续发生丘疹、水疱、脓疱痂垢,并互相融合,波及整个口唇周围及眼睑和耳廓等部位,形成大面积具有龟裂、易出血的污秽痂垢,痂垢不断增厚,痂垢下伴有肉芽组织增生。整个嘴唇肿大外翻呈桑葚状隆起,影响采食,病羊日趋衰弱而死。个别病例常伴有化脓菌和坏死杆菌等继发感染,引起深部组织化脓和坏死,致使病情恶化。有些病例危害到口腔黏膜,发生水疱、脓疱和糜烂。病羊采食、咀嚼和吞咽困难,严重者继发肺炎而死亡。继发性感染可能蔓延至喉、肺以及第四胃。

(二)蹄 型

本型几乎仅侵害绵羊,多仅一肢患病,但也可能同时或相继侵犯多数甚至全部蹄端。通常于蹄叉、蹄冠或蹄部皮肤上形成水疱、脓疱,破裂后形成由脓液覆盖的溃疡。如继发感染则发生化脓性坏死,常波及基部、蹄骨,甚至肌腱和关节,病羊跛行,长期卧地,衰竭而死。

(三)外阴型

本型较为少见,表现为黏性和脓性阴道分泌物,在肿胀的阴唇及附近皮肤上发生溃疡,乳房和乳头的皮肤上发生脓疱、烂斑和痂垢;公羊表现为阴鞘肿胀,出现脓疱和溃疡。

四、病理变化

病死羊尸体极度消瘦,口唇黑色结痂,延伸至面部,口腔内有水疱、溃疡和糜烂,面部皮下有出血斑。气管出现环状出血,肺部肿胀,颜色变暗。

五、诊　断

(一)临诊诊断

根据流行病学、临床症状、典型病例,特别是病羊口角周围有增生性桑葚状突起等进行初步诊断。

(二)实验室诊断

可分离培养病毒或对病料进行负染色直接进行电镜观察。除此之外,还可用血清学方法诊断,如补体结合试验、琼脂扩散试验、反向间接血凝试验、酶联免疫吸附试验、免疫荧光技术和变态反应等方法。

(三)鉴别诊断

应注意与羊痘、溃疡性皮炎、坏死杆菌病等相区别。羊痘的痘疹多为全身性,病羊体温升高,全身反应严重,痘疹结节呈圆形,突出于皮肤表面,界限明显,似脐状。溃疡性皮炎主要侵害1岁以上的羊,损伤主要表现为组织破坏,以溃疡为主,不形成疣状痂。坏死杆菌病主要表现组织坏死,而无水疱、脓疱的病变,也无疣状增生物,必要时应作细菌学检查和动物试验进行区别。

六、防　治

(一)预防措施

加强饲养管理,防止皮肤黏膜发生损伤,特别是羔长牙阶段,口腔黏膜娇嫩,易引起外伤。因此应尽量清除饲料或垫草中的芒刺和异物,避免在有刺植物的草地放牧。适时加喂适量食盐,以减少啃土、啃墙。禁止从疫区引进羊只和购买畜产品。新购入的羊应全面检查,并对羊只蹄部、体表进行彻底清洗与消毒,隔离观察2～3周,在确认健康后方可混入其他羊群。在本病流行地区,定期用羊口疮弱毒疫苗对羊群进行免疫接种。

(二)治疗措施

发现病羊及时隔离,对圈舍进行彻底消毒。饲槽、圈舍、运动场可用石灰或3%氢氧化钠消毒。给予病羊柔软、富有营养、易消化的饲料,保证饮水清洁。

对于唇型和外阴型病例,可先用0.1%～0.2%高锰酸钾溶液冲洗创面,再涂以2%龙胆紫、5%碘酊甘油或5%土霉素软膏,每天2～3次;如为蹄型,可将蹄部在5%福尔马林中浸泡1 min,必要时每周重复1次,连续3次,或每隔2～3 d用3%龙胆紫、1%苦味酸或10%硫酸锌酒精溶液重复涂擦;对严重病例除局部用药外,应给予支持疗法。必要时使用抗生素或磺胺类药物预防继发感染。

七、公共卫生

由于人也可能感染本病,因此在接触病羊时,应注意个人防护,以防经损伤的皮肤、黏膜发生感染,发生本病时可采取对症疗法。

自测训练

羊口疮的临诊及防治要点。

牛传染病鉴别诊断表

表 5-1　牛 4 种消化道症状传染病的鉴别诊断

病名	病原	流行特点	主要症状	主要病变	实验室诊断	防治
牛大肠杆菌病	大肠杆菌	生后 10 d 以内多发,条件致病性,冬春气候多变的季节多发,地方流行性或散发	体温升高,下痢,粪便初如粥样、黄色,后呈水样、灰白色,混有未消化的凝乳块、凝血及泡沫,有酸败气味,病末畜肛门失禁	真胃有大量的凝乳块,黏膜充血、水肿,肠内容物水样,混有血液和气泡,肠系膜淋巴结肿大	细菌分离鉴定	加强饲管,保持环境卫生,抗生素治疗
牛沙门氏菌病	沙门氏菌	以出生 30～40 d 以后的犊牛最易感,四季可发,犊牛地方流行性,成牛散发	犊牛突然发病,体温升高,拒食,下痢,排出灰黄色混有黏液和血丝的液状粪便,5～7 d 死亡,病死率 50%,孕牛流产	成年牛主要呈急性出血性肠炎,犊牛急性病例在心壁、腹膜以及腺胃、小肠和膀胱黏膜有小点出血	细菌分离鉴定	加强饲管,保持环境卫生,疫苗接种及药物预防
牛副结核病	副结核分枝杆菌	犊牛最易感,潜伏期长,2～5 岁才发病,传播缓慢,地方流行性,四季可发	早期间断性腹泻,后变为顽固拉稀,喷射状,腥臭,带黏液或血块,夹杂气泡,进行性消瘦	尸体消瘦、脱水,食道和胃黏膜出血糜烂,肠道黏膜卡他性、出血性、溃疡性以及坏死性炎症。肠系膜淋巴结肿大	变态反应诊断	无治疗价值,检疫淘汰病畜,疫苗接种
牛黏膜病	黏膜病病毒	6～18 个月发病多,感染率高(多隐性感染),发病率低,其病死率高,四季可发,通常多发于冬末和春初	突然发病,体温升高,沉郁,厌食,鼻、眼有浆液性分泌物,咳嗽、呼吸困难,鼻、舌、口腔黏膜糜烂,呼气恶臭。水泻,带有黏液和血,蹄部糜烂坏死、跛行,1～2 周死亡,慢性缓和。母牛流产	食道黏膜有纵行排列的糜烂,口腔、胃、肠道黏膜有程度不同的糜烂、水肿或出血,肠淋巴结肿大	病毒分离鉴定,血清学试验	对症治疗,防止继发感染,疫苗预防

表 5-2　牛 4 种呼吸道症状传染病的鉴别诊断

病名	病原	流行特点	主要症状	主要病变	实验室诊断	防治
牛流行热病	牛流行热病毒	肥胖牛、母牛，尤以怀孕牛和高产奶牛发病率最高，吸血昆虫传播，炎热、雨季多见，传播迅速，流行性或大流行性，发病率高，死亡率低，有周期性	突发高热，稽留 2~3 d 后降至正常。发病时沉郁，不食，反刍停止，流泪，结膜充血，眼睑水肿，呻吟，呼吸促迫，流鼻，鼻镜干燥，口炎、流涎，口角有泡沫，四肢关节疼痛，跛行或倒卧，便秘或腹泻，母牛流产，很少死亡	肺气肿，捻发音明显，有的肺充血与肺水肿，肺胸腔积液，气管内积有大量的泡沫状黏液，淋巴结充血、肿胀和出血	用中和试验、补体结合试验	一般防治措施，疫苗预防
牛鼻气管炎	鼻气管炎病毒	主要感染牛，尤以肉用牛较为多见，其次是奶牛。病死率也较高。经呼吸道感染	上呼吸道及气管黏膜发炎、呼吸困难、流鼻汁等症状，还可引起生殖道感染、结膜炎、脑膜脑炎、流产、乳房炎等多种病型	呼吸道黏膜高度发炎，四胃发炎及溃疡，卡他性肠炎，非化脓性脑炎，流产胎儿肝、脾有局部坏死	间接血凝试验或酶联免疫吸附试验	无法治疗，淘汰阳性牛
牛结核病	结核分枝杆菌	牛最易感，特别是奶牛，其次为黄牛、牦牛、水牛，猪和家禽易感性也较强	肺结核呼吸次数增多或发气喘，有的牛体表淋巴结肿大，孕畜流产，公畜副睾丸肿大，阴茎前部可发生结节、糜烂等	在肺脏或其他器官常见有很多突起的白色结节，胸膜和腹膜发生密集结核结节	变态反应诊断	无治疗价值，检疫淘汰病畜，净化畜群，疫苗接种
牛出败	巴氏杆菌	幼龄动物较多见，条件性致病，致死率高，无明显的季节性，但以秋末冬初、气候剧变时多发，多呈散发性	肺炎型病牛发热，咳嗽，呼吸困难，流鼻液，便秘或下痢，粪便带血，病期较长的一般可到 3 d 或一周左右	胸膜炎和格鲁布性肺炎，胸与胸膜粘连，肺肝变，切面大理石样，心包炎和腹膜炎	涂片镜检，分离鉴定，必要时小鼠接种	药物治疗，免疫接种

表 5-3　牛 5 种繁殖障碍类传染病的鉴别诊断

病名	病原	流行特点	主要症状	主要病变	实验室诊断	防治
牛布鲁氏菌病	布鲁氏菌	流产布鲁氏菌主要宿主是牛，传播途径是消化道	潜伏期 2 周至 6 个月。母牛最显著的症状是流产，胎儿胎衣的病理损害，胎衣滞留以及不育	胎衣呈黄色胶冻样浸润，有些部位覆有纤维蛋白絮片和脓液，有的增厚而杂有出血点	血清凝集试验及补体结合试验	疫苗接种，检疫淘汰阳性牛

续表

病名	病原	流行特点	主要症状	主要病变	实验室诊断	防治
牛沙门氏菌病	沙门氏菌	以出生30~40 d以后的犊牛最易感。经消化道感染健畜;一般呈散发性或地方流行性	大多数病牛于发病后12~24 h,粪便中带有血块,不久即变为下痢。怀孕母牛多数发生流产	成年牛主要呈急性出血性肠炎。犊牛急性病例在心壁、腹膜以及腺胃、小肠和膀胱黏膜有小点出血	酶联免疫吸附试验(ELISA)	加强饲管,保持环境卫生,疫苗接种及药物预防
牛黏膜病	黏膜病病毒	6~18个月发病多,感染率高(多隐性感染),发病率低,其病死率高,四季可发,通常多发于冬末和春初	突然发病,体温升高,沉郁,厌食,鼻、眼有浆液性分泌物、咳嗽、呼吸困难,鼻、舌、口腔黏膜糜烂,呼气恶臭。水泻,带有黏液和血,蹄部糜烂坏死,跛行,1~2周死亡,慢性缓和。母牛流产	食道黏膜有纵行排列的糜烂,口腔、胃、肠道黏膜有程度不同的糜烂、水肿或出血,肠淋巴结肿大	病毒分离鉴定,血清学试验	对症治疗,防止继发感染,疫苗预防
传染性鼻气管炎	鼻气管炎病毒	主要感染牛,尤以肉用牛较为多见,其次是奶牛,20~60日龄牛最易感,病死率也较高,寒冷季节多发	潜伏期一般为4~6 d,表现上呼吸道及气管黏膜发炎、呼吸困难、流鼻汁等症状,还可引起生殖道感染、结膜炎、脑膜脑炎、流产、乳房炎等多种病型	呼吸道黏膜高度发炎,第四胃黏膜常有发炎及溃疡。大小肠可有卡他性肠炎。脑膜脑炎的病灶呈非化脓性脑炎变化。流产胎儿肝、脾有局部坏死	间接血凝试验或酶联免疫吸附试验等均可作本病的诊断	无法治疗,淘汰阳性牛
蓝舌病	蓝舌病病毒	易感性较低,牛和山羊多为隐性带毒,主要通过库蠓传递,多发于湿热的夏季和早秋,低、湿地区多发	体温40.5~41.5℃,稽留5~6 d,厌食,流涎,口唇水肿,唇、齿龈、颊、舌黏膜糜烂,吞咽困难,流鼻汁,呼吸困难,妊娠母羊可发生流产、死胎或胎儿异常	口腔糜烂、水肿,瘤胃黏膜坏死,肌肉出血,消化道、呼吸道和泌尿道黏膜及心肌、心内外膜均有出血点,脾脏、肾和淋巴结充血肿大,蹄叶炎	病毒分离鉴定,血清学试验,核酸探针、PCR	定期进行药浴、灭虫,免疫接种

学习情境6
其他动物传染病

【知识目标】

1. 理解其他动物主要传染病的性质和部分传染病的重要公共卫生意义。

2. 了解和掌握犬细小病毒感染、犬传染性肝炎、肉毒梭菌中毒症、猫泛白细胞减少症、猫病毒性鼻气管炎的诊断和防治要点。

3. 重点掌握马传染性贫血、狂犬病、犬瘟热等病的病原、流行病学、临床症状、病理变化、诊断和防治措施。

【能力目标】

利用所学知识和技能对其他动物主要传染病能作出初步诊断并注意类症鉴别,拟订出初步防治措施。

任务1　马传染性贫血

马传染性贫血简称马传贫,又称沼泽热,是由马传贫病毒引起的马属动物的一种慢性传染病。临床上以发热、贫血、出血、黄疸、心脏衰弱、浮肿和消瘦为特征;发热期间症状明显,无热期间症状减轻或暂时消失,本病可以反复发作,慢性或隐性病马长期带毒或排毒。

本病1843年在法国首次发现,后呈世界性分布。我国在1965年首次分离出马传贫病毒,并于1975年研制出马传贫驴白细胞弱毒疫苗,在我国大范围应用并成功控制了本病的流行。OIE将本病列为B类法定报告疾病名录,我国将其列为二类动物疫病病种名录。

一、病　原

马传贫病毒是反转录病毒科慢病毒属,为单股RNA病毒,球形,有囊膜,囊膜上有纤突。马传贫病毒对外界环境有较强的抵抗力,在粪尿中可存活2~3个月,将粪便堆积发酵需经30 d才能将其灭活,高温煮沸或在血清中60 ℃ 1 h即可灭活,−20 ℃可保持毒力7年不变。临床上常用2%~4%氢氧化钠和5%来苏儿消毒被污染的外界环境及用具,效果均好。

二、流行病学

(一)易感动物

本病的易感动物只限于马属动物,其中,马最易感,骡、驴次之,且无品种、性别、年龄的差异。

(二)传染源

病马及带毒马是主要传染源,发热期的病马传染源作用最大。

(三)传播途径

本病主要通过吸血昆虫的叮咬而传播,也可经消化道感染,还可经交配、胎盘传播,另外,消毒不彻底的医疗器械也可以传播本病。

(四)流行特点

7—9月份发生较多,多呈散发或地方性流行。在流行初期多呈急性型经过,致死率较高,以后呈亚急性或慢性经过。

三、临床症状

潜伏期长短不一,一般为20~40 d,长的可达90 d。在临床上把马传贫病分为急性、亚急性、慢性和隐形性四种类型。各型病马发病后的共同症状是以发热为主的贫血、出血、黄疸、心脏衰弱、浮肿和消瘦等。不同病型又有不同表现。

(一)急性型

本型病畜温度升高到39~40 ℃以上,高热稽留。发热初期可视黏膜潮红,轻度黄染,随病程发展逐渐变为黄白至苍白。在舌底、口腔、鼻腔、阴道黏膜及眼结膜等处,常见鲜红至暗红色出血点(斑)等。病程2 d至1个月左右。

(二)亚急性型

本型病畜呈间歇热。一般发热39 ℃以上,持续3~5 d,退热至常温,经3~15 d间歇期又复发。有的患病马属动物出现温差倒转现象,病程为1~2月。

(三)慢性型

本型病畜不规则发热,但发热时间短。病程可达数月或数年。

(四)隐性型

本型病畜无可见临床症状,但体内可长期带毒。

四、病理变化

(一)急性型

本型病畜外观尸体消瘦,可视黏膜苍白或呈黄红色。主要表现败血性变化,可视黏膜、浆膜出现出血点(斑),尤其以舌下、齿龈、鼻腔、阴道黏膜、眼结膜、回肠、盲肠和大结肠的浆膜、黏膜以及心内外膜尤为明显。肝、脾肿大,肝切面有明显的槟榔样花纹。肾肿大,实质浊肿,呈灰黄色,皮质有出血点。心肌脆弱,呈灰白色煮肉样,并有出血点。全身淋巴结肿大,切面多汁,并常有出血。

(二)亚急性和慢性型

本型病畜主要表现贫血、黄染和细胞增生性反应。脾肿大,坚实,表面粗糙不平,呈淡红色;有的脾萎缩,切面小梁及滤泡明显。淋巴小结增生,切面有灰白色粟粒状突起。不同程度的肝肿大,呈土黄或棕红色,质地较硬,切面呈现花纹致密的槟榔肝。管状骨有明显的红髓增生灶。

五、诊　断

(一)临诊诊断

根据流行特点、临床症状、病理变化,可作出初步诊断,确诊还要进行实验室诊断。

(二)实验室诊断

1.血清学试验

OIE 指定试验方法为琼脂扩散试验和 ELISA。

2.血液学试验

血沉速度超过 70;红细胞数 <500 万个/mm³;白细胞粥片刻查到 2% 的吞铁细胞。

六、防　治

(一)预防措施

(1)加强饲管,合理使疫,增强马匹抵抗力。定期消毒,防灭虫、虻等吸血昆虫。严格限制健、病马混牧。马骡外出时,应自带饲槽、水槽,禁止与其他马、骡混喂、混饮。

(2)每年定期检疫,禁止从疫区购买或交换马匹,对新购进的马匹一定隔离检疫一个月,无病方可混群。

(3)预防接种。疫苗接种可用马传贫驴白细胞弱毒疫苗。

(二)扑灭措施

(1)封锁。发生本病后要迅速作出诊断,划定疫区或疫点并对其进行封锁。疑似健康马不得出售、串换、转让或调群。种公马不得调出疫区配种,繁殖母马一律人工授精配种。自疫点检出最后一匹马之日起,1 年内未再检出病马时,方可解除封锁。

(2)检疫。检疫的方法除进行测温、临床及血液检查外,应以 1 个月间隔做 3 次补体结合反应和琼扩试验。在临床综合诊断、补体结合反应和琼扩实验,任何一种判定为阳性的马、骡、驴都被视为传贫病畜。疑似病马进行 1 个月的观察,排除本病后方可消毒归群。

(3)隔离。对检出的病马和可疑病马,必须与健康马分别隔离饲养,以防止扩大传染。

(4)消毒。被病马或可疑马污染的马厩、马场、管理用具要用烧碱水、生石灰消毒。

粪便应堆积发酵消毒。为了防止吸血昆虫叮咬,可喷洒 0.5% 二溴磷或 0.1% 敌敌畏溶液。兽医人员用过的注射器、针头等应彻底消毒。

(5)处理。病马应集中扑杀处理,并对扑杀或自然死亡的病马尸体进行焚烧或深埋。

自测训练

1. 马传贫的综合诊断要点。
2. 马传贫的防治措施。

任务 2　狂犬病

狂犬病俗称疯狗病,又名恐水症,是由狂犬病病毒引起的人兽共患的急性接触性传染病。临床特征为极度兴奋、狂躁、流涎和意识丧失,最终因局部或全身麻痹而死亡。典型的病理变化为非化脓性脑炎,在神经细胞胞浆内可见内基氏小体。

狂犬病呈世界性分布。目前,世界重点流行地区仍在亚洲,以东南亚国家为主,我国部分省市和地区亦有本病的发生。发病率有逐年增高的趋势,严重地威胁人类健康和生命安全。OIE 将狂犬病列为 B 类法定报告疾病名录,我国将其列为二类动物疫病病种名录。

一、病　原

狂犬病病毒为弹状病毒科、狂犬病病毒属的成员。病毒呈子弹状或试管状,为单股 RNA 病毒,外有囊膜,囊膜上的纤突为糖蛋白,对病毒感染和诱导中和抗体起重要作用,能凝集鹅和 1 日龄雏鸡的红细胞。用血清中和试验可将狂犬病病毒分离为四个血清型,各型病毒交叉免疫保护力相同。狂犬病病毒在家兔、小白鼠、大白鼠等中枢神经细胞内生长繁殖,并在胞浆内形成包涵体,称为内基氏小体。此种小体呈圆形或卵圆形,为嗜酸性,用姬姆萨染成红色,大小约 10 ~ 30 μm。包涵体内部有嗜碱性数目不定的小颗粒,又称体内体。

病毒对外界因素的抵抗力较弱,56 ℃ 30 min 或 100 ℃ 2 min 均可被灭活。但在冷冻或冻干状态下可长期保存。在 50% 甘油缓冲溶液中或 4 ℃ 条件下可存活数月到 1 年。病毒对常用的消毒药物如酸、碱、福尔马林、石碳酸、新洁尔灭、升汞均敏感。可被 1 ~ 2% 肥皂水、75% 酒精、0.01% 碘液、乙醚、丙酮以及日光和紫外线等灭活。

二、流行病学

(一)易感动物

该病毒感染的宿主范围广泛,几乎所有的温血动物对本病均易感。在自然界中最易感的动物是犬科动物(狗、狼、狐)和猫科动物,以及有些啮齿类动物和蝙蝠。

（二）传染源

患病犬和猫是主要传染源。带毒者是最危险的传染源,近年国内报道,健康的家犬带毒率平均为14.9%。野生动物是狂犬病病毒主要的自然储存宿主,在一定条件下可成为本病的危险疫源而长期存在。

（三）传播途径

由患病(或带毒)动物咬伤、抓伤而感染,也可经损伤的皮肤和黏膜接触感染。此外狂犬病毒可通过消化道、呼吸道和胎盘发生感染。

（四）流行特点

本病四季均可发生,春夏季发病率稍高,可能与犬的性活动周期以及温暖季节人畜移动频繁有关。本病散发,流行的连锁性特别明显,死亡率高达100%。

三、临床症状

本病潜伏期一般为2~8周,最短8 d,长的可达数月或数年不等。犬、猫、羊和猪平均为20~60 d,牛、马30~90 d,人30~60 d。

（一）犬

一般可分为狂暴型和麻痹型。

1.狂暴型

狂暴型分3期,即前驱期、兴奋期和麻痹期。

(1)前驱期。约为1~2 d。病犬精神沉郁,喜藏暗处,态度冷漠,不听呼唤,强迫牵引则咬畜主。举动反常,瞳孔散大,反射机能亢进,轻度刺激即兴奋,有时望空扑咬。性情、食欲反常,异食,吞咽障碍。性欲亢进,唾液分泌增多,后躯软弱。

(2)兴奋期。约为2~4 d。病犬狂暴不安,攻击人畜,疲惫时卧地不起,兴奋与沉郁交替出现。病犬在野外游荡,到处咬伤人畜。有时还自咬四肢、尾及阴部,咬伤处发痒,常以舌舐之。随着病程发展,出现意识障碍,反射紊乱,狂吠,吠声嘶哑,夹尾,唾液增多,斜视。眼球凹陷,散瞳或缩瞳。

(3)麻痹期。约为1~2 d。病犬消瘦,张口垂舌,流涎显著,不久后躯及四肢麻痹,行走摇晃,卧地不起。最终因呼吸中枢麻痹或全身衰竭而死亡。

2.麻痹型

麻痹型病犬以麻痹症状为主,兴奋期很短或无。麻痹开始见于咬肌、咽肌,病犬表现吞咽困难,使主人疑为正在吞咽骨头,当试图加以帮助时常遭致咬伤。随后发生四肢麻痹,行走困难,进而全身麻痹而死亡,病程一般为5~6 d。

（二）猫

猫一般表现为狂暴型,其症状与犬相似。前驱期通常不到1 d,其特点是低热和明显的行为改变。兴奋期通常持续1~4 d。在发作时攻击人、畜。病猫表现肌颤,瞳孔散大,流涎,背弓起,爪伸出,呈攻击状。麻痹期通常持续1~4 d,表现运动失调,后肢明显。头、颈部肌肉麻痹时,叫声嘶哑。随后惊厥、昏迷而死亡。约25%的病猫表现为麻痹型,在发病后数小时或1~2 d内死亡。

（三）牛、羊

牛、羊症状同犬，一般少有攻击人畜现象，末期常麻痹而死。

（四）猪

病猪兴奋不安，横冲直撞，叫声嘶哑，流涎，攻击人畜。在发作间歇期常钻入垫草中，稍有音响立即跃起，无目的地乱跑，最后常发生麻痹症状，约经 2 ~ 4 d 死亡。

四、病理变化

尸体消瘦，皮肤有咬伤或裂伤。胃空虚，有异物。胃黏膜肿胀、充血、出血、糜烂。肠道和呼吸道呈现急性卡他性炎症变化。脑软膜血管扩张充血，轻度水肿，脑灰质和白质小血管充血，并伴有点状出血。

病理组织学检查可见非化脓性脑炎病变，在神经细胞的胞浆内可见包涵体。

五、诊　断

（一）临诊诊断

本病常因潜伏期长，查不清咬伤史，症状又易与其他脑炎相混而误诊。如患病动物出现典型的各期病状，则结合病史可以作出初步诊断。但因狂犬病患犬在潜伏期（出现症状前 1 ~ 2 周）已从唾液中排出病毒，所以当动物或人被可疑病犬咬伤后，应及早对可疑病犬作出确诊，以便对被咬伤的人畜进行必要的处理。

（二）实验室诊断

1. 脑组织印片检查

取患病动物海马角、小脑、延脑各小块组织，制成压印标本，在室温下自然干燥后滴加复红美蓝染色液数滴，经 8 ~ 10 s，用水冲洗，干燥镜检。可看到神经细胞浆内的内基氏小体呈椭圆形，鲜红色，内有嗜碱性小颗粒（体内体）。神经细胞染成蓝色，间质呈粉红色，红细胞呈橘红色。此法简单，快速，但阳性检出率为 70% 左右。

2. 荧光抗体检查

取患病动物的脑组织制成触片或冰冻切片，也可刮取角膜细胞触片固定后，用荧光抗体染色，在荧光显微镜下观察，胞浆内出现黄绿色荧光颗粒，可判为阳性。

3. 动物接种试验

取患病动物脑组织或唾液腺制成乳剂，离心沉淀加以抗生素处理。然后取上清液给家兔或小白鼠（30 日龄内）作脑内或肌肉接种，若有狂犬病毒，家兔在注射后 14 ~ 21 d 麻痹死亡。小白鼠则经 9 ~ 11 d 死亡。死前 1 ~ 2 d 发生兴奋和麻痹症状。对死亡兔子和小白鼠作脑组织印片检查，看有无内基氏小体。

4. 血清学检查

常用酶联免疫吸附试验、补体结合反应、中和试验、琼脂扩散试验等。

（三）鉴别诊断

狂犬病与破伤风都有创伤史、神经兴奋性增高，应注意区别。狂犬病多为狂暴型，对人畜有攻击性,异食,最后呼吸麻痹死亡,脑病理切片可见神经细胞胞浆内有包涵体,咬伤史、伤人史连锁发生,病死率高。破伤风由破伤风梭菌引起,呈强直症状,青霉素治疗有效,病死率低。

有些伪狂犬病病犬易与本病混淆,应注意鉴别。伪狂犬病的后期麻痹症状不如狂犬病典型,一般无咬肌麻痹。伪狂犬病脑神经细胞浆内无内基氏小体。

六、防 治

(一)预防措施

犬是人类狂犬病的主要传染源,因此对犬狂犬病的控制,是预防人狂犬病最有效的措施。平时加强对犬和猫的管理,同时取缔无主犬和游荡犬。在流行区对家犬和家猫及其他家畜作预防接种。我国犬用狂犬病疫苗有3种,即aG株原代仓鼠肾弱毒佐剂疫苗、羊脑弱毒活疫苗或灭活疫苗以及Flury病毒LEP株的BHK-21细胞培养弱毒疫苗。3种疫苗的免疫期均在1年以上。

(二)扑灭措施

预防动物及人类的狂犬病,重在对狂犬病畜的控制。发现病犬及病畜,应立即扑杀,尸体深埋或焚烧,严禁剥皮吃肉。根据动物实验报告,用有效消毒药物及时处理伤口可减少50%死亡率。所以局部伤口的处理极为重要。伤口处理时用20%肥皂水或0.1%新洁尔灭反复冲洗,再用75%酒精或2%~3%碘酒消毒;同时注射狂犬病疫苗。如咬伤严重(如人头面、颈和手指等多处被咬伤),在接种疫苗的同时应注射免疫血清;因免疫血清能中和游离病毒,也能减低细胞内病毒繁殖扩散的速度,可使潜伏期延长;要尽力争取在潜伏期内使被咬人畜产生自动免疫抗体,从而提高治疗效果。

七、公共卫生

狂犬病是一种人畜共患的烈性传染病,人患狂犬病大多是狂犬病病犬或病猫咬伤所致。潜伏期较长,一般2~6个月,甚至几年或更长。发病开始时有焦躁不安的感觉,头痛,乏力,食欲不振,恶心呕吐。被咬伤部位发热,发痒,有蚁走感。随后出现兴奋症状,对声音、光线敏感,瞳孔散大,多泪,流涎,出汗。以后发生咽肌痉挛,呼吸吞咽困难,见水表现异常恐惧,俗称恐水症,多在3~4d后发生麻痹死亡。由于本病是中枢神经系统的感染,脑、脊髓受到严重损害,一旦发病,即使有最好的医护,最后还是难免死亡。

人一旦被可疑动物咬或抓伤,应先用力挤压伤口直到有血液流出为止,然后用大量肥皂水或0.1%新洁尔灭或清水充分冲洗,再用75%酒精或2%~3%碘酊消毒,并及早接种狂犬病疫苗,最好同时结合注射狂犬病免疫血清。

自测训练

1.狂犬病的临床发病特征。
2.狂犬病的防治措施。

任务3 犬瘟热

犬瘟热是由犬瘟热病毒引起的犬科(尤其是幼犬)、鼬科及一部分浣熊科动物的一种传染性极强的高度接触性、致死性传染病。主要侵害呼吸系统、消化系统及神经系统。临床主要特征为双相热、鼻炎、消化道和呼吸道黏膜呈急性卡他性炎症,后期发生非化脓性脑炎。

该病分布广泛,是当前危害犬群最严重的疫病之一。我国多发,特别是在许多狐和水貂养殖场常有本病流行,造成巨大损失。我国将犬瘟热列为三类动物疫病病种名录。

一、病　原

犬瘟热病毒(CDV)属副粘病毒科麻疹病毒属,为 RNA 病毒。犬瘟热病毒只有一个血清型。犬瘟热、麻疹和牛瘟病毒不仅在形态和超微结构上一致,而且具有共同的抗原性。病毒可在犬、雪貂和犊牛肾细胞、鸡胚成纤维细胞中繁殖。病毒在 −70 ℃ 可存活数年,冻干可长期保存。病毒对紫外线和乙醚、氯仿等有机溶剂敏感,对热和干燥敏感。3% 福尔马林、5% 石碳酸及 3% 苛性钠等对本病毒具有良好的消毒作用。

二、流行病学

(一)易感动物

易感动物不分品种和年龄均可感染,临床上 4~12 月龄犬最易感染发病,而 2 岁以上犬发病率降低。在自然条件下,犬瘟热病毒也可感染犬科的其他动物(如狼、豺、狐等)和鼬科动物(貂、雪貂、白鼬、臭鼬、伶鼬、黄鼠狼、獾、水獭等),浣熊科动物曾在浣熊、密熊、白鼻熊和小熊猫中发现。近年来,发现海豹、海狮等也可感染犬瘟热病毒。

(二)传染源

患病动物和带毒者是本病的传染源。

(三)传播途径

主要是健康犬与病犬直接接触,通过飞沫和污染饲料、饮水,经消化道和呼吸道传播,也可经眼结膜和胎盘传播。

(四)流行特点

本病多发于寒冷季节。似乎有周期性,每 2~3 年流行 1 次,但近年来有些地区常年发病。

三、临床症状

潜伏期一般 3~6 d。病犬病初发热,温度达 39~41 ℃,精神委顿,食欲减少或废绝。眼、鼻流浆液性分泌物,后变脓性,有时带有血丝。发热 3 d 后体温降至正常,病犬恢复食欲,精神也好转。2~3 d 后再次发热,并持续几周(即双相型发热),病情恶化,鼻镜、眼睑干燥甚至龟裂。7 日龄以内犬感染时,常出现心肌炎,双目失明,牙齿生长不规则,常有嗅觉缺损。

消化系统症状一般表现厌食,呕吐,严重时水样腹泻,恶臭,混有黏液和血液,与细小病毒病十分相似。呼吸道系统症状一般表现为鼻镜干裂,排出脓性鼻液,病犬咳嗽、打喷嚏,肺部听诊有啰音和捻发音,出现严重的肺炎症状,呼吸急促,腹式呼吸。皮肤系统症状多表现脚垫和鼻镜等部位皮肤过度角质化。神经系统症状一般多在感染后 3 ~ 4 周,全身症状好转之后的几天至十几天才出现。经胎盘感染的幼犬可在 4 ~ 7 周龄时出现神经症状,表现为癫痫、转圈,或共济失调、反射异常,或颈部强直,肌肉痉挛,反复有节律性的咬肌颤动,最后出现惊厥而死亡。耐过的犬遗留舞蹈病和某部肢体麻痹等症状。生殖系统症状可见孕犬感染后发生流产、死胎和仔犬成活率下降,病程一般 2 周。并发肺炎和肠炎的病程可能较长,发生神经症状的病程最长。

继发细菌感染时,发热初期少数幼犬下腹部、大腿内侧和外耳道发生水疱性脓疱性皮疹,康复犬可获得终身免疫力。

四、病理变化

有些病例皮肤出现水疱性脓疱性皮疹。有些病例鼻和脚底表皮角质层增生而呈角化病。上呼吸道、眼结膜呈卡他性或化脓性炎。肺呈卡他性或化脓性支气管肺炎。消化道中胃黏膜潮红,肠道呈卡他性或出血性肠炎,直肠黏膜出血。脾肿大。胸腺常明显缩小,且多呈胶冻状。肾上腺皮质变性。睾丸炎和附睾丸炎。中枢和外周神经很少有病变。

五、诊　断

(一)临诊诊断

根据本病的流行病学、临床症状和病理变化特点可作出初诊,确诊有赖于实验室诊断。

(二)实验室诊断

1. 病原诊断

发病早期采淋巴组织,急性病例取胸腺、脾、肺、肝、淋巴结,脑炎症状者采小脑等病料,制成 10% 乳剂,经无菌处理后接种于犬肾原代细胞、犬肺巨噬细胞、鸡胚成纤维细胞,进行病毒分离,用已知抗血清做病毒中和试验鉴定病毒。

2. 血清学诊断

用已知抗原做病毒中和试验、琼脂扩散试验和 ELISA 等试验,检测血清中的抗体,以进行追溯性诊断,用已知荧光抗体鉴定分离的病毒。

目前国内外广泛使用犬瘟热快速诊断检测试纸,取患犬眼、鼻分泌物、唾液、尿液为检测样品,可在 5 ~ 10 min 内作出诊断,该方法方便、灵敏、快捷。

3. 分子生物学诊断

该诊断也可用 PCR 方法检查。

4. 包涵体的检查

生前可取鼻、舌、结膜、瞬膜等,死后则刮膀胱、肾盂、胆囊和胆管等黏膜,制成涂片,用苏木素-伊红染色后镜检。包涵体嗜酸性,主要在细胞浆中,呈圆形或椭圆形,红色,偶见细胞核中。发现包涵体可作为诊断依据。有时仅根据包涵体的存在,可能导致假阳性诊断,最好再进行病毒的分离鉴定或血清学检查等。

(三)鉴别诊断

(1)犬传染性肝炎。常见暂时性角膜混浊;出血后血凝时间延长;剖检有特征性的肝和胆囊病变及体腔血样渗出液,而犬瘟热无上述变化。

(2)狂犬病。病犬对人和其他动物有攻击性,有喉头、咬肌麻痹症状,而犬瘟热则无此症状。

(3)副伤寒。病犬脾脏显著肿大,而犬患犬瘟热时脾脏正常或轻度肿大。

(4)钩端螺旋体病。本病无呼吸道和结膜的炎症,有明显的黄疸,犬瘟热无黄疸。

六、防 治

(一)预防措施

平时加强犬的饲养管理,注意环境卫生,坚持平时预防接种。目前常用的疫苗有国产五联苗、七联苗及进口的四联苗、六联苗等。首免时间应根据母源抗体的多少来决定,母源抗体(病毒中和试验)滴度1:100以下是首免的指示滴度。如果没有条件检测,则7~9周龄首免为宜。二免和三免依次间隔2~3周,以后每年加强免疫1次即可。用人的麻疹疫苗给幼犬接种效果较好,对刚断奶的幼犬用2~3份人用麻疹疫苗首免,半月之后再以2~3周的间隔时间注射2~3次犬瘟热弱毒苗,可获较好的免疫效果。

(二)扑灭措施

一旦发病,对病犬要严格隔离,彻底消毒,积极治疗,尸体焚烧或深埋。对假定健康和受威胁的易感犬进行紧急接种。治疗病犬时,在发热初期,及早给予大剂量高免血清,可收到较好的治疗效果。但对出现神经症状的病例,使用高免血清效果不佳。近年来已用犬瘟热单克隆抗体进行治疗,效果很好。免疫球蛋白、干扰素也可用于本病治疗。根据病犬发病后的症候,采用输液、退热、镇静、止痛、收敛等对症疗法,具有一定治疗作用。本病常继发细菌感染,因此,使用抗生素或磺胺类药物,可减少死亡,缓解病情。

自测训练 ◢

犬瘟热的临床诊断要点及防治措施。

任务4 犬细小病毒病

犬细小病毒病又称犬传染性出血性肠炎,是由犬细小病毒引起的犬的一种急性传染病。特征为剧烈呕吐、血性水样便、脱水;出血性肠炎或/和非化脓性心肌炎。多发生于幼犬(2~4月龄),发病率为20%~100%,病死率10%~50%。

本病于1978年同时在澳大利亚和加拿大证实以后,许多国家相继发现。我国于

1982 年证实此病。我国将犬细小病毒病列为三类动物疫病病种名录。

一、病　原

犬细小病毒(CPV)是细小病毒科、细小病毒属成员。基因组为单股 DNA,病毒粒子直径 20~22 nm,无囊膜。病毒粒子有 VP_1、VP_2 和 VP_3 三种多肽,其中 VP_2 为衣壳蛋白主要成分。病毒在 4 ℃和 25 ℃都能凝集猪和恒河猴的红细胞。本病毒能在多种不同类型的细胞内增殖。

本病毒对外界环境抵抗力较强。在室温下能存活 3 个月;在 60 ℃能存活 1 h;pH3 处理 1 h 并不影响其活力;对甲醛、β丙内酯、羟胺和紫外线敏感,能使之灭活。

二、流行病学

(一)易感动物

各种品种、年龄的犬均可感染,但主要侵害 2~4 月龄的幼犬,断乳前后的仔犬易感性最高,其发病率和病死率都高于其他年龄组,往往以同窝爆发为特征。纯种犬比杂种犬和土种犬易感性高,其他犬科动物也可感染。

(二)传染源

病犬和带毒犬是主要的传染来源。

(三)传播途径

本病主要由直接接触和间接接触而传染。主要通过消化道感染。人、苍蝇和蟑螂等可成为犬细小病毒的机械携带者。

(四)流行特点

本病四季可发,一般夏、秋多见,新疫区爆发,病死率较高,几个月后,则只有在小犬中发生新病例。天气寒冷、气温骤变、拥挤、卫生差是本病发生诱因。

三、临床症状

(一)肠炎型

本型潜伏期 1~2 周。多见于青年犬。常突然发生呕吐,后出现腹泻。粪便呈黄色或灰黄色,被覆黏液和伪膜,接着排带有血液呈番茄汁样稀粪,气味恶臭。病犬精神极度沉郁,食欲废绝,体温升到 40 ℃以上,迅速脱水,急性衰竭而死。病程 4~5 d,长的 1 周以上,也有些病犬只表现间歇性腹泻或仅排软便。成年犬发病一般不发热。白细胞数减少具有特征性,病初 4~6 d 表现明显,可减少到 500~2 000 个/m^3。

(二)心肌炎型

本型多见于 28~42 日龄幼犬,常无先兆症状而突然发病,感染犬精神、食欲正常,偶见呕吐或轻度腹泻和体温升高,继而突然衰竭,呼吸困难,可视黏膜苍白,脉快而弱,听诊心律不齐有杂音,短时间内死亡;有的病犬轻度腹泻后死亡。

四、病理变化

(一)肠炎型

本型病变主要见于空肠、回肠及小肠中后段,浆膜下充血出血,黏膜坏死、脱落、绒毛萎缩。肠腔扩张,积水,混有血液和黏液。大肠内容物稀软,恶臭,呈酱油色。肠系膜淋巴结充血、出血、肿胀。肝肿大,有淡黄色病灶。胆囊高度扩张,充满大量黄绿色胆汁,黏膜光滑。脾有的肿大,被膜下有黑紫色出血性梗死灶。心包积液,心肌呈黄红色变性状态。咽、下颌和纵膈淋巴结肿胀、充血。胸腺实质缩小,周围脂肪组织胶样萎缩,膈肌呈现斑点状出血。

(二)心肌炎型

本型主要病变限于肺和心脏。肺水肿,呈局灶性充血、出血,致使肺表面色彩斑驳。心脏扩张,心房和心室内有淤血块,心肌和心内膜有非化脓性坏死灶。心肌纤维变性、坏死,受损的心肌细胞中常有核内包涵体。

五、诊　断

根据流行特点、临床症状和病理变化可以作出初步诊断,确诊需进行实验室检查。

(一)病毒分离与鉴定

将病犬粪便材料先离心,再加入高浓度抗生素或过滤除菌后接种猫肾、犬肾等易感细胞。通常可采用免疫荧光试验或血凝抑制试验鉴定新分离病毒。

(二)血清学诊断

应用血凝抑制试验可很快检测出粪液中的犬细小病毒。乳胶凝集试验、酶联免疫吸附试验、免疫荧光试验、对流免疫电泳、中和试验等可用于本病的诊断。目前国内外广泛使用犬细小病毒快速诊断检测试纸,取患犬新鲜粪便为检测样品,可在 5 ~ 10 min 内作出诊断,该方法方便、灵敏、快捷。适用于广大的基层动物医院和养殖场。

(三)鉴别诊断

注意与犬瘟热、犬传染性肝炎和出血性胃肠炎等疾病进行区别诊断。

六、防　治

(一)预防措施

预防本病主要依靠注射疫苗和严格犬的检疫制度。目前经常使用弱毒疫苗和灭活疫苗。并多使用联合疫苗,如三联苗(犬瘟热、犬细小病毒感染和犬传染性肝炎)和五联苗(犬瘟热、犬细小病毒感染、犬传染性肝炎、狂犬病和犬副流感),均能取得良好的预防效果。一般幼犬首次接种于 7 ~ 8 周龄,每间隔 2 ~ 3 周接种一次,共免疫 3 次。以后每年加强免疫 1 次。

(二)治疗措施

在病初用抗细小病毒高免血清或单克隆抗体进行治疗,并应用其他抗病毒药物如病毒唑、病毒灵等。止血选用止血敏、维生素 K、安络血等;止吐选用阿托品或胃复安、爱茂尔等;止泻口服硝酸铋、鞣酸蛋白;脱水者及时补液。支持疗法可静脉输入健康犬或康复犬的全血 30 ~ 200 mL;还可以使用 V_C、肌苷、ATP 等以增强支持疗法的效果。控制继发感染可使用庆大霉素、红霉素等。

自测训练

犬细小病毒病的诊断与防治要点。

任务5　犬传染性肝炎

犬传染性肝炎(ICH)是由犬腺病毒引起的犬的一种急性、高度接触性、败血性传染病,俗称"犬蓝眼病"。临床以发热、黄疸、贫血和角膜混浊为特征;病变以循环障碍、肝小叶中心坏死以及肝实质和内皮细胞出现核内包涵体为特征。

本病最早于 1947 年由 Rubarth 发现,所以也称为 Rubarth 病。该病广泛分布于世界各地。我国于 1983 年发现此病,将犬传染性肝炎列为三类动物疫病病种名录。

一、病　原

犬传染性肝炎病毒属腺病毒科,哺乳动物腺病毒属。世界各地分离的毒株抗原性相同。本病毒直径为 70 ~ 80 nm,有衣壳,无囊膜。核酸为双股 DNA,直径为 40 ~ 50 nm。该病毒为犬腺病毒 I 型,能凝人"O"型、豚鼠和鸡的红细胞。病毒可在原代犬、猪、雪貂、豚鼠、浣熊的肾和睾丸细胞以及 MDCK 细胞上增殖。细胞病变为增大、变圆、变亮、聚集成葡萄串状。

病毒抵抗力相当强,在室温下能抵抗 75% 的酒精达 24 h,在 4 ℃ 可存活 270 d,室温下存活 70 ~ 91 d,37 ℃ 存活 26 ~ 29 d,56 ℃ 30 min 仍具有感染性。病犬肝、血清和尿液中的病毒,20 ℃ 可存活 3 d,冻干后能长期存活。碘酊、苯酚和氢氧化钠可用于本病的消毒。

二、流行病学

(一)易感动物

犬和狐对本病易感性高,山狗、浣熊、黑熊也有易感性。本病也可感染人,但不表现任何临床症状。

(二)传染源

病犬和带毒犬为传染源。

(三)传播途径

主要通过消化道感染,也可经胎盘感染。

（四）流行特点

本病流行无明显季节性。不同品种和年龄的犬均易感,常见于 1 岁以内的幼犬,刚断奶的小犬最易发病。发病率达 40% ~ 70% ,幼犬的病死率高达 25% ~ 40% 。成年犬临床症状少见。

三、临床症状

犬传染性肝炎潜伏期 6 ~ 9 d。

（一）最急性型

本型多见于初生仔犬至 1 岁内幼犬。病犬突然出现严重腹痛和体温明显升高,有时呕血或血性腹泻,发病后 12 ~ 24 h 内死亡。

（二）急性型

本型病初体温达 40 ~ 41 ℃,持续 2 ~ 6 d,精神差,食欲减退,患犬怕冷,然后降至常温,经过 1 d,接着又第二次发热,呈所谓"马鞍形"体温曲线。在此期间血液检查可见白细胞减少(常在 2 500 以下),血糖降低。随后食欲废绝,渴欲增加,流水样鼻汁,畏光流泪、呕吐、腹泻,粪中带血,大多数病例表现为剑状软骨部位的腹痛。扁桃体和全身淋巴结急性发炎并肿大,脉搏、呼吸加快,很多病例出现蛋白尿。也有步态跟跄、过敏等症状。黄染较轻。病犬血凝时间延长,如有出血,往往流血不止,这些病例预后不良。

在急性症状消失后 7 ~ 10 d,约有 20% 康复犬的一眼或两眼呈暂时性角膜混浊,在 1 ~ 2 d内可迅速发现白色乃至蓝白色的角膜翳,谓之"肝炎性蓝眼"病,持续2 ~ 8 d后逐渐恢复。病犬重症期持续 4 ~ 14 d 后,大多在 2 周内很快治愈或死亡。幼犬患病时,常于 1 ~ 2 d内突然死亡,如耐过 48 h,多能康复。成年犬多能耐过,产生坚强的免疫力。

（三）亚急性型

本型症状较轻微,表现咽炎和喉炎,可致扁桃体肿大。颈淋巴结发炎可致头颈部水肿。可见患犬食欲不振,精神沉郁,水样鼻汁及流泪,体温约 39 ℃,有的病犬狂躁不安,可持续 2 ~ 3 d。

（四）隐性型

本型无临床症状,但血清中有特异性抗体。

四、病理变化

常见皮下水肿。腹腔积液,液体清朗,有时含血液,暴露空气后常可凝固。肝肿大,有出血点和坏死灶,易碎。胆囊呈黑红色,胆囊壁水肿增厚,有出血点,并有纤维蛋白沉着。肠系膜淋巴结肿大,充血。肾出血,皮质区坏死。中脑和脑干后部可见出血,常两侧对称。

五、诊　断

（一）临诊诊断

根据流行病学、临床症状和病理变化仅可作出初步诊断,确诊需进行病毒分离鉴定和血清学检查。

(二)病毒分离与鉴定

活病犬可采取血液,用棉拭子采取尿液、扁桃体等;死后采取全身各脏器及腹腔液。将病料处理后接种于犬肾原代细胞或传代细胞或幼犬眼前房中(角膜混浊,产生包涵体),可出现腺病毒所具有的特征性的细胞病变,并可检出核内包涵体。

(三)血清学诊断

血凝和血凝抑制试验、补体结合试验、琼脂扩散试验、中和试验、荧光抗体技术和酶染色技术可用于本病的诊断。

(四)鉴别诊断

(1)犬瘟热。感染初期的症状与本病相似,但犬瘟热无肝细胞损害的临床和病理变化。

(2)钩端螺旋体。有肾损害的尿沉渣及尿素氮的变化,无白细胞减少和肝功能变化。

六、防 治

(一)预防措施

预防本病主要依靠定期进行免疫接种和实施一般的兽医卫生措施。预防接种使用的疫苗有甲醛灭活苗和弱毒苗两类。犬传染性肝炎Ⅰ型弱毒苗接种后,会出现1～11 d轻度角膜混浊反应。国内外科学家研制成了犬腺病毒Ⅰ型弱毒苗,对犬和狐的免疫保护力都很高。

(二)扑灭措施

发现病犬立即隔离饲养,消毒污染环境和用具等。在病初大量注射高免血清,可有效地缓解临床症状。每天用250～500 mL含5%水解乳蛋白的5%葡萄糖盐水输液,纠正水和电解质紊乱。对贫血严重的犬,可按17 mL/kg体重输全血,间隔48 h,连续输血3次。为防止并发或继发感染可应用抗生素以及大青叶、板蓝根、抗毒灵和维生素C等制剂。出现角膜混浊病犬,若病变发展使前眼房出血时,用3%～5%碘制剂、水杨酸制剂和钙制剂以3∶3∶1的比例混合静脉注射,每日1次,每次5～10 mL,3～7 d为1个疗程。或肌肉注射水杨酸钠,并用抗生素滴眼液。对于表现肝炎症状的犬,可按急性肝炎进行治疗。

自测训练 ▪

犬传染性肝炎的诊断和防治要点。

任务6 犬肉毒梭菌中毒症

肉毒梭菌毒素中毒症是由肉毒梭菌分泌的肉毒毒素引起的一种人兽共患病。临床

上以运动中枢神经系统麻痹和延脑麻痹为特征,其死亡率很高。犬、猫时有发生,其他动物亦可发生,该病在全世界均有分布。

一、病　原

肉毒梭菌是两端钝圆、专性厌氧的革兰氏阳性杆菌,大小为 0.5～1.2 μm×4.0～6.0 μm,周身有鞭毛,在不利条件下可很快形成芽孢,无荚膜。该菌在繁殖过程中可以产生毒力极强的外毒素,在动物尸体、肉类、饲料中繁殖时也可产生大量的外毒素。不同菌株产生的毒素在血清学上有明显的差异,根据主要毒素的抗原结构可将肉毒梭菌分为 A、B、C(C_α、C_β)、D、E、F、G 等 7 型。现在又发现有 AF、AB 的混合型。在我国发现有 A、B、C、E 型。A 型见于肉、鱼、果蔬制品和各种罐头食品;B 型见于各种肉类及其制品。A、B、E、F 型可引起人类的中毒;C 型和 D 型多存在于腐肉及以死尸、腐肉为主要食物的非脊椎动物体内,可引起多种动物,包括犬、猫、禽类、牛、羊、马、骆驼、水貂等发病。

本菌抵抗力不强,加热 80 ℃ 30 min 或 100 ℃ 10 min 即可将其杀死。但芽孢耐热性极强,沸水中 6 h、120 ℃ 高压需 10～20 min。肉毒毒素不能被胃液破坏,对酸及消化酶都有很强的抵抗力。在动物尸体、青贮饲料及发霉饲料中的毒素可保存数月。1% 氢氧化钠溶液、0.1% 高锰酸钾溶液均能破坏肉毒毒素。

二、流行病学

(一)易感动物

各种动物对肉毒梭菌毒素都敏感,犬、猫也易感,猫的发病率比犬高,在家畜中以家禽最敏感。

(二)传播途径

自然发病主要因摄食腐肉、腐败饲料(鱼粉、蚕蛹、血粉)和被毒素污染的饲料、饮水而经消化道感染发病。植物性原料带毒量致急性死亡的可能性较小。

(三)流行特点

本病的发生与年龄、性别和季节无大关系,但与饲料中毒量、摄入量多少以及污染饲料的温度(温度在 22～37 ℃ 的范围内,肉毒梭菌可产生大量的毒素)有关,毒素污染严重的可引起群发,摄入多的病情严重,死亡率也高。

三、临床症状

潜伏期几小时或数天。患病动物体温一般不高,神志清醒。病初可见有呕吐、吐沫,发展为肢体对称性麻痹,一般从后肢向前肢延伸,进而引起四肢瘫痪,出现明显运动神经机能障碍,但尾巴仍能摆动。患犬下颌下垂,吞咽困难,流涎。严重者则两耳下垂,眼睑反射较差,瞳孔散大,视觉障碍。有时可见结膜炎和溃疡性角膜炎。严重中毒者,呼吸困难,心率快而紊乱,并有便秘及尿潴留。死亡率较高,若能恢复,一般也需较长时间。

四、病理变化

一般无特征性病理变化,有时可见胃肠黏膜有卡他性炎症和小点出血,咽喉、会厌部黏膜有出血点,心内外膜可能有小出血点,肺可能有充血、水肿变化。

五、诊　断

(一)临诊诊断

根据该病临床特征,如典型的麻痹,体温、意识正常,死后剖检无明显变化等,结合流行病学特点,可怀疑为本病。

(二)实验室诊断

采取可疑饲料或胃肠内容物,加 2 倍无菌生理盐水,充分研磨制成混悬液,置室温 1 ~ 2 h,离心沉淀或过滤,取上清或滤过液加抗生素处理后分为两份。一份不加热灭活,供毒素试验用;另一份 100 ℃加热 30 min 作对照用。第 1 组小鼠皮下或腹腔注射 0.2 ~ 0.5 mL上清液,第 2 组注射加热过的上清液;第 3 组先注射多价肉毒抗毒素,然后注射不加热的上清液。如果第 1 组试验鼠 1 ~ 2 d 发病,有流涎、眼睑下垂、四肢麻痹、呼吸困难,最后死亡,而第 2、3 组正常,则证明被检材料中有毒素存在,即可确诊。另外,对毒型的鉴别,可选择豚鼠作中和试验。

(三)鉴别诊断

应与霉玉米中毒、有毒植物中毒以及乙型脑炎、狂犬病等疾病相区别。

六、防　治

(一)预防措施

预防本病的主要措施是搞好环境卫生,在牧场和畜舍中发现动物尸体、残骸时应及时清除;调制和保存饲料时应防止腐败。防止食入腐败变质的肉类及食物,饲喂前食物应加热 100 ℃ 10 min 以上后喂给。在常发地区可用同型类毒素或明矾菌苗预防接种,最常用的是 C 型肉毒梭菌疫苗,每次每只注射 1 mL,一次接种的免疫期可达 3 年之久。

(二)治疗措施

发生本病时,应立即查明毒素来源,及时更换饲料。对确诊或可疑动物,应立即用催吐、洗胃、灌肠和服用泻剂等方法,以清除摄入的毒素。发病早期可用多价抗毒素治疗,如毒型确定则可选用同型抗毒素治疗。盐酸胍和维生素 E 单醋酸脂能促进神经末梢释放乙酰胆碱和加强肌肉的紧张性,对本病有良好的疗效。补液可用 5% 糖盐水 100 ~ 1 000 mL、5% 碳酸氢钠 10 ~ 50 mL,混合静脉滴注。心脏衰弱的动物应用强心剂。

自测训练

肉毒梭菌中毒症的发病原因及对症救治方法。

任务7　猫泛白细胞减少症

猫泛白细胞减少症是由猫细小病毒引起的幼龄猫的一种急性、高度接触性传染病，又称猫瘟热或猫传染性肠炎。以患猫突发双相热、呕吐、腹泻、脱水、白细胞明显减少为特征。我国将其列为三类动物疫病病种名录。

一、病　原

猫泛白细胞减少症病毒（FPV）属细小病毒科，细小病毒属。直径约 20～40 nm，无囊膜，为单股 DNA 病毒。FPV 仅有 1 个血清型。血凝性较弱，仅能在 4 ℃和 37 ℃条件下凝集猴和猪的红细胞。该病毒 75 ℃ 30 min 被灭活。对常用消毒剂敏感，如 2% 烧碱、10% 生石灰等消毒剂均可在 5～10 min 使病毒失活。

二、流行病学

（一）易感动物

本病主要感染猫。所有猫科、浣熊科和貂科动物都可感染。各种年龄的猫均可感染发病，但主要发生于 1 岁以内的小猫，尤其是 2～5 月龄的幼猫最为易感。

（二）传染源

病猫和康复带毒猫是本病的主要传染来源。康复猫和水貂可在几周内甚至 1 年以上在粪尿中还带有病毒。

（三）传播途径

本病可经消化道和呼吸道传播，也可通过皮肤、黏膜感染。妊娠母猫还可通过胎盘垂直传播给胎儿。蚤、虱、螨等吸血昆虫也可成为主要的传播媒介。

（四）流行特点

本病四季可发，但以冬末至春季多发，尤其以 3 月份发病率最高。在多数情况下，1 岁以下的幼猫感染率可达 80%，死亡率为 50%～60%，最高达 90%。

三、临床症状

本病潜伏期 2～9 d。根据临床发病特点可分为最急性型和急性型。

（一）最急性型

本型几个月的幼猫多见，往往误认为中毒，不显临床症状，在 24 h 内死亡。

（二）急性型

本型 6 个月以上的猫多呈急性型，病程 7 d 左右。病初体温升高至 40 ℃以上，24 h 后降至常温，但经 2～3 d 后体温再次升至 40 ℃以上，呈典型的双相热型。病猫顽固性呕吐是该病的主要特征，每天呕吐数十次，呕吐物黄绿色。多数猫在 24～48 h 内发生腹泻，后期粪便恶臭带血，呈咖啡色，严重脱水，精神高度沉郁，态度冷漠，食欲减退以至废绝，通常在体温第2次升高达高峰后不久就死亡。年龄较大的猫感染后,症状轻微,体温轻度上升,食欲不振,病猫眼球震颤,白细胞总数明显减少。当体温升到高峰时,白细胞可降至(8×10^6)/L以下(正常时血液白细胞$(15 \times 10^6 \sim 20 \times 10^6)$/L),且以淋巴细胞和中性粒细胞减少为主,严重者血液涂片中很难找到白细胞,故称猫泛白细胞减少症。一般认为,血液白细胞减少程度标志着疾病的严重程度。血液白细胞数目降至(5×10^6)/L以下时表示重症,(2×10^6)/L以下时往往预后不良。

妊娠母猫可发生流产和产死胎。所生胎儿呈小脑性共济失调症、旋转等症状。

四、病理变化

口和肛门周围有呕吐物或排泄物,眼球下陷,皮下组织干燥,严重脱水。剖检可见胃肠道黏膜有程度不同的充血、出血、水肿及被纤维素性渗出物覆盖,尤其是十二指肠和空肠最严重。肠腔内有灰红或黄绿色的纤维素性坏死性假膜或纤维素条索。肠系膜淋巴结肿大,充血、出血。肝肿大。胆囊内充满黏稠胆汁,脾脏出血。

五、诊 断

根据流行病学、临床症状、病理变化及血液学检查发现白细胞大量减少,可以作出初步诊断。确诊需进行实验室检查,作病毒的分离与鉴定及血清学诊断。血凝抑制试验是常用的方法。此外也可用中和试验、免疫荧光和对流免疫电泳进行诊断。

六、防 治

(一)预防措施

平时要加强饲养管理,注意环境卫生,增强猫的体质和抵抗能力。预防接种可用灭活的细胞苗或弱毒苗。弱毒疫苗参考免疫程序是对出生40~60日龄的幼猫进行首次免疫接种,4~5月龄时进行第2次免疫;灭活疫苗参考免疫程序是6~8周龄断奶幼猫进行第1次免疫,9~12周龄第2次免疫,以后每年进行2次免疫。妊娠猫和小于4周龄的幼猫不宜进行免疫,以免引起胎儿发育不良、畸形和幼猫小脑性共济失调。

(二)扑灭措施

发病后立即隔离病猫。早期病猫要加强护理,进行抢救。在中后期病猫要扑杀,并对病死猫深埋。污染的料、水、用具和环境用1%福尔马林彻底消毒。

本病目前尚无有效的治疗方法,可用抗血清以及对症、支持疗法和使用抗生素防止并发症、继发病等综合性措施进行治疗,降低死亡率。近些年,应用高效价的猫瘟热高免血清(4 mL/kg体重)进行特异性治疗,同时配合对症治疗,取得了较好的治疗效果。

自测训练

猫瘟热的诊断与防治要点。

任务 8　猫病毒性鼻气管炎

　　猫病毒性鼻气管炎又称猫传染性鼻气管炎,是由猫疱疹病毒Ⅰ型引起的猫的一种急性、高度接触性上呼吸道疾病。以发热,打喷嚏,精神沉郁和由鼻、眼流出分泌物为特征。该病主要侵害仔猫,发病率可达100%,死亡率约50%。世界很多国家都有报道,我国也有本病存在和发生。

一、病　原

　　猫疱疹病毒Ⅰ型(FHV-Ⅰ)在分类上属于疱疹病毒科,甲型疱疹病毒亚科,具有疱疹病毒的一般特征。病毒外有囊膜,核酸类型为双链 DNA。病毒在细胞核内增殖,感染细胞经包涵体染色后,可见到大量嗜酸性核内包涵体。本病毒只有一个血清型。FHV-Ⅰ可吸附和凝集猫红细胞,用血凝试验及血凝抑制试验可检测病毒抗原和抗体。FHV-Ⅰ对外界环境抵抗力较弱,对酸(pH < 3.0)、热、乙醚和氯仿较敏感,一般常用消毒剂都有效。

二、流行病学

(一)易感动物
　　本病主要感染猫,尤其是侵害幼龄猫。

(二)传染源
　　病猫和带毒的猫是主要的传染来源。自然康复或人工接种的耐过猫,能长期带毒和排毒,成为危险的传染源。

(三)传播途径
　　一般经呼吸道和消化道感染,也可垂直感染并致死胎儿。

(四)流行特点
　　该病多呈散发,成年猫感染后很少死亡。

三、临床症状

　　本病潜伏期为2～6 d。病初患猫体温升高40 ℃左右,发生严重的鼻炎、支气管炎、结膜炎、溃疡性口炎。病猫阵发性喷嚏和咳嗽,畏光流泪,鼻腔分泌物增多,鼻液和泪液初期透明,后变为黏脓性。病猫精神沉郁,食欲减退。急性病例症状通常持续10～15 d,仔猫患病后可发生死亡,死亡率20%～30%。成年猫感染后一般舌、硬腭、软腭发生溃疡,眼、鼻有典型的炎性反应,个别表现角膜炎甚至角膜溃疡,严重的造成失明,成年猫死亡率较低,一般预后良好。孕猫可发生流产,部分病猫则转为慢性。

四、病理变化

　　轻型病例,鼻腔、鼻甲骨、喉和气管黏膜呈弥漫性充血。严重病例出现鼻腔、鼻甲骨黏膜坏死,扁桃体、眼结膜、喉、气管、支气管以及细支气管的部分黏膜上皮也发生局灶性坏死,坏死上皮细胞中可见大量的嗜酸性核内包涵体。表现下呼吸道症状的病猫,可见间质性肺炎、支气管炎、细支气管炎及周围组织出血、坏死。慢性病例可见鼻窦炎病变。

五、诊 断

(一)包涵体检查

取病猫上呼吸道黏膜上皮细胞进行包涵体染色,可见典型的嗜酸性核内包涵体,具有一定的诊断价值。

(二)血清学试验

取病猫结膜和上呼吸道黏膜做成涂片或切片标本,特异荧光抗体染色镜检。抗体检查可用中和试验及血凝抑制试验。

(三)鉴别诊断

与猫流感、猫杯状病毒感染、猫泛白细胞减少症和猫衣原体等相鉴别。

六、防 治

国内目前尚无疫苗,平时应加强一般性防疫措施。国外已有单价弱毒苗或多价联苗可供应用,疫苗既可肌肉注射,也可滴鼻。3~6周龄首免,3周后再接种1次,以后每隔180 d加强免疫1次。发病后及时隔离、治疗,尸体深埋处理。对污染的环境及用具进行彻底消毒。患猫要加强护理,给予易消化且富含营养的食物。隔离舍保持恒温,最好在21 ℃左右。本病虽无特效药物,但对症治疗、支持性治疗和防止继发感染,并注射猫用免疫球蛋白有一定疗效。

自测训练

简述猫传染性鼻气管炎的诊断和防治要点。

附　录

附录1　一、二、三类动物疫病病种名录

中华人民共和国农业部公告　第1125号

为贯彻执行《中华人民共和国动物防疫法》,我部对原《一、二、三类动物疫病病种名录》进行了修订,现予公布,自发布之日起施行。1999年发布的农业部第96号公告同时废止。

特此公告

附件:一、二、三类动物疫病病种名录

二〇〇八年十二月十一日

附件:

一、二、三类动物疫病病种名录

一类动物疫病(17种)

口蹄疫、猪水疱病、猪瘟、非洲猪瘟、高致病性猪蓝耳病、非洲马瘟、牛瘟、牛传染性胸膜肺炎、牛海绵状脑病、痒病、蓝舌病、小反刍兽疫、绵羊痘和山羊痘、高致病性禽流感、新城疫、鲤春病毒血症、白斑综合征。

二类动物疫病(77种)

多种动物共患病(9种):狂犬病、布鲁氏菌病、炭疽、伪狂犬病、魏氏梭菌病、副结核病、弓形虫病、棘球蚴病、钩端螺旋体病。

牛病(8种):牛结核病、传染性牛鼻气管炎、牛恶性卡他热、牛白血病、牛出血性败血病、牛梨形虫病(牛焦虫病)、牛锥虫病、日本血吸虫病。

绵羊和山羊病(2种):山羊关节炎-脑炎、梅迪-维斯纳病。

猪病(12种):猪繁殖与呼吸综合征(经典猪蓝耳病)、猪乙型脑炎、猪细小病毒病、猪丹毒、猪肺疫、猪链球菌病、猪传染性萎缩性鼻炎、猪支原体肺炎、旋毛虫病、猪囊尾蚴病、猪圆环病毒病、副猪嗜血杆菌病。

　　马病(5种)：马传染性贫血、马流行性淋巴管炎、马鼻疽、马巴贝斯虫病、伊氏锥虫病。

　　禽病(18种)：鸡传染性喉气管炎、鸡传染性支气管炎、传染性法氏囊病、马立克氏病、产蛋下降综合征、禽白血病、禽痘、鸭瘟、鸭病毒性肝炎、鸭浆膜炎、小鹅瘟、禽霍乱、鸡白痢、禽伤寒、鸡败血支原体感染、鸡球虫病、低致病性禽流感、禽网状内皮组织增殖症。

　　兔病(4种)：兔病毒性出血症、兔黏液瘤病、野兔热、兔球虫病。

　　蜜蜂病(2种)：美洲幼虫腐臭病、欧洲幼虫腐臭病。

　　鱼类病(11种)：草鱼出血病、传染性脾肾坏死病、锦鲤疱疹病毒病、刺激隐核虫病、淡水鱼细菌性败血症、病毒性神经坏死病、流行性造血器官坏死病、斑点叉尾鮰病毒病、传染性造血器官坏死病、病毒性出血性败血症、流行性溃疡综合征。

　　甲壳类病(6种)：桃拉综合征、黄头病、罗氏沼虾白尾病、对虾杆状病毒病、传染性皮下和造血器官坏死病、传染性肌肉坏死病。

　　三类动物疫病(63种)

　　多种动物共患病(8种)：大肠杆菌病、李氏杆菌病、类鼻疽、放线菌病、肝片吸虫病、丝虫病、附红细胞体病、Q热。

　　牛病(5种)：牛流行热、牛病毒性腹泻-黏膜病、牛生殖器弯曲杆菌病、毛滴虫病、牛皮蝇蛆病。

　　绵羊和山羊病(6种)：肺腺瘤病、传染性脓疱、羊肠毒血症、干酪性淋巴结炎、绵羊疥癣、绵羊地方性流产。

　　马病(5种)：马流行性感冒、马腺疫、马鼻腔肺炎、溃疡性淋巴管炎、马媾疫。

　　猪病(4种)：猪传染性胃肠炎、猪流行性感冒、猪副伤寒、猪密螺旋体痢疾。

　　禽病(4种)：鸡病毒性关节炎、禽传染性脑脊髓炎、传染性鼻炎、禽结核病。

　　蚕、蜂病(7种)：蚕型多角体病、蚕白僵病、蜂螨病、瓦螨病、亮热厉螨病、蜜蜂孢子虫病、白垩病。

　　犬猫等动物病(7种)：水貂阿留申病、水貂病毒性肠炎、犬瘟热、犬细小病毒病、犬传染性肝炎、猫泛白细胞减少症、利什曼病。

　　鱼类病(7种)：鲴类肠败血症、迟缓爱德华氏菌病、小瓜虫病、黏孢子虫病、三代虫病、指环虫病、链球菌病。

　　甲壳类病(2种)：河蟹颤抖病、斑节对虾杆状病毒病。

　　贝类病(6种)：鲍脓疱病、鲍立克次体病、鲍病毒性死亡病、包纳米虫病、折光马尔太虫病、奥尔森派琴虫病。

　　两栖与爬行类病(2种)：鳖腮腺炎病、蛙脑膜炎败血金黄杆菌病。

附录 2　OIE 法定报告疾病名录

A 类疾病　口蹄疫、水疱性口炎、猪水疱病、牛瘟、小反刍兽疫、牛传染性胸膜肺炎、疙瘩皮肤病、裂谷热、蓝舌病、绵羊痘和山羊痘、非洲马瘟、非洲猪瘟、古典猪瘟、高致病性禽流感、新城疫。

B 类疾病

多种动物共患病：炭疽、伪狂犬病、棘球蚴病、心水病、钩端螺旋体病、新大陆螺旋蝇蛆病、旧大陆螺旋蝇蛆病、副结核病、Q 热、狂犬病、旋毛虫病。

牛病：牛边虫病、牛巴贝斯焦虫病、牛布鲁氏菌病、牛囊尾蚴病、牛生殖道弯曲菌病、牛海绵状脑病、牛结核病、嗜皮菌病、地方流行性牛白血病、出血性败血病、传染性牛鼻气管炎、恶性卡他热、泰勒焦虫病、毛滴虫病、锥虫病（采采蝇传播）。

绵羊和山羊病：山羊和绵羊布鲁氏菌病、山羊关节炎-脑炎、接触传染性无乳症、山羊传染性胸膜肺炎、母羊地方性流产（绵羊衣原体病）、梅迪-维斯那病、内罗毕羊病、绵羊附睾炎（羊布鲁氏菌）、羊肺腺瘤病、沙门菌病（羊流产沙门菌）、痒病。

马病：马传染性子宫炎、马媾疫、流行性淋巴管炎、马脑脊髓炎（东部和西部）、马传染性贫血、马流感、马巴贝斯虫病、马鼻肺炎、马病毒性动脉炎、马鼻疽、马螨病、马痘、日本脑炎、苏拉病（伊万斯锥虫）、委内瑞拉马脑脊髓炎。

猪病：猪萎缩性鼻炎、肠病毒性脑脊髓炎、猪布鲁氏菌病、猪囊尾蚴、猪繁殖和呼吸综合征、传染性胃肠炎。

禽病：禽衣原体病、禽传染性支气管炎、禽传染性喉气管炎、禽支原体病、禽结核病、鸭病毒性肠炎（鸭瘟）、鸭病毒性肝炎、禽霍乱、禽痘、鸡伤寒、传染性法氏囊病（甘布罗病）、马立克氏病、鸡白痢。

兔病：黏液瘤病、兔出血病、土拉杆菌病。

鱼病：地方流行性造血器官坏死、传染性造血器官坏死、麻苏大马哈鱼病毒病、鲤春病毒病、病毒性出血性败血症。

蜂病：蜂螨病、美洲幼虫腐臭病、欧洲幼虫腐臭病、蜂孢子虫病、瓦螨病。

其他动物：利什曼病。

参考文献

［1］梁学勇.动物传染病［M］.重庆:重庆大学出版社,2007.

［2］刘振湘,梁学勇.动物传染病防治技术［M］.北京:化学工业出版社,2009.

［3］陈溥言.兽医传染病学［M］.5 版.北京:中国农业出版社,2006.

［4］吴清民.兽医传染病学［M］.北京:中国农业大学出版社,2002.

［5］蔡宝祥.家畜传染病学［M］.4 版.北京:中国农业出版社,2001.

［6］张宏伟,董永森.动物疫病［M］.2 版.北京:中国农业出版社,2009.

［7］杨慧芳.养禽与禽病防治［M］.北京:中国农业出版社,2006.

［8］葛兆宏.动物传染病［M］.北京:中国农业出版社,2006.

［9］费恩阁,李德昌,丁壮.动物疫病学［M］.北京:中国农业出版社,2004.

［10］辛朝安.禽病学［M］.北京:中国农业出版社,2006.

［11］甘孟侯.中国禽病学［M］.北京:中国农业出版社,1999.

［12］徐建义.禽病防治［M］.北京:中国农业出版社,2009.

［13］杨玉萍.宠物传染病与公共卫生［M］.北京:中国农业科技出版社,2008.

［14］白文彬,于康震.动物传染病诊断学［M］.北京:中国农业出版社,2002.

［15］高得仪.犬猫疾病学［M］.北京:中国农业出版社,2001.

［16］徐汉坤.犬病防治手册［M］.北京:科学技术文献出版社,2001.

［17］哈尔滨兽医研究所.动物传染病学［M］.北京:中国农业出版社,1999.

［18］宜长河.猪病学［M］.北京:中国农业科技出版社,1996.

［19］殷震,刘景华.动物病毒学［M］.2 版.北京:科学出版社,1997.

［20］陆承平.兽医微生物学［M］.3 版.北京:中国农业出版社,2001.

［21］廖延雄.兽医微生物实验诊断手册［M］.北京:中国农业出版社,1995.

［22］甘肃农业大学.家畜传染病学实习指导［M］.北京:中国农业出版社,1998.

［23］南京农业大学,甘肃农业大学.家畜传染病学实习指导［M］.3 版.北京:中国农业出版社,1999.